FINSTERBUSCH/THIELE
VOM STEINBEIL ZUM SÄGEGATTER

EDGAR FINSTERBUSCH · WERNER THIELE

Vom Steinbeil zum Sägegatter

*Ein Streifzug
durch die Geschichte
der Holzbearbeitung*

Mit 413 Bildern

VEB
FACHBUCHVERLAG
LEIPZIG

Finsterbusch, Edgar :
Vom Steinbeil zum Sägegatter: e. Streifzug durch d. Geschichte
d. Holzbearbeitung / Edgar Finsterbusch; Werner Thiele. –
1. Aufl. – Leipzig : Fachbuchverl., 1987. – 280 S. : 413 Bild. ; 31 cm
NE: 2. Verf.:

ISBN: 3-343-00275-5

© VEB Fachbuchverlag Leipzig 1987
1. Auflage
Lizenznummer: 114-210/46/87
LSV: 3009
Lektorin: Dorothea Steppat
Gesamtgestaltung: Matthias Hunger
Gesamtherstellung: Offizin Andersen Nexö,
Graphischer Großbetrieb, Leipzig III/18/38
Bestellnummer: 547 1500
03000

INHALTSVERZEICHNIS

Vorwort   7

1. Axt und Beil aus Feuerstein – die ältesten Holzbearbeitungswerkzeuge   9
2. Bronzesägen in Ägypten und Kreta   22
3. Holzbearbeitung mit eisernen Werkzeugen in der Antike   45
4. Das Holzhandwerk im Mittelalter   70
5. Die ersten Sägemaschinen – Klopfgatter und Venezianergatter   101
6. Ingenieure der Renaissancezeit als Pioniere der Sägewerkstechnik   120
7. Die Sägemühle   137
8. Holländische Windmühlen treiben Bundgatter   148
9. Gelehrte befassen sich mit Sägemaschinen   167
10. Der Dampf revolutioniert die Holzbearbeitung   179
11. Eiserne Vollgatter seit Beginn des 19. Jahrhunderts   188
12. Die Erfindung der Kreissäge   210
13. Der lange Weg zur Blockbandsäge   224
14. Industrielle Schnittholzerzeugung im Dampfsägewerk   237
15. Wissenschaft im Dienst der Sägeindustrie   254

Zeittafel   262

Namenverzeichnis   267

Literaturverzeichnis   269

Bildquellenverzeichnis   277

Sachwortverzeichnis   279

Vorwort

»Wer nicht von dreitausend Jahren
Sich weiß Rechenschaft zu geben,
Bleib im Dunkel unerfahren,
Mag von Tag zu Tage leben.«
JOHANN WOLFGANG VON GOETHE

Seit der Mensch existiert, macht er sich das Holz für seine Bedürfnisse nutzbar. So wird dieser natürliche Rohstoff seit Menschengedenken zum Bau von Unterkünften, zur Anfertigung von Geräten, Werkzeugen und Waffen oder auch für bildnerisches Schaffen verwendet. Die Behausungen der Steinzeitmenschen und die Möbel der Ägypter waren ebenso aus Holz gefertigt wie etwa die Streitwagen der Hethiter, die Brücken der Römer, die Befestigungen der Kelten, Wagen und Pflug der Germanen oder die Schiffe der Phönizier und Normannen. Die Bedeutung, die dem Holz im klassischen Altertum zukam, ist daran erkennbar, daß der damals für diesen Roh- und Werkstoff verwendete Begriff »Hyle« im abstrakten Gebrauch gleichsam für Materie schlechthin stand. Von dieser seiner dominierenden Stellung im täglichen Leben des Menschen hat das Holz über die Jahrtausende hinweg bis in unsere Zeit hinein nur wenig eingebüßt.

Doch bevor der Mensch das Holz nutzen konnte, mußte er sich Arbeitsmittel schaffen und die Technik der Bearbeitung erlernen. Am Holz erprobte er sehr früh und verbreitet seine Fähigkeit zur bewußten Einwirkung auf die Natur, auf seine Umwelt. Somit gehört die Holzbearbeitung zu den ursprünglichsten Formen der Arbeit. Mit ihr trug der Mensch – und das bis heute – Wesentliches nicht nur zum eigenen materiellen Sein und zur Kulturgeschichte, sondern generell zur Entwicklung der Gesellschaft bei.

Die erste Stufe der Bearbeitung des Holzes obliegt heute der Sägeindustrie. Das von ihr aus dem Baumstamm erzeugte Schnittholz, die Bretter, Balken, Kanthölzer, Latten und Werkhölzer also, ist das Ausgangsmaterial für die nach vielen Tausenden zählenden Erzeugnisse. In der Welt werden gegenwärtig jährlich etwa 450 Millionen Kubikmeter Schnittholz produziert. In unserer Zeit, da der wissenschaftlich-technische Fortschritt in die Sägewerke Einzug gehalten hat, der Produktionsprozeß elektronisch gesteuert wird und modernste Maschinen, Aggregate und Fördermittel zur Verfügung stehen, die den Einschnitt mit höchster Effektivität und weitestgehend frei von physischer Belastung der Arbeitskräfte ermöglichen, liegt der Gedanke so fern nicht, dem Werdegang nachzuspüren, den die Technik in diesem Bereich der Holzbearbeitung seit den Anfängen genommen hat. Das um so mehr, als die Technikgeschichte helfen kann, Probleme, die sich uns heute auftun, besser zu verstehen oder aus ihnen erwachsene Fragen zu beantworten.

Vollständigkeit ist für ein solches Vorhaben, das die Entwicklung über Jahrtausende einschließt, in dem gezogenen Rahmen freilich kaum erreichbar. Nicht zuletzt deshalb, weil die Technikgeschichte nirgendwo für sich allein existiert, sondern zutiefst mit der menschlichen Gesellschaft und ihrer Entwicklung verbunden ist, von ihr ständig neu hervorgebracht wird und auf sie zurückwirkt. Standen doch die Technik und die Menschen, die sie schufen, von jeher und überall in direkter Abhängigkeit zu der jeweils herrschenden gesellschaftlichen Klasse, von der sie gefördert oder gehemmt wurden, je nachdem, welcher entwicklungsgeschichtliche Stand erreicht war. Ohne auf diese bestimmenden Wechselbeziehungen zwischen den Produktionsverhältnissen und den Produktivkräften angemessen einzugehen, würde vieles von dem, was die Produktivkraft Technik historisch gesehen ausmacht, unverständlich bleiben.

So gebot der umfangreiche Stoff nachhaltig, räumliche wie zeitliche Grenzen zu setzen. Von Ausnahmen abgesehen, wird immer nur auf die Territorien mit dem jeweils bestimmenden Entwicklungsstand eingegangen. Dieser repräsentiert jedoch in den allerwenigsten Fällen das technische Niveau des gegebenen Landes oder gar mehrerer Länder. Zudem enden die Betrachtungen an der Schwelle zum

20. Jahrhundert. Nicht zuerst deshalb, weil alles, was die Technik danach zeigt, doch beinahe schon Gegenwart ist, sondern vielmehr wegen der in der ersten Hälfte des 20. Jahrhunderts einsetzenden Wissensexplosion und der damit einhergehenden wissenschaftlich-technischen Revolution. Sie brachten auch für die Sägeindustrie technischen Fortschritt so umfangreich und vielgestaltig, daß dieses Kapitel hier nicht mehr gefaßt werden konnte.

Ebenfalls eingeschränkt ist die Tiefe der Betrachtungen. Anzulasten ist das dem Anliegen, die gesamte Entwicklung aus der Sicht des Sägewerkers populärwissenschaftlich sowie überschaubar und leicht faßlich darzustellen. Nur dort, wo es das Verständnis auch für spätere Neuerungen erforderte oder dargestellt werden, die sich im Heute wiederfinden, ist auf technisch-technologische Details nicht verzichtet worden. Die Betrachtungen folgen daher auch weniger der langsamen, schrittweisen Vervollkommnung der Handwerkszeuge und Maschinen, als vielmehr den qualitativen Wandlungen, die sie zu Arbeitsmitteln mit Neuheitscharakter werden ließen. Selbst in Anbetracht dieser Einschränkungen war es nicht möglich, allen relevanten Quellen nachzugehen.

Somit soll im ganzen genommen kein Anspruch auf eine erschöpfende Aussage erhoben werden, wie gewiß auch manche Lücke in geschichtlichen Entwicklungsschritten zu entdecken ist. Beispielsweise wurde das komplizierte Feld der Frühgeschichte, ein Spezialgebiet der Archäologie, bewußt etwas vereinfacht wiedergegeben, und manches mit der Sägeindustrie tangierende Gewerk, wie etwa die Holzbringung, blieb gänzlich außer acht. So wird der Kundige das eine oder andere vermissen, manches vielleicht auch besser in Erinnerung haben; der Interessierte indes sollte dennoch Anregung für weiterreichende Studien finden können.

Da sich die Schnittholzerzeugung erst mit dem Aufkommen der Sägemühlen vollends zum eigenständigen Gewerbe entwickelte, mußte die Aufmerksamkeit bis zu diesem Zeitpunkt der gesamten Holzbearbeitungstechnik gelten.

Die Grundlagen für die Betrachtungen entstammen nicht eigenen Forschungen. Sie sind im Schaffen von Handwerkern, Wissenschaftlern und Künstlern wiederzufinden, die sich mit der Holzbearbeitung doch recht umfangreich auch in der zurückliegenden Zeit befaßt haben. Den Bibliotheken, Museen und anderen Einrichtungen, die diese Werke aus Vergangenheit und Gegenwart bewahren und die halfen, sie für diese Betrachtungen zu erschließen, sei hier nochmals gedankt. Zu ihnen gehören die Sächsische Landesbibliothek Dresden und die Bibliothek der Sektion Forstwirtschaft, Tharandt, an der TU Dresden, aber auch viele andere Institutionen. Der Dank gilt gleichermaßen dem Industriezweig Schnittholz und Holzwaren der DDR und da insbesondere dem Ingenieurbüro und seinem Direktor, Herrn Dipl.-Forsting. Konrad Fischer, die die sachlichen Voraussetzungen für das Gelingen des Vorhabens schufen.

Verfasser und Verlag

1. Axt und Beil aus Feuerstein – die ältesten Holzbearbeitungswerkzeuge

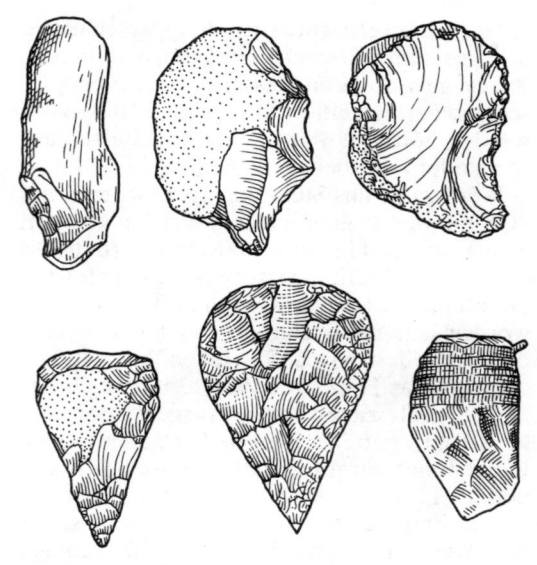

Bild 1/1. Faustkeile verschiedener Entwicklungsstufen

Die Herstellung von Produktionsinstrumenten für die Rohholzbearbeitung ist bereits für den Zeitraum der Urgeschichte archäologisch nachgewiesen. Während der Steinzeit (600 000 bis 3 000 v. u. Z.) verlief die Werkzeugentwicklung vom einfachsten, einteiligen Steinwerkzeug bis zu differenzierten Werkzeugformen mit Stielen. Nachdem ganz zu Beginn des Gebrauchs von Geräten dafür geeignete Steine in ihrer natürlichen, ursprünglichen Form Verwendung fanden, erlernte der Mensch der Altsteinzeit erste Bearbeitungstechniken, die auf eine Verbesserung der Eigenschaften der einfachsten Steingeräte zielten. Dem Stein wurde durch Abschlagen von Teilen, bei dem ein anderer Stein als »Hammer« oder ein Fels als »Amboß« diente, eine grobkonische Form gegeben.

Über Jahrtausende hinweg wurden die Techniken zur Bearbeitung des Steines verfeinert. Sie führten vor 400 000 Jahren schließlich zur Herstellung des Faustkeils, einem Mehrzweckgerät oder Universalwerkzeug, das zum Schneiden, Stechen, Graben oder Schaben geeignet sein konnte. Die Faustkeile blieben 200 000 Jahre lang die für den Steinzeitmenschen typischen Arbeitsmittel. Sie waren unterschiedlich groß und sehr verschieden geformt. Größe und Lage der Absplitterungen an den Flächen lassen die Sorgfalt erkennen, die bei der Anfertigung dieser Geräte aufgewendet worden ist. Geröllwerkzeug und Faustkeil waren aber in nur sehr begrenztem Maß geeignet, der Produktion materieller Güter im Sinne ersten konstruktiven Schaffens zu dienen. Sie konnten dem Urmenschen wohl hauptsächlich beim Nahrungserwerb und bei der Aufteilung der Beute helfen.

Später, zu der Zeit, da die Neandertaler Mammutjäger lebten (150 000 bis 45 000 v. u. Z.), sind Schaber, Kratzer und Handspitze kennzeichnend. Zu den traditionellen Techniken der Herstellung von Steinwerkzeugen trat jetzt eine erste Feinbearbeitung der Schneiden durch Abdrücken kleiner Steinstücke.

Vor 40 000 bis 35 000 Jahren, als der Mensch sich zu seiner heutigen Gestalt, dem Neumenschen, entwickelt hatte, kamen Arbeitsmittel mit neuem, im Gegensatz zum Faustkeil bereits spezifischem Verwendungszweck und besonderer Formgebung hinzu. Neben Geräten zur Bearbeitung des rohen Steins sind gegen Ende dieser Periode erstmals auch Werkzeuge für die Werkzeugherstellung, wie Stichel, Meißel oder einfache Bohrer, zu finden. Etwa zur selben Zeit wurden in größerem Umfang neben dem Stein auch harte organische Materialien, wie Rengeweih, Tierknochen, Elfenbein bzw. Mammutbein, zur Herstellung von Werkzeugen und Geräten verwendet.

Von außerordentlicher Bedeutung für die spätere Anfertigung wesentlich verbesserter Holzbearbeitungswerkzeuge war die vor etwa

25 000 Jahren erdachte Erfindung, geschäftete, also zusammengesetzte Werkzeuge zu bauen. Zuerst gelang das an Messern – die Feuersteinschneide erhielt einen hölzernen Griff – später wurden hölzerne Wurfspeere mit Spitzen aus Stein oder Elfenbein versehen.

Werkzeuge aus Stein, die als Urformen der Axt und der Säge bezeichnet werden können, entstanden erst in der Mittelsteinzeit (8000 bis 4500 v. u. Z.). Diese ersten speziellen Holzbearbeitungswerkzeuge werden anfangs benutzt worden sein, um Brennholz, Jagd- und Verteidigungswaffen sowie Tierfallen herzustellen oder um das Holz als Baumaterial für Unterkünfte grob zuzurichten. Ausgeprägter und konstruktiv gereifter sind Beil und Säge jedoch in der Jungsteinzeit, dem Neolithikum, zu finden.

Das Zeitalter der Jungsteinzeit begann für den Alten Orient etwa 5500 v. u. Z. und endete dort um 3500 v. u. Z. Die fortgeschrittensten Kulturen in Europa erreichten diesen entwicklungsgeschichtlichen Stand erst etwa 1500 Jahre später. Dieses regional ungleichmäßige Wachstum der Produktivkräfte resultierte am Anfang aus den unterschiedlichen natürlichen Bedingungen, die die Menschen in ihrer Umgebung vorfanden. Die Kulturen der Jungsteinzeit und die darauf folgenden kupfer- und bronzezeitlichen Kulturen bildeten sich zuerst in den klimatisch günstigen Zonen, wie etwa in den großen alluvialen Flußniederungen des Euphrat und Tigris (Sumer, Akkad, Babylonien, Assyrien) sowie am Delta des Nil und südlich davon (Ägypten), heraus, aber auch am Indus und am Huanghe, dem Gelben Fluß in China. Die Angehörigen dieser Stromkulturen erlernten bald, die von dem regelmäßig während der Regenzeit wiederkehrenden Hochwasser der Flüsse mitgeführten nährstoffreichen Schlammassen für sich zu nutzen und das Land während der Trockenzeit durch Kanäle künstlich zu bewässern. In der ersten großen Kooperation der Menschheitsgeschichte, an der sich Hunderte und später viele Tausende beteiligten, schufen sie komplizierte Bewässerungsanlagen von gewaltigen Ausmaßen.

Diese neue Form agrarischer Produktion brachte bei jährlich zwei bis drei Ernten beachtliche landwirtschaftliche Erträge. Erstmals vermochte der Mensch im langen Verlauf seiner Entwicklung ein Mehrprodukt an Nahrungsgütern zu erzeugen. Damit fand er für seine Existenz eine feste materielle Grundlage. Von nun an konnte er sich Tätigkeiten zuwenden, die nicht mehr nur ausschließlich und unmittelbar seiner Selbsterhaltung dienten. Das veränderte die sozialökonomische Struktur der Gentilgesellschaft grundlegend. So sind seit dieser Zeit in den Kulturen der großen Flußniederungen Menschen zu finden, die zuerst einzeln, später in Gruppen arbeitsteilig als vollbeschäftigte Spezialisten an der Herstellung, Verbesserung und Neuentwicklung von Werkzeugen, Waffen und Gerätschaften arbeiteten. Andere befaßten sich gewollt mit dem Erwerb von Wissen, etwa mit der Beobachtung der Gestirne, um die Zeit der Hochwasser voraus zu bestimmen. Alle diese Spezialisten waren befreit von jeglicher Arbeit in Landwirtschaft, Fischerei und Jagd; für ihre Ernährung kam die Gesellschaft auf.

Viele bedeutende Erfindungen und Entdeckungen waren ein Ergebnis dieser Arbeitsteilung. Die Lebensbedingungen verbesserten sich im Vergleich mit der gesamten vorangegangenen Entwicklung geradezu sprunghaft. In der Jungsteinzeit und am Übergang zur Bronzezeit entstanden in den orientalischen Stromkulturen Arbeitsmittel und Fertigungstechniken, die die Produktivität menschlicher Tätigkeit weit voranbrachten. Die Kulturen an Euphrat, Tigris und Nil entwickelten sich noch vor Beginn der Kupferzeit rasch von urgemeinschaftlichen Dörfern zu Stadtstaaten und unter weiterer territorialer Ausdehnung bis 2300 v. u. Z. schließlich zu Großreichen, in denen die erste Form der Klassengesellschaft ihre Blüte erlebte und die über nahezu 2000 Jahre das Bild der Weltgeschichte bestimmten.

Dieser regionale Vorsprung im Fortschreiten der Entwicklung des Menschen widerspiegelte sich nicht zuletzt in den Arbeitsgeräten für die Holzbearbeitung sowie in den Gegenständen, die mit diesen Werkzeugen angefertigt worden sind. Beil, Keil, Meißel und Säge entstanden zuerst in diesen Kulturen. Sie gehörten neben landwirtschaftlichen Geräten und Waffen für die Jagd zu den wichtigsten Gerätschaften in der Jungsteinzeit. Und die Bearbeitung des Holzes mit solchen Werkzeugen war eine Tätigkeit, die mit ihren Ergebnissen dem Menschen wohl mit am meisten half, auf seinem Weg durch dieses frühe Zeitalter vorwärtszukommen.

Die ersten steinernen sägeartigen Werkzeuge, die sich der Mensch fertigte, waren noch sehr einfach gestaltet. Sie zeigen sich als gerade oder bogenförmige, ein- oder zweiseitig gezahnte Feuersteinstücke von kaum mehr als 20 cm Länge. Später erhielt das Werkzeug zum Zwecke der besseren Handhabung noch eine Art Griff aus Holz oder Horn. An den Funden steinzeitlicher Sägen ist deutlich zu erkennen, daß der Mensch den Stein absichtlich gezähnt hat. Ebenso ist die Verwendung steinerner Sägen zum Aufteilen von Holz nachgewiesen. Die Zähne gefundener Sägen sind durch den Gebrauch mitunter lackartig poliert.

Steinzeitliche Funde lassen vermuten, daß der Mensch recht zufällig zur Erfindung der Säge gelangte. Das entwicklungsgeschichtlich wesentlich ältere Messer mochte der Ausgangspunkt gewesen sein. Der Gebrauch von Feuersteinmessern mit beschädigten, schartig gewordenen Klingen könnte zu der Beobachtung geführt haben, daß ein solches Werkzeug für bestimmte Arbeiten besser als ein intaktes Messer zu gebrauchen ist. Das dieser Beobachtung folgende absichtliche Herstellen von Scharten durch mehr oder minder regelmäßiges Ausbrechen kleiner Steinstücke aus der Schneide führte schließlich zu einem neuen Werkzeug, der Säge. Erste solche Ansätze zeigen bereits verschiedene, aus der Mittelsteinzeit stammende Funde. Die vollkommen ausgebildete steinerne Säge erscheint jedoch erst im Neolithikum; hier hat das oft sichelförmige Sägeblatt bereits eine fast durchgehend gleichförmige Bezahnung. In Pfahlbauten blieben Holzschäftungen erhalten, die den Rücken des Sägeblattes in seiner ganzen Länge einschlossen. Mit derart gestalteten Griffen konnte auf das Werkzeug ein größerer Druck ausgeübt werden als mit einem in Verlängerung des Blattes angebrachten Griff. Konstruktiv ganz anderer Art ist die in den Kreuzlinger Pfahlbauten gefundene neolithische Säge, die aus einem Holzschaft und mehreren darin mit Teer eingekitteten Zähnen aus Feuersteinsplittern besteht. Gut gearbeitete Sägeblätter aus Feuerstein befinden sich auch unter den Funden von Troja. Als Material für die Herstellung von Sägen wurde neben Feuerstein verbreitet das glasige, vulkanische Ergußgestein Obsidian verwendet.

Die aus Stein gefertigte Säge konnte werkstoffbedingt allerdings keine befriedigende

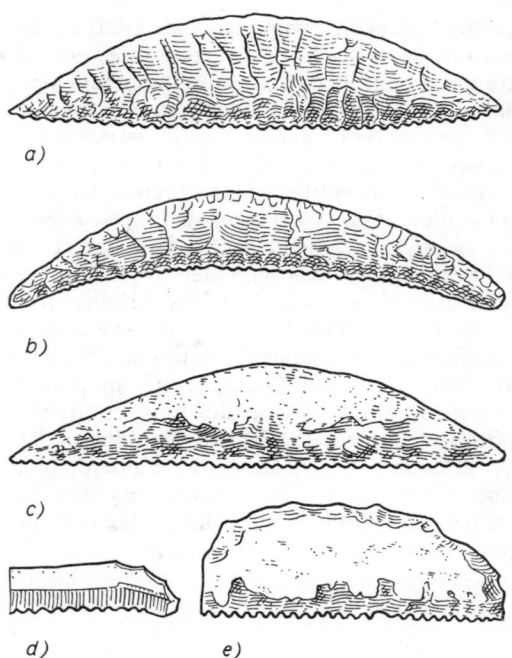

Bild 1/2. Steinzeitliche Sägewerkzeuge, ungeschäftet
a) Feuersteinsäge (Fundort Wismar), b) Feuersteinsäge, 22 cm lang (Fundort Skåne), c) Sägeblatt aus Feuerstein mit durchgehend gleichförmiger Bezahnung, d), e) steinerne Sägen aus den Funden von Troja

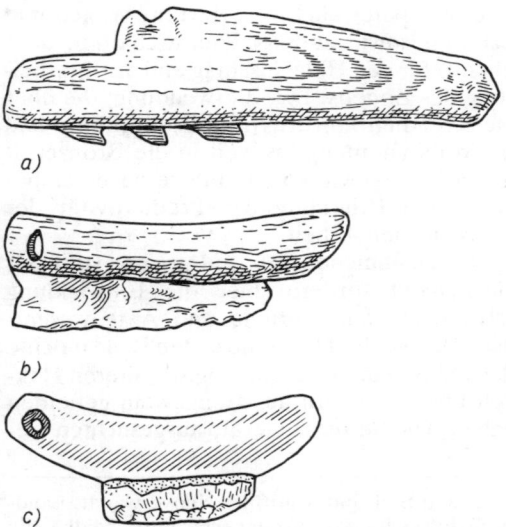

Bild 1/3. Steinzeitliche Sägewerkzeuge, geschäftet
a) sägeartiges Werkzeug mit hölzernem Griff und eingesetzten Zähnen (Fundort Schweizer Pfahlbauten), b) Sägewerkzeug aus Stein mit Holzfassung, c) Säge aus Feuerstein mit Hornfassung

Schneidfähigkeit erreichen. Das Blatt durfte aus Gründen der Festigkeit nur eine sehr begrenzte Länge haben und mußte ausreichend dick auch an den Sägezähnen sein. Ein solcherart geformtes Sägewerkzeug verklemmte schnell. So war das Sägen des Holzes in der Steinzeit doch wohl eher ein Furchen denn ein Schneiden. Das Werkstück wurde von zwei Seiten angesägt und danach gebrochen. Deshalb und infolge des schnellen Werkzeugverschleißes erlangte die Säge als Arbeitsmittel für die Bearbeitung des Holzes in der Steinzeit lediglich untergeordnete Bedeutung. Ihre Verwendung blieb auf Querschnitte an geringdimensionierten Werkstücken beschränkt. Wirklich schneidende Sägen, die dünne Blätter erfordern und Zähne, die einheitlich in einer Richtung stehen, konnte erst das der Steinzeit folgende Metallzeitalter hervorbringen.

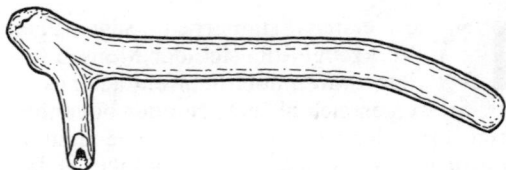

Bild 1/4. Beilartiges Werkzeug aus einer Rengeweihstange

Steinbeil und Steinaxt[1] dagegen waren über Tausende von Jahren die bedeutendsten Instrumente für die Bearbeitung des Holzes überhaupt, so beim Bau von Unterkünften sowie zur Herstellung von Einbäumen mit Rudern, von Schlitten oder Waffen und später auch von Karren, Wagen und Schiffen sowie anderen Gerätschaften, aber ebenso für den Holzeinschlag und die Bearbeitung des Bodens. Ihre Verwendung, die über viele Stadien konstruktiver Entwicklung und Vervollkommnung bis weit in die Bronzezeit hinein nachgewiesen ist, führte zu einer beachtlichen Erhöhung der Produktivität der menschlichen Arbeit.

Die zunehmende Bewaldung Europas in der Nacheiszeit förderte hier die Entwicklung scharfschneidender Beile und Äxte wesentlich. Das Vorbild für seine ersten Beile mochte der Mensch in den archäologisch älteren Hakken und Hämmern aus Rengeweih gefunden haben. Die für diese Geräte ausgesuchten Geweihstücke hatten bereits von Natur aus eine für die Verwendung als Arbeitsmittel geeignete Form, ohne daß noch eine besondere Zurichtung vonnöten gewesen wäre. Durch Schleifen und Schärfen derart natürlich geformter Teile von Geweihstangen entstand das sogenannte »Urbeil«, ein Holzbearbeitungswerkzeug, das noch immer aus nur einem Stück bestand. Doch bereits diese sehr einfache Lösung brachte Vorteile gegenüber der bis dahin nur mit dem Arm des Menschen bewehrten und geführten Steinklinge. Die Arbeit erreichte einen höheren Wirkungsgrad, da das gestielte Beil günstigere Hebelverhältnisse hatte und das den Menschen ermüdende Prellen beim Aufschlagen der Klinge jetzt von dem Werkzeugstiel aufgenommen wurde.

Aus verschiedenen Teilen zusammengesetzte Beile baute sich der Mensch zum ersten Mal in der Mittelsteinzeit. Diese Werkzeuge

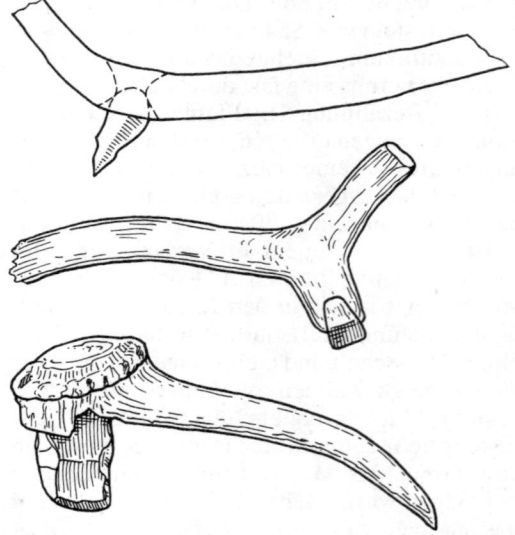

Bild 1/5. Steinbeile aus der Mittelsteinzeit – zusammengesetzt aus Hirschhorn- bzw. Rengeweihstiel und Feuersteinklinge

---

[1] Axt und Beil sind begrifflich sinnverwandt. Landläufig hat sich »Axt« für das schwerere, beidhändig zu bedienende, »Beil« in der Regel für das leichtere, mit einer Hand zu führende Werkzeug eingebürgert. Die Archäologie kennt noch andere Unterscheidungsmerkmale, die hier der Einfachheit halber unberücksichtigt beiben.

hatten Klingen aus Feuerstein und Griffe aus Horn oder Holz. Sie waren mit einfacher Schlagtechnik hergestellte Spaltwerkzeuge, die noch keine Zeichen feinerer Bearbeitungsmethoden erkennen lassen. Deshalb zeigen die frühen Steinbeilklingen noch ziemlich deutlich die ursprüngliche Form des Steins, aus dem sie geschaffen wurden. Ihr Querschnitt konnte spitzoval, aber auch rundlich, rhombisch oder dreikantig sein. Viel später erst wurden Beil und Axt im Bereich der Schneide geschliffen. Das erhöhte die Anwendungseigenschaften zum ersten Mal wesentlich.

Für den Zusammenbau von Stiel und Klinge zum Beil hatten die Steinzeitmenschen mehrere Methoden der Schäftung ersonnen und angewendet, mitunter in kombinierter Form, die dann später auch in den Kulturen der Bronze- und Eisenzeit wiederzufinden sind. Die sichere Schäftung war für das zielgenaue Arbeiten eine wesentliche Voraussetzung. Bekannte Schäftungsarten für Äxte und Beile aus Feuerstein waren einmal das Anbinden der Klinge an den Stiel, z. B. mit Lederstreifen, Tiersehnen oder Bast, und zum anderen das Aussparen einer Öffnung im keulenartig verdickten Stielende, in die die Klinge eingefügt wurde. Eine dabei sorgfältig in die Öffnung des Gerätestieles als Zwischenfutter eingepaßte Muffe aus dem zähen und zugleich festen Hirschhorn verhinderte das Aufspalten des Stieles bei höherer Beanspruchung. Die Klingen aus Felsgestein hatten ein gebohrtes Öhr oder Schaftloch, in dem der Gerätestiel ohne jede weitere Befestigung sicheren Halt auch bei starker Belastung des Werkzeuges fand.

Das Zusammenfügen zweier verschiedenartiger Geräte aus unterschiedlichen Werkstoffen, wie das beim Bau eines Steinbeils mit Griff und Klinge der Fall war, bedeutete für die gesamte Technik der Werkzeugfertigung einen großen Fortschritt. Zunächst war es lediglich die logische Weiterentwicklung vorher bekannter einfacher Werkzeuge, wie eben Schlagstock und Faustkeil. Zugleich aber bildete diese Erfindung den Ausgangspunkt und die Voraussetzung für sämtliche in der Menschheitsentwicklung folgenden Schritte bei der Kombination von Arbeitsmitteln. Heute bestehen nahezu alle Handwerkszeuge aus Material- bzw. Gerätekombinationen.

Der bedeutendste Rohstoff für die Herstellung von Arbeitsgeräten und Waffen war über die gesamte Steinzeit hinweg der auch als Flint oder Silex bezeichnete Feuerstein. Dieser weißlichgraue Stein, der in der Natur sehr verbreitet vorkommt, entstand vor Jahrmillionen auf dem Grund des kreidezeitlichen Meeres. Seine bevorzugte Verwendung durch den Urmenschen resultiert aus drei Eigenschaften: Feuerstein läßt sich relativ leicht und gut spalten, er ist außerordentlich hart und hat dazu noch messerscharfe Kanten. Damit eignete er sich auch vortrefflich als Werkstoff für das Steinbeil.

Die Verarbeitung der Feuersteinrohlinge zu Arbeitsgeräten erfolgte von Anbeginn durch Schlag- und Druckeinwirkung. Dabei waren dem Menschen meist runde Schlagsteine für die Grobbearbeitung und zuletzt Druckstäbe für die Fein- oder Nachbearbeitung die Hilfsmittel. Mit dem Schlagstein wurden von der Flintknolle so lange grobe Scheiben abgeschlagen, bis das verbleibende Steinstück etwa die

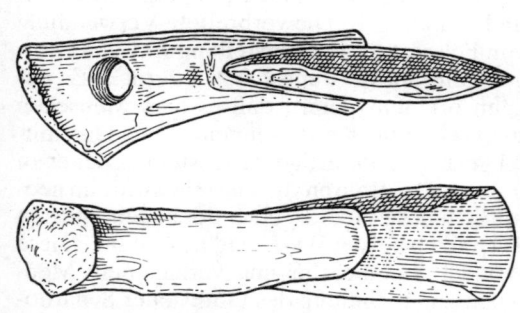

Bild 1/6. Feuersteinaxtklinge in Geweihfassung

Bild 1/7. Axtklinge aus Feuerstein – ungeschliffen

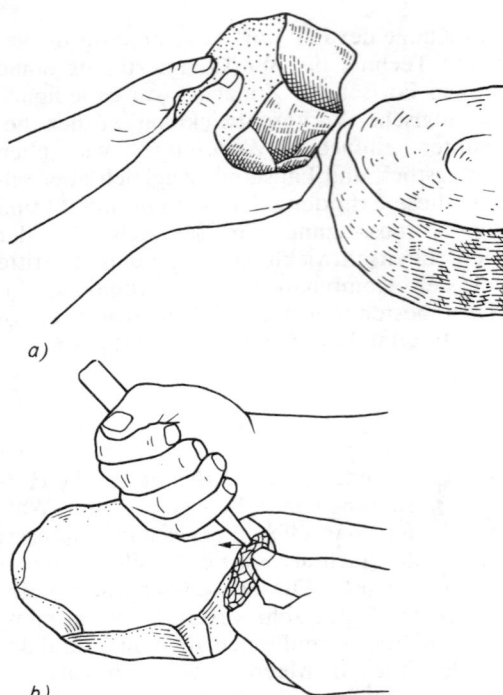

Bild 1/8. Arbeitstechniken zur Herstellung von Feuersteinwerkzeugen
a) Grobbearbeitung mit der Abschlagtechnik (Amboßtechnik), b) Feinbearbeitung mit dem Druckstab (Druckretusche)

Bild 1/9. Geschliffene Feuersteinaxtklinge

wie Messer, Schaber, Spitze und Bohrer, entstanden.

Bis zur Mitte der jüngeren Steinzeit erlangten die Klingentechniken eine Perfektion, die wohl kaum noch zu übertreffen war. Formen und Oberflächenbeschaffenheit erhaltengebliebener jungsteinzeitlicher Arbeitsmittel beweisen das. Unter dem Gesichtspunkt, daß sie lediglich aus Stein geschaffen wurden, sind diese Geräte ihrer Funktion entsprechend gut gestaltet und oft bewundernswert sauber gearbeitet, allen voran die Beile. Die auf solche Art und Weise hergestellten Beile werden nach Kernbeilen, die aus dem Zentrum der Flintknolle entstanden, und nach Scheibenbeilen, die den abgespaltenen äußeren Zonen des Steines entstammen, unterschieden. Aus den von der Feuersteinknolle abgeschlagenen äußeren Scheiben wurden auch die Klingen der ersten Dechsel gefertigt. Die Dechsel, ein beilartiges, zumeist kurzgestieltes Werkzeug, dessen Klinge quer zur Längsachse des Stieles angebracht ist, wurde von Anbeginn nur für die Bearbeitung von Holz verwendet. Bereits seit der Jungsteinzeit sind »Querbeile« mit hohl geschliffener Klinge für spezielle Holzarbeiten bekannt. Flintäxte eigneten sich ausgezeichnet für Zimmermannsarbeiten und zum Fällen von Bäumen. Die in jüngster Zeit mit Nachbildungen solcher Werkzeuge durchgeführten Versuche sagen aus, daß der Steinzeitmensch zur Fällung einer Erle von 30 cm Durchmesser etwa $1\,{}^1/_2$ Stunde benötigt haben wird.

Erst lange nachdem der Mensch die Bearbeitung des Feuersteins zu beherrschen erlernt hatte, verwendete er auch Felsgesteine, wie Schiefer, Diorit, Granit oder Hornblendenfels, für die Fertigung seiner Axt- und Beilklingen. Die verbreitete Verwendung von Felsgestein zur Herstellung von Werkzeugen geht auf die Jungsteinzeit zurück. Es begann offenbar damit, daß es dem Menschen trotz seiner doch noch sehr einfachen Hilfsmittel gelang, in derartige Felsgesteine Löcher zu bohren. Das Bohren von Gestein wurde im neolithischen Zeitalter zu einer der bedeutendsten Techniken bei der Werkzeugherstellung. Diese Art der Steinbearbeitung verhalf dem Menschen zur Erfindung des Öhres oder Schaftloches an Beilen aus Felsgestein. Der Feuerstein

beabsichtigte Werkzeugform zeigte. Die anschließende endgültige Bearbeitung bestand im Abdrücken feiner Steinsplitter mit Stäben aus Knochen, Geweih oder Holz. In etwa der gleichen Weise, nur mit noch einfacheren Hilfsmitteln, waren lange vorher die altsteinzeitlichen Geröllwerkzeuge, später die Faustkeile und danach die frühen »Kleingeräte«,

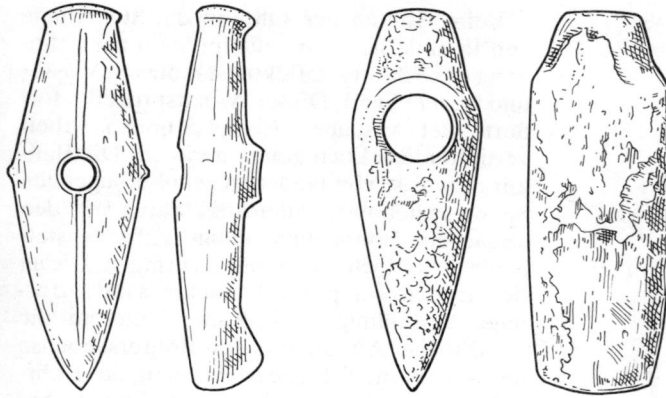

Bild 1/10.
Jungsteinzeitliche Axtklingen
aus Felsgestein
mit gebohrtem Öhr

war seiner Härte und Sprödigkeit wegen nicht zu durchbohren.

Mit der Technik des Steinbohrens konnten nun Werkzeuge mit Öhrklingen hergestellt werden. Dieser neue Beiltyp war bedeutend stabiler und robuster, aber auch handlicher als alle seine Vorgänger aus Flint. Auf die Produktivität menschlichen Schaffens hatte das wiederum fördernden Einfluß, wenngleich die Klingen aus Felsgestein hinsichtlich ihrer Schneidfähigkeit den scharfen Flintklingen doch nicht ganz ebenbürtig sein konnten. Der Mensch fand somit bereits vor etwa 6000 Jahren die für Beil und Axt optimale technische Lösung heraus. Das Beil mit Öhr und eingefügtem Stiel hat sich von da an im Prinzip ebenso bei den historisch folgenden Bronze- und Eisenbeilen, also über die Zeit hinweg bis heute, als die zweckmäßigste konstruktive Variante für dieses Werkzeug erwiesen. Unproblematisch war die Herstellung des neuen Beiltyps allerdings keineswegs. Für den Steinzeitmenschen stellte das Öhrbeil eine Werkzeugkonstruktion dar, deren technische Bewältigung ihm höchste Arbeitsfertigkeiten abverlangte. Noch nicht im Besitz von Metall, mußte er in den harten Stein, ohne ihn dabei zu spalten, eine Bohrung einbringen, die die gesamte Beilklinge durchmaß. Ungezählte Beile und Äxte blieben erhalten, die mit einem Schaftloch versehen sind.

Lange bestanden Zweifel, ob der Mensch dieser frühen Zeit mit seinen einfachen Geräten zu einer solchen Leistung überhaupt imstande war. Inzwischen konnte anhand der reichen Funde, aber auch anderer untrüglicher Belege, so mit dem Nachvollzug der steinzeitlichen Technik des Schleifbohrens, die Art und Weise der Herstellung solcher Beile und Äxte rekonstruiert werden. Die ersten Bohrwerkzeuge waren überaus einfach. Ein Stück Holz, möglicherweise mit einer Spitze aus Flint, oder ein Röhrenknochen, aber auch ein rohrförmiges Stück Horn – bewegt zwischen den flach gehaltenen Händen – waren alles, was dem Menschen zu Beginn für diese schwere Arbeit zur Verfügung stand. Die Erfahrungen im Umgang mit diesen einfachen Werkzeugen führten zum Kurbeldrehstab, einem Bohrgerät, das mit Gewichten beschwert war und dessen Spindel in einen leicht gekröpften Griff überging. Hier führte die eine Hand die Spindel, die andere gab kurbelartig mit dem Griff dem Bohrer die drehende Bewegung.

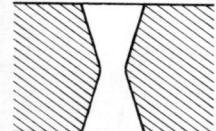

Bild 1/11. Schnitt durch eine Felsgesteinbeilklinge mit unvollendetem, sanduhrförmigem Öhr (nach O. Montelius)

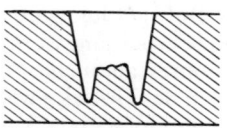

Bild 1/12. Mit dem Hohlbohrer hergestelltes unvollendetes Öhr einer Steinbeilklinge (nach O. Montelius)

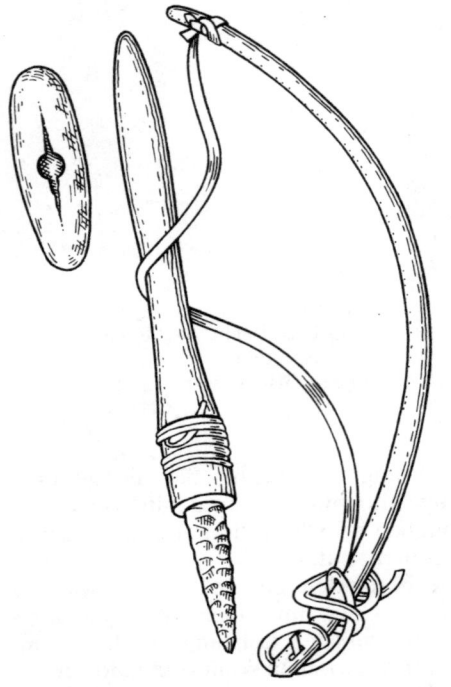

Bild 1/13. Bogendrillbohrer, bestehend aus dem Bogen mit Riemenzug, der Bohrspindel mit Kinnstütze und der Bohrspitze aus Feuerstein

Doch schon sehr früh erfand der Mensch für diese Arbeit einen Bohrapparat, den Bogendrill- oder Fiedelbohrer, für den möglicherweise Pfeil und Bogen das Vorbild gegeben hatten. Der Drillbohrer bestand aus der Bohrspindel, dem Riemenzug mit Bogen und Sehne sowie einem dreibeinigen Holzgestell oder einer Kinnstütze als Lager für die Spindel. Nun konnte der Bohrer in eine viel schneller rotierende Bewegung versetzt werden, als das mit der bloßen Hand möglich war. Der Bogendrillbohrer, der sich auch zum Feuermachen verwenden ließ, ist mit seiner einfachen Technik über Bronze- und Eisenzeit bis in das späte Mittelalter gelangt. Im vorderen Orient, in Indien und Afrika ist er noch heute in Gebrauch. Alle diese steinzeitlichen Bohrgeräte waren gleichzeitig wichtige Holzbearbeitungswerkzeuge, die sowohl zum Anbohren als auch zum Durchbohren und Aushöhlen des Holzes – wie etwa bei der Herstellung von Gefäßen – Anwendung fanden. Waren Holzarbeiten auszuführen, wurde statt des Schleifbohrers ein schneidender Bohrer in die Spindel eingesetzt.

Beim Bohren des Öhrs in die Steinklinge versah man die Bohrstelle im Stein zur Erhöhung des Schmirgeleffektes ständig mit Wasser und feinem Sand. Dieser Arbeitsprozeß erforderte viel Ausdauer. Einige Stunden Arbeit vertieften das Loch kaum merklich. Die Beilklinge wurde von beiden gegenüberliegenden Seiten angebohrt. Allerdings waren mit den einfachen Bohrstäben kaum zufriedenstellende Schaftlöcher zustande zu bringen. Die an den frühen Klingen erkennbare sanduhrförmige Ausbildung der Bohrung deutet auf die allmähliche Abnutzung des Bohrers ebenso hin wie auf die Schleuderbewegung des Bohrwerkzeuges. Das Öhr an spätneolithischen Äxten hat schließlich eine einwandfreie zylindrische Form. Das ist ein Beleg dafür, daß der Mensch zu dieser Zeit nicht nur das Gerät, sondern auch die Bohrtechnik ausreichend vervollkommnet hatte. Der Durchmesser des Öhres an steinzeitlichen Äxten liegt im Bereich zwischen 25 mm und 30 mm. Die erst spät praktizierte »Hohlbohrung«, bei der der Bohrspindel eine hohle Kappe aus Holunderholz oder Geweih aufgesetzt wurde, war der zuerst angewendeten, mit einer massiven Holzkappe ausgeführten »Vollbohrung« überlegen, da die Fläche des zu bearbeitenden Steins sich wesentlich verringerte. Damit konnte die Arbeitsleistung um etwa ein Drittel erhöht werden. Die Anfertigung des Öhrs an einer 4 cm dicken Steinklinge dauerte mit der Hohlbohrtechnik lediglich noch etwa 70 Stunden. Unter den Funden sind auch Klingen von Steinbeilen mit unvollendet ausgebildetem Öhr, die es ermöglichen, alle Stadien des Bohrvorganges zu rekonstruieren.

Noch bevor die Klinge das Öhr erhielt, war bereits der Klingengrundkörper mit dünnen Flintscheiben und feuchtem, quarzreichem Sand oder Flintgrus aus dem rohen Gesteinsblock herausgesägt und danach durch Polieren, einer ebenfalls neuen Art der Steinbearbeitung, geformt und zugerichtet worden. Wie das Bohren, so war auch das Polieren eine Fer-

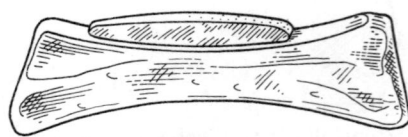

Bild 1/14. Schleifstein zum Polieren der Steinäxte, 60 cm lang

tigungstechnik, die auf eine weitere Vervollkommnung der Werkzeugeigenschaften zielte. Während dieses Arbeitsprozesses wurden alle Unebenheiten und Formabweichungen am Klingenrohling entfernt. Der Steinzeitmensch gab so seinem Beil die endgültige Form. Er wendete diese Technik bei der Endbearbeitung sowohl von Feuersteinwerkzeugen als auch von Werkzeugen aus Felsgestein an. Funde polierter Werkzeuge weisen oftmals an den Klingen längsverlaufende Schrammen auf. Sie lassen darauf schließen, daß zum Polieren anfangs Sand verwendet worden ist. Später waren dann für diese Arbeiten große Schleifsteine aus feinkörnigem Granit oder Quarz üblich. Die Gestalt ihrer Oberfläche war jeweils der Werkzeugart angepaßt, so daß spezielle Steine beispielsweise zum Polieren von Äxten, andere wieder zum Polieren von Meißeln existierten. Als Schleifmittel diente jetzt mit Wasser vermengter Grus aus der Rinde von Flintknollen. Da drehende Schleifsteine noch unbekannt waren, mußte die Schleif- und Polierarbeit durch Schub und Zug bewerkstelligt werden. Nach den Ergebnissen der von einem dänischen Wissenschaftler mit simulierter neolithischer Schleiftechnik durchgeführten Versuche benötigte der Steinzeitmensch für das Polieren seines 20 cm langen Flintbeiles doch immerhin mehr als 20 Stunden.

Obgleich bereits seit dem 8. Jahrtausend v. u. Z. Steinbeile bekannt sind, deren gesamter Klingenkörper mehr oder minder durch Polieren bearbeitet worden war, so gilt doch das polierte Steinbeil als typisches Kennzeichen jungsteinzeitlicher Gerätschaften. Erst zu dieser Zeit entwickelte sich die Poliertechnik zu einem verbreitet angewendeten Abeitsprozeß bei der Werkzeugherstellung. Mit dem Polieren hatte der Mensch der Jungsteinzeit für die Formung und Zurichtung seiner Werkzeuge ein Fertigungsverfahren entwickelt, das die vorher praktizierten, vergleichsweise doch noch recht primitiven Techniken bei weitem übertraf. Entstanden früher beim Spalten, Abschlagen oder Abdrücken von Feuersteinstücken noch mehr oder weniger zufällige Formen, so konnte jetzt durch geduldiges Polieren selbst sehr hartem Gestein eine Gestalt verliehen werden, die der gewünschten Werkzeugform doch bereits ziemlich nahe kam.

Die verschiedenen Arbeitsprozesse machen es deutlich: Die Herstellung eines Steinbeiles war eine sehr mühselige, anstrengende und zeitaufwendige Angelegenheit. Das Abschlagen der Klingen aus Feuerstein oder das Sägen und Bohren der Klingen aus Felsgestein, die Nachbearbeitung der Beilklingen durch Polieren und endlich das Schärfen waren nur die eine Seite des Fertigungsprozesses. Zuvor mußte der rechte Stein besorgt und nach geeignetem Holz für den Stiel gesucht werden. Auch das Zurichten des Stieles und das Befestigen der Klinge am Stiel brauchten ihre Zeit. Und nicht selten waren mehrere Anläufe notwendig, bevor das Werkzeug zufriedenstellend gelang. So mußte der Steinzeitmensch, um in den Besitz eines guten, funktionstüchtigen Beiles zu gelangen, oft monatelang angestrengt arbeiten. Für ihn war dieses Arbeitsmittel von unschätzbarem Wert – nicht allein wegen der hervorragenden Gebrauchseigenschaften.

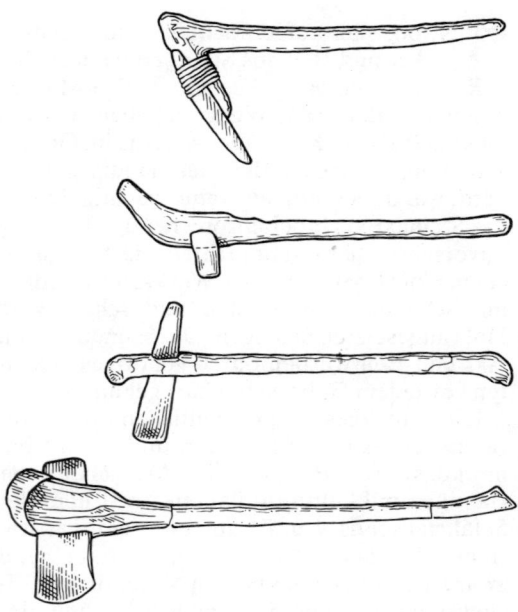

Bild 1/15. Feuersteinbeile – verschiedenartig geschäftet

Trotz aller aufgebrachten Mühen hatten Axt und Beil aus Stein jedoch nur eine sehr begrenzte Festigkeit. Der Mensch handhabte daher das Werkzeug auch eher mit Geschick als mit Kraft. Die Axt, die im Gegensatz zum leichteren Beil beidhändig geführt wird, war außerdem nur wenig wuchtig. Damit die Steinaxt auch bei ansprechender Leistung unversehrt blieb, gebrauchten die steinzeitlichen Holzarbeiter dieses Werkzeug offenbar mit schnellen, wirbelnden und schräg zum Holz angesetzten Schlägen. Die Schneiden von Axt und Beil wurden durch gehöriges Schleifen vor jedem Gebrauch scharf gehalten.

Die mit diesen steinzeitlichen »Großgeräten« erreichten Arbeitsleistungen sind bemerkenswert. Bereits die Menschen der Bandkeramikkulturen bauten so Ende des 5. Jahrtausends v. u. Z. auf unserem Territorium 25 m lange Gemeinschaftshäuser, und zwar aus bis zu einem halben Meter dicken Eichenstämmen. Die Bäume wurden mit der Steinaxt gefällt, mit dem Beil von Ästen befreit und anschließend quergeteilt. Ganz am Anfang sind diese Stämme und Stammabschnitte meist in ihrer ursprünglichen runden Form verbaut worden. Örtlich aber ist auch eine erste Längsbearbeitung durch Spalten mit Keilen und Behauen mit Axt und Beil zu erkennen. In der jüngeren Bandkeramikstufe hatten dann diese Bauten regelrecht vierkantig zugehauene Stützpfosten. Die imposantesten der von den Bandkeramikern errichteten Großhäuser erreichten jetzt die beträchtliche Länge von 45 m; ihre Breite konnte 8 m, die Höhe 6 m betragen. Im allgemeinen aber hatten die Wohnhäuser der Menschen dieser Kulturen eine Grundfläche bis 50 m².

Obgleich noch immer nicht im Besitz tauglicher Sägewerkzeuge, vermochten die Zimmerleute im folgenden Spätneolithikum schließ-

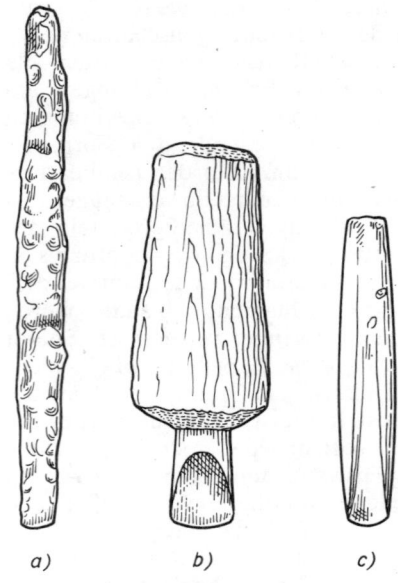

Bild 1/17. Steinzeitliche Stemmeisen
a) schmales Stemmeisen, b) Stemmeisen mit hölzernem Heft, c) Hohlmeißel

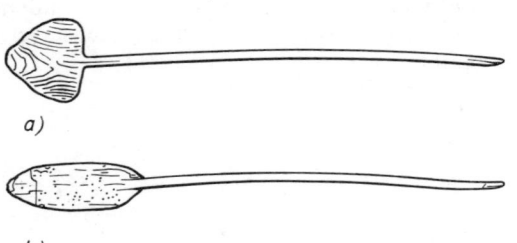

Bild 1/16. Mittelsteinzeitliche Holzerzeugnisse
a) Spaten aus Esche, b) Ruderblatt

lich dennoch Stämme auch in großer Zahl, und zwar vermutlich durch Spalten mit Keil und Beil, zu Balken, Kanthölzern und selbst zu Brettern zu verarbeiten. Sie meisterten bereits verschiedene Arbeitstechniken. Fußböden und Decken der Häuser wurden nun aus Kanthölzern zusammengefügt. Die Seitenwände zwischen den kräftigen, das Dach tragenden Pfosten und ebenso die Türen bestanden aus Brettern. Alle für die Rahmenkonstruktion bestimmten Stämme wurden gleichfalls flächig bearbeitet. Häuser im Jungneolithikum konnten bis zu 85 m lang sein. Die schweizerischen Pfahlbauten sowie Funde in den Donauländern sind Belege für den Stand der Holzbearbeitung im mitteleuropäischen Raum zu dieser Zeit.

Fähigkeiten und Fertigkeiten, Fleiß und Beharrlichkeit des Menschen der Steinzeit fanden in diesen Bauten ihre Vergegenständlichung. Allein zum Zeugnis von Dauer konnten sie nur selten aufrücken. Diese vollständig aus Holz bestehenden Pfostenhäuser überstanden wohl kaum die Zeit einer Menschengeneration. 30 bis 40 Jahre nach ihrer Errichtung wurden sie, inzwischen baufällig, niedergebrannt und durch neue ersetzt. Für den doch recht beträchtlichen Holzbedarf, aber auch für die Leistungen der jungsteinzeitlichen Siedler gibt der Grabungsfund des Dorfes Aichbühl (Württemberg) ein beredtes Beispiel. Der Bau allein eines Hauses erforderte dort 150 bis 190 Baumstämme, und für die ganze Siedlung mußten 3500 Bäume gefällt, bearbeitet und verbaut werden. Der von den neolithischen Kulturen gepflegte Hausbau förderte wesentlich die Kenntnisse und Fertigkeiten des Menschen im Umgang mit dem Holz. Und als die Bronzezeit anbrach, hatten die mit steinernen Werkzeugen geschaffenen Häuser, Wagen, Schiffe und die vielen anderen aus Holz gefertigten Gegenstände eine Qualität erreicht, die uns noch heute Bewunderung abverlangt. Mancher Fund aus dieser Zeit verweist auf den hohen Stand der steinzeitlichen Produktivkräfte, nicht allein hinsichtlich der Gebrauchseigenschaften der Arbeitsmittel, sondern ebenso in bezug auf die gewachsenen Fertigkeiten in der Zimmermannskunst.

Menschen der spätneolithischen Entwicklungsstufe vermochten beispielsweise 30 m lange, rund 100 Personen samt Bagage fassende Segelschiffe zu bauen und damit Fahrten von mehr als 1500 km zwischen den Inseln auf dem Ozean zu unternehmen, obgleich sie doch eben nur im Besitz von steinernen Werkzeugen waren. Die Spezialisierung auf solche oder andere komplizierte Arbeiten, die die Beherrschung bereits verschiedener einfacher Fertigungstechniken und Konstruktionsprinzipien voraussetzte, führte dazu, daß der jungsteinzeitliche Zimmermann nach dem Bergmann und dem Töpfer zu einem der ersten Berufshandwerker in der Geschichte der Menschheit wurde.

Während der Steinzeit sind auch die ersten Ansätze für Gerätefetischismus zu beobachten. Das Beil spielt hierbei eine besondere Rolle. Verschiedene Beil- und Axtfunde verweisen darauf, daß dieses Werkzeug für den neolithischen Menschen magische und religiöse Bedeutung erlangte. Funde dieser Art lassen sich zumeist daran erkennen, daß die Werkzeuge bezüglich ihrer Größe, des verwendeten Materials sowie der Ausbildung des Schaftes und der Klinge stark vom Normalen abweichen. Derart gestaltete Arbeitsmittel waren für jede praktische Tätigkeit unbenutzbar. Das Volk der Trichterbecherleute kannte kleinformatige, aus Bernstein gefertigte Kopien sowohl von Arbeitsäxten als auch von Streitäxten. Sie waren als Amulette bestimmt, die ihren Besitzer ständig begleiteten und somit überall für seinen Schutz sorgen sollten. Vermutlich war das magische Steinbeil vor allem dafür bestimmt, gegen Blitzschlag zu schützen. Als sakrales Symbol konnte dieses Werkzeug aber ebensogut dem Sonnenkult dienen wie ein Zeichen für Fruchtbarkeit sein. Das Prunkbeil, gleichfalls nicht für den Gebrauch bestimmt, zeigte normale Größe und war nicht selten aus kostbarem Gestein gefertigt. Mit den Menhiren, jenen tonnenschweren, mehrere Meter hochragenden steinzeitlichen Granitblöcken, die zu Tausenden auf die Gegenwart überkommen sind und deren eigentliche Zweckbestimmung bis heute unergründet blieb, tritt uns der Symbolstatus der ersten Beile und Äxte gleich zweifach entgegen, nämlich bildhaft und gegenständlich. Die Flächen der Menhire tragen neben anderen eingravierten Motiven auch

Bild 1/18. Rekonstruktion eines jungsteinzeitlichen Dorfes (nach R. R. Schmidt)

Abbildungen von Äxten und Beilen. Verborgen in den Fundamenten dieser gewaltigen Blöcke fand man die gleichen Werkzeuge in gegenständlicher Form.

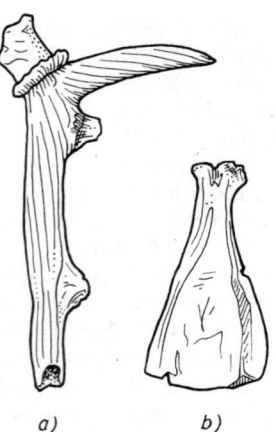

Bild 1/20. Arbeitsgeräte für den Feuersteinbergbau
a) Geweihpicke, b) Schaufel aus Knochen

Die grundlegenden Voraussetzungen für die Herstellung tauglicher Steinwerkzeuge waren einmal das Wissen um das Verhalten des Gesteins während der Bearbeitung und zum anderen das Erkennen geeigneter Vorkommen in der Natur. Der Mensch hatte sich durch Erfahrung und Beobachtung im Verlauf von Jahrtausenden diese Fähigkeiten erworben. Er hatte erlernt, die für die Anfertigung und den Gebrauch beispielsweise eines Beiles am besten geeigneten Steine unter den vielen anderen Steinarten seiner Umgebung herauszufinden. In der Altsteinzeit brauchte er solche Steine einfach nur zu suchen und aufzulesen, dort, wo er sie gerade fand. Meist lagen sie in Geröll und Geschiebe verborgen. Doch als der Bedarf anstieg, erschöpfte sich auch der oberirdisch verfügbare Vorrat. Also mußte im Inneren der Erde weitergesucht werden, und zwar in ganz bestimmten geologischen Schichten, die den knollenartig gewachsenen Feuerstein einschlossen. Übrigens waren »bergfrische«, also nicht der Verwitterung an der Erdoberfläche ausgesetzte Flintknollen der am besten geeignete Werkstoff für die Herstellung von Beilklingen.

Bereits vor 20 000 Jahren sollen Eiszeitmenschen unter der Erde nach Feuerstein gesucht haben. Ein so gedeuteter Schacht in Nordwestfrankreich hat einen Querschnitt, der in seiner Form ziemlich zwingend an die ältesten Fallgruben für den Tierfang erinnert. Zumindest reichen aber die Anfänge des Feuersteinbergbaues bis in die Mittelsteinzeit. Noch heute existierende einfache Gruben legen Zeugnis ab von den Anfängen der Bergbautechnik. Diese ersten Gruben waren eher Tagebaue als Bergwerke. Sie bestanden lediglich aus trichterförmigen Schächten von etwa 4 m Durchmesser. Und sie führten nur in geringe Tiefe, zu Feuersteinschichten, die höchstens 5 m unter der Erdoberfläche anstanden. Noch war die Arbeit beschwerlich und zeitraubend im Verhältnis zur Ausbeute. Das »Mürbemachen« des Gesteins mit Feuer kannte man noch nicht. Danach, in der Jungsteinzeit, wurde der als Tagebau begonnene Abbau oft in einen verzweigten Pfeilerabbau überführt.

In den entwickelten Kulturen der späten jüngeren Steinzeit schließlich wird dann dieser Abbau regelrecht bergmännisch betrieben. Sowohl übertage in Steinbrüchen als auch untertage in Bergwerken rückten die Bergleute dem Berg zu Leibe, ausgerüstet mit Hirschhornpicke, Flinthaue und hölzerner Brechstange, mit Steinkeil und einer Schaufel aus dem Schulterblatt des Ochsen sowie mit Seil, Korb und Ledertasche und nicht zuletzt mit dem Beil aus Feuerstein. Zu jener Zeit hatte die Bergbautechnik ein Niveau erreicht, das schließlich den Abbau auch von tiefer anstehendem Feuerstein möglich machte. Jetzt ent-

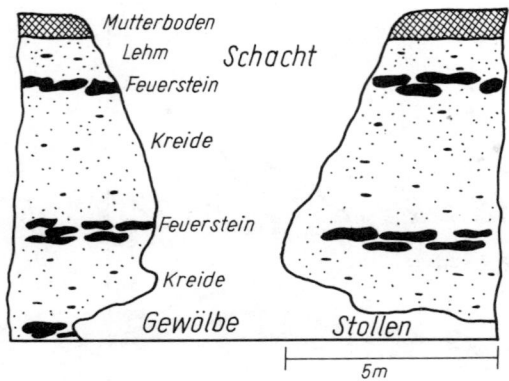

Bild 1/19. Prinzipdarstellung des jungsteinzeitlichen Feuersteinabbaues

standen ausgedehnte Bergwerksanlagen, die in ihrem Aufbau den heutigen gar nicht so unähnlich waren. Durch das massive, meist kreide- oder kalkhaltige Deckgestein wurden zunächst Schächte abgesenkt und anschließend etwa horizontal verlaufende Stollen vorgetrieben, die in fündige Adern mit guten Feuersteinknollen mündeten. Schächte und Stollen verliefen jedoch nicht tiefer als 30 m unter der Erdoberfläche, da man noch keine Verfahren zum Ableiten des Grundwassers kannte. Alsdann folgte das Aushauen des Feuersteins mit den speziell für diese Arbeit angefertigten Werkzeugen. Nach der Ausbeute bildete der Fundort ein unterirdisches Gewölbe, das aber bald wieder verfüllt wurde, damit die folgende Grabung ohne Gefahr für die Bergleute begonnen werden konnte. Manche Schächte, mitunter sehr große, hatte man freilich vergebens angelegt. Entweder war die Kreide nicht fündig, oder der anstehende Flint zeigte sich in unbrauchbarer Qualität. Und nicht immer vermochten die Steinzeit-Bergleute Verhalten und Reaktion des Berges während der Grabungen richtig zu beurteilen, so daß es zur Katastrophe kam. Noch nach Tausenden von Jahren fanden Forscher der Gegenwart die Überreste der bei einem Bergeinsturz Verunglückten.

Neben den Schachtanlagen waren oftmals Zuschlagplätze angelegt, auf denen eine erste Rohbearbeitung vor allem von Beilklingen vorgenommen wurde. Hier erfolgte aber auch das Aufteilen der Flintknollen zu Barren für den Transport. Von einem Fundort, an dessen Stelle sich die Menschen vor Jahrtausenden einen solchen Zuschlagplatz eingerichtet hatten, konnten 430 Beile geborgen werden. Die organisierte Produktion in den großen Flintbrüchen führte zu einer Dreiteilung der Arbeit. Hier trafen sich Bergleute, Werkzeughersteller und erste Händler, die das Rohmaterial und die Fertigprodukte in das Land brachten.

Eine sehr hohe technische Stufe erreichte der neolithische Feuersteinbergbau auf dem Gebiet der englischen Insel sowie der bergmännische Abbau des vulkanischen Glasflußgesteins Obsidian am Wan-See, dem heutigen Van gölü, einem salzhaltigen, abflußlosen See im Hochland des türkischen Armeniens. Dort nahmen an dem schon beinahe industriell betriebenen Abbau des Gesteins ganze Dorfgemeinschaften teil. Die vielleicht größten jungsteinzeitlichen Bergwerke, im Gebiet der oberen Wisla gelegen, erstreckten sich über eine Fläche von mehr als 50 ha. Von nahezu eintausend Schächten führte hier ein weitverzweigtes System von Stollen und Gängen zu dem in der Tiefe verborgenen Flint.

Es spricht für die Bedeutung des Beiles und der Axt in der Jungsteinzeit, wenn man erfährt, daß die Mehrzahl aller Bergwerke nur deshalb angelegt worden war, um Rohmaterial allein für die Herstellung dieser Werkzeuge zu erlangen. So wurden auch die meisten der in den Flintbergwerken gebrochenen Steine und ebenso der größte Teil des Obsidians ihrer hervorragenden Eignung wegen für Axt- und Beilklingen verbraucht. Gute schnitthaltige Steine, wie eben der glasharte Obsidian, hochwertiger Feuerstein oder ansprechender Diabas, mußten, bevor sie der Nutzer in Besitz nehmen konnte, in barrenartige Stücke zerlegt, zumeist über große Strecken transportiert werden. Oft wurden die begehrten Steine von hundert oder gar mehrere hundert Kilometer entfernten Lagerstätten herbeigeschafft. Der vorzügliche Obsidian aus den Lagerstätten Nordungarns beispielsweise ist in nördlicher Richtung über mehrere Tagesreisen bis in das mittlere Wislagebiet und in entgegengesetzter Richtung bis in das südliche Ungarn gelangt. Solche Transporte, aus denen sich ein regelrechter Handel entwickelte, umfaßten aber nicht nur den unbearbeiteten Stein. Sie brachten auch die auf den Zuschlagplätzen der Bergwerke in stattlicher Zahl hergestellten Beil- und Axtklingen mit.

Axt und Beil, das waren in der Jungsteinzeit die für den Menschen wichtigsten Arbeitsmittel. Beinahe symptomatisch für ihre herausragende Stellung unter den anderen Werkzeugen dieser Zeit ist die Besonderheit, daß sich ungezählte neolithische Kulturen auch durch die jeweilige Form der von ihnen gebrauchten Beile oder Äxte sowie das zu deren Herstellung verwendete Material unterscheiden. Die bei der Bearbeitung des Steines gefundenen optimalen Werkzeugformen waren in vieler Hinsicht und über lange Zeit Beispiel für die Formgebung an den nachfolgenden Werkzeugen aus Kupfer und Bronze.

2. Bronzesägen in Ägypten und Kreta

Das 4. Jahrtausend v. u. Z., die Zeit des Übergangs von der Jungsteinzeit zur Kupferzeit, war ein Jahrtausend ungemein bedeutender Erfindungen und Entdeckungen. Sie bargen in sich den Keim für einen enormen technischen Fortschritt und die in der Folgezeit eintretenden gesellschaftlichen Umwälzungen. Diese Periode brachte auch die ersten, im Zusammenwirken vieler tausender Arbeitskräfte geschaffenen Monumentalbauten hervor, von denen die Mitte des 3. Jahrtausends errichteten Pyramiden wohl die größte Leistung darstellen. Die Wiege der meisten Erfindungen stand in den hochentwickelten Stromkulturen des Vorderen Orients. In etwa jenem Zeitraum erlernte der Mensch das Anschirren von Zugtieren und das Brennen von Ziegeln, er erfand den Pflug, den Webstuhl, das Wagenrad und die Töpferscheibe. Er baute sein erstes von Windsegeln bewegtes Schiff; er entwickelte die Keilschrift und Anfänge der Architektur, und er buk sein erstes Brot. Nicht zuletzt gelang es dem Menschen auch erstmals, Metall zu schmelzen und zu Produktionsinstrumenten zu verarbeiten. – Die Metallzeit zog herauf und begann sich unwiderstehlich Bahn zu brechen.

Ihren Ausgangspunkt fand diese beschleunigte Entwicklung im Übergang zu Ackerbau und Viehzucht während der Jungsteinzeit, besonders in Kleinasien und im Nordosten Afrikas. Dort vor allem, am meisten in Ägypten, ermöglichte der Übergang zum Anbau von Pflanzen und zur Viehzucht sehr schnell ein erhebliches und stabiles Mehrprodukt, so daß die Zahl der Menschen in einem bestimmten Gebiet stark zunehmen konnte und außerdem ständig Zeit für andere Tätigkeiten als nur für den unmittelbaren Erwerb von Nahrungsmitteln verfügbar wurde. Voraussetzungen dafür waren außer den günstigen natürlichen Bedingungen und bestimmten biologischen Kenntnissen eine entsprechende Organisation und Leitung der landwirtschaftlichen Arbeiten, zu denen sehr bald noch handwerkliche Tätigkeiten beim Bau von Bewässerungsanlagen, Räumlichkeiten für Lebensmittelvorräte und landwirtschaftliche Geräte u. a. m. hinzukamen. Diese Entwicklung mündete in die drei großen gesellschaftlichen Arbeitsteilungen – die Herausbildung von hauptberuflichen Ackerbauern bzw. Viehzüchtern, von Handwerkern und von Händlern –, und sie wurde auch und gerade durch den Übergang zur Klassen-

Bild 2/1. Kupferzeitliche zweiachsige Streitwagen mit aus zwei Teilen zusammengesetzten Scheibenrädern (Mosaikdarstellung aus Ur/Mesopotamien, um 2500 v. u. Z.)

gesellschaft weiter beschleunigt. Die Arbeitsteilung wurde zur wirksamsten Produktivkraft überhaupt. Sowohl die einzelnen produktiven Arbeiten als auch die Leitung der Gesellschaft wurden von da an zu dauerhaften Tätigkeiten bestimmter Gruppen von Menschen, die sehr schnell wirksame Erfahrungen sammelten – Erfahrungen, die von Generation zu Generation weitergegeben und auf der Grundlage staatlicher Macht praktisch verwertet wurden.

In Kleinasien und in Ägypten konnte dieser historische Prozeß zuerst (etwa von 3000 v. u. Z. an) und mit der größten Wirkung für den weiteren Fortschritt in anderen Teilen der Welt bewältigt werden. Von hier aus wurde auch die spätere Entwicklung in Europa befruchtet, wenn nicht erst ermöglicht – zunächst im antiken Griechenland und danach im römischen Imperium. In West- und Mittel-, Ost- und Nordeuropa dauerte es gegenüber dem Alten Orient 3000 Jahre länger, bevor die Produktivität der landwirtschaftlichen Arbeit eine ähnliche gesellschaftliche Entwicklung einleitete.

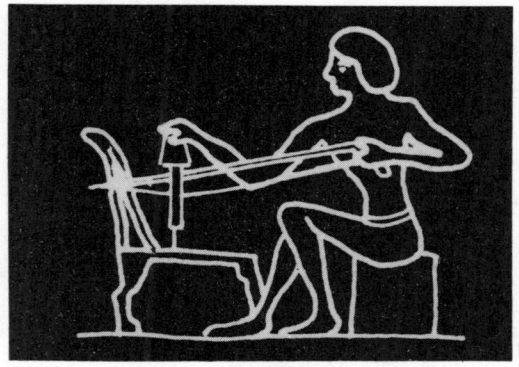

Bild 2/2. Früheste erhalten gebliebene bildhafte Darstellungen der Arbeit mit dem Bogendrillbohrer (Relief in Sakkara, um 2400 v. u. Z.)

Die ersten Arbeitsmittel, die sich der Mensch aus Metall herstellte, waren Werkzeuge aus Kupfer. Sie entstanden in der Übergangsperiode von der Stein- zur Bronzezeit. Diese als Kupferzeit bezeichnete Periode erstreckte sich im Alten Orient etwa über den Zeitraum von 3000 bis 2000 v. u. Z.

Kupfer wie auch Eisen kommen in der Natur nicht nur in Mineralform vor, sondern in der Oxydationszone der zu Tage tretenden Lagerstätten mitunter als reine, gediegene Metalle. Gediegenes Kupfer war das erste von Menschenhand bearbeitete Metall überhaupt. Zunächst wird der Mensch dergestalt gefundenes Kupfer jedoch lediglich als eine besondere, wertvollere Art von Stein betrachtet haben. Und er behandelte und bearbeitete es dementsprechend, ohne dabei die Vorzüge wahrzunehmen, die in der Gießbarkeit des Metalls verborgen lagen. Der sofort erkannte Vorteil des Kupfers bestand darin, daß es sich leichter bearbeiten ließ als die bis dahin für Werkzeuge und Waffen verwendeten Steine. Kupfer ist kaltverformbar und weniger brüchig, damit geschmeidiger als Stein; und so konnte dem Werkstück die gewünschte Form bereits mit Hämmern im kalten Zustand, also ohne das kraft- und zeitaufwendige Behauen und Polieren, gegeben werden. Allerdings ließen sich mit der Hammertechnik nur Gegenstände sehr kleiner Abmessungen herstellen. Deshalb und infolge der geringen Vorkommen an reinem Kupfer fand dieses Fertigungsverfahren nur wenig Verbreitung, so daß die »Hammerkupferkultur« entwicklungsgeschichtlich auch kaum Einfluß gewann.

Der eigentliche, der gewaltige Fortschritt bei der Verwendung von Metall als Rohstoff für Arbeitsmittel und andere Gebrauchsgegenstände stellte sich erst ein, als der Mensch gelernt hatte, das Metall zu schmelzen und zu gießen und schließlich das Erz zu verhütten. Das sind zwei Entdeckungen, die die Produktivität menschlicher Arbeit wesentlich voranbrachten. Sie entstammen aller Wahrscheinlichkeit nach den spätneolithischen Kulturen

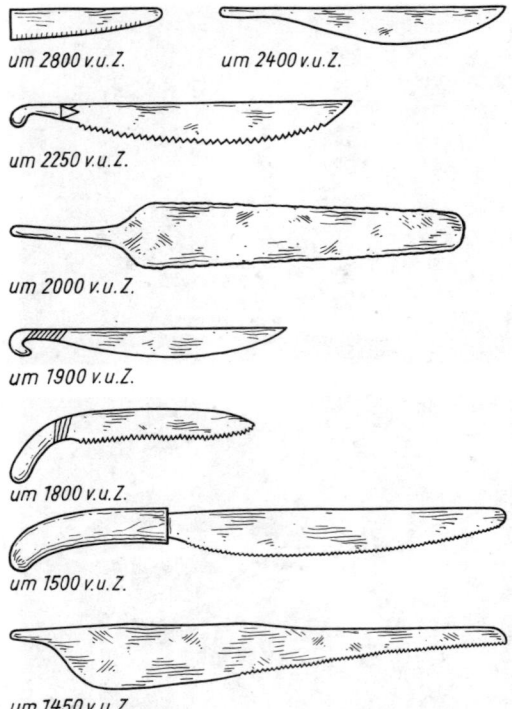

Bild 2/3. Ägyptische Sägen aus der Kupfer- und Bronzezeit (nach W. M. Flinders-Petrie)

stände fertigen, die aus Stein nicht herzustellen waren, wie zum Beispiel Draht, Nägel, Spangen, Rohre, Beschläge oder bestimmte Arten von Schmuck. Jetzt kündigte sich die dominierende Stellung der Metalle als Werkstoff an – nach nahezu 600 000 Jahre währender Steinzeit.

Mesopotamiens und Ägyptens. Die allerersten Anfänge der Kupfermetallurgie reichen somit bis weit in das 4. Jahrtausend v. u. Z. zurück.

Etwa eintausend Jahre später führte die Beobachtung, daß ein Zusatz von Zinn dem Kupfer bessere Eigenschaften verleiht, zur Erfindung der ersten künstlichen Legierung, der Bronze, und zu deren Verwendung für die Werkzeugherstellung in der Periode der Bronzezeit. Damals lernte der Mensch noch die Metalle Gold, Silber und Antimon kennen. Die Bronzezeit umfaßt in Mesopotamien etwa den Zeitraum von 2000 bis 1000 v. u. Z., in Ägypten von 2000 bis 650 v. u. Z. und in Europa von 1800 bis 750 v. u. Z.

Die Erfindung des Legierens von Kupfer und Zinn zur Bronze – das war wohl die wesentlichste Errungenschaft in der noch jungen Metalltechnik. Erst die aus Zinnbronze gegossenen Werkzeuge hatten Gebrauchseigenschaften, die das Metallwerkzeug dem Steinwerkzeug wirklich überlegen machten. Aus Metall ließen sich außerdem viele Gegen-

Ganz ohne Zweifel gewann die Bearbeitung des Holzes mit am meisten durch diese Entwicklung. Wenn auch ein Beil mit kupferner Klinge nicht unbedingt besser schneidet oder länger scharf bleibt als ein gut gelungenes Flintbeil, so waren aus Metall gegossene Werkzeuge doch fast von Anbeginn den Steinwerkzeugen überlegen. Die relative Weichheit des Kupfers wurde durch seine vielen Vorteile wieder ausgeglichen. Metallbeile und -äxte haben im allgemeinen eleganter geformte Klingen. Sie sind also nicht mehr so klobig und schwer gebaut und demzufolge erheblich handlicher im Gebrauch als ihre Vorgänger aus Stein. Viele der frühen kupferzeitlichen Beilklingen allerdings sind gerade daran zu erkennen, daß sie in ihrer äußeren Gestalt die Klingen aus dem Spätneolithikum noch recht genau nachahmen.

Die Bemühungen der Steinzeitmenschen, ihre Beilklingen flacher zu gestalten, um den Schneidwinkel zu verringern und somit die Spaltfähigkeit zu erhöhen, gingen entschieden zu Lasten der Werkzeugfestigkeit. Zudem waren Steingeräte spröde, nur begrenzt nachschärfbar und in der Herstellung enorm zeitaufwendig. Eine einmal an der Schneide mehr oder minder stark beschädigte Flintaxt blieb unbrauchbar für alle Zeit. Dagegen konnten Gerätschaften aus Bronze – waren Metalle und Formen erst einmal vorhanden – doch relativ schnell sowie in großen Stückzahlen und mit weit geringerer Mühe angefertigt werden. Sie hatten geschmeidige, biegefähige Klingen, die beim Gebrauch kaum brachen und die nahezu unbegrenzt durch Wetzen und Dengeln nachgeschärft werden konnten. Und ging ein Metallbeil infolge übermäßiger Beanspruchung doch dann und wann zu Bruch, blieb noch immer die Möglichkeit, die Klinge einzuschmelzen und in ein neues, dem alten gleichwertiges Stück umzugießen. Gerade diese fast unbegrenzte Wiederverwendbarkeit des Metalls

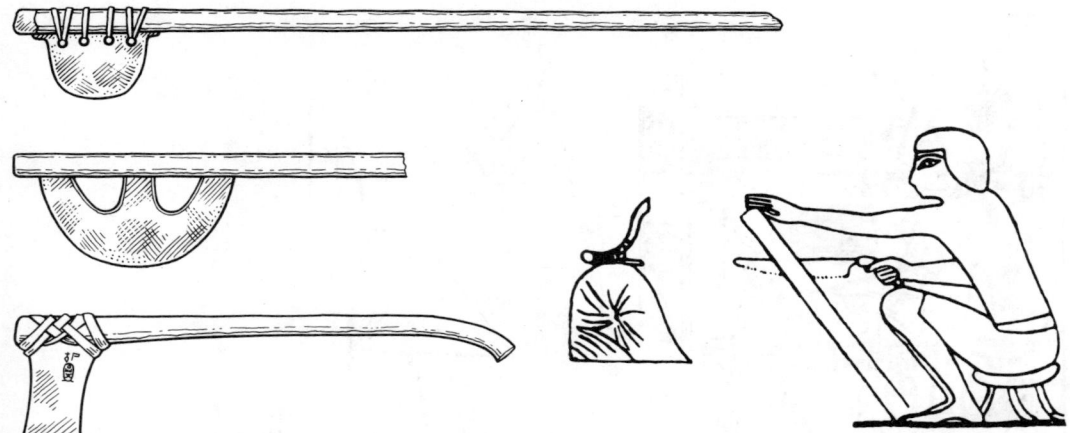

Bild 2/4. Ägyptische Äxte aus der Kupfer- und Bronzezeit

Bild 2/5. Ägyptischer Säger (Malerei im Grab des Wesirs Rechmire, um 1450 v. u. Z.)

war es, die den Kupfer- und Bronzewerkzeugen schnell einen Vorrang gegenüber den Werkzeugen aus Stein verschaffte.

Das neue Gewerbe, die Metallurgie, gab von allem dem Holzwerker schon bald gut brauchbare Arbeitsmittel in die Hand. Die Holzbearbeitung durchlief eine Periode schneller Entwicklung. Sehr viel größer war von da an die Zahl der aus Holz gefertigten Gebrauchsgegenstände, weit umfangreicher das Sortiment der Produkte sowie gediegener und viel zweckmäßiger ihre Form als vorher in der Zeit der steinernen Werkzeuge. Der Mensch schuf mit Metallwerkzeugen aber auch seine ersten großen Kunstwerke aus Holz.

Die ältesten gegossenen Gegenstände zeigen jedoch noch eine extrem einfache Gestalt. Abgesehen von sehr kleinen Stücken waren die als Celts bezeichneten keilförmigen, flachen Beilklingen die ersten Werkzeugteile, deren Anfertigung beträchtliche Mengen unlegierten Kupfers erforderte. In Originalform stellen die Celts zweifelsohne Kopien der weitverbreiteten jungsteinzeitlichen Flintbeile dar.

Erfahrung, Beobachtung und wachsende Fertigkeiten ließen den Menschen immer besser mit der Schmelz- und Gießtechnik zurechtkommen. Und als er schließlich mit dem neuen Verfahren genügend vertraut war, gelangen ihm auch kompliziertere Formen. So wurden nach dem Beil, nach Stemmeisen und Bohrer sowie anderen Holzbearbeitungswerkzeugen vor nahezu fünftausend Jahren die ersten metallenen Sägen hergestellt, anfangs aus Kupfer, danach aus Bronze.

Die älteste bis zur Gegenwart erhalten gebliebene Metallsäge ist eine Kupfersäge ägyptischer Herkunft. Sie entstammt der zeitigen 3. Dynastie (um 2700 v. u. Z.). Es kann aber wohl angenommen werden, daß Sägen aus Kupfer schon seit etwa 3000 v. u. Z. in Ägypten bekannte und häufig gebrauchte Holzbearbeitungswerkzeuge waren. Jedenfalls weisen Schnittspuren auf den Oberflächen der in großer Anzahl gefundenen Sarkophage aus jener Zeit auf den Gebrauch von metallenen Sägewerkzeugen hin, und an manchem Stück verrät die variable Richtung der Schnittspuren, wie mühevoll die Arbeit war. Diese Vermutung wird auch dadurch gestützt, daß die in der ägyptischen Vorzeit gepflegte und bis etwa 2700 v. u. Z. beibehaltene Holzarchitektur ohne das Sägen von Balken und Brettern wohl kaum möglich gewesen wäre.

Der einfachste Typ der frühen Metallsägen war das grifflose und ungezahnte, lediglich

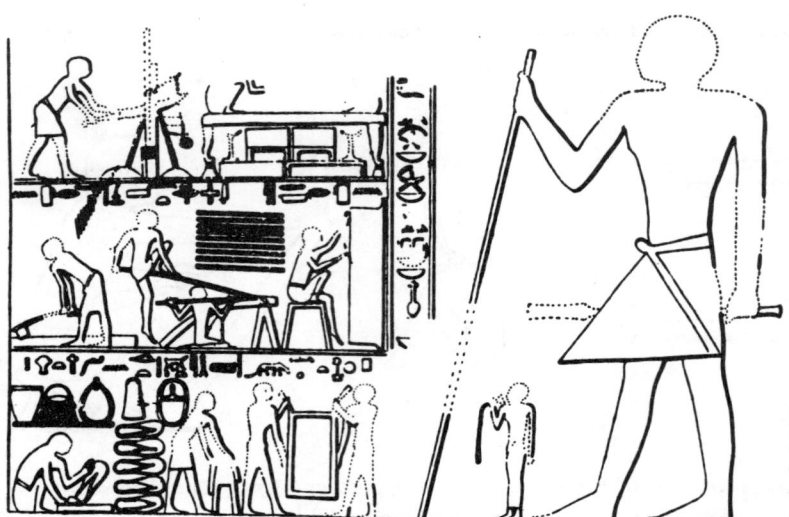

Bild 2/6.
Holzbearbeitung als Motiv einer Reliefdarstellung aus dem Alten Reich (Grabmal des Schedu in Deschasche)

durch Hämmern gekerbte Kupferblatt. Die ältesten Funde und bildhaften Darstellungen aus Ägypten geben darüber Auskunft, daß die ersten metallenen Sägen dem heute gebräuchlichen Fuchsschwanz ziemlich ähnlich waren. Bemerkenswert an diesem Sägentyp ist außer seiner besonderen funktionellen Eignung der ergonomisch günstig angeordnete Griff. Fuchsschwanzartige Sägen waren vermutlich die ersten Sägewerkzeuge, die sich für Längsschnitte eigneten. Sie maßen bis 50 cm in der Länge und hatten teils grobe, teils feine Bezahnung.

Archäologische Zeugnisse belegen bildhaft, aber auch gegenständlich, daß in Ägypten schon sehr zeitig ein erstaunlich hoher Stand bei der Bearbeitung von Holz mit Metallwerkzeugen erreicht wurde, und zwar bereits im Alten Reich (2778 bis 2263 v. u. Z.). Waren zu dieser Zeit die Werkzeuge noch aus Kupfer gefertigt, so wurden spätestens seit dem Mittleren Reich (2040 bis 1730 v. u. Z.) die ersten Bronzewerkzeuge hergestellt. Im Neuen Reich (1562 bis 1085 v. u. Z.) schließlich stand dann Zinnbronze beinahe in Fülle zur Verfügung, so daß sich viele Holzhandwerker und selbst der Bauer mit Metallwerkzeugen und -geräten ausstatten konnten.

Lehrreiche Aussagen enthalten die in Sakkara, Deschasche oder Theben, aber auch an anderen Stätten altägyptischer Kultur aufgefundenen Reliefdarstellungen, die bis auf das Alte Reich zurückgehen. Linear stilisiert und geradansichtig, aber doch stets bis ins Detail gehend, vermitteln die in langer Kette aneinandergefügten Szenen, wie die altägyptischen Holzwerker der frühen Metallzeit mit Kupfer- und Bronzewerkzeugen umgingen.[1] Das Holz wurde mit der Axt grob behauen, mit der fuchsschwanzartigen Kupfer- bzw. Bronzesäge zugeschnitten, mit der Dechsel geglättet oder ausgehöhlt und mit dem Stemmeisen feinbearbeitet. Außerdem war die Handhabung des Bohrers bekannt. Der einfache Kurbelbohrstab ist in der ägyptischen Bilderschrift als Hieroglyphe wiederzufinden. Er steht dort ganz allgemein für »Handwerk« und »Kunst«. Das weist auf die Bedeutung dieses ersten rotierenden Werkzeuges hin.

Der »große Herr« Ti (2400 bis 2350 v. u. Z.), ein mächtiger Priester, Vorsteher mehrerer Pyramiden und Sonnentempel, Hofbeamter und Großgrundbesitzer im ausgehenden Alten Reich – ein Mann, der sich selbst als einziger Freund und Kronenbewahrer des Pharao bezeichnete und der als Ausdruck seiner Macht, gleich anderen Herrschern jener Zeit, sein Konterfei überlebensgroß verewigen ließ –, hat die Opferhalle seiner Steingrabkammer

---

[1] Für den ägyptischen Reliefstil ist die sogenannte Geradansichtigkeit typisch. Kopf, Arme und Beine werden von der Seite dargestellt, der Oberkörper jedoch von vorn. Das gibt kein richtiges Sehbild, zeigt aber das Wesentliche der Erscheinungen.

in Sakkara besonders reich mit Reliefs ausstatten lassen. Die Bildwerke zeigen neben den unterschiedlichsten Szenen eine Fülle interessanter Motive aus dem altägyptischen Handwerkerleben. Zimmermann, Wagner und Tischler spielen dabei keine untergeordnete Rolle. Auf langem Bilderfries ist ihre Tätigkeit von der Rohholzbearbeitung bis hin zum Bau von Möbeln oder Schiffen anschaulich gestaltet. Einer der Holzwerker zersägt zunächst das an einen Pfahl gebundene starke Kantholz zu langen Brettern; ein anderer verarbeitet danach mit seiner fuchsschwanzartigen Säge ein Brett zu dünnen Leisten. Der dritte gibt dem Holz durch feines Spanen mit der Dechsel die endgültige Form. Indes besorgen wieder andere mit Schlegel, Stemmeisen und Bohrer das Aussparen von Zinken, Nuten, Löchern und Zapfen. Zum Schluß endlich bauen Handwerker die Teile zu Betten, Tischen, Truhen und anderen Ausstattungsgegenständen zusammen, ohne dabei als letzten Arbeitsgang das Schleifen und Polieren der sichtbaren Oberflächen mit glatten Steinen zu vergessen. Über den rechten Fortgang der Arbeit wacht Herr Ti selbst. Hieroglyphenschrift, die den Hintergrund der Bildwerke ziert, erläutert verschiedene Details dieser Szenerie.

Für das Sägen des Holzes in Faserrichtung wendeten die Menschen im Ägypten des Altertums eine für sie typische Methode an. Das Werkstück stand aufrecht, meist fest verschnürt an einem Pfahl, oder leicht geneigt, so daß die Säge mit mehr oder weniger senkrechter Richtung in das Holz eindrang. Vom Schränken des Werkzeugs besaß man offensichtlich noch keine Kenntnisse. Wie anders sonst ist die auf den Reliefs immer wiederkehrende Vorrichtung oberhalb des Sägeblattes zu erklären. Mit ihrer Hilfe versuchten die ägyptischen Holzwerker dem leidigen »Klemmen« der Säge auf recht interessante Weise beizukommen. Ein in die Schnittfuge getriebener Keil, der über eine Schnur von einem steinernen Gewicht beschwert wurde, öffnete die Schnittfuge fortlaufend und verhinderte damit das Klemmen des Werkzeugs. Darüber hinaus half die Formung des Sägeblattes das Problem des »Freischneidens« zu lösen; das Blatt wurde so gegossen, daß sich sein Querschnitt von der Zahnlinie zum Blattrücken hin verjüngte. Auf diese Weise war es möglich, selbst die Planken für Lastschiffe mit der Säge herzustellen.

Es ist augenfällig an den altägyptischen bildnerischen Darstellungen, daß die gewählten Motive beinahe stereotyp mit immer der gleichen Gestaltung der Tätigkeiten über mehr als 1200 Jahre wiederkehren. Desgleichen überrascht, wie sehr die metallenen Geräte während der ganzen 2000 Jahre orientalischer Bronzezeit ihre Form beibehielten. Einen besonderen Eindruck hinterlassen vor allem die ältesten dieser Bilder. In ihnen begegnet uns der Mensch während seiner Arbeit mit dem Holz vor annähernd 4500 Jahren. Wenn ein solcher Vorgang zu damaliger Zeit immer wieder bildhaft festgehalten wurde, dann läßt das auf die Bedeutung schließen, die das Sägen und die weitere Verarbeitung des Holzes in den führenden bronzezeitlichen Kulturen für die Produktion materieller Güter hatten.

Der Axt blieb im Ägypten des Altertums wie auch in den mesopotamischen Hochkulturen im wesentlichen die gröbere Behandlung des Holzes, gewissermaßen die erste Verarbeitungsstufe, vorbehalten. Die für das geschichtliche Ägypten charakteristische Zimmermannsaxt erscheint zuerst auf Grabmalereien der

Bild 2/7. Ägyptische Holzhandwerker fertigen Möbel an (Ausschnitt aus dem Relief in der Grabkammer des Hofbeamten Ti in Sakkara, um 2400 v. u. Z.)

Bild 2/8. Säge, Axt, Dechsel, Stemmeisen und Bohrer waren im Alten Ägypten die hauptsächlichen Werkzeuge des Holzhandwerkers (Theben, 15. Jh. v. u. Z.)

3. Dynastie. Sicherlich aber ist sie bedeutend älter; sie entstammt vermutlich der prädynastischen Zeit. Das Werkzeug bestand aus einem starken, leicht gebogenen Holzstiel und einer rechteckigen, an der Schneide abgerundeten Kupferklinge. Die Bedeutung, die dieser Axt in jener frühen Zeit zukam, geht unter anderem daraus hervor, daß ihr Abbild eines der ältesten Zeichen der ägyptischen Hieroglyphenschrift ist.

Abgeleitet von dieser ihrer hervorragenden Stellung unter den anderen Werkzeugen, erlangten Beil und Axt sehr früh religiöse Bedeutung, galten sie doch als die mächtige Waffe des Himmels- oder Donnergottes. Kleinformatigen Nachbildungen von Beilklingen, den sogenannten Donnerkeilen, wurden magische Kräfte zugeschrieben. Sie sollten gegen Blitzschlag schützen, wenn sie als Weihgaben im Heiligtum niedergelegt oder von dort mit nach Hause gebracht wurden. Doch auch als Zeichen des Wettergottes spielte das Beil eine Rolle. Und so gehörten Beile oder Äxte aus Bronze, ja selbst aus Ton, die mitunter Inschriften trugen, zu den geweihten Gaben der Tempel. Die große, mit Goldwerk ausgelegte Prunkaxt dagegen, die zwar gediegen und kunstvoll gearbeitet, aber doch zu keiner praktischen Tätigkeit tauglich war, kündete als durchaus irdisches Zeichen weithin erkennbar für alle von der besonderen gesellschaftlichen Stellung ihres Besitzers.

Bild 2/9. Säger, Schnitzer und Möbeltischler fertigen einen mit kostbarer Einlegearbeit verzierten Schrein (Theben, 14. Jh. v. u. Z.)

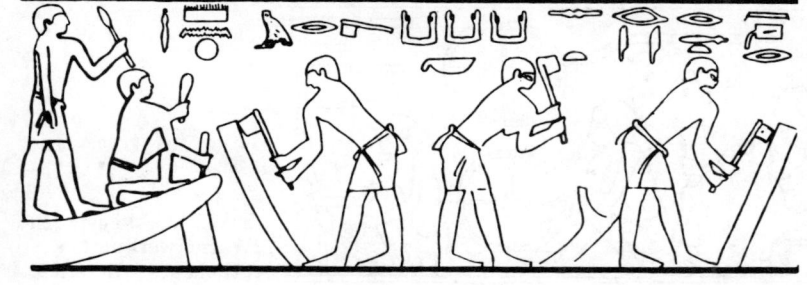

Bild 2/10. Gebrauch der Kupferaxt im Altertum (Grab des Aba in Deir el-Gebraui). In der Legende zu diesem altägyptischen Kunstwerk ist das Werkzeug als Hieroglyphe wiederzufinden.

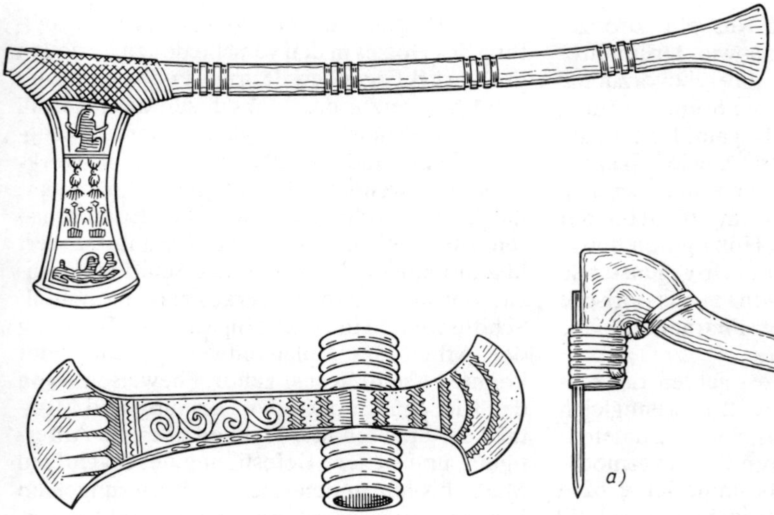

Bild 2/11. Prunkäxte aus der Bronzezeit

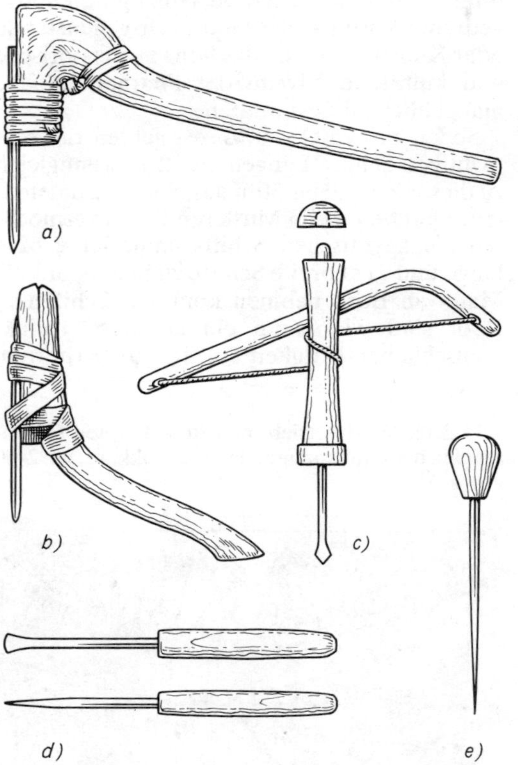

Das Alte Ägypten, das klassische Land der Bronzezeit mit seiner mehr als tausendjährigen Tradition, hat ungewöhnlich viel zur Entwicklung und Verbreitung der Kunst der Holzbe- und -verarbeitung beigetragen. Viele der zu dieser Zeit und dort aus Holz produzierten Erzeugnisse rühmen noch heute, ob als Original oder Rekonstruktion, durch ihre kunstvolle und zugleich zweckmäßige Gestaltung das Können der ägyptischen Holzhandwerker. Sie demonstrieren aber auch ausgereifte Kenntnisse über moderne Holzkonstruktionen sowie beachtliche Fähigkeiten in den Fertigungstechniken.

Die ägyptischen Zimmerleute, Tischler, Schnitzer, Wagner und Böttcher verstanden trefflich das Holz zu verwerten. Neben Beil und Säge waren speziell geformte Stemmeisen,

Bild 2/12. Bronzezeitliche ägyptische Holzbearbeitungswerkzeuge
a) langgestielte Dechsel, b) kurzgestielte Dechsel, c) Bogendrillbohrer, d) Stemmeisen, e) Ahle zum Vorstechen von Löchern für Kupfernägel

Bild 2/13. Altägyptische Wagnerwerkstatt (Theben, 15. Jh. v. u. Z.)

Dechsel, flache und runde Raspeln, Bronze- und Holzhämmer, Ahlen sowie Drillbohrer und Drehvorrichtungen ihre bevorzugten Werkzeuge. Damit bauten sie Stühle, Bänke, Tische, Truhen, Schreine, Regale, Betten, gediegen gestaltete Sänften sowie Wagen, Schiffe oder Bauausrüstungen und schufen kunstvolle Altäre, Ständer für die Abbilder ihrer Götter, lebensgroße Holzfiguren sowie gedrehte Vasen – alles Gebrauchsgegenstände oder Kunstwerke, die das hohe zivilisatorische und kulturelle Niveau der Pharaonenreiche maßgeblich mitbestimmten.

Schon um 2500 v. u. Z. erreichten die seetüchtigen Schiffe Längen bis 52 m, wenngleich zu dieser Zeit 20 bis 30 m das Normale darstellten. Und bereits im Mittleren Reich vermochten die ägyptischen Schiffszimmerleute 62 m lange und 21 m breite Schiffe zu bauen, die 120 Mann an Bord nehmen konnten. Schiff und Boot sind wie kaum ein anderes Produkt menschlicher Tätigkeit ein sicheres Kriterium für die Bestimmung des Niveaus der Bearbeitung des Holzes in den verschiedenen Perioden der zurückliegenden Jahrtausende. Denn im Schiffbau setzte der Mensch seit altersher all seine Erfahrungen, Fähigkeiten sowie Fertigkeiten ein, und er gebrauchte dabei Werkzeuge und wendete Herstellungstechniken an, die den jeweils fortgeschrittensten Erkenntnissen entsprachen. Bis in das 19. Jahrhundert hinein nahmen am Bau eines Schiffes sämtliche Berufe des Holzgewerkes gemeinsam teil. Schiffe stellten in vieler Hinsicht eine Krönung der Arbeit des Holzhandwerkers dar. Hier konnte er seine Kunst gehörig beweisen – von der Kiellegung sowie der Formung und Montage der Spanten und Planken über die Anfertigung und sichere Befestigung der mächtigen Maste bis hin zu den reichen Verzierungen an Rumpf, Aufbauten und Inneneinrichtungen. So gesehen repräsentiert ein seetüchtiges Schiff aus vergangener Zeit nicht nur ein Stück geschichtlicher Entwicklung schlechthin, son-

Bild 2/14. Werftbetrieb im Alten Ägypten (Flachrelief in der Grabkammer des Ti in Sakkara, um 2400 v. u. Z.)

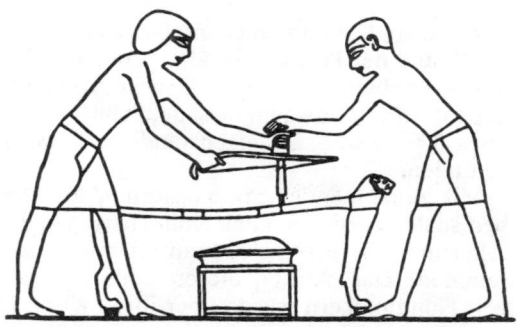

Bild 2/15. Ägyptische Möbeltischler während der Arbeit mit dem Bogendrillbohrer an einer kunstvoll gestalteten Liege in der Zeit des Neuen Reiches

Bild 2/16. Arbeit mit Dechsel und Säge (Reliefdarstellung, um 2400 v. u. Z.)

Bild 2/17. Streitwagen mit Speichenrädern – ein Zeugnis für die Kunstfertigkeit der Holzhandwerker im bronzezeitlichen Altertum

dern es ist gleichsam auch ein Gradmesser für den Stand der Produktivkräfte in der Holzbe- und -verarbeitung in jener Epoche, in der es gebaut wurde. In Ägypten ist der Schiffbau seit etwa 3000 v. u. Z. als eigenständiges Gewerk zu finden.

Mit zunehmender Spezialisierung der Arbeit schlossen sich in allen Kulturnationen des Altertums die Handwerker in »Zünften« zusammen. Das Wirken dieser Vereinigungen von Handwerkern wurde über ihren Kontakt zum Staat gelenkt. Die Aufsicht über die Zünfte hatten Leute von Rang inne, die in die Geheimnisse von Schrift und Sprache eingeweiht waren. Durch sie standen die Handwerker in relativ enger Fühlung zum Wissensstand der damaligen Zeit. Das erklärt unter anderem die relativ schnellen Fortschritte bei der Herstellung sowohl der Werkzeuge als auch der damit geschaffenen Erzeugnisse. Jedoch »frei« waren die Handwerker der bronzezeitlichen Hochkulturen nicht. Sie standen in direkter Abhängigkeit vom Hofe. Allein der König und seine Beamtenschaft bestimmten ihr Tun; nur in deren Auftrag und für sie wurde die Arbeit verrichtet.

Im Alten Reich war Memphis, die glanzvolle Hauptstadt, ein traditionelles Handwerkerzentrum. Von dort konnte schwerlich schlechte Arbeit kommen. Die in Memphis und ähnlichen Zentren zum Schaffen versammelten Handwerksleute waren bereits hochspezialisierte Fachkräfte. Die Holzwerker teilten sich in drei oder vier Berufe. Und selbst innerhalb der Berufe gab es Spezialisten für bestimmte Erzeugnisse, so daß »*sie in Bezug auf Handwerk und Künste ihre Rivalen mehr übertroffen haben, als sonst der Meister den Stümper*«, wie das viele Jahrhunderte später der Athener Politiker und Rhetoriker ISOKRATES (436 bis 338 v. u. Z.) beurteilte. Der Gott der Handwerker und Künstler hieß »Ptah«. Er, an dessen Tempel mehr als 3000 Sklaven gebaut hatten, verkörperte den Schöpfergott, in dessen Macht und Einfluß es lag, ob und inwieweit menschlicher Fleiß und Schöpfergeist gebührende Früchte trugen. Sein Stellverteter in den irdischen Werkstätten war der »Große Leiter der Handwerker«, ein Staatsbeamter, dem die Kontrolle über die Handwerksleute und Künstler oblag und unter dessen Regie alle bedeutenden Kunstwerke entstanden.

Nahezu 2000 Jahre währte die Zeit, in der Ägypten seinen geschichtlichen Vorsprung behaupten konnte. Diese Ausnahmestellung resultierte aus den günstigen natürlichen Bedingungen des Landes, besonders für die Landwirtschaft, und dem politisch-organisatorischen Geschick – eingeschlossen die Förderung des Handwerks – seiner herrschenden Klasse. Die disziplinierten und geschulten ägyptischen Heere hatten ihre Erfolge, die sie

Bild 2/18. Sarkophag aus Zedernholz mit Intarsien (Ägypten um 2000 v. u. Z.)

Bild 2/19. Ägyptische Soldaten wehren mit ihren vorzüglich gebauten Schiffen den Angriff der ägäischen Seevölker ab (Siegelrelief im Tempel Ramses' III., um 1150 v. u. Z.)

auf zahlreichen Eroberungszügen in das Goldland Nubien, nach der kupferträchtigen Halbinsel Sinai oder nach Vorderasien errangen, wesentlich der Überlegenheit ihrer metallenen Waffen zu danken. Gegen sie vermochten die steinzeitlichen Kieselschleudern, Flintdolche und steinernen Kriegsbeile ihrer Nachbarn nur wenig auszurichten.

Als etwa zur Mitte der 18. Dynastie, am Beginn des Neuen Reiches, das geschichtliche Ägypten mit dem Aufstieg zur altorientalischen Großmacht den Höhepunkt seiner Entwicklung erreicht hatte, nahm die Entfaltung von Prunk und Pracht am Pharaonenhofe zu. Immer anspruchsvoller wurde dort der Geschmack. Ständig neue Möglichkeiten ersannen auch die anderen aristokratischen Würdenträger des Landes, um Pracht und Luxus zu entfalten. Tischler und Zimmerleute, die oft in ärmlichen Häusern wohnten, konnten sich über fehlende Aufträge kaum beklagen. Gediegene Holzarbeit, luxuriöse, goldbezogene und elfenbeinverzierte Möbel sowie Holzerzeugnisse, die höchsten Gebrauchsansprüchen gerecht wurden, waren jetzt noch mehr gefragt als zuvor. Die prächtige Gestaltung der Sarkophage war schwerlich zu übertreffen, und die als Grabbeigabe bestimmten Holzfiguren erforderten vom Schnitzer hohe Kunstfertigkeit.

Die Bedeutung, die die Holzbearbeitung in allen bronzezeitlichen Großreichen besaß, sowie das gewaltige Potential, das in diesem Zweig tatsächlich zur Verfügung stand, sind auch daran zu erkennen, daß Ramses III., der letzte mächtige Pharao des Neuen Reiches, in der Lage war, dem Geschwader der ägäischen Seevölker, die hart sein Land bedrängten, eine Flotte mit mehr als 2000 Kriegsschiffen aller damaligen Bauklassen entgegenzustellen. Im Soge dieser wirtschaftlichen und staatlichen Expansion erfuhr die altägyptische Holzbearbeitung den letzten deutlichen Aufschwung.

Ohne die konstruktiv und technisch ziemlich ausgereiften Holzbearbeitungswerkzeuge, die durchaus als Hauptarbeitsmittel in allen Hochkulturen des Altertums angesehen werden können, so in Sumer, Akkad und Babylonien, wären viele Leistungen in der Holzbearbeitung der darauffolgenden Zeit sicherlich nicht möglich gewesen. Das gilt nicht nur für die Erzeugnisse selbst, sondern gleichermaßen für die zu ihrer Herstellung angewendeten Techniken und Arbeitsverfahren. Viele der heute gebrauchten Werkzeuge stammen von Bronzeoriginalen.

Doch auch in einigen außerorientalischen Kulturen, die zumeist im südeuropäischen Raum beheimatet waren, wurden schon lange vor der Zeitenwende Sägen und andere Werkzeuge aus Bronze hergestellt. Die vielleicht früheste für die Holzbearbeitung geeignete europäische Bronzesäge ist die Säge von Knossos. Sie entstammt der Zeit um 1500 v. u. Z. Das Blatt, etwa 40 cm lang und 10 cm breit, ist schwach und unregelmäßig gezahnt und mit Bohrungen für den Handgriff versehen. Ein solcher Fund an diesem Ort ist nicht ungewöhnlich. Ihren Namen erhielt die Säge von der Stätte, von der sie geborgen wurde. Knossos, die Hauptstadt und Königsresidenz des bronzezeitlichen Kreta, zählte zu ihrer Glanzzeit über 80 000 Einwohner. Hier entwickelte sich mit der minoischen Kultur die erste Hochkultur Europas. Die kretische Bronzezeit reicht bis in das 4. Jahrtausend zurück. Neben einer eigenen Schrift und einem Zahlensystem brachte die minoische Kultur sehr früh schon ein kunstfertiges Handwerk der Metall- und Holzverarbeitung hervor. Von 1600 bis 1400 v. u. Z. wächst Kreta in sein »Goldenes Zeitalter« hinein, eine Periode, die die eigentliche Blütezeit der minoischen Kultur verkörpert. Jetzt entwickelte sich hier ein Reichtum, den Griechenland erst eintausend Jahre später erlangte. Die Palastanlagen strahlten in überwältigender Pracht und Größe. Zivilisation und Kultur, der gesamte urbane, materielle und geistige Lebensstandard der Minoer hatte das Niveau der Großreiche des Vorderen Orient erreicht. Der Fürst von Knossos, der viele hundert Jahre später im antiken Griechenland zum Sagenkönig Minos[1] wird, war fraglos der mächtigste aller Herrscher in der Ägäis. Kreta unterhielt zu dieser Zeit rege Handelsbeziehungen mit dem großen Ägypten. Es lieferte ihm neben minoischer Keramik, neben Öl und Wein auch große Mengen wertvollen Holzes aus den Vorräten der waldreichen Insel und erhielt dafür Elfenbein, Gewänder und Stoffe. *»Der Hunger Ägyptens nach Bauholz scheint unersättlich gewesen zu sein.«* /162/ Noch viele andere Beziehungen dieser Zeit zwischen Kreta und Ägypten sind verbrieft. Und so liegt die Vermutung nahe, daß der Aufschwung im Mittleren Reich, der Ägypten aus dem wirtschaftlichen Niedergang während der 1. Zwischenzeit herausführte, mit dem steigenden Wohlstand des kleinen Inselreiches in engem Zusammenhang stand.

Unter solch günstigen Voraussetzungen erreichte auf Kreta auch die Arbeit mit dem Holz sehr früh ein beachtliches Niveau. Sachzeugen dafür können drei bemerkenswerte Bronzesägen spätminoischen Ursprungs sein. Sie messen in der Länge etwa 1,5 m, haben gleichmäßig ausgebildete Zähne und Bohrungen zum Anbringen hölzerner Griffe. Die größte von ihnen, die im königlichen Landhaus bei Hagia Triada gefunden wurde, ist 1,65 m lang, etwa 15 cm breit und hat eine Zahnteilung von 8 mm. In der Form entsprechen sie alle der »Knossos-Säge«. Ihren Platz haben sie heute zusammen mit kleinen Sägeblättern und ande-

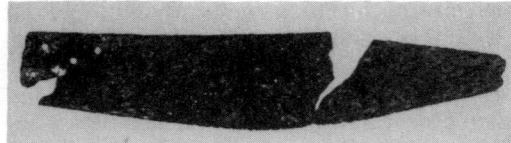

Bild 2/20. Säge von Knossos

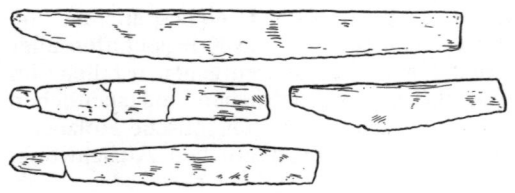

Bild 2/21. Fuchsschwanzartige Sägeblätter aus der kretischen Bronzezeit (bis 50 cm lang und 10 bis 15 cm breit)

---

[1] Vermutlich ist »Minos« nicht der Name eines kretischen Herrschers, wie es die antike Sage will, sondern ein dynastischer Titel in der Kreterzeit, vergleichbar dem ägyptischen Königstitel »Pharao«.

ren Werkzeugen minoischer Herkunft im kretischen Museum in Herakleion gefunden. Die doch beträchtlichen Abmessungen dieser Holzbearbeitungswerkzeuge, die vermutlich selbst in Ägypten nicht erreicht wurden, weisen zugleich auf die hohe Kunst des minoischen Gießer- und Schmiedehandwerks.

Besonders eindrucksvoll widerspiegeln sich die Leistungen der kretischen Holzhandwerker in den mächtigen Holzkonstruktionen und den berühmten minoischen Säulen der Paläste sowie anderer Prachtbauten und nicht zuletzt im Schiffbau. Kreta besaß zu minoischer Zeit eine starke Flotte. Kretische Kriegsschiffe kontrollierten weite Teile des Mittelmeeres, und die Segel der Handelsflotte zeigten sich auf allen damals von den Anliegern des Mittelmeeres befahrenen Meeren. Die Minoer Zimmerleute verstanden ihr Handwerk. Die Schiffe, die sie bauten, waren – ungeachtet der Witterung – schneller und manövrierfähiger als die Schiffe aller anderen Mittelmeerländer.

Das kleine Kreta mittel- und spätminoischer Zeit, das neben zahlreichen anderweitigen Kulturgütern die ältesten Bronzesägen des europäischen Kontinents hinterließ, war mit seinen kulturellen und zivilisatorischen Leistungen in die Kulturwelt des Altertums integriert. Es stand fast gleichrangig, in manchem ebenbürtig neben dem mächtigen Ägypten und dem Reich der Hethiter. Der gewaltige Ausbruch des Vulkans Santorin an der Wende vom 15. zum 14. Jahrhundert v. u. Z. ließ die minoische Hochkultur allerdings jäh untergehen – für alle Zeit.

Wenngleich die kretisch-mykenische Kultur am nachhaltigsten wirkte und ausstrahlte – andere europäische Völker der Bronzezeit haben ebenfalls glänzende Spuren des hohen Entwicklungsstandes ihrer Holzbearbeitung hinterlassen. Auch sie verstanden es, allerdings erst sehr viel später, Holzbearbeitungswerkzeuge recht komplizierter Formen anzufertigen und zu gebrauchen.

Bedeutende Funde, die unter anderen Gegenständen mehrere Bronzesägen enthielten, geben darüber Aufschluß, daß in der Villanovakultur Mittel- und Norditaliens (900 bis 400 v. u. Z.) während der späten Bronzezeit die Herstellung und der Gebrauch metallener Sägen nicht unbekannt war, obwohl die Villanovaleute sich doch mehr durch die Verwendung eisenzeitlicher Gerätschaften auszeichneten. Kleine bronzene Sägeblätter sind auch von den Etruskern bekannt. Ein ähnlicher Beleg für das südliche Mitteleuropa sind zwei in den

Bild 2/22. Kultszene mit der Doppelaxt im Blickpunkt auf einem Goldring von Mykene

schweizerischen Pfahlbauten gefundene, etwa 20 cm bzw. 14 cm lange bronzene Sägeblätter mit Bohrungen für die Befestigung des Griffes. Das größere der beiden Blätter ist an der Zahnlinie etwa 2 mm dick und ähnlich den ägyptischen Bronzesägen zum Blattrücken hin keilförmig verjüngt. Das wirkte dem Verklemmen des Werkzeugs im Holz entgegen.

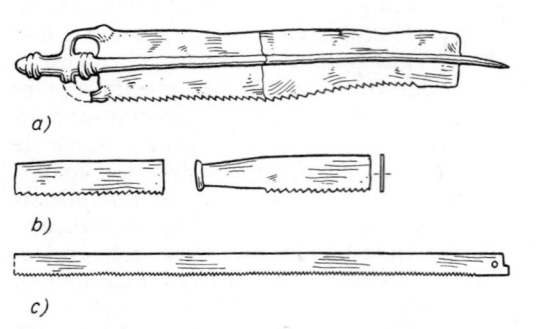

Bild 2/23. Sägenfunde aus Bronzezeitkulturen in Nord- und Mittelitalien
a) Länge etwa 50 cm, b) Fragmente, jeweils etwa 10 cm lang, c) Fragment, etwa 50 cm lang

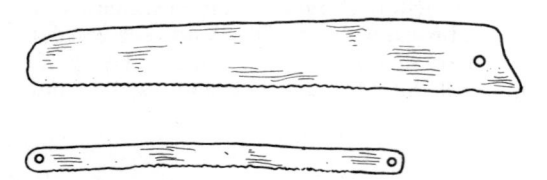

Bild 2/24. Bronzesägen aus den schweizerischen Pfahlbauten

Bild 2/25. Kleine, etwa 16 cm lange spätbronzezeitliche Säge aus Monkton (Großbritannien)

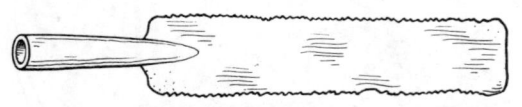

Bild 2/26. Bronzesäge der Tagar-Kultur (6. bis 3. Jh. v. u. Z.). Die Säge gehört zu einem Hortfund bronzener Holzbearbeitungswerkzeuge, der im Jenissejbecken nahe Krasnojarsk geborgen wurde. Sie ist eine der wenigen Bronzesägen, die zur Befestigung des Griffes eine Tülle haben. Das Blatt ist etwa 18 cm lang, 5 cm breit und beidseitig gezahnt.

Die Verwendung von Holzbearbeitungswerkzeugen aus Bronze ist für viele Kulturkreise durch reiche Funde belegt, nicht zuletzt für die Bronzezeitkulturen unseres Gebietes, obwohl diese erst Jahrhunderte später die metallzeitliche Entwicklungsstufe der Stromtalstaaten erreichten. Aber im Gegensatz zu Ägypten und den mesopotamischen Hochkulturen, wo bereits das Längsschneiden von Holz mit Kupfer- und Bronzesägen bewältigt und verbreitet angewendet wurde, stellt in den außerorientalischen Kulturen der Kupfer- und Bronzezeit, ausgenommen die minoisch-mykenische Kultur, immer das Beil das wesentlichste Produktionsinstrument für die Holzbearbeitung dar.

Gerade die Beilfunde auf dem Gebiet unseres Landes geben mit ihrer doch erstaunlichen Vielfalt einen repräsentativen Einblick in die Entwicklung dieses für die mittel- und nordeuropäischen Bronzezeitkulturen wichtigsten Holzbearbeitungswerkzeuges. An diesen Bronzebeilen beeindrucken immer wieder die differenzierten Formen. Sie zeugen über einen langen Zeitraum hinweg von dem Bemühen des Menschen, seine Arbeitsleistung durch die immer günstigere Gestaltung des Werkzeuges zu verbessern. Die Metalltechnik ließ genügend Raum für die Umsetzung der Erfahrungen der Holzwerker und die Vorstellungskraft der Schmiede. Es begann mit gestalterisch einfachsten Lösungen, die noch nicht die Qualität der Beile der historisch vorangegangenen Jungsteinzeit erreichten, und es führte zu Werkzeugformen, die den heute gebrauchten Beilen schon recht nahe kamen. Ungeklärt bleibt allerdings, warum der Mensch der frühen europäischen Bronzezeitkulturen sein Beil nicht überall sogleich mit der weit vollkommeneren, schon in der Jungsteinzeit bekannten Öhrschäftung versah. Denn die zahlreichen anderen Beilformen, die er entwickelte, waren konstruktiv nicht ausgereift, erforderten sie doch allesamt mehr oder weniger komplizierte Schäftungen, ohne dabei die Gebrauchseigenschaften des Öhrbeiles zu erreichen. Vielleicht liegt das Problem in der Gießtechnik verborgen.

Die ersten Kupferbeile der mitteleuropäischen Kulturen erinnern mit der Art ihrer Schäftung noch sehr an die frühen Flintbeile. Ihre kernbeilförmige, recht schwerfällige metallene Klinge wurde einfach in das aufgespaltene Ende des Schaftes eingeklemmt und mit

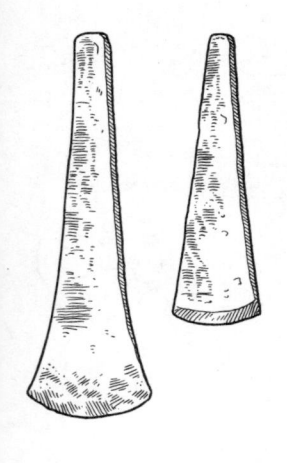

Bild 2/27. Flachbeilklingen (Celts) Bild 2/28. Randleistenbeile 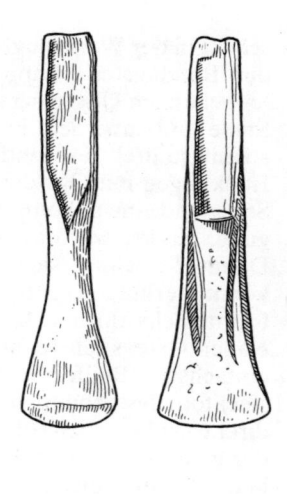 Bild 2/29. Absatzbeile

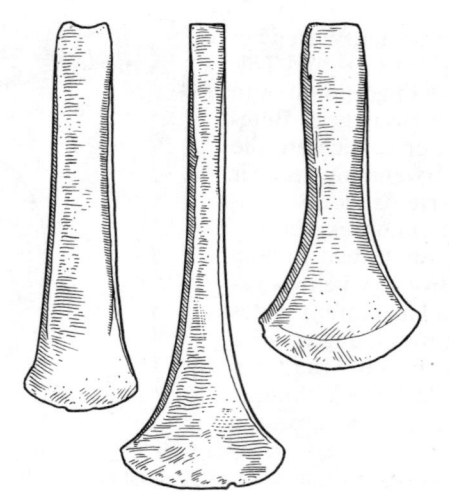

Bast, Sehnen und vielleicht auch mit Harz befestigt. Eine dergestalt angeordnete Klinge saß nicht allzu fest. Also mußte nach einer besseren Lösung gesucht werden.

Die folgenden Bronzeklingen sind so geformt, daß sie in den Schlitz einer am Gerätestiel vorspringenden Verdickung eingelassen werden konnten. Dabei verhinderten an der Klinge ausgebildete Ränder oder Leisten ein Ausweichen nach unten und oben. Von dieser konstruktiven Gestaltung erhielt das Randleistenbeil seinen Namen. Doch auch diese Klingenform genügte nicht den Erwartungen. Noch waren die Ränder nicht breit genug, um der Klinge auch bei hoher Beanspruchung ausreichenden Halt zu geben. Sie wurden deshalb lappenförmig vergrößert und führten damit zu einem neuen Beiltyp, dem Lappenbeil. Zwar konnte sich die Klinge nun in der Schaftzunge nicht mehr verschieben, bei größerem Widerstand des Werkstücks jedoch wich der Klingennacken nach hinten aus, drang in den Stiel ein, sprengte ihn und zerstörte so das Werkzeug. Dieser Mangel führte zur Entwicklung der verschiedenen Typen des Absatzbeiles. Diese Beilform ist noch mit einem unterhalb der Lappen in den Klingenkörper eingegossenen wulstförmigen Absatz versehen, der das Ausweichen der Klinge nun auch in senkrechter Richtung verhinderte.

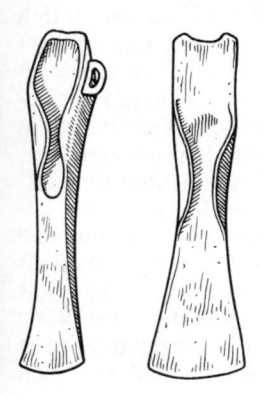

Schließlich wuchsen die Lappen zusammen und bildeten eine Tülle. So ersann der Mensch der Bronzezeit in Mittel- und Nordeuropa am Ende einer langen typologischen Reihe, in der jede Klingenform aus der vorangegangenen hervorging, mit dem Tüllenbeil auch eine qualitativ neue Art der Schäftung. Die Klinge wurde jetzt nicht mehr in den Beilstiel, sondern der Stiel in die Tülle eingefügt. Das Tüllenbeil, das als Vorstufe des bronzezeitlichen Öhrbeiles aufzufassen ist, war wegen seiner guten Eigenschaften in der späten Bronzezeit allgemein in Gebrauch.

Beim vollkommenen Beil der Bronzezeit hat die Klinge zur Aufnahme des Stieles endlich das Öhr. Damit wurde eine funktionelle Lösung wiedergefunden, die lange vorher bereits der Steinzeitmensch entdeckt hatte und die von nun an über die Eisenzeit hinweg bis heute bei allen typischen Beilen und Äxten Anwendung findet. Dieser letzte Entwicklungsschritt brachte nicht nur wesentliche Vorteile im Umgang mit dem Werkzeug, sondern er bedeutete gleichzeitig einen beachtlichen Fort-

Bild 2/30. Lappenbeile

schritt in der Werkzeugherstellung. Waren bei den Randleisten-, Lappen-, Absatz- und Tüllenbeilen am Übergang zur Klinge gekrümmte Stiele und außerdem immer zusätzliche Befestigungsmittel notwendig, ermöglichten die Beilklingen mit Öhr die Verwendung gerader Stiele und eine unkomplizierte Art der Befestigung. Zuerst war das Öhr rund ausgebildet. Damit die Klinge sich am Stiel nicht drehen konnte, erhielten spätere Bronzebeile oval geformte Schaftlöcher. In den Hochkulturen des Nahen Ostens führte die Entwicklung von der einfachsten Beilform, der in den Schaft gesteckten, festgebundenen flachen Celtklinge, direkt zum Öhrbeil, ohne die Zwischenstufen der geleisteten und gelappten Beile zu durchlaufen. Oft zeigen die mitteleuropäischen bronzezeitlichen Beile reiche Verzierungen. Wulste, Leiterbänder, Bögen oder Dreiecke und andere geometrische Ornamente schmücken die Klingen.

Zunehmende Bedeutung unter den Werkzeugen des Holzhandwerks erlangte in der Bronzezeit die Dechsel, das kleine Querbeil, das sich besonders zum Glätten roher Flächen, zum Ausputzen von Vertiefungen oder zum Anfertigen geschweifter Teile eignet. Den Hobel kannte man noch nicht. So ist die Dechsel, die in der Steinzeit entstand, nunmehr recht verbreitet angewendet worden, bevorzugt im Schiffbau sowie bei der Herstellung von Möbeln oder Böttchereierzeugnissen.

Seit der Bronzezeit existierten aber auch Axttypen, die Kombinationen der Axt mit anderen Holzbearbeitungswerkzeugen darstellen. Dazu gehören die Dechselaxt, ein Werkzeug, das ebenso für die Grob- wie für die Feinbearbeitung zu gebrauchen war, oder die Pickelaxt, eine Kombination von Axt und Hacke, die bevorzugt in der Waldarbeit Anwendung fand. Die Doppelaxt, bei der der Klingennacken zur zweiten Schneide ausgebildet wurde, ist eine Axtform, die oft nur Symbolcharakter trug, obgleich sie zuweilen für die gewöhnlichsten Arbeiten, wie etwa zum Holzfällen, diente.

Bild 2/31. Tüllenbeile

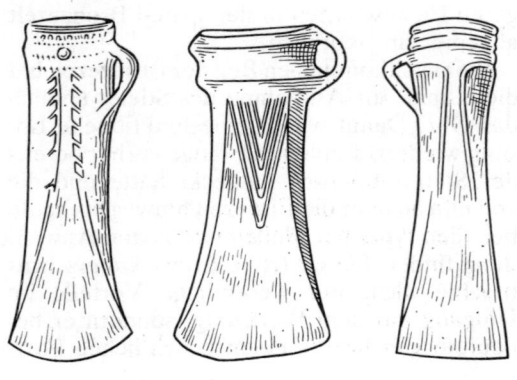

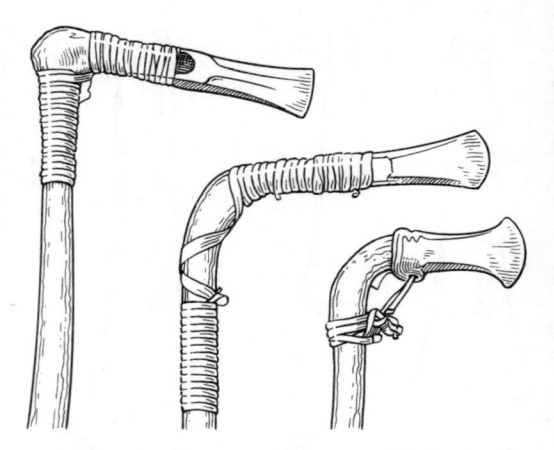

Bild 2/32. Schäftungsarten bronzezeitlicher Beile – Absatzbeil, Randleistenbeil, Tüllenbeil

Als Merkmal religiöser Verehrung ist die Doppelaxt für viele der ersten Bronzezeitkulturen geradezu typisch. Nicht nur in Ägypten und im Orient, sondern gleicherweise in den europäischen Bronzezeitkulturen war sie als Kult- und Opferzeichen weit verbreitet. Während der minoischen Kultur auf Kreta scheint das Abbild der zweifachen Axt seit 2800 v. u. Z. das Symbol für den Glauben an den Beistand der allmächtigen Zentralgottheit gewesen zu sein, zumindest jedoch Symbol für deren Anwesenheit. Dort bezeichnete die mehrschneidige Axt obendrein die Heiligkeit des Ortes, den sie einnahm. Stets aufgerichtet auf starkem Stiel und oftmals gleich mit vier Schneiden bestückt, begegnet man dieser Axt noch heute an kunstvoll gearbeiteten Funden aus der kretisch-mykenischen Zeit – ob als eigenständige Figur aus Gold gefertigt oder als bildhafte Darstellung auf Gefäßen, Siegeln und in winzigem Format auf goldenen Ringen oder als Amulette, doch

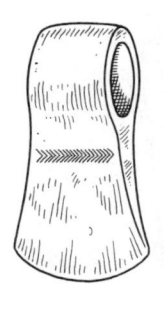

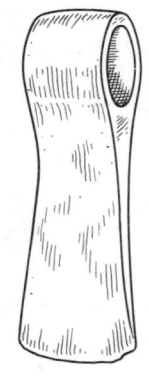

Bild 2/33. Öhrbeile aus Bronze

auch mächtig, in Stein gemeißelt, an den Säulen oder Pfeilern von Tempeln und Palästen.

Ganze Stapel von Doppeläxten aus Bronzeblech, die dereinst vermutlich für den Export produziert worden waren, fanden sich in den Lagerräumen von Niru Chandi, einem Hafen an der Küste von Knossos. Und in dem riesigen, prächtig ausgestalteten Königspalast von Knossos, der in dreigeschossiger Bauweise eine Fläche von 22 000 m² einnahm, hatten die kretischen Herrscher auch einen »Saal der Doppeläxte« als zentrale Kultstätte einrichten lassen. In der griechischen Mythologie wird der Knossospalast mit seinen 1500 kompliziert miteinander verbundenen Räumen und Gängen zum »Labyrinth«. Labys, das bedeutet im Griechischen Doppelaxt, so daß Labyrinth ursprünglich soviel wie »Palast der Doppeläxte« ausgedrückt haben kann.

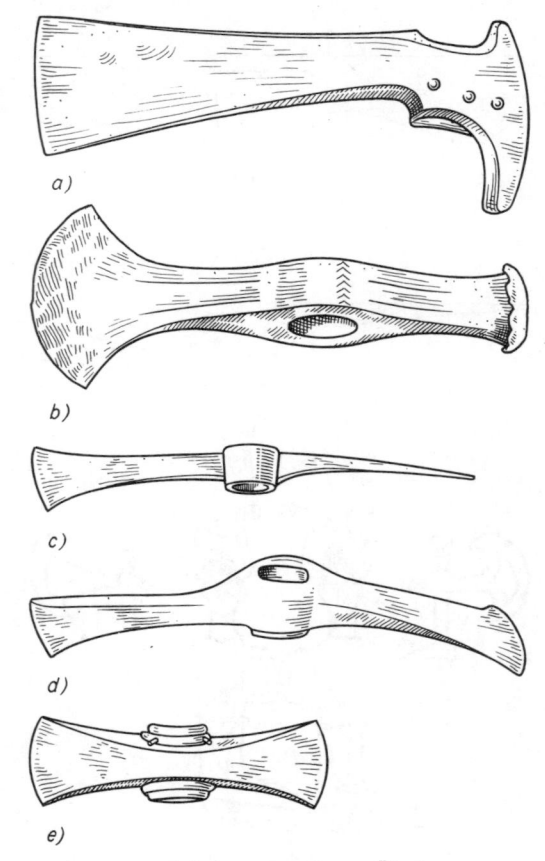

Bild 2/34. Spezialformen bronzener Öhräxte
a) Öhraxt mit Sprossen, b) Hammeraxt, c) Pickelaxt, d) Dechselaxt, e) Doppelaxt

Bild 2/35.
Die Axt als Gegenstand bronzezeitlicher Kunst (Felsritzung)

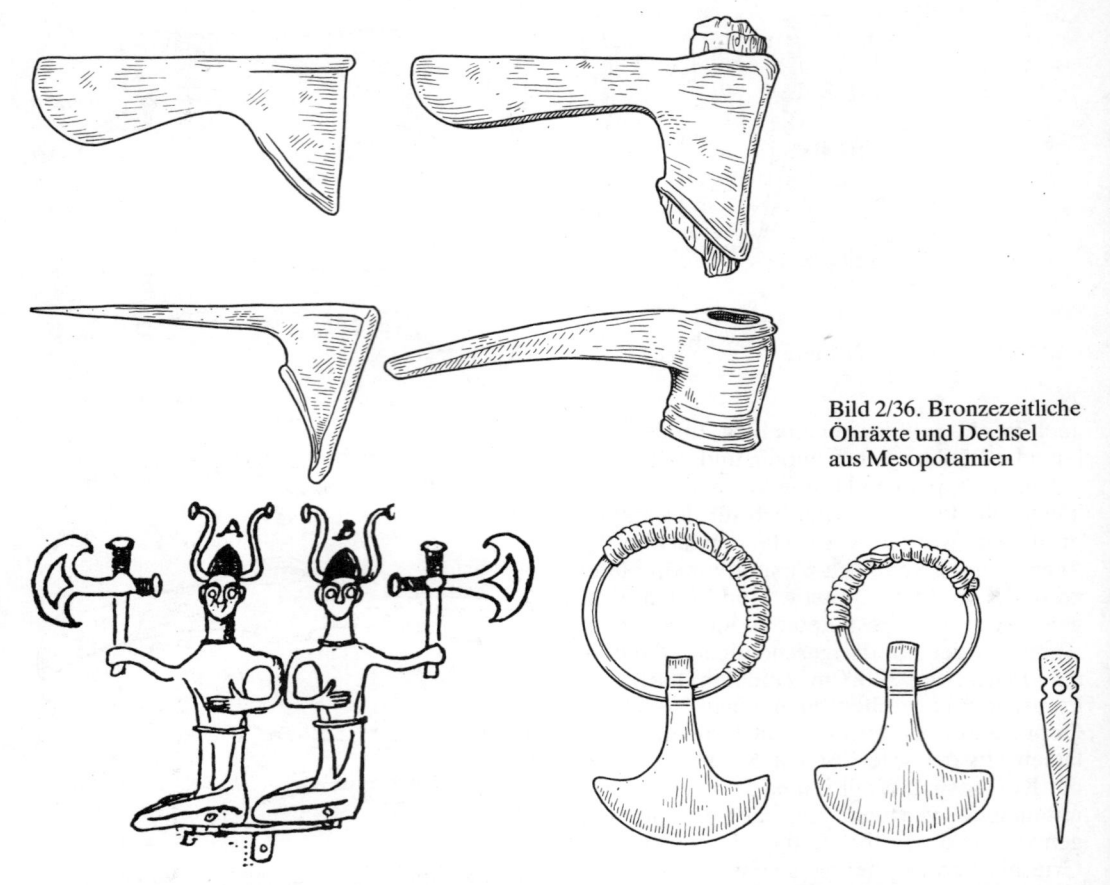

Bild 2/36. Bronzezeitliche Öhräxte und Dechsel aus Mesopotamien

Bild 2/37. Bronzezeitliche Darstellung einer Figurengruppe mit Kultäxten (Rekonstruktion von M. Schnabel, um 1780)

Bild 2/38. Kleinformatige bronzene Axtnachbildungen als Amulette

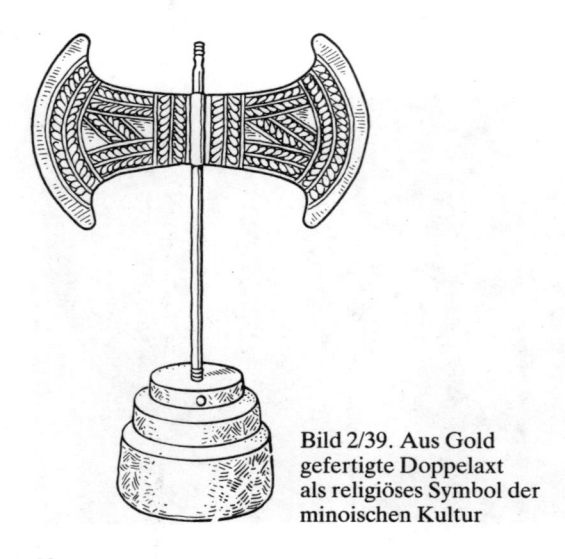

Bild 2/39. Aus Gold gefertigte Doppelaxt als religiöses Symbol der minoischen Kultur

Die Wandlung vom Gerät mit materieller Zweckbestimmung zum Kult- und Opfersymbol hat die Axt fraglos auch ihrer Stellung als eines der gebräuchlichsten und damit bedeutendsten Werkzeuge der Holzbearbeitung in der Stein- und Bronzezeit zu danken.

So entfernt ist der Gedanke nicht, daß der Mensch die Schmelzbarkeit des Kupfers zufällig entdeckte. Ein Stück gediegenen Kupfers oder metallhaltigen Gesteins, das zwischen die helle Glut einer Herdgrube oder unter brennende Holzscheite geraten war, schmolz dort und nahm während des Erkaltens eine andere Form an. Solch ein Vorgang könnte dem Menschen gezeigt haben, daß dem »roten Stein« besondere, bislang unbekannte Eigenschaften innewohnen. Ebenso scheint die Bronze einer zufälligen Entdeckung zu entstammen. Sie kann dort das erste Mal entstanden sein, wo Kupfer und Zinn im gleichen Erzgang vorkamen. Als der Mensch derartiges Erz verhüttete, fand er statt des weichen, roten Kupfers überraschend das harte, goldglänzende Bronzemetall in seinem Schmelzgefäß. Von da an aber vergingen noch Jahrhunderte, ehe die Metallgießer diese Zusammenhänge erkannten, das weiße Zinn rein herzustellen vermochten und so bewußt die erste Legierung zustande brachten.

Steinwerkzeuge konnten infolge ihrer Einfachheit vom Menschen, der sie benötigte, im allgemeinen selbst angefertigt werden. Dagegen erforderten das Verhütten des Erzes, das Gießen des geschmolzenen Metalls sowie das Legieren von Kupfer und Zinn zu Bronze und schließlich die Endbearbeitung der auf diese Weise gefertigten Gegenstände vom Menschen erstes technisch-technologisches Spezialwissen, verbunden mit einer völlig neuen Organisation der Arbeit. Es war dies von Anbeginn die Arbeit von Spezialisten, die sich nach und nach Kenntnisse um die »Geheimnisse« des Verhaltens von Erz und Metall angeeignet hatten. Sie arbeiteten in Werkstätten, die mit ihrer technischen Ausstattung solch komplizierte Arbeiten möglich machten. Das metallhaltige Gestein wurde zuerst aus Steinbrüchen gewonnen, später in Gruben bergmännisch untertage abgebaut. Wie man sich in den Berg gräbt, das hatten die Steinzeitmenschen vorgemacht. Für die Gewinnung der Metallerze, den eigentlichen Abbau also, waren die beim Flintbergbau angewendeten Methoden freilich wenig geeignet. Um dem harten Kupfererz beizukommen, hatten die Bergleute zwei Abbaumethoden gefunden. Entweder sie legten direkt neben dem Fels ein Feuer und übergossen die erhitzte Gesteinsoberfläche mit Wasser, oder sie trieben in vorhandene Risse Holzscheite, die mit Wasser getränkt sich dehnten und den Fels sprengten. Die grobmechanische Aufbereitung des Erzes erfolgte mit Klopfsteinen auf Steinplatten, die feinmechanische Aufbereitung mit gerillten Mahlsteinen.

Nun mußte das so gebrochene und vorbereitete Erz verhüttet werden. Hierzu dienten mit Holzkohle beheizte Steinmulden oder einfache Schmelzöfen. Sie konnten ihr Vorbild in dem schon länger bekannten Brennofen des Töpfers gehabt haben. Doch mit dem Ofen allein ließen sich die relativ hohen Temperaturen von 800 °C beim Verhütten und über 1000 °C beim Schmelzen nicht erzeugen. Also wurde dem Feuer auf künstliche Art zusätzlich Luft zugeführt, zunächst über Blasrohre aus Ton oder Schilf, später dann mit dem Blasebalg aus Tierhaut. Das Verhalten des Feuers bei Wind oder Sturm hatte der Mensch viel früher schon an seinem Herd- und Lagerfeuer beobachten können. Tiegel aus Ton fingen das ausgeschmolzene Kupfer auf. Anfangs reichten zum Gießen des flüssigen Metalls Formen von einfacher Bauart. Ein flacher, offener Eindruck in Sand oder gebranntem Lehm, der die Schmelze aufnahm, genügte bereits für das

Bild 2/40. Wohnhaus – ganz in Holz erbaut – aus der nordeuropäischen Bronzezeit

Bild 2/41. Kupfererzgewinnung in einem bronzezeitlichen Bergwerk

Gelingen der ersten, noch sehr einfach gestalteten Kupferwerkzeuge. Für alle etwas komplizierteren Stücke wurden aber bald geschlossene, aus zwei oder mehr ineinanderfügbaren Teilen bestehende Gießformen gebaut, die zuletzt aus Ton oder Stein gefertigt wurden. In die Gießformen von Beilen und Äxten setzte man zum Aussparen des Schaftloches ein Kernstück ein.

Nachdem die Bronzemetallurgie gut eingeführt war und die Schmiede als Meister ihres Fachs die sichere Kontrolle über den Prozeß erlangt hatten, gehörte dazu auch die Kenntnis über das für Werkzeugbronze günstigste Verhältnis zwischen Kupfer und Zinn. Im allgemeinen wurde eine Legierung angestrebt, deren Gehalt an Zinn etwa 10% betrug. Mit dieser Bronze, die nicht zu mild und nicht zu hart ist, konnten die besten Ergebnisse erzielt werden, sowohl hinsichtlich der Gießfähigkeit als auch der Erzeugniseigenschaften. Solche Bronze hat trotz niedrigeren Schmelzpunktes etwa die zweifache Festigkeit des reinen Kupfers. Die dem Guß folgende mechanische Nachbearbeitung der Werkzeugrohlinge umfaßte Tätigkeiten wie Hämmern, Schleifen oder das Abfeilen der Gußnähte. Die alten Ägypter und ebenso die Bronzezeitmenschen späterer Kulturkreise haben zur Härtung der Bronze Methoden in Form des Kalthämmerns mit mehrmaligem Ausglühen angewendet, die den Bronzewerkzeugen – allerdings bei einer gewissen Spröde – stahlähnliche Eigenschaften verliehen.

Nicht selten wurden Schmelz- und Gießvorgang zum Ritus, zum Mysterium. Allerlei Zauberformeln und Beigaben sollten das Werk fördern helfen. Allein der Schmied kannte die Eigenschaften des seltsamen »Gesteins«, und so konnte in jener frühen Zeit seine Tätigkeit, »Steine« in Metall zu verwandeln, nicht ohne Eindruck auf die Außenstehenden bleiben. Ob solcher Fähigkeit verwundert es kaum, wenn die anderen Stammesmitglieder in den Schmieden höhere, mit magischen Kräften ausgestattete Wesen oder gar Zauberer vermuteten und sie mit besonderer Ehrfurcht und Sorgfalt umgaben. Bei Konsultationen erhielten die Schmiede oft den Vorzug gegenüber Herrschern oder Königen. Und selbst bis heute haben sich in vielen Ländern Mythen und Sagen erhalten, in denen der Schmied mit Attributen von übermenschlicher Kraft und Befähigung umwoben ist. Als die Bronzemetallurgie zur Gewohnheit geworden war, verloren die Schmiede verbreitet diese Autorität. Bergleute und Metallarbeiter gehörten von da an oft zu den niederen sozialen Schichten; sie konnten Landfremde, ja, sogar Sklaven sein.

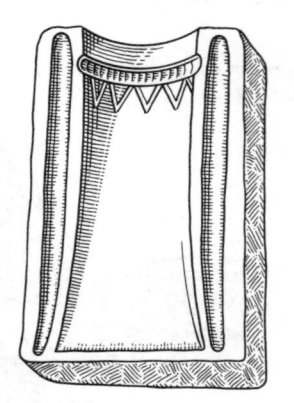

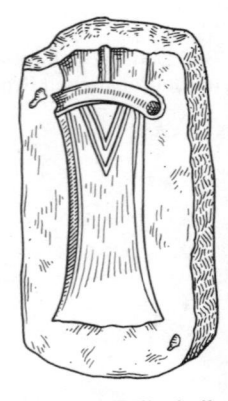

Bild 2/42. Zweigeteilte Gießformen für Tüllenbeile (links aus gebranntem Lehm, rechts aus Sandstein). Die Darstellungen zeigen jeweils nur eine der Hälften.

Nachdem die Fähigkeit erworben war, die Bronze vielseitig zu verarbeiten, wurden die Werkzeuge aus diesem Metall vielerorts zu gefragten Waren. Allerdings besaßen die alten Stromkulturen, vor allem Ägypten, außer der wenig verwertbaren Palme, dem Charakterbaum des Südens, kaum Holz und noch weniger eigene Bodenschätze. Beide Rohstoffe mußten aus den gebirgigen Nachbarländern herangeschafft werden. Die Ägypter bezogen ihr Holz von der Insel Kreta oder aus den waldreichen Gebieten Vorderasiens, so aus Syrien, Armenien und Anatolien, aber auch vom Libanon. Zu dieser Zeit entwickelte sich ein Schiffshandel mit Holz. Die Bäume wurden im Gebirge geschlagen, ans Wasser geschafft und auf Schiffe verladen, die sie dann entlang der Küste oder übers Meer hinweg zum Bestimmungsort fuhren. Nahezu unbekannt geblieben ist bis heute, wie die Suche nach dem Erz vonstatten ging. Vermutlich hat es regelrechte Suchtrupps gegeben. Zur Gewinnung der Mineralien selbst wurden dann zu großen Teilen aus Sklaven bestehende Großexpeditionen ausgerüstet und in Marsch gesetzt. Einer solchen ägyptischen Bergbaukarawane konnten bis zu 8000 Menschen angehören. Um an Fundstellen zu gelangen, mußten sie mehrere hundert Kilometer zurücklegen. Ihr Weg führte sie durch kaum bewohnte Gebiete mit ungünstigen klimatischen Bedingungen. Viele der Teilnehmer kehrten nicht zurück. Die gebrochenen Kupfererze wurden meist an Ort und Stelle ausgeschmolzen, so daß nur das Rohkupfer, und zwar in Form von Metallbarren oder als Gußkuchen, in die Städte der Ebene transportiert zu werden brauchte. Die zum Verhütten notwendigen Holzmengen standen im eigenen Land ohnehin nicht zur Verfügung.

Die Mesopotamier wählten wegen der für sie als Fremde unsicheren Transportwege nach Armenien und Ostarabien mehr oder weniger geregelte Handelsverbindungen, um in den Besitz der Metalle zu gelangen. Dabei waren Schiffe und in dem unwegsamen Land Eselskarawanen die Transportmittel. Solcherart Transporte, wie auch der Handel mit Kupfer oder Zinnbronze, waren ebenfalls weder ungefährlich noch einfach zu bewältigen. In vielen Tagereisen mußten Gebirge und Ströme überwunden werden. Dabei setzte man sich wilden Tieren aus, aber auch einheimischen Stämmen und »bösen Geistern«, die mit üppigen Geschenken besänftigt sein wollten. Diese im Auftrage der Könige oder Pharaonen unternommenen Expeditionen glichen mit der militärischen Bedeckung, die sie erforderten, und den Gefahren, die sie überwinden mußten, nicht selten kleinen Kriegszügen. Beträchtlich waren dann Ruhm und Verdienst für Anführer und Teilnehmer, hatten sie ihr Unternehmen erst erfolgreich abgeschlossen. Später sind über die ganze Strecke verteilt feste Faktoreien und Stationen zu finden.

Die Schmiede in den Staaten des Nahen Ostens waren zumeist seßhafte Handwerker. In Mesopotamien, Ägypten und im Industal

Bild 2/43. Metallguß in der Bronzezeit (Relief im Grabmal des Rechmire in Theben, um 1450 v. u. Z.). Das Feuer im Schmelzofen wird hier bereits mit Tretblasebälgen angefacht; zum Transport der heißen Gießkübel dienen grüne, biegsame Ruten.

hatten sich bereits beim Übergang zur Metallzeit wirkliche Städte herausgebildet, die auch für Handwerker und Kaufleute sichere Zentren bildeten. Dort produzierten die Schmiede in gut eingerichteten Werkstätten Handwerkszeuge, landwirtschaftliche Geräte, Waffen und Schmuck. Wegen der Bedeutung der Produktion von Waffen war hier der Handel mit Metallen im allgemeinen zum Staatsmonopol erhoben. Gleich der Gewinnung war auch die Verteilung der Metalle königliches Privileg. Damit bezogen die Handwerker dieser Länder ihre Rohmaterialien gewissermaßen aus der Hand des Königs, wenngleich staatliche Beamte oder vom Staat kontrollierte Händler die Auslieferung vornahmen. Gold und Silber konnten nicht nur als Barren, sondern außerdem in Form von Beilklingen in den Handel kommen.

Auch in Mitteleuropa entwickelte sich während der Bronzezeit ein regelrechter Metallhandel. Das Kupfer wurde vielfach im Tausch gehandelt. Und bevor es zu Axt, Säge oder anderen Gerätschaften wurde, hatte es bereits weite Strecken zurückgelegt. Denn Nord- und auch Osteuropa verfügten kaum über natürliche Kupfervorkommen. Das verteuerte das Metall in diesen Gebieten sehr. Fahrende Schmiede, die – im Gegensatz zu den wohletablierten Schmieden im Nahen Osten – mit Rohmetallbarren beladen durch die Lande zogen, fertigten nach Auftrag und an Ort und Stelle Werkzeuge sowie andere Gegenstände oder nahmen zumindest deren Endbearbeitung vor. Später sind auch hier, wenngleich nur vereinzelt, seßhafte Schmiede anzutreffen. Sie waren anscheinend in der Lage, gegen Tauscherzeugnisse Bronzegut aus den weitentfernten Lagerstätten zu erwerben.

Und dennoch fanden in weiten Teilen Europas Werkzeuge aus Bronze nicht solch große Verbreitung wie in Ägypten oder Mesopotamien. Sie waren auf Grund der nur geringen Kupfer- und Zinnvorkommen sowie der daraus resultierenden großen Transportwege, vor allem aber infolge der hier noch niedrigen Produktivität der Arbeit, ganz einfach zu teuer. So blieb Bronze in Europa selten und kostbar. Sie wurde eher für Waffen und Schmuck als für Gerätschaften verwendet. Die Bronze hat wohl nie und nirgends auf unserem Kontinent den Stein als Werkstoff für Arbeitsmittel ganz verdrängen können. Noch jahrhundertelang, bis hin zur Eisenzeit, waren es steinerne Ausrüstungen, die in Handwerk und Landwirtschaft dominierten. Und auch für die Holzbearbeitung blieb die polierte und geschliffene Öhraxt aus Felsgestein das am meisten benutzte Werkzeug – ein Arbeitsgerät, das in Mittel- und Nordeuropa erst durch die Axt aus Eisen völlig ersetzt werden konnte.

3. Holzbearbeitung mit eisernen Werkzeugen in der Antike

Wie für die Bronzezeit, so ist auch für die Eisenzeit ein Kulturgefälle zu erkennen, das vom Süden nach dem Norden verläuft. Die Eisenzeit beginnt für den Alten Orient um 1200 v. u. Z. und im Alpen- und Donauraum um 1000 v. u. Z. Für Mitteleuropa ist die verbreitete Anwendung von Arbeitsgeräten aus Eisen seit dem 9. bis 7. Jahrhundert v. u. Z. nachgewiesen. Als der Mensch das erste Mal mit dem Eisen in Berührung kam, wird das Metall für ihn ein wunderlicher Werkstoff gewesen sein, den er nur schwer zu beurteilen vermochte und mit dem er zunächst nichts anzufangen wußte – etwa vergleichbar seiner ersten Begegnung mit dem Kupfer.

Obgleich schon um 2500 v. u. Z. in Ägypten und Mesopotamien gelegentlich Gerätschaften aus gehämmertem Eisen vorgekommen sind, mußten sie doch Einzelerscheinungen bleiben, da die Schmiede sowohl im Niltal als auch im Zweistromland zu dieser frühen Zeit noch keine Verfahren kannten, die eine Produktion qualitativ hochwertigen Eisens in größeren Mengen zuließen. Dem Eisenerz war mit der bronzezeitlichen Metallurgie zunächst nur schwer beizukommen, und auch die Behandlung des Metalls bedurfte noch großer Mühen. Besonders der gegenüber Kupfer und Zinn sehr hohe Schmelzpunkt des Eisens bereitete den Schmieden Schwierigkeiten. Und außerdem hatten die aus reinem Schmiedeeisen endlich fertiggestellten Äxte oder anderen Werkzeuge, das spürte man bald, im Vergleich zu den relativ leicht zu produzierenden Bronzeerzeugnissen kaum Vorzüge. Zwar war das neue Metall noch geschmeidiger als Zinnbronze, aber es zeigte auch eine geringere Härte. So blieb das Schmiedeeisen über eintausend Jahre ein Metall, das nur zu wenigem nütze schien. Die vollentwickelte Eisenzeit konnte erst einsetzen, nachdem das Härten und das Tempern entdeckt waren.

Um 1400 v. u. Z. schließlich fand der Mensch wirtschaftliche Verfahren, die dem Schmiedeeisen eine bedeutend größere Härte verliehen – fand er das Geheimnis, Eisen in Stahl zu verwandeln. Die Anfänge der Eisenmetallurgie sind in Vorderasien, Kleinasien und der Ägäis zu suchen. Eine der Spuren führt in die Berge Armeniens, zu den Chalybern, einem einst dort beheimateten urgesellschaftlichen Stamm. Die Chalyber, die dem härtbaren Stahl den Namen »chalyps« gaben, produzierten eiserne Werkzeuge und Geräte, wohl aber vor allem Waffen für den König der Hethiter, dem sie untertan und tributpflichtig geworden waren. Das Geheimnis der Stahlherstellung wurde dort sorgsam gehütet. Die Hethiter, ein streitbares Volk, zogen Nutzen aus diesem Monopol. Mit vorzüglichen eisernen Waffen ausgerüstet, konnten sie ihre vielen kriegerischen Unternehmungen erfolgreich gestalten und sich ein Großreich schaffen, das um 1300 v. u. Z. weite Gebiete der heutigen Türkei umfaßte.

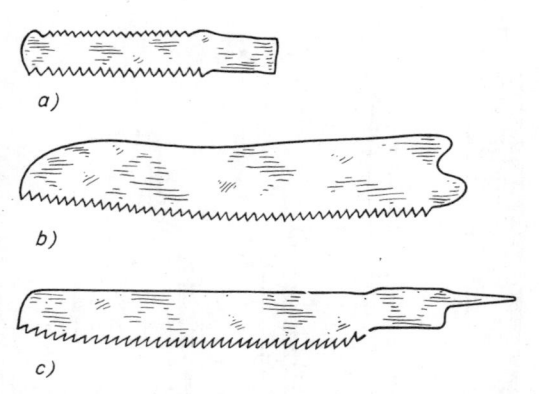

Bild 3/1. Eiserne Sägen aus der Zeit um 700 v. u. Z. – gefunden von W. M. Flinders-Petrie in der einstigen Werkstatt eines assyrischen Werkzeugmachers im altägyptischen Theben
a) zweiseitig gezahnte Säge, b), c) Fuchsschwanzsägen

Zwei Jahrhunderte lang vermochten die Hethiter und ihre chalybischen Schmiede das Wissen um den Stahl für sich zu wahren – solange, bis um 1200 v. u. Z. kleinasiatische und ägäische Stämme, die sogenannten Seevölker, mit gewaltigem Ansturm in das Hethiterreich einfielen und das bis dahin so mächtige Land vollständig zerstörten. Die urgemeinschaftlichen Stämme zogen weiter, über Staaten hinweg, plünderten blühende Städte und verheerten ganze Landstriche bis auf den Grund. Erst an den Grenzen Ägyptens brach ihre Macht zusammen. Hier besiegte sie die riesige Flotte des Pharao. Für viele Handwerker war auf hethitischem Boden kein Bleiben mehr. Auch die Eisenschmiede verließen das Land. Sie verstreuten sich bei ihrer Flucht über den gesamten Nahen Osten. Die Kunst der Herstellung eiserner Werkzeuge aber verbreitete sich seit dieser Zeit beschleunigt, zunächst über Vorderasien und Griechenland und von da aus weiter mit den seefahrenden Phöniziern und den Etruskern über Italien bis ins westliche Europa.

Im 8. Jahrhundert eroberte das Eisen das gesamte Mittelmeergebiet. Wer sich das neue Metall nicht verschaffte, unterlag keineswegs nur in kriegerischen Auseinandersetzungen, sondern ebenso in der handwerklichen und landwirtschaftlichen Produktion. Denn Werkzeuge und andere Gerätschaften aus Eisen waren ihren bronzenen Vorgängern nicht allein in den Gebrauchseigenschaften überlegen, sie konnten außerdem in weit größerer Anzahl hergestellt werden. Während die Vorräte an Kupfer und vor allem Zinn in den ohnehin seltenen Lagerstätten mehr und mehr zurückgingen, ließ sich Eisen, wenn auch oft in minderer Qualität, ohne tiefes Eindringen in hartes Gestein fast überall in ausreichenden Mengen finden, ob oberirdisch als Rasen- und Brauneisenerz oder als Erz im anstehenden Fels. Und doch wurde das Eisen nicht sofort zum alleinigen Gebrauchsmetall. Selbst in den fortgeschrittenen Kulturen des Alten Orient waren Werkzeuge aus Bronze oder gar aus Stein noch über längere Zeit neben eisernen Werkzeugen anzutreffen.

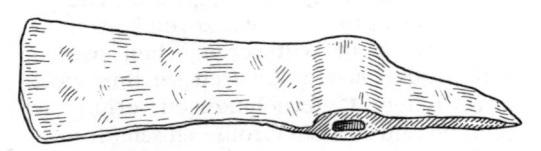

Bild 3/2. Assyrische eiserne Axt – gefunden von A. H. Layard im assyrischen Kalach

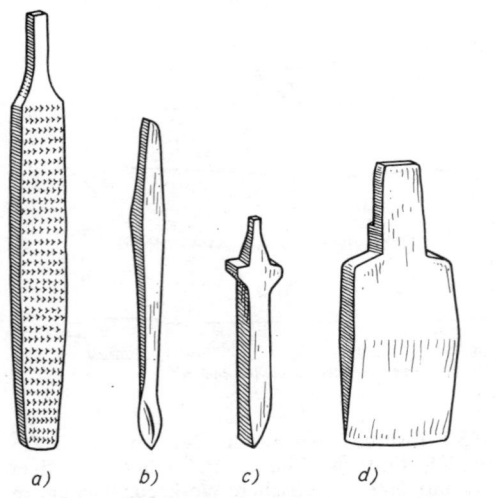

Bild 3/3. Assyrische Holzbearbeitungswerkzeuge
a) Raspel, b) Bohrer, c) schmales Stemmeisen,
d) breites Stemmeisen

Zu den Ländern, die schon sehr zeitig zur verbreiteten Herstellung von Eisen übergegangen sind, gehört das Neuassyrische Reich (10. Jh. bis 6. Jh. v. u. Z.). Hier war bereits seit dem 9. Jahrhundert v. u. Z. eine leistungsfähige Eisenmetallurgie ansässig. Die Assyrer lernten die Gewinnung und Bearbeitung des neuen Metalls in den von ihnen unterjochten Randstaaten kennen. An Rohstoffen mangelte es nicht. Sie brachen das Erz in den nahen, östlich an das Zweistromland grenzenden Gebirgen, die reich an Erzmineralien, besonders aber an Eisenerzen waren. Das Neuassyrische Reich wuchs schnell zur bedeutendsten Militärmacht des Vorderen Orient, deren Stärke sich auf die Unterwerfung zahlreicher Völker und Gebiete gründete. Um 700 v. u. Z. erstreckte sich dieses Land nahezu über den gesamten Vorderen Orient, vom Nil und der Mittelmeerküste bis hin zu den Bergen im Norden und Osten des Tigris.

Wenngleich viel des gewonnenen Eisens für die zahlreichen Eroberungszüge verbraucht wurde, so ist das Assyrien dieser Zeit doch auch als ein Land in die Geschichte eingegangen, das sich durch die umfassende Anwendung eiserner Arbeitsmittel in Handwerk und Landwirtschaft auszeichnete. Werkzeuge für die Holzbearbeitung bildeten da keine Ausnahme. So ist auch die älteste eiserne Säge, die bis zur Gegenwart erhalten blieb, dereinst von den Assyrern geschmiedet worden. Der Fundort ist Kalach, das heutige Nimrud, das im 13. und 9. Jahrhundert v. u. Z. die Residenz der altassyrischen Könige war. Die Verwendung von Eisen ließ die Anfertigung sehr großer Sägen zu, die vorher aus Kupfer oder Bronze nur schwer hergestellt werden konnten. Die »Kalach-Säge« ist über 1 m lang, hat einheitliche Dreieckzähne ohne jede Neigung und war ursprünglich mit hölzernen Handgriffen versehen.

Und auch die ersten bekannten bildhaften Darstellungen eiserner Sägen führen nach Assyrien, und zwar in die alte Hauptstadt Ninive, zu einem großzügig gestalteten Flachrelief am einstigen Palast des Königs Sanherib (seit 705 v. u. Z. König, gest. 681 v. u. Z.). Sanherib, einer der fünf namhaften Herrscher, die am neuassyrischen Großreich gebaut haben, zerstörte 689 v. u. Z. das aufständische Babylon und führte die kolossale menschenköpfige Stierstatue der babylonischen Reichsgottheit Marduk nach Assur. Das Relief, mit dem der König dieses historische Ereignis nachgestalten ließ, bringt manches über den Stand der Holzbearbeitung im geschichtlichen Assyrien zutage. Da sind Sklaven zu sehen, wie sie mit Schnittholz beladene Wagen unterschiedlicher Konstruktion ziehen oder wie sie das große, die Statue tragende hölzerne Schleifgerüst fortbewegen, und ebenso Zimmerleute, die mit ihren eisernen Sägen und Äxten auf der Schulter an die Arbeit gehen, vielleicht hinausziehen, um Bäume zu fällen. Diese von ihnen benutzten Sägen gleichen sehr der »Kalach-Säge«. Der Gestalt nach sind es Schrotsägen, die von zwei Arbeitskräften gehandhabt wurden, folglich für das Aufteilen von stärkerem Rundholz bestimmt waren.

Von drei eisernen Sägen, die die Assyrer neben Raspeln, Bohrern und anderen Eisengeräten in dem zeitweilig von ihnen besetzten »hunderttorigen« Theben zurückließen, haben zwei Sägen beabsichtigt auf Zug gestellte Zähne; die dritte ist beidseitig bezahnt. Diese Sägewerkzeuge sind nicht weniger bedeutsame Zeugen für den Vorsprung, den das Neuassyrische Reich auch in der Bearbeitung des Holzes gegenüber vielen anderen Ländern besaß.

Der große Bedarf an Holz verlangte stets nach einer ausreichenden Rohstoffbasis. Seit jeher waren die mesopotamischen Staaten auf die Einfuhr von Holz angewiesen. Als die Vorräte in den nahen, östlich gelegenen Wäldern nach jahrhundertelanger starker Nutzung spürbar zurückgingen, beschafften sich die Herrscher zu neuassyrischer Zeit das Holz auch aus dem entfernten Libanon. Ganz nach assyrischer Art des Handelns unternahmen sie zu Anfang regelrechte Beutezüge mit dem Bei-

Bild 3/5. Älteste erhalten gebliebene eiserne Säge – gefunden von A. H. Layard im assyrischen Kalach, dem heutigen Nimrud (Irak)

Bild 3/4. Assyrische Krieger fällen Palmen in einer eingenommenen Stadt (nach A. H. Layard)

Bild 3/6. Assyrische Arbeiter und Sklaven transportieren die Statue des Marduk nach Assur (Relief am einstigen Palast des Sanherib in Ninive – nach A. H. Layard)

stand von Soldaten, um rasch möglichst viel des begehrten Zedernholzes zu erlangen. »*Die Zedernexpedition Sanheribs von Assur wird in dem gegen ihn gerichteten Spruch des Propheten Jesaja ganz im Stile einer assyrischen Königsinschrift geschildert: ›Mit der Menge meiner Streitwagen ersteige ich die Höhen der Berge, den höchsten Gipfel des Libanon. Ich haue nieder den Hochwald seiner Zedern, die besten seiner Zypressen und dringe vor bis zu seinem obersten Gipfel, in seinen dichtesten Baumgarten‹* (Jes. 37, 24). Nach der Errichtung einer ständigen Oberherrschaft Assurs im westasiatischen Küstengebiet konnte man – nach dem Beispiel der Pharaonen – Vasallenfürsten mit solchen Arbeiten betrauen. Einer großangelegten Aktion rühmt sich Asarhaddon (680 bis 669 v. u. Z.). Angeblich rief er zwölf Vasallen von der Küste, darunter die Herrscher von Byblos

Bild 3/7. Assyrische Zimmerleute mit geschulterter eiserner Schrotsäge, Äxten und Stützstangen (nach A. H. Layard). Im Vergleich zur Größe der Arbeiter mochten die Sägen etwa 1,5 m lang gewesen sein.

Bild 3/8.
Assyrische Arbeiter mit Schrotsägen und anderen Geräten – hinter ihnen Sklaven, die einen mit Bauholz beladenen Karren ziehen (nach A. H. Layard)

und Tyros, sowie zwölf Stadtkönige von Zypern zusammen. ›Sie alle sandte ich aus und ließ sie unter schrecklichen Schwierigkeiten nach Ninive, der Stadt meiner Herrschaft, als Baumaterial für meinen Palast mächtige Balken, lange Bohlen und dünne Bretter von Zedern und Zypressen transportieren.‹« /23/

Fraglos war für die Karawanen der Transport der Lasten eine äußerst beschwerliche Angelegenheit. Ihr Weg führte sie durch kaum erschlossene Gebiete, und die Entfernung vom Libanon bis in das Zentrum des Neuassyrischen Reiches betrug auf dem Landweg immerhin etwa 600 km. Folglich war Importholz aus dem Libanon kostbares Holz. Damit mußte sparsam umgegangen werden, es sei denn, Tempel oder Paläste wurden gebaut. Hier fand die Libanonzeder mannigfaltige Verwendung, nicht nur für die tragenden Bauteile oder die schweren, bis zu 5 m breiten und 7,5 m hohen Tore, sondern ebenso für die Innenausstattung. Als zur Mitte des 19. Jahrhunderts während der Ausgrabung von Kalach Bauholz aus Libanonzeder zutage gebracht wurde, das dereinst zu den Palast- und Tempelanlagen gehört hatte, schrieb AUSTIN HENRY LAYARD, der die Arbeit leitete: »*Viele dergleichen Balken wurden aufgefunden, und der größte Teil des Schuttes, in welchem die Reste* (des niedergebrannten Palastes) *begraben sind, besteht aus Kohlen von demselben Holz. Er ist höchstwahrscheinlich, daß der ganze Oberbau, desgleichen das Dach und der Fußboden – so wie beim Tempel und Palast Salomos – aus diesem kostbaren Material bestand.*« /182/

Bild 3/9. Fällen von Zedern im Libanongebirge (Relief am Amontempel in Karnak)

Nach den mesopotamischen Eisenzeitkulturen sind es die Sklavenhalterstaaten des klassischen Altertums, Griechenland und Rom, die eine hochentwickelte Eisenmetallurgie hervorbringen. Eisen war das Hauptmetall der Antike. Wenn diese Staaten über eintausend Jahre das Antlitz der Alten Welt prägen konnten, so findet das seinen Ursprung nicht zuletzt in den vortrefflichen Arbeitsmitteln, die zu jener Zeit dort hergestellt und angewendet wurden. Der Römer der späten Republik kannte bereits nahezu alle Grundformen der heute üblichen Handwerkszeuge.

Wenngleich vieles, was ehedem aus Holz geschaffen wurde, in der Antike in Stein erstand, so blieb dennoch das Holz für die meisten Erzeugnisse der gebräuchliche Werkstoff. Daher standen die Holzbearbeitungswerkzeuge, für

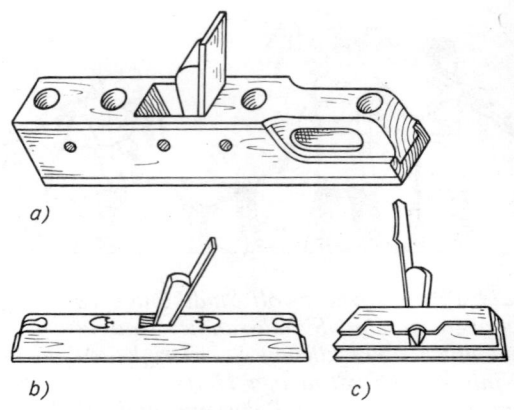

Bild 3/12. Römische Hobel
a) schwerer Hobel mit Eisensohle, b) leichter Hobel, c) Falzhobel (nach Rekonstruktionen von W. L. Goodman – a) und L. Jacobi – b), c))

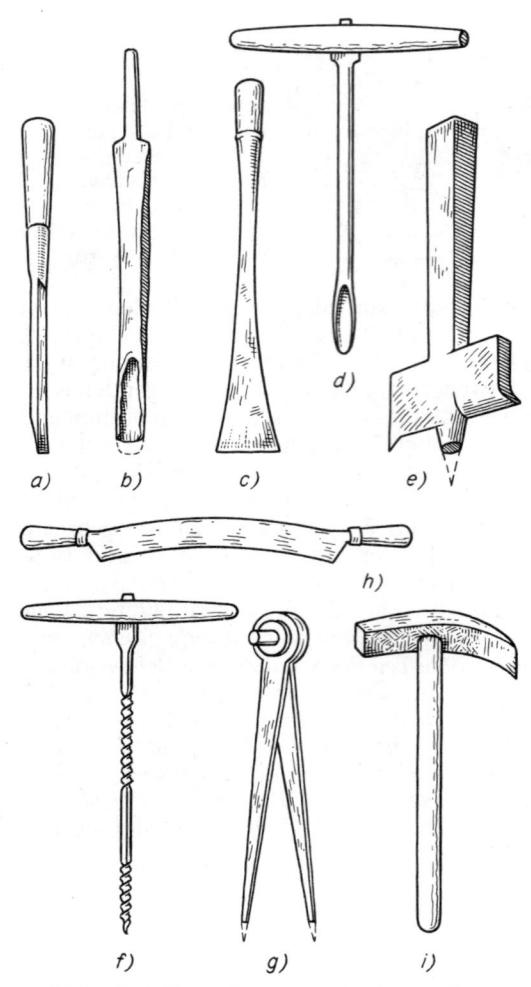

Bild 3/10. Römische Holzverarbeitungswerkzeuge
a) Stemmeisen mit schmaler Schneide, b) Hohleisen, c) Stemmeisen mit breiter Schneide, d) Löffelbohrer, 1,3 m lang, zur Herstellung von Wasserleitungsrohren, e) Zentrumsbohrer, f) Spiralbohrer, g) Zirkel, h) Ziehmesser, i) Hammer

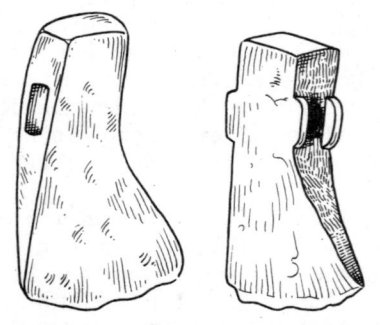

Bild 3/11. Römische Äxte zum Fällen und Behauen

welchen speziellen Zweck auch immer sie bestimmt waren, den anderen Gerätschaften an Vielzahl und Vollkommenheit nicht nach. Denn nachdem die Grundprozesse der Werkzeugherstellung erfunden waren und beherrscht wurden, führte der Hauptweg zur weiteren Verbesserung der Werkzeugeigenschaften fortan über die Spezialisierung. Viele von den Grundformen abgeleitete Werkzeuge entstanden. Zimmerleute, Tischler und andere Holzhandwerker konnten von dort an zwischen Äxten, Beilen, Dechseln, Raspeln, Stemmeisen, Bohrern, Hämmern oder Schlegeln unterschiedlicher Art wählen. Und zu Beginn unserer Zeitrechnung schließlich erfanden die Römer noch eines der letzten wichtigen Holzbearbeitungswerkzeuge, den Hobel. Ebenso scheint die Drehbank eine zeitige Erfindung zu sein. PLINIUS D. J. (62 bis 113 u. Z.) erwähnt sie, und zahlreiche Funde von Resten gedrechselter Holzerzeugnisse belegen ihre Existenz. Vermutlich handelte es sich um eine ähnlich dem Bogendrillbohrer funktionierende Vorrichtung.

Die Sägewerkzeuge dürften in Konstruktion, Form und Abmessungen schon seit dem 6. Jahrhundert v. u. Z. etwa den heutigen Handsägen entsprochen haben. Griechen und Römer übernahmen nicht nur die seit langem bekannten Steifsägen, wie etwa die Fuchsschwanzsäge oder die Schrotsäge, von den vorangegangenen Kulturen, sie trugen auch selbst recht Bedeutsames zur weiteren Entwicklung der Handsägen bei. Waren es doch griechische Schmiede, die vermutlich die ersten Sägen mit gespannten Blättern gebaut haben. Jedenfalls verweisen die frühesten Abbildungen von Bügelsägen und Gestellsägen auf das antike Griechenland. Fortgeschrittene metallurgische Verfahren, mit denen sich relativ dünne Sägeblätter herstellen ließen, waren für das Entstehen der neuen Werkzeuge wohl die wesentlichste Voraussetzung. Und die große Rahmensäge, ein Holzbearbeitungswerkzeug, das inzwischen beinahe in Vergessenheit geraten ist, geht offensichtlich auf die Etrusker zurück, deren Kulturschaffen als ein Bindeglied zwischen der griechischen und der römischen Kultur gelten kann.

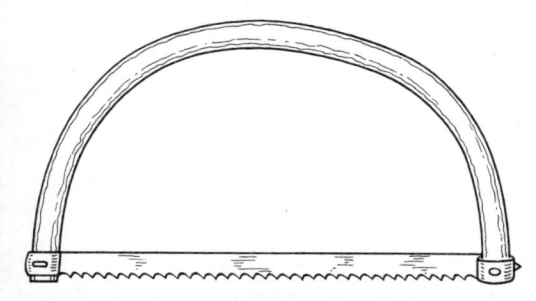

Bild 3/13. Eiserne Bügelsäge vermutlich griechischen Ursprungs (Blattlänge etwa 75 cm) – gefunden von W. M. Flinders-Petrie in El-Fajum/Ägypten

Bild 3/14. Arbeiter mit Bügelsäge (griechische Terrakottastatuette, Anfang 5. Jh. v. u. Z. – Kopenhagen, Nationalmuseum)

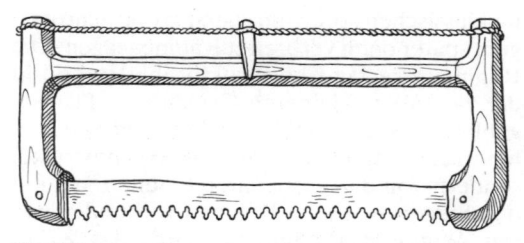

Bild 3/15. Römische Gestellsäge (um 250 u. Z., Rekonstruktion)

Die Gestellsäge aus jener Zeit gibt Anlaß für eine nähere Betrachtung. So sehr sie der heute allerorts gebräuchlichen Tischlersäge bereits gleicht, ist ein Nachteil nicht zu übersehen. Ihr Blatt konnte zwar gespannt, aber noch nicht um seine Längsachse gedreht werden. Die auf einem römischen Altarstein abgebildete Gestellsäge läßt eine solche Konstruktion recht gut erkennen. Das Sägeblatt ist durch Bolzen starr mit den Holmen verbunden, Drehgriffe fehlen. Diese Säge eignet sich nur wenig für das Aufteilen von Holz größeren Querschnitts und wohl gar nicht für Längsschnitte. Um einigermaßen auch mit etwas breiterem Holz zurecht zu kommen, wurde der Mittelsteg möglichst weit vom Blatt entfernt angebracht. Das allerdings beeinträchtigte die Spannbarkeit des Werkzeugs. Dennoch, allein das gespannte Sägeblatt war in der langen Entwicklungsgeschichte der Säge etwas völlig Neues. Diese Erfindung verkörpert unstreitig ein wesentliches Stück technischen Fortschritts in der Holzbe- und -verarbeitung. Sie reicht bis zu den heutigen Sägemaschinen, von denen die meisten gespannte Sägeblätter haben. Gespannte Sägen zeigten sich ihren Vorgängern, den Steifsägen ägyptischen oder mesopotamischen Ursprungs, in manchem Belang doch deutlich überlegen. Jetzt genügten weitaus dünnere Sägeblätter, ohne daß das Werkzeug an Stabilität verlor. Und nun konnten auch feinere Arbeiten mit großer Genauigkeit und noch dazu mit erheblich weniger körperlichem Aufwand bewerkstelligt werden. Vor etwa zweieinhalbtausend Jahren erfunden, kann die Gestellsäge ihren Platz als das wohl am vielseitigsten verwendbare Sägewerkzeug im Holzhandwerk noch heute behaupten.

Für die Herstellung von Schnittholz größerer Abmessungen, wie etwa von Kanthölzern für den Schiffbau, benutzten die Zimmerleute im klassischen Altertum zuerst große Schrotsägen, später dann verbreitet Rahmensägen. Die Rahmensäge fand konstruktiv ihr Vorbild in der wesentlich kleineren Gestellsäge. Das Sägeblatt, das ebenfalls starr befestigt war, erhielt seine Stabilität nicht über Spannstricke, sondern von den gespannten Holmen, die mit den Stegen zu einem Rahmen verbunden waren. Während des Schnitts wurde das Werkstück zwischen den Stegen hindurchgeführt.

Die Kulturen des klassischen Altertums hinterließen neben reichhaltigen schriftlichen Überlieferungen und einigen gegenständlichen Zeugnissen auch kunstvoll gestaltete Darstellungen, die dem Betrachter den Tischler und den Zimmermann während der Arbeit mit ihren für diese Zeit typischen Sägewerkzeugen recht anschaulich nahebringen. Eine Wandmalerei, die um 1780 aus den Ruinen von Herculaneum, der beim Ausbruch des Vesuvs im Jahr 79 u. Z. zusammen mit Pompeji von den Lavamassen verschütteten römischen

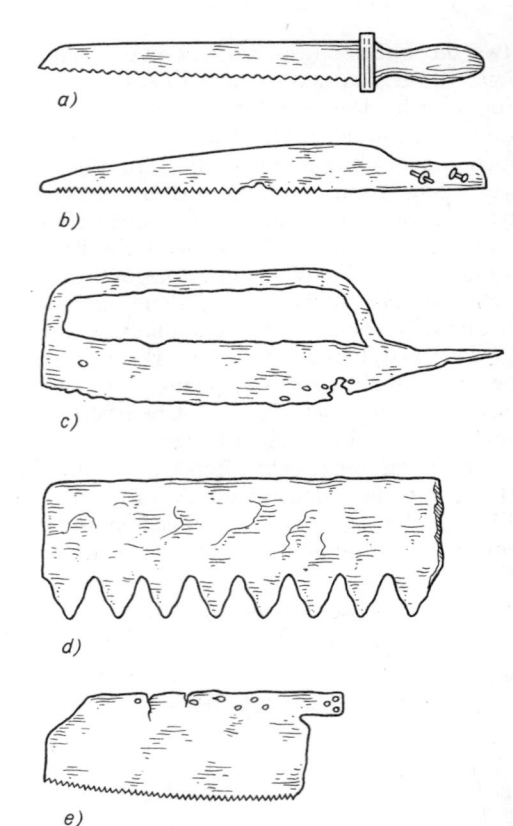

Bild 3/17. Römische Sägewerkzeuge
a), b) Stichsägen, c) kleine Bügelsäge, d) Bruchstück eines Sägeblattes, e) Leistensäge mit sehr feiner Bezahnung; der Griff geht in den Rücken des Sägeblattes über.

Bild 3/16. Römische eiserne Sägen – Gestellsäge und Schrotsäge – sowie verschiedenartige Äxte auf einem Altarstein (um 90 u. Z.)

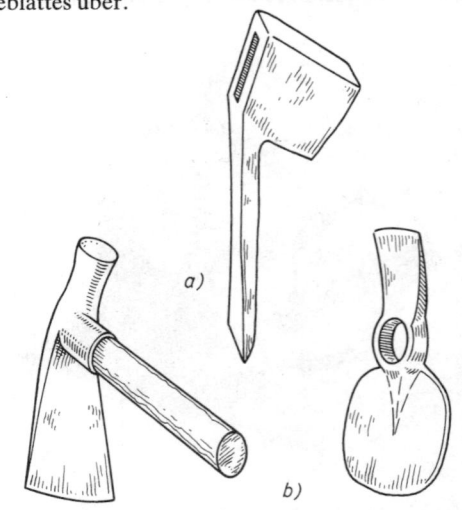

Bild 3/18. Querbeile aus der Zeit der Antike
a) römische Dechsel, b) griechische Dechsel

Bild 3/19.
Arbeit mit der Gestellsäge in einer römischen Tischlerwerkstatt (nach einer Wandmalerei in Herculaneum)

Bild 3/20.
Blick in eine Tischlerwerkstatt zu antiker Zeit (etruskisches Relief auf der Aschekiste eines Holzhandwerkers, Volterra, vermutlich 3. Jh. v. u. Z.)

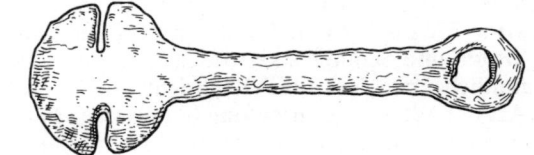

Bild 3/21. Römisches Schränkeisen (3. Jh. u. Z.)

Stadt, ans Licht gebracht wurde, zeigt zwei Tischler in Gestalt von Genien, wie sie mit der Gestellsäge das auf der Werkbank befestigte Brett zurechtsägen. Während dieser Arbeit sitzt einer der Handwerker zu ebener Erde, der andere steht aufrecht. Sie benutzen eine Gestellsäge, die mit ihren geschweiften Holmen an die im Mittelalter und gebietsweise noch im 18. Jahrhundert verwendeten Sägen gleichen Typs erinnert. Im Bett der Werkbank sind Bohrungen zu erkennen, die der Aufnahme des Bankhakens zum Festhalten des Werkstücks gedient haben könnten.

Eine andere, als Relief auf einer etruskischen Aschekiste aus Tuffstein angebrachte Abbildung veranschaulicht die im klassischen Altertum geläufige Methode der Herstellung von Schnittholz. Ein Balken, der zu Brettern aufgetrennt wird, ist schräg an einen Bock gelehnt und von unten mit einer Stütze fixiert. Als Werkzeug dient die große Zweimann-Rahmensäge. Einer der beiden Zimmerleute steht während seiner Arbeit auf dem Balken. Von hier aus kann er nicht nur das Werkzeug gut handhaben und den Schnittverlauf exakt bestimmen, sondern überdies verhindern, daß das Werkstück seine Lage verändert. Auf die Verwendung von Sägegruben in dieser Zeit lassen die Überlieferungen keine Rückschlüsse zu.

Wie die Zähne der ersten eisernen Handsägen gestaltet waren, ob sie auf Stoß wirkten oder auf Zug, das läßt sich heute wohl kaum noch exakt rekonstruieren. Werkzeugfunde und bildliche Überlieferungen geben darüber nur spärliche Auskunft. Vermutlich gab es schon damals keine einheitliche Zahnform. Es blieb zuerst sicherlich immer dem jeweiligen Schmied vorbehalten, welche Gestalt er den Zähnen seiner Sägen verlieh. Seit dem 5. Jahrhundert v. u. Z. waren wahrscheinlich Sägen mit vorwärtsgerichteten, also auf Stoß gestellten Zähnen am meisten verbreitet. Zumindest zeigen die aus dieser Zeit stammenden Belege für Sägewerkzeuge unterschiedlicher Art des öfteren diese Zahnform. Für die Querschnittsägen hatte man bereits als günstigste Zahnform die Dreieckbezahnung herausgefunden. Über die Arbeitsweise der griechischen und römischen Sägenschmiede ist kaum etwas bis in unsere Zeit gedrungen. Daß die Sägezähne mit der Feile bearbeitet wurden – darauf läßt eine Schrift des Römers SENECA D. J. (4 v. u. Z. bis 65 u. Z.) schließen. Beklagt sich doch hier der Philosoph und Staatsmann über das unerträgliche Geräusch, mit dem diese Handwerker ihre Nachbarn stören.

Kenntnisse über das Schränken der Sägezähne haben offenbar ebenfalls nicht gefehlt. Man wird sogar annehmen können, daß dem Holzhandwerker in der Antike geschränkte Sägen allgemein bekannt waren. THEOPHRASTUS (372 bis 287 v. u. Z.), der griechische Philosoph und Schüler ARISTOTELES', ist der vermutlich erste, der eine Nachricht über diese Art der Werkzeugzurichtung hinterlassen hat. In seiner »Geschichte der Gewächse« heißt es: *»Das frische Holz schließt sich sogleich, die Späne bleiben zwischen den Zähnen der Säge hängen und verstopfen sie. Darum stellt man die Zähne etwas schief gegeneinander, damit die Späne leichter herauskommen.«* /286/ Der römische Schriftsteller GAIUS PLINIUS D. Ä. (23 bis 79 u. Z.) hat gleichfalls von dieser Erfindung gewußt, wie aus seiner »Naturgeschichte« zu erfahren ist. Auch hier wird von dem Vorzug des *»abwechselnden Ausbiegens der Sägezähne«* besonders für feuchtes Holz gesprochen. Im römischen Limeskastell Saalburg/Taunus (1. bis 3. Jh. u. Z.) gefundene Sägewerkzeuge lassen keinen Zweifel, daß die Zähne bewußt wechselseitig über die Blattebene ausgebogen worden sind. Die Sägen aus Funden der späten Römischen Kaiserzeit zeigen bereits eine unterschiedliche Schränkung. Große Sägen, wie Rahmen- und Schrotsägen, wurden offensichtlich gröber geschränkt als die für feinere Arbeiten bestimmten kleinen Gestell- oder Stichsägen. – Das Schränken erst gibt der Säge Vollkommenheit. Es ist für die Entwicklung der Holzbearbeitungsmittel keine geringere Erfindung des klassischen Altertums als das gespannte Blatt, konnten doch mit dergestalt zugerichteten Werkzeugen bis dahin kaum gekannte Arbeitsleistungen erreicht werden.

Griechen und Römer schrieben in der Mythologie die Erfindung der Handsäge ihren Göttern oder sagenhaften Helden zu, die das Werkzeug einmal dem Kiefer der Schlange, das andere Mal der Wirbelsäule des Fisches abgesehen haben sollen. Thalus, ein junger Künstler, Schwestersohn und Lehrling des Dädalus, soll es gewesen sein, der im Spiel den gezahnten Kiefer einer Schlange zum Sägen eines Stückes Holz benutzt hat und so auf den Einfall kam, ein ähnlich geformtes Werkzeug aus Metall zu fertigen.[1] Seinen Lehrmeister umfing Neid und Grimm ob dieser Leistung des erst Zwölfjährigen. Heimlich stürzte er Thalus von den Mauern der Burg zu Athen hinab und brachte ihn so ums Leben. Dädalus, der nach dieser frevelhaften Tat zusammen mit seinem Sohn Ikarus auf Kreta floh und dort dem Sagenkönig Minos das Labyrinth zur Gefangenhaltung des wilden Stieres Minotaurus erbaute, wurde in der Antike mit einer Steifsäge in der Hand dargestellt. Eine andere Überlieferung läßt Perdix das Rückgrat des Fisches zum Vorbild für den Bau seiner ersten eisernen Handsäge nehmen. OVID (43 v. u. Z. bis um 18 u. Z.) erzählt in seinen Verwandlungssagen, jedoch ohne einen Namen zu nennen:

»*Dieser ersah auch als Muster das zackige Rückgrat,*
das er am Fische bemerkte,
und schnitt fortlaufende Zähne ein in den scharfen Stahl,
und erfand so die nützliche Säge.« /222/

---

[1] Einige antike Dichter, auch SOPHOKLES, gaben Thalus den Namen seiner Mutter Perdix.

PLINIUS D. Ä. bezeichnete, der Fabellehre folgend, Dädalus selbst als den Erfinder. Dädalus – Bildhauer, Baumeister, Techniker und Erfinder, der bekannteste »Künstler« der antiken Mythologie – ist keine historische Persönlichkeit. Er stellt vielmehr eine personifizierte Gesamtheit dar, auf die der Mensch der Antike die ältesten nützlichen technischen Erfindungen und Erzeugnisse, deren wirkliche Urheber ihm unbekannt geblieben waren, vereinte. So schuf Dädalus, der mit seinen Holzbildnissen den steifen ägyptischen Stil überwand, solche bedeutenden Werkzeuge wie Axt, Säge, Beil und Bohrer. Diese seine Geräte – so will es die Dichtung – bewegten sich von selbst und verrichteten ihre Arbeit ganz ohne menschliches Zutun. Den Holzhandwerkern der Antike war er der Schutzpatron. – Gewiß sind Aussagen über Handwerkszeuge nicht allzuoft Gegenstand von Mythen. Um so mehr bestätigen sie, ebenso wie die bildhaften Darstellungen und gegenständlichen Zeugnisse, Bedeutung und Wert, die die Völker der Antike der Säge als Arbeitsmittel für die Produktion materieller Güter beimaßen.

MARCUS TULLIUS CICERO (106 bis 43 v. u. Z.), der römische Redner und Schriftsteller, machte ebenfalls bereits mit der Säge Bekanntschaft, freilich auf etwas andere Art und Weise. Er erwähnte nämlich in einer seiner Reden eine »künstliche Säge«, offenbar eine gebogene Stichsäge, mit der ein Dieb, um unauffällig an die Beute zu gelangen und ihrer habhaft zu werden, den Boden eines Schrankes herausgesägt hatte:

»*Als jener Ausschnitt des Bodens im Schrank betrachtet wurde, fragte man sich, auf welche Weise dies habe gemacht werden können. Jemand von den Freunden der Sassia erinnerte sich, er habe kürzlich bei einer Versteigerung auf dem Markt unter dem Kleinkram eine auf dem gesamten Zahnteil gekrümmte und gewundene Säge gesehen, mit der offenbar jenes Loch in dieser Weise ringsum habe geschnitten werden können.*«[1]

---

[1] CICERO, in der Rede für Cluentius, übersetzt aus dem Lateinischen.

Bild 3/22. Dädalus mit einer Steifsäge in der Hand neben der hölzernen Kuh, die er für Pasiphae, die Frau des Kreterkönigs Minos, lebensgetreu schuf (antikes Relief – Darstellung nach J. J. Winckelmann)

Bild 3/23. Dädalus baut für sich und seinen Sohn Ikarus Schwingen, um durch einen kühnen Flug von dem wasserumgebenen Kreta zu fliehen, wo er seinen Aufenthalt unter Minos als Gefangenschaft empfand (antikes Relief in einem römischen Gebäude)

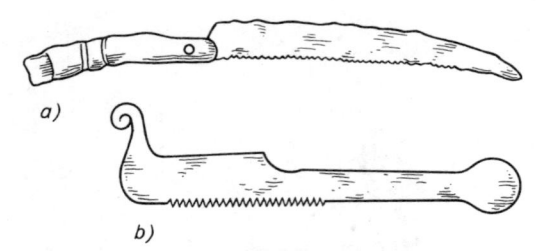

Bild 3/24. Sägen der Kelten. Die Kelten hatten als Träger der La-Tène-Kultur (450 v. u. Z. bis Anfang u. Z.) eine hochentwickelte Eisenmetallurgie sowie eine fortgeschrittene Holzbearbeitungstechnik – zwei Gewerke, mit denen sie auf die benachbarten germanischen Stämme und selbst auf Rom ausstrahlten. An Sägewerkzeugen besaßen die Kelten jedoch nur kleinformatige Sägen, die lediglich für die Bearbeitung von Werkstücken geringer Abmessung geeignet waren.
a) Messersäge mit angenietetem Griff, etwa 35 cm lang, b) Feinsäge, 14 cm lang; mit dem hochgezogenen Blattrücken war das Werkzeug wie ein Hobel zu handhaben.

Axt und Beil verloren trotz leistungsfähiger Sägewerkzeuge und der allmählichen Verbreitung des Hobels indes kaum etwas von ihrer Bedeutung. Sie blieben auch über das klassische Altertum hinweg gebräuchliche Arbeitsmittel in nahezu allen Gewerken der Holzbe- und -verarbeitung. Allerdings wurden diese einfachen Spaltwerkzeuge nun mehr und mehr zu Instrumenten für gröbere Arbeiten, beispielsweise für die primäre Bearbeitung des Holzes.

Die Axt bevorzugte der römische Zimmermann gegenüber der Säge, mußte er einen Stamm zu Balken oder Kanthölzern, etwa für den Haus-, Schiff- oder Brückenbau, umformen. Und der Tischler der späten Antike nahm das Beil noch immer dann zur Hand, wenn er Rohlinge für die mannigfaltigen hölzernen Gebrauchsgegenstände anzufertigen hatte. Der in der Eisenzeit nur wenig eingeschränkte Gebrauch von Axt und Beil ist wohl zuerst auf die zu jener Zeit beginnende und schon bald ziemlich weit gehende Spezialisierung dieser Werkzeuge zurückzuführen. Während in den europäischen Bronzezeitkulturen die Veränderung der Axt- und Beilklingen hauptsächlich darauf zielte, das komplizierte Problem der Schäftung zu lösen, bildeten sich seit der jüngeren Eisenzeit, nachdem die Öhrschäftung allgemein üblich geworden war, Beilformen heraus, die im Bereich der Schneide und des Nackens sehr verschiedenartig gestaltet waren. Das zeugt von dem Bestreben, das Werkzeug dem jeweiligen speziellen Verwendungszweck besser anzupassen, ihm neue Arbeitsbereiche zu erschließen.

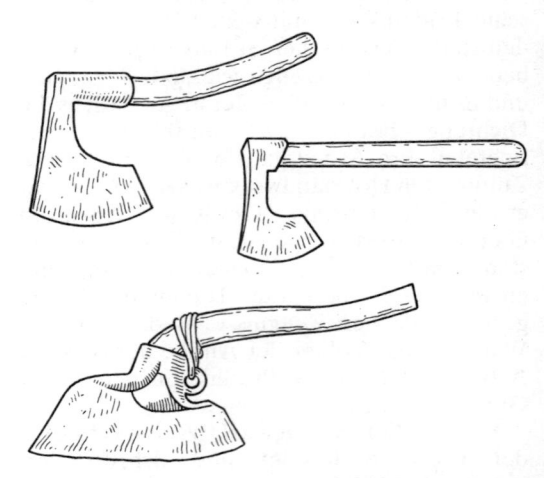

Bild 3/25. Römische Breitäxte zum Feinbehauen und Glätten von Bauholz

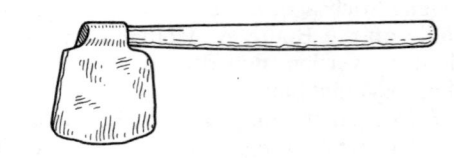

Bild 3/26. Römisches Tischlerbeil

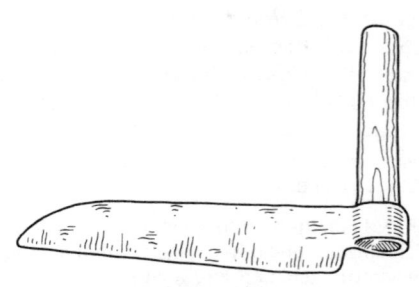

Bild 3/27. Römisches Spaltmesser zur Herstellung ziemlich dünner Brettstücke, Dachschindeln und Faßdauben

Wie sehr einige Spezialbeile oder auch -äxte dem Bedarf des Holzhandwerks in dieser Zeit und noch lange danach entsprachen, wird daran deutlich, daß sie sich über weite Gebiete Europas verbreiteten und zeitlich bis in das Mittelalter gelangten. Als ein Beispiel dafür kann die lange vor der Zeitenwende entstandene Breitaxt gelten, ein spezielles Werkzeug für den Zimmermann, das sich vortrefflich für das flächige Behauen und Glätten von Bauholz und Brettern eignete. Diese Axt war konstruktiv so gestaltet, daß die im Vergleich zur herkömmlichen Fällaxt stark verbreiterte Schneide ohne all zu großen Materialaufwand und bei relativ geringer Masse der Klinge erreicht werden konnte.

Für die Anfertigung einer gewöhnlichen Axt mochte der geübte Schmied kaum mehr als drei Arbeitsstunden benötigt haben. Viele Äxte und Beile sind offensichtlich schon damals nicht aus dem vollen Stück geschmiedet worden. Das Ausgangswerkstück war zumeist eine flache, rechteckige Platte, die zunächst U- oder hakenförmig gebogen und danach an beiden Schenkeln im Feuer zusammengeschmiedet wurde. Vor dem Verschweißen der Enden erhielt die Klinge eine Einlage aus hochwertigem Stahl, die die Schneide bildete. Damit konnte viel des wertvollen Stahles eingespart werden. In der nachrömischen Zeit bestand die Klinge oftmals aus mehreren zusammengefügten Schichten von Stahl sehr unterschiedlicher Qualität, und die Schneide war nicht mehr eingelassen, sondern einseitig auf die Klingenspitze aufgesetzt. Manche Werkzeuge römischer Herkunft tragen bereits Schmiedemarken des Herstellers, wie sie danach erst an spätmittelalterlichen Äxten wiederzufinden sind.

Daß die römischen Holzhandwerker auch die Technik des Spaltens verbreitet und mit großem Geschick angewendet haben, belegen verschiedene Funde. Axt, Keil und spezielle Messer waren hierfür die Werkzeuge. Bretter bis 2,4 m lang, 40 cm breit und 3 bis 10 cm dick blieben erhalten, die nicht durch Sägen oder Behauen, sondern lediglich durch Spalten hergestellt wurden.

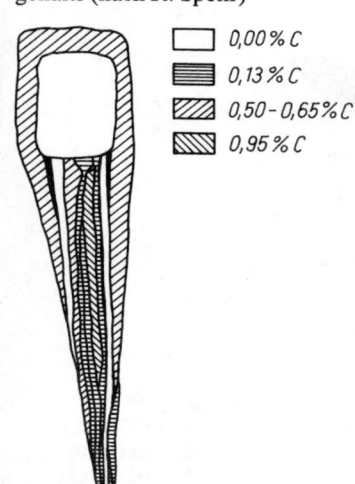

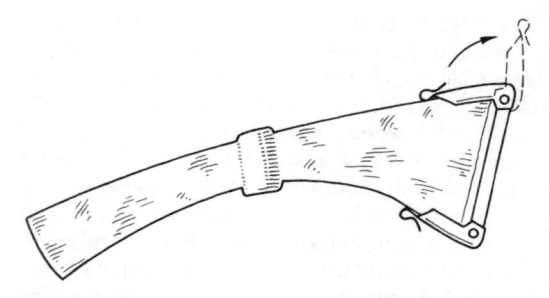

Bild 3/29. Römische Doppelaxt mit dreiteiligem, bronzenem Futteral

Bild 3/28. Struktur einer Axtklinge, bestehend aus Schichten von Eisen unterschiedlichen Kohlenstoffgehalts (nach R. Spehr)

☐ 0,00 % C
▬ 0,13 % C
▨ 0,50 – 0,65 % C
▩ 0,95 % C

Der Handwerker in den Sklavenhalterstaaten der Antike gehörte den niederen sozialen Schichten an; er konnte selbständiger Handwerker, Lohnarbeiter oder Sklave sein. HESIOD (um 700 v. u. Z.), der altgriechische Dichter, läßt wissen, daß schon zu Homerischer Zeit »*der Töpfer mit dem Töpfer und der Zimmermann mit dem Zimmermann wetteiferte*« /48/.

Seit dem 5. Jahrhundert v. u. Z. entstanden in den reichen Städten Griechenlands Werkstätten, die mit ihrer relativ hohen Produktivität und ausgeprägten Arbeitsteilung an die Handwerkerzentren im Alten Ägypten erinnern. Bis zu hundert und mehr Sklaven verrichteten hier Handwerksarbeit für ihren nicht selbst schaffenden Besitzer, den Angehörigen der herrschenden Aristokratie oder den privilegierten Patrizier. Der Vater des berühmten attischen Redners und Politikers DEMOSTHENES (384 bis 322 v. u. Z.) nannte eine Werkstatt sein eigen, in der er 20 Tischlersklaven hielt, die ihm hölzerne Bettstellen bauten. Und nicht weniger als 120 Handwerker, überwiegend Sklaven, arbeiteten in den Schildwerkstätten eines gewissen Kephalos. Man wird demnach sagen können, daß in solchen handwerklichen Zentren bereits oft eine ausgesprochene Massenproduktion üblich war. Da konnte der »freie« Handwerker nur selten konkurrieren; er mußte oftmals selbst dann unterliegen, wenn ihm ein oder zwei Sklaven zur Seite standen. So hoffte er, in den zahlreichen Berufsgenossenschaften, die seit dem 3. Jahrhundert v. u. Z. entstanden, oder in Religionsgemeinschaften Schutz und Sicherheit zu finden. Im römischen Imperium der späten Republik und der frühen Kaiserzeit schließlich entstammten wohl die meisten der aus Holz gefertigten Erzeugnisse den Händen handwerklich ausgebildeter Sklaven und Lohnarbeiter. Die hier erreichte Spezialisierung des Gewerkes läßt sich ahnen, wenn man erfährt, daß bereits zu hellenistischer Zeit auf Delos der eine Tischler die Türblätter, der andere die Türrahmen herstellte und einbaute.

Dem hohen Niveau der materiellen Kultur in den antiken Staaten entsprachen die aus Holz gefertigten Erzeugnisse. Wenngleich auch von der Holzarbeit aus dem klassischen Altertum infolge der sehr geringen Überlieferungschance außerordentlich wenige Gegenstände unsere Zeit erreicht haben, so ist doch

Bild 3/30. Römischer Tischler beim Zurichten eines Brettes mit dem Stemmeisen. Das Werkstück ist mit Keilen auf der Werkbank befestigt; der Drillbohrer liegt griffbereit. (Wandmalerei aus Pompeji, 1. Jh. u. Z.)

rechte Seite:
Bild 3/32. Römische Tischler mit Gestellsäge, Dechsel und Hobel (Goldglasarbeit, 1. Jh. u. Z.)

Bild 3/31. Römischer Tischler, der mit dem Drillbohrer eine hölzerne Truhe fertigstellt

Schriftliche Überlieferungen und bildhafte Darstellungen auf Münzen, Vasen und anderen gegenständlichen Funden sowie bronzene und eiserne Beschläge, aber auch Einlegearbeiten ermöglichen es, die Arbeit der Zimmerleute, Tischler, Stellmacher, Böttcher oder Schnitzer aus jener Zeit hinreichend zu rekonstruieren.

Die römischen Möbel in den Palästen, Villen oder Landhäusern der Reichen waren der prunkvollen Innenarchitektur angepaßt. Sie zeichneten sich durch oft übertriebene plastische Verzierungen und die Verwendung kostbarer Materialien, wie edles Holz, Gold, Silber, Elfenbein und Schildpatt oder Marmor, aus. Zu jener Zeit waren dort bereits die meisten der heute gebräuchlichen Möbeltypen in oft mannigfaltigen Ausführungen zu finden. Stühle mit und ohne Armlehnen, Sessel mit Fußbank, Schreine und Sitzbänke gehörten ebenso zur Erzeugnispalette des römischen Schreiners wie etwa Truhen, Regale, Liegen mit Eßtisch oder das Bett aus lackiertem Holz und mit gedrechselten Füßen. Hierbei bewies der Schreiner seine Fähigkeiten gleichermaßen wie der Bautischler, der die rohen Pfosten und Stürze an Türen oder Fenstern kunstvoll mit Holz verkleidete, kassettierte Decken aus edlen, ausgesuchten Hölzern anfertigte oder die gewaltigen, eisenbeschlagenen Palast- und Festungstore aus Zedern- oder Eichenholz baute.

Ein Verweis auf die Herstellung von Türen mag genügen, um zu veranschaulichen, wie gut der römische Holzwerker seinen Rohstoff kannte. Ihm waren bereits alle möglichen Holzverbindungen geläufig, das Zapfen und Dübeln ebenso wie das Verkeilen oder Zinken. Er verwendete nur gehörig ausgetrocknetes Holz, das überdies nach der Verleimung mitunter noch jahrelang in der Verspannung verblieb, um so dem Werfen der Türblätter vorzubeugen. Die Häuser der Reichen erhielten Türen, die nicht einfach aus Brettern zusammengenagelt, sondern furniert und mit allerlei Zierat von Bronze und Elfenbein geschmückt waren. Füllungen, vertieft in den Rahmen eingesetzt und an den Kanten säuberlich mit profilierten Leisten abgedeckt, wirkten dem Reißen des Holzes entgegen. Türangeln allerdings waren dem griechischen und lange Zeit auch dem römischen Tischler unbekannt. Die von ihnen gefertigte Tür drehte sich zumeist um Zapfen, die vom Türblatt nach unten in den

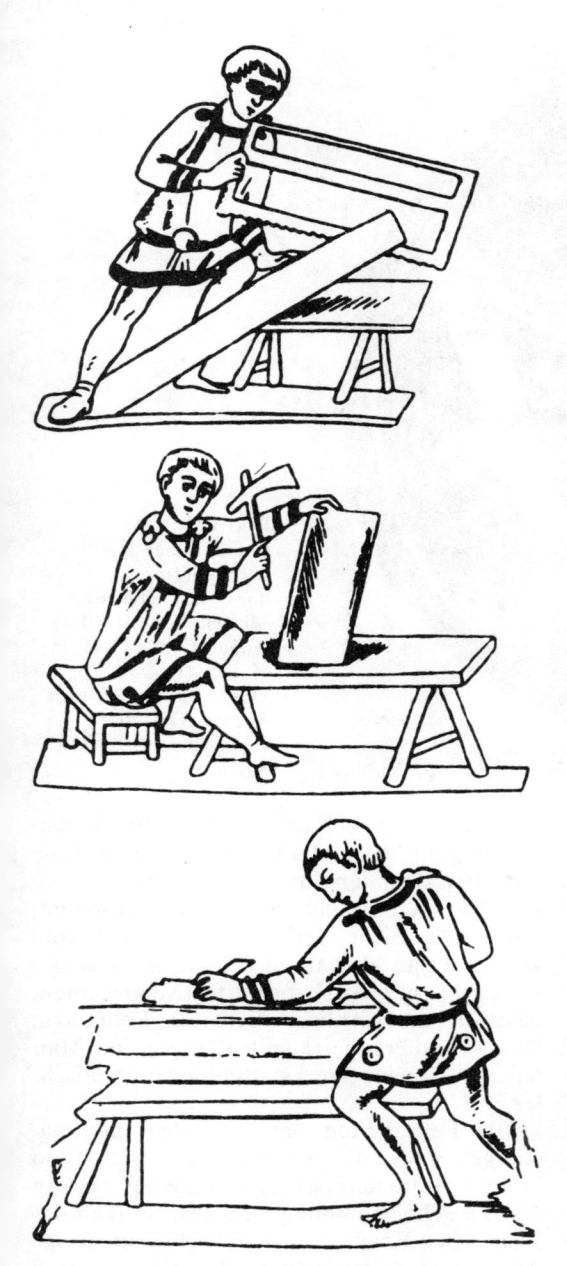

indes bekannt, daß diese im Alten Orient das erste Mal zu großer Vollkommenheit gelangte Handwerkskunst in Griechenland und Rom mit Sachkenntnis und Geschick fortgeführt wurde. Die Holzbearbeitung der Antike erlangte ihren wohl höchsten Stand im Römischen Reich, wobei freilich in den griechischen, hellenistischen und etruskischen Traditionen Vorgefundenes Eingang fand.

Bild 3/33. Griechischer Tischler beim Glätten der Oberfläche eines Möbelteiles mit der langgestielten Dechsel (5. Jh. v. u. Z.). Der Hobel war den Griechen vermutlich noch nicht bekannt.

Bild 3/34. Hölzerne Möbel – Sitzbank und Schrein – zur Aufbewahrung von Papyrusrollen (auf einem römischen Grabrelief, um 300 u. Z.)

Fußboden und nach oben in den Sturz hineinragten. Für diese stark beanspruchten Teile und ebenso für den Türriegel kam nur sehr hartes Holz in Betracht, wie etwa Buchsbaum, Olive oder Eiche. Die gesuchteste und wohl kostspieligste Holzart in der Antike war der Lebensbaum; man bezog ihn aus Mauretanien. Zentren handwerklichen Schaffens konnten in Neapel und Pompeji angetroffen werden. Hier lagen auch viele Werkstätten der Möbeltischler.

Die Fertigkeiten des römischen Stellmachergewerkes zeigten sich in einer Vielzahl von Wagen recht unterschiedlicher Konstruktion und Zweckbestimmung. Auf den Straßen des Römischen Reiches sah man leichte einachsige und schwere zweiachsige Wagen ein- und mehrspännig fahren. Man begegnete sehr tragfähigen Lastwagen, sowohl im zivilen als auch im militärischen Gebrauch, mit offener oder kastenartig umbauter Ladefläche, sowie Mietwagen und privaten Reisewagen mit vorzüglicher Federung, oder aber den luxuriös ausgestatteten Equipagen der Senatoren und seit der späten Kaiserzeit gelegentlich dem Postwagen. Vestalinnen, Matronen und Würdenträger

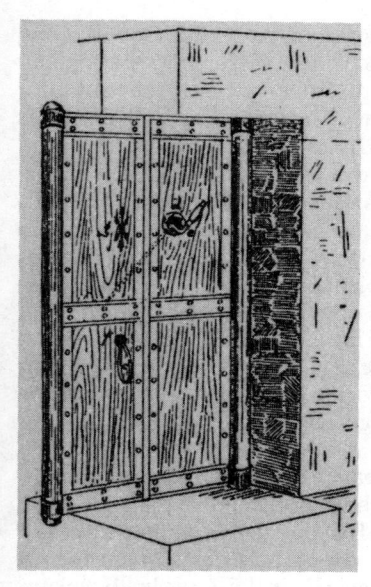

Bild 3/35. Haustür aus dem antiken Griechenland (Rekonstruktion)

nahmen den repräsentativ gestalteten verdeckten Staatswagen, wenn sie sich zu kultischen Handlungen begaben oder vielleicht Spiele besuchen wollten. Allein der Kaiser fuhr in seinem prunkvoll gearbeiteten Staatswagen zuweilen sechsspännig. In Rom selbst übrigens war seit den ältesten Zeiten bis in das 3. Jahrhundert u. Z. darauf geachtet worden, Wagen nur zu Gottesdiensten und öffentlichen Feierlichkeiten zu benutzen. Interessant ist die überlieferte Kunde, daß hellenistische Stellmacher 323 v. u. Z. für die Überführung des Leichnams Alexander des Großen von Babylon nach Alexandria einen ungewöhnlichen vierrädrigen Wagen bauten, die Harmamaxa, der von 64 Mauleseln gezogen wurde.

Der Wagenbauer der Antike stellte auf zweierlei Art die gekrümmten Teile für den Felgenkranz her. Entweder sägte er die Stücke gleich kreisbogenförmig aus, oder er legte gerade zugeschnittene Teile in heißes Wasser und bog sie, nachdem die Holzfaser weich geworden war. Das Biegen des Holzes für Felgenteile scheint schon zu früher griechischer Zeit bekannt gewesen zu sein, zumindest läßt eine Zeile in HOMERS »Ilias« darauf schließen:

»*Daß er zum Kranz des Rades
sie (d. i. die Pappel) beug'
am zierlichen Wagen.*«

Bild 3/36. Römische Tischler bei der Arbeit mit Rahmensäge und Hobel – Würdigung des Holzhandwerks auf einem der in der Antike gepflegten Festumzüge (Wandgemälde am Haus eines Holzhandwerkers in Pompeji, um 70 u. Z.)

Die römischen Zimmerleute waren entweder im Hausbau tätig, dann hieß man sie fabri tignarii, oder sie waren Schiffszimmerleute, die fabri navales.[1] Man darf kaum annehmen, daß der Zimmermann in der römischen Stadt mit ihren steinernen Palästen, Tempeln, Stadien, Basiliken, Theatern und Bädern nur wenig zu tun hatte, zumal die Dachstühle nahezu aller dieser Bauten aus oft komplizierten Holzkonstruktionen bestanden und viel Gerüstbau der Maurer- und Steinmetzarbeit vorausging. Dennoch mögen die meisten Zimmerleute ihre Arbeit bei der Errichtung von Fachwerkhäusern gefunden haben. Das Fachwerk war im Altertum keine Seltenheit. Im Römischen Reich schließlich wurde der Fachwerkverband zur weitverbreiteten Bauweise. Mit dem Bestreben, die Wohnungen für die Bevölkerung der niederen Schichten rasch und vor allem billig zu bauen, entstanden viele solcher mitunter wenig stabilen Gebäude als Mietshäuser für die Plebejer. Bis zu sieben Geschossen konnten sich hier die Wohnungen übereinandertürmen. Die Außenwände bestanden aus Balken, Lehm- und Steinfüllungen, die Innenwände aus Brettern, Decke und Fußboden aus Balken und Holzdielen. Da war Zimmermannsarbeit gefragt, und das sollte sich sobald nicht ändern. Noch im Rom der Kaiserzeit konnte man die Häuser ganzer Straßenzüge als Fachwerkbauten vorfinden, wenn auch jetzt die Bauhöhe infolge der Brandgefahr Grenzen unterlag.

Für die Gebäude der Kastelle wurde ebenfalls der Fachwerkverband bevorzugt, wie überhaupt der Bau des 580 km langen Limes zu großen Teilen die Arbeit des Zimmermanns erforderte. Eine Höchstleistung im Brückenbau erreichten römische Zimmerleute unter Leitung des kaiserlichen Architekten APOLLODOROS um 105 u. Z. mit der Errichtung der 1070 m langen Donaubrücke unweit des »Eisernen Tores«, bei der 20 auf Holzpfählen gegründete Steinpfeiler das jeweils 50 bis 60 m spannende hölzerne Sprengwerk trugen. Fürwahr, ein Meisterwerk spätantiker Holzbaukunst. Die von JULIUS CÄSAR etwa 150 Jahre zuvor errichteten Rheinbrücken dürften kaum weniger imposant gewesen sein.

Bild 3/37. Römischer Wagenbauer während der Arbeit mit dem Stemmeisen (Goldgrundarbeit auf einem Glasgefäß, 1. Jh. u. Z.)

[1] fabrillis, faber = Handwerker
tignum = Balken
faber tignarius = Zimmermann
navalis = Werft

Bild 3/38. Wasserwagen aus der römischen Kaiserzeit (nach einem Wandgemälde in Herculaneum)

Bild 3/39.
Römischer Reisewagen mit Fahrgast- und Gepäckraum (nach einer Reliefdarstellung)

Die Schiffe der antiken Staaten waren im allgemeinen von relativ kleiner Bauart. Nur selten wird ihre Ladefähigkeit 50 t überschritten haben. Schiffe, die Ladungen von 100 und mehr Tonnen an Bord nehmen konnten, bildeten bereits die Ausnahme, obgleich die Schiffszimmerleute zu dieser Zeit durchaus die Fertigkeiten besaßen und ebenso die technischen Voraussetzungen hätten schaffen können, auch wesentlich größere Schiffe zu bauen. Jedoch die antiken Staaten des Mittelmeeres betrieben, von Ausnahmen abgesehen und im Gegensatz zu den Phöniziern, über lange Zeit nur Fluß- und Küstenschiffahrt. Erst spät, zu hellenistischer Zeit, wagte man sich über das Mittelmeer. Diese Scheu, Fahrten aufs offene Meer oder während der Nacht und bei Sturm zu unternehmen, ist wohl in den noch geringen nautischen Kenntnissen der griechischen und römischen Seeleute zu suchen. Um so größer war die Anzahl der Schiffe. Sowohl Griechenland als auch Rom unterhielten im Interesse des Handels und zu kriegerischen Zwecken für diese Zeit doch recht stattliche Flotten. Das setzte nicht nur gereifte Kenntnisse über den Schiffbau, sondern ebenso ein ausreichendes Potential im Holzhandwerk voraus. Die während des 1. Punischen Krieges (264 bis 241 v. u. Z.) gegen den mächtigen Widersacher Karthago hauptsächlich infolge von Stürmen und mangelnder Erfahrung der Kapitäne mehrmals vernichtete römische Flotte wurde in erstaunlich kurzer Zeit immer wieder neu aufgebaut.

Die wohl größte Leistung im antiken Schiffbau gelang griechischen Schiffszimmerleuten zu hellenistischer Zeit. Sie bauten 264 v. u. Z.

Bild 3/40. Keltischer Wagen aus einem Moorfund (Dänemark). Die keltischen Holzhandwerker verstanden hervorragend mit dem Holz umzugehen. Erstaunliche Fertigkeiten erreichten sie im Wagenbau. Ihre zwei- und vierrädrigen Wagen waren auch außerhalb der keltischen Gebiete gut bekannt; selbst die Römer übernahmen einige Wagentypen der Kelten.

dem König Hieron II. von Syrakus einen Dreimaster, die »Alexandreia«–ein Schiff mit 4200 t Tragfähigkeit und einer Länge von 124 m. Neben mächtigen Segeln sollen es 4000 Ruderer in Bewegung gebracht haben. Doch dieser Seetransporter paßte in keinen der Häfen Siziliens oder Italiens, so daß sich Hieron genötigt sah, das Schiff dem ägyptischen König Ptolemäus II. zu schenken. Im Hafen von Alexandria fand es seinen Platz. Archimedes soll die Winde konstruiert haben, die den Koloß von der Helling ins Wasser brachte. Und aus Rom hört man von einem Frachtensegler, der mit seiner beträchtlichen Größe ebenfalls eine Vorstellung von dem vermittelt, was die Schiffbauer der Antike konnten. Die »Isis« lief um 100 u. Z. vom Stapel. Sie war 54 m lang, 14 m breit und maß vom Kiel bis zur Reling über 10 m; ihre Tragfähigkeit mochte 2800 t erreicht haben.

Für den Bau eines Schiffes verwendete der Zimmermann Holz sehr unterschiedlicher

Bild 3/41. Trennen einer Holzbohle zu Brettern mit der Schrotsäge in der Zeit der Antike (etruskische Reliefdarstellung auf einer Alabastervase)

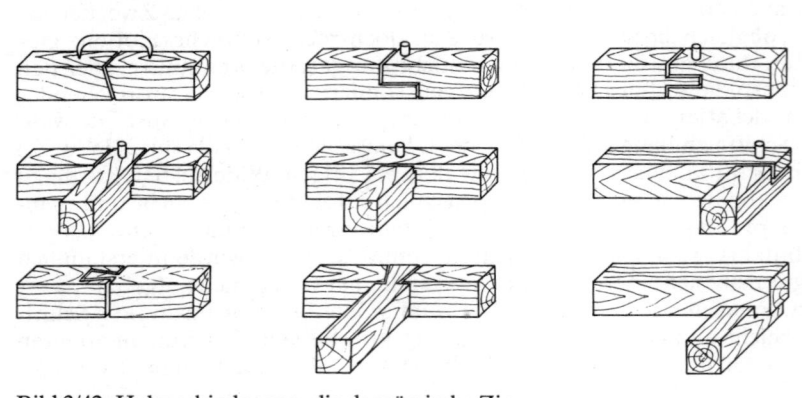

Bild 3/42. Holzverbindungen, die der römische Zimmermann im Haus- und Schiffbau anwendete (nach L. Jacobi)

Bild 3/43. Fachwerkbau im Römerkastell Saalburg/Taunus (Rekonstruktion von L. Jacobi)

Bild 3/44. Trajansbrücke, die einst die Donau bei Turnu Severin (Rumänien) überspannte (Rekonstruktion nach einem Relief an der Trajanssäule in Rom und dem archäologischen Befund)

Bild 3/45. Kleines römisches Frachtschiff mit zwei Steuerrudern (nach einem Relief in der Kathedrale von Salerno)

Bild 3/46. Griechische Triere aus dem 6. Jh. v. u. Z. Schiffe dieser Bauart waren 35 bis 50 m lang. Sie wurden von etwa 170 Ruderern und mit Segeln fortbewegt.

Bild 3/47. Großer Frachter mit einer Tragfähigkeit bis 1000 t (Rekonstruktion nach zwei römischen Mosaikoriginalen)

Baumarten: Tanne, Kiefer oder Eiche für Kiel und Spanten, Linde oder Rotbuche für die Planken und Esche für die Inneneinrichtung; Mast und Rahen fertigte er aus Tanne, die Ruder bevorzugt aus Olive oder Pinie. Zu seinen Werkzeugen gehörten Säge, Axt, Beil und Dechsel sowie Hobel, Spitz- und Löffelbohrer. Er benutzte die Richtschnur, das Lineal, die Wasserwaage, den Zirkel, das Winkelmaß und das Bleilot. Mit eisernen und bronzenen Nägeln, Schrauben, Klammern, Bändern sowie mit Holzverbindungen und Leim fügte er die vorbereiteten Teile zusammen. Eine anschauliche Schilderung der Arbeit beim Schiffbau führt zurück in die frühe griechische Zeit, zu HOMER, der in seiner »Odyssee« mitteilt:

»Und er fällte die Bäum' und vollendete hurtig die Arbeit. Zwanzig stürzt' er in allem, umhaute mit eherner Axt sie, schlichtete sie mit dem Beil und nach dem Maße der Richtschnur. Jetzo brachte sie Bohrer, die hehre Göttin Kalypso, und er bohrte die Balken und fügte sie wohl aneinander und verband nun den Floß mit ehernen Nägeln und Klammern. Von der Größe, wie etwa ein kluger Meister im Schiffbau zimmern würde den Boden des breiten, geräumigen Lastschiffs, baute den breiten Floß der erfindungsreiche Odysseus. Nun umstellt' er ihn dicht mit Pfählen, heftete Bohlen ringsherum und schloß das Verdeck mit langen Brettern. Drinnen erhob er den Mast, von der Segelstange durchkreuzt, endlich zimmert' er sich ein Steuer, die Fahrt zu lenken.« /148/

Die älteste Überlieferung, die auf die Existenz maschinell betriebener Sägen schließen lassen könnte, geht auf die Spätantike zurück. In der »Mosella«, einer von dem lateinischen Dichter MAGNUS AUSONIUS (310 bis 395 u. Z.) im Jahre 369 geschaffenen lyrischen Erzählung, wird von wassergetriebenen Sägemühlen berichtet, die in den nördlichen Provinzen des Römischen Reiches, nämlich an der Rur, einem Nebenfluß der Maas, gestanden haben und zum Zerteilen von Marmor betrieben wurden:

»Zu dir eilt
die reißende Kryll und die Ruwer, berühmt,
durch Schiefer, so schnell sie es können,
um dir mit den Fluten zu dienen,
welche mit eiligem Schwung'
Mühlsteine im Kreise herumdrehn,
und durchs glatte Gestein
die kreischenden Sägen hindurchtreibt« /8/.

Wenn auch in der späten römischen Kaiserzeit vom Wasser bewegte Mühlen, vorwiegend Getreidemühlen, nichts Ungewöhnliches mehr darstellten, fügen sich doch Zweifel ein, ob denn die von AUSONIUS erwähnten Gesteinsmühlen auch für das Sägen von Holz geeignet gewesen sind. Das um so mehr, als erst für nahezu eintausend Jahre später die Existenz maschinell betriebener Sägen für Holz historisch bezeugt ist. Wie könnten solche Gesteinssägen ausgesehen haben? Die Römer kannten bereits den Zahnradtrieb und vermochten damit z. B. an Getreidemühlen die horizontale in die vertikale Drehbewegung zu überführen. Dagegen sollte die Kenntnis von der Umformung der Drehbewegung in die Hubbewegung ausgeschlossen werden können; die Verwertung dieses technischen Prinzips an Arbeitsmaschinen ist für das Altertum nicht belegt. Überdies besteht der Verdacht, daß die »Mosella« durch Einschübe in späteren Jahrhunderten ergänzt und also entstellt worden ist.

Obgleich Griechen und Römer infolge ihres hohen materiellen und geistigen Entwicklungsstandes durchaus in der Lage gewesen sind, wirksame neue Arbeitstechniken auf mechanischer Grundlage theoretisch zu entwikkeln, mußten solche Mühlen und andere Mechanismen in der Antike Einzelerscheinungen bleiben. Sie verbreitet in die Produktion materieller Güter einzubeziehen, blieb späteren Jahrhunderten vorbehalten. Das lag hauptsächlich in der sozialökonomischen Struktur der Großreiche des klassischen Altertums begründet. Wohl befaßten sich vor allem griechische, doch auch römische Gelehrte und Ingenieure mit technischen Neuerungen, allein die praktische Umsetzung der eigenen Gedanken wurde von ihnen selbst verschmäht. Nach PLUTARCHS Zeugnis beispielsweise empfand es ARCHIMEDES für unwürdig, über seine technischen Erfindungen etwas Schriftliches zu hinterlassen. Alle Tätigkeit, die half, wissenschaftliche Erkenntnisse praktisch zu erproben, hielten die antiken Gelehrten für niedrig. So bekundet stellvertretend für andere Gelehrte der römischen Zeit der Stoiker LUCIUS ANNAEUS SENECA D. J., daß jene Tätigkeiten, die vom Menschen einen gebeugten Körper und den zur Erde gerichteten Blick verlangen, des Schweißes der Edlen nicht wert sind. Theorie und Praxis konnten unter solcher Philosophie nur selten zueinander finden und wissenschaftlich erdachte Lösungen kaum in praktische Technik umgesetzt werden.

Die großen geschichtlichen technischen Leistungen der antiken Staaten, wie sie vor allem das römische Imperium auf zivilisatorischem Gebiet hervorgebracht hat, so die gewaltigen Aquädukte, das umfassende, bautechnisch hervorragende Straßennetz, der Hochbau in den Städten, die steinernen Brücken oder die riesenhaften, prunkvollen Thermen, aber auch die Kriegsmechanismen – sie alle wurden kaum mit neuen Techniken vollbracht. Sie waren vielmehr das Ergebnis der Arbeit von Heeren von Sklaven und Unfreien, denen im wesentlichen nur herkömmliche, seit Jahrhunderten bekannte Arbeitsmittel zur Verfügung standen. »*Das Überangebot an billigen, aber uninteressierten Sklaven förderte über die Zeit hinweg weder die Verbesserung der Werkzeuge noch die Entwicklung der Maschinen.*« /177/ Erst Jahrhunderte später, im ausgehenden Mittelalter, erleichtern verbreitet Mechanismen dem Menschen die Arbeit. Es sind vor allem mit Wasserkraft angetriebene Mühlen, die die verschiedensten bis dahin manuell verrichteten Tätigkeiten, so auch das Sägen von Holz, übernehmen.

Es war wiederum eine große Leistung des Menschen, als er die Verfahren und Techniken zur Gewinnung und weiteren Verarbeitung des Eisens zu meistern gelernt hatte. Das um so mehr, als doch kaum auf Erfahrungen aus der Kupfer- und Bronzebehandlung zurückgegriffen werden konnte. Das neue Metall war weit schwerer im Erz zu erkennen als Kupfer. Seine Erzeugung und Bearbeitung erforderten völlig neue Arbeitsgänge und Werkzeuge. Der Rennofen ist nicht mit der Schmelzmulde oder dem einfachen Schmelzofen aus der Kupferzeit vergleichbar. Das Verschlacken der Eisenerze, also das Zugeben von Kalkstein oder anderen Flußmitteln, war ebenso ein Verfahren, das erst einmal entdeckt und erlernt sein wollte, wie die Behandlung der beim Schmelzen gewonnenen Luppe. Überdies bedurfte es großer Geschicklichkeit, um dem Stahl die nötige Härte zu verleihen. Noch in den späteren Kulturen des Altertums erfolgte die Verhüttung des Eisenerzes zu Metall nach dem Rennverfahren, wobei Holzkohle als Heiz- und Reduktionsmittel diente.

Die frühen Eisenschmiede erhitzten das gewonnene Metall mehrmals über einem Holzkohlefeuer und hämmerten es zwischendurch wieder und wieder. Dabei nahm das Eisen Kohleteilchen auf, wurde mit Kohlenstoff angereichert, somit aufgekohlt, wobei sich um den Eisenkern eine Stahlschicht bildete. Bald danach fanden sie heraus, daß der Stahl durch schroffes Tauchen des heißen Metalls in kaltes Wasser noch an Härte gewinnt. Jahrhunderte später waren es die Römer, die mit dem Tempern oder Glühen ein Verfahren entdeckten, das geeignet war, den oft noch harten, spröden Stahl weiter zu veredeln. Nun konnten schließlich Stahlsorten gezielt für verschiedene Verwendungszwecke produziert werden, je nachdem, ob das Metall aufgekohlt, abgeschreckt, getempert oder kombiniert behandelt wurde.

Allerdings war es selbst den Schmieden des späten Altertums nicht möglich, Gegenstände aus Eisen nach dem Vorbild der Bronzebearbeitung durch Gießen des flüssigen Metalls in Formen herzustellen. Der Schmelzpunkt des Eisens liegt ja mit etwa 1500 °C beträchtlich über dem von Kupfer. Solche Temperaturen gaben die Rennfeueröfen jener Zeit ganz einfach nicht her. Erst Jahrhunderte danach, im späten Mittelalter, machte ein mit Wasserkraft getriebener Blasebalg erstmalig das Gießen von Eisen möglich. Die Zeit aber, da der Stahlguß beherrscht wurde, lag noch ferner. Deshalb sind alle während der Eisenzeit hergestellten eisernen Gegenstände nicht gegossen, sondern geschmiedet worden. Die Mysterien um den Schmelzvorgang blieben noch über lange Zeit erhalten; sie waren der Bronzeverarbeitung nachempfunden. Auch die ersten Eisenschmiede brachten ohne rituales Beiwerk offenbar kein treffliches Stück zustande. Folglich bedurfte die Eisenschmelze anfangs noch mancherlei Zugaben, und sie wurde mit geheimnisvollen Formeln besprochen, damit das Werk gelingen möge.

Die wirksamen wirtschaftlichen Verfahren der Eisenbearbeitung machten das Metall und die daraus gefertigten Erzeugnisse billig, zu-

Bild 3/48. Schrotsäge, etwa 1,2 m lang, unter den Werkzeugen einer griechischen Statuengießerei (Malerei auf einer rotfigurigen Vase, 5. Jh. v. u. Z.)

Bild 3/49. Werkzeugschmiede im antiken Griechenland (Malerei auf einer attischen Vase aus Orvieto, 5. Jh. v. u. Z.)

Bild 3/50. Die Schmiede des Vulkanus – Werkstatt des altrömischen Gottes des Feuers und der Schmelzkunst (Relief aus Pompeji, 1. Jh. u. Z.)

mal Eisenerze ausreichend und beinahe überall verfügbar waren. Um 1800 v. u. Z. kostete in Babylonien das Kupfer nahezu doppelt so viel wie eintausend Jahre später das Eisen. Demzufolge verbreiteten sich eiserne Werkzeuge viel mehr als ihre Vorläufer aus Zinnbronze. Nun erst konnte sich jeder Holzwerker, ob Zimmermann, Tischler oder Stellmacher, mit metallenen Sägen, Beilen, Stemmeisen, Hobeln oder Bohrern ausstatten. Die Leistung der Gewerbe, so auch des Holzhandwerks, wuchs beträchtlich, denn jetzt standen nicht nur mehr, sondern vor allem bessere Werkzeuge zur Verfügung. Sie wurden schließlich verbreitet als Massenproduktion auch in großen Werkstätten hergestellt.

So umspannte die Eisenzeit bald weit größere Gebiete als zuvor die Bronzezeit mit ihren teuren und relativ wenigen Erzeugnissen. Und sie drang mit ihren Errungenschaften auch tiefer ein, in nahezu alle Schichten der menschlichen Gesellschaft, und brachte mit dem technischen Fortschritt zugleich eine weitere spürbare zivilisatorische und kulturelle Entwicklung. Denn das Ergebnis der Herstellung und des Gebrauchs eiserner Produktionsinstrumente war letztendlich eine höhere Produktivität der menschlichen Arbeit, die wesentlich zur weiteren Vervollkommnung der Produktivkräfte beitrug. Das war ein geschichtlicher Prozeß, der zu den wichtigsten Voraussetzungen für den Übergang zum Feudalismus und die Entwicklung dieser Gesellschaftsformation in Zentral- und Westeuropa gehörte.

4. Das Holzhandwerk im Mittelalter

Nachdem die Möglichkeiten einer progressiven Entwicklung im römischen Imperium erschöpft waren, wurde der westliche Teil des Reiches von germanischen Stämmen erobert, und in einem mehrere Jahrhunderte dauernden Prozeß setzte sich in ganz Europa der Feudalismus als vorherrschende Produktionsweise durch. Diese Umwälzung der gesellschaftlichen Verhältnisse war die Voraussetzung für einen neuen Aufschwung der Produktivkräfte. Gegenüber dem Sklaven hatten der feudalabhängige Bauer und der Handwerker ein erheblich größeres Interesse an der Entwicklung der Produktion.

Freilich brachte das Europa des frühen Feudalismus gegenüber den Hochkulturen des klassischen Altertums gerade auf technischem Gebiet nicht sofort und überall historischen Fortschritt hervor, wenngleich die Sklaverei überwunden war. Im Gegenteil. Mit dem Untergang der antiken Kultur gerieten in weiten Gebieten Europas viele technische Neuerungen und Arbeitserfahrungen für lange Zeit in Vergessenheit. Die germanischen Stämme, unter deren Vorherrschaft sich die darauffolgende Entwicklung in Westeuropa vollzog, brauchten einige Jahrhunderte, um generell das technische Niveau der untergegangenen Sklavenhaltergesellschaft zu erreichen und dann auch zu überschreiten. Ein solcher Stand wurde erst im 11. und 12. Jahrhundert erlangt. Mit den neuen, feudalistischen Produktionsverhältnissen waren aber weiterreichende Möglichkeiten für das Vorankommen der menschlichen Gesellschaft verbunden als in der Antike.

Die Entwicklung der Produktionsinstrumente für die Bearbeitung des Holzes blieb von diesem geschichtlichen Verlauf nicht ausgenommen. Axt, Beil, Stemmeisen und andere Werkzeuge der primären Holzbearbeitung waren zudem schon am Ende der Frühgeschichte so weit vervollkommnet und die Verfahren zu ihrer Herstellung hatten bereits ein solches Niveau erreicht, daß die Gebrauchseigenschaften dieser Werkzeuge von da an im Prinzip nur noch unwesentlich verbessert werden konnten. Etwa den gleichen Stand zeigte die Entwicklung der Handsägen. Für die Erfindung von Sägemechanismen aber war die Zeit zunächst wohl noch nicht reif. So sind für die Technik der Holzbearbeitung über eine Periode von mehreren hundert Jahren hinweg auch keine wesentlichen Fortschritte sichtbar.

Bild 4/1. Sägen einer Bohle zu Brettern mit der Rahmensäge auf dem Bockgerüst (Stich von 1708, nach einer Handschrift aus dem 6. Jh.). Diese vermutlich zeitigste frühmittelalterliche Darstellung zeigt die Rahmensäge erstmals mit einem Handgriff.

Bild 4/2. Marmorsäger. Früheste erhalten gebliebene nachantike Darstellung der Arbeit mit der Gestellsäge (aus einer 1023 geschaffenen Bilderhandschrift, Abtei des Klosters Monte Cassino)

Nach dem gegenwärtigen Erkenntnisstand kann angenommen werden, daß vorwiegend jene nachantiken Kulturen, die sich auf dem zentralen Territorium des ehemaligen Römischen Reiches bildeten, wie etwa die Venezianer, Genuesen oder Florentiner und mit Einschränkungen auch die Franken und Byzantiner, den im klassischen Altertum erreichten Stand in der Technik des Sägens – wie in der Holzbearbeitung überhaupt – nicht verlorengehen ließen. Darstellungen bekunden jedenfalls, daß in Südeuropa auch zu dieser Zeit Schnittholz durch Sägen hergestellt wurde. Hierbei ist interessant, daß das zu bearbeitende Holz, wie bereits Jahrtausende zuvor in Ägypten, aufrecht oder schräg in einer Spannvorrichtung stand. Der Schnitt wurde also vertikal geführt, wobei Sägen Verwendung fanden, wie sie schon die Griechen und Römer der Antike kannten. Eine zeitgenössische Malerei in der Abtei des Klosters von Monte Cassino, angefertigt 1023, stellt ein solches Motiv für das Sägen von Marmorplatten dar. Das Sägen von Schnittholz nach dieser Methode mit den zu jener Zeit für Südeuropa typischen Sägewerkzeugen haben Maler und Bildhauer des Mittelalters auf zahlreichen Darstellungen an italienischen Bauwerken aus dem 12. bis 14. Jahrhundert kunstvoll nachgestaltet.

Von den Tischlern des mittelalterlichen Rußland ist bekannt, daß sie für ihre Arbeit bereits Fuchsschwanzsägen und Bügelsägen benutzten, wenngleich auch die Bretter und Kanthölzer, das Ausgangsmaterial für ihre Erzeugnisse, mit Axt, Keil, Dechsel und Ziehmesser hergestellt wurden.

Für Nordeuropa und die abseits der großen Handelswege gelegenen Gebiete Mitteleuropas dagegen ist die Verwendung von Handsägen zur Schnittholzerzeugung bis zum späten 13. Jahrhundert nicht überliefert. Hier dominierten noch längere Zeit die »nichtsägenden« Holzbearbeitungstechniken.

Obgleich die im westlichen Mitteleuropa beheimateten Stämme und Stammesverbände der Germanen der späten römischen Kaiserzeit (3. bis 5. Jh.) und der Zeit der Völkerwanderung (4. bis 6. Jh.) bereits die Bügel-, Gestell- und Längsschnittsägen der in ihrer unmittelbaren Nachbarschaft lebenden Griechen und Römer gekannt haben müßten, haben sie dennoch diese Werkzeuge nicht übernommen. Sie verfügten offenbar lediglich über sehr kleine, nur für das Querschneiden an geringdimensionierten Werkstücken geeignete Stichsägen. Balken und Bretter wurden gleich vielen anderen Holzerzeugnissen unter großem Materialverlust aus dem vollen oder vorher in Teile gespaltenen Baumstamm gehauen und mit Axt, Beil, Dechsel, Raspel, Stemmeisen, Schnitzmesser sowie Zieheisen und Löffelbohrer weiterbearbeitet. Selbst Türen wurden aus dem Stamm gespalten und alsdann behauen. TACITUS (um 55 bis 120 u. Z.), der römische Geschichtsschreiber und Staatsmann, bemerkte dazu in seiner geographisch-ethnographischen Studie »Über Ursprung und Lage der Germanen«: *»Sie verwendeten zu allem, ohne auf einen schönen und gefälligen Anblick Wert zu legen, roh behauenes Bauholz.«*

Man ist versucht, hier die Vermutung anzufügen, daß diese Beurteilung wohl allzusehr unter römischer Sicht entstand. Wissen wir doch heute, daß die Menschen dieser Kulturen das Holz selbst mit einfachen Werkzeugen wohl trefflich zu bearbeiten vermochten. Sie verfügten spätestens seit dem 2. Jahrhundert über bemerkenswerte Fähigkeiten auf nahezu allen Gebieten der Holzbearbeitung – in der Zimmermannsarbeit und Stellmachertechnik gleichermaßen wie in der Böttcher- oder Drechslertechnik. Holz war der gebräuchlichste Werkstoff der Germanen. Aus Holz bauten sie Wohnhäuser, Nebengebäude und Brunnen, fertigten sie Tische, Stühle, Betten und nahezu

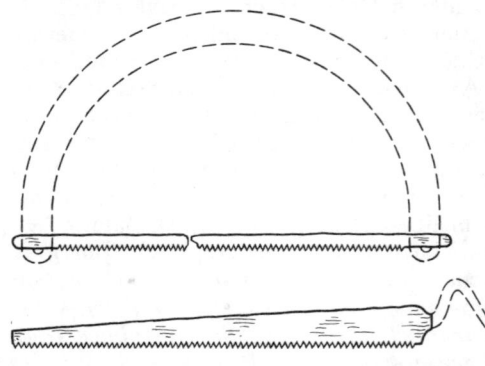

Bild 4/3. Schnittholzerzeugung und -bearbeitung im Mittelalter mit Rahmensäge, Gestellsäge, Breitaxt und Dechsel (Mosaik im Dom zu Monreale/Sizilien, um 1200)

Bild 4.4. Russische Tischlersägen aus dem 10./11. Jh. (nach B. A. Kolčin – unten Fuchsschwanzsäge, 40 cm lang, oben Bügelsäge, etwa 47 cm lang)

Bild 4/5. Zwei Säger zerschneiden einen Balken zu Brettern. (Steinrelief am Portal der Markuskirche zu Venedig, Anfang 13. Jh.)

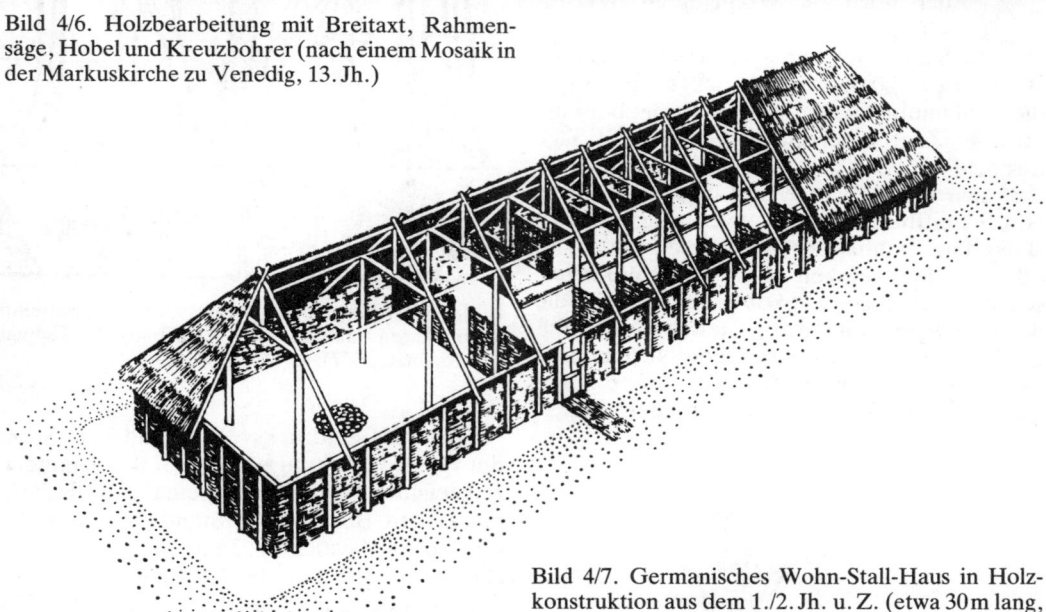

Bild 4/6. Holzbearbeitung mit Breitaxt, Rahmensäge, Hobel und Kreuzbohrer (nach einem Mosaik in der Markuskirche zu Venedig, 13. Jh.)

Bild 4/7. Germanisches Wohn-Stall-Haus in Holzkonstruktion aus dem 1./2. Jh. u. Z. (etwa 30 m lang, Rekonstruktion)

Bild 4/8.
Germanische Äxte
a) Schmalaxt mit 68 cm langem Stiel, Klinge 19 cm lang und an der Schneide 6,5 cm breit (späte römische Kaiserzeit, Dänemark), b) Breitaxt, Klinge an der Schneide 31,5 cm breit (Völkerwanderungszeit, Dänemark), c) Bartaxt, Klinge an der Schneide 15 cm breit (Völkerwanderungszeit)

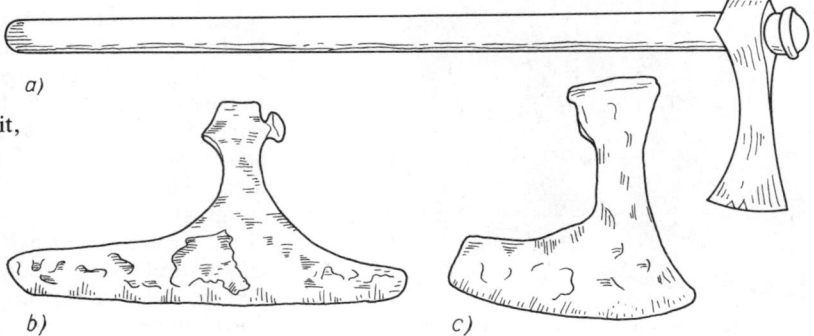

alle Gebrauchsgegenstände, doch ebenso Karren, Wagen, Boote und schließlich seetüchtige Schiffe. Das wichtigste Werkzeug für die Rohholzbearbeitung war die Axt, die ausnahmslos als Schaftlochaxt hergestellt wurde. Die für die römischen Holzhandwerker in der Kaiserzeit typischen Grundformen der Axt, die Schmal-, Breit- und Bartaxt, sind schnell Allgemeingut in den germanischen und slawischen Gebieten geworden, wenngleich Einzelheiten der Formen lokale Unterschiede zeigen.

Auch noch zur Wikingerzeit (800 bis 1100) kannte man nur kleinformatige Sägen, wie die von den Normannen stammende, 20 Zentimeter lange Handsäge, die in Skandinavien gefunden wurde, oder die etwa 40 Zentimeter lange messerartige Säge aus dem schwedischen Mästrmyr. Noch heute läßt sich die Arbeitstechnik zur Herstellung von Schnittholz ohne Sägewerkzeuge an den Balken normannischer Stabkirchen (um 1000) oder an den Planken geborgener Wikingerschiffe überzeugend rekonstruieren. Wie die dazu verwendeten Äxte gestaltet waren, zeigen in Skandinavien gefundene Normannenäxte. Sie haben breite Klingen, waren somit zum flächigen Behauen von Holz geeignet.

Bild 4/10. Wikinger schlagen mit ihren langgestielten Schmaläxten Bäume für den Schiffbau ein. (Teppich von Bayeux, 1077)

Das wohl eindrucksvollste Bild vom Stand der Holzbearbeitungstechnik in der Wikingerzeit zeichnet ein heute im ehemaligen Bischofspalast von Bayeux (Normandie) aufbewahrter farbig bestickter Leinenteppich. Nach zehnjähriger Arbeit 1077 fertiggestellt, schildert dieser kulturgeschichtlich einzigartige Bilderfries über eine Länge von 70 m in mannigfaltigen Szenen den Eroberungszug der Normannen unter Herzog Wilhelm von der Normandie nach England und die Niederwerfung der Angelsachsen unter König Harold II. in der Schlacht bei Hastings im Jahre 1066. Einige Motive geben überzeugend davon Kunde, auf welche Art und Weise die Normannen so ganz ohne Sägewerkzeuge ihre hochseetüchtigen Schiffe gebaut haben. Und sie bauten nicht wenige. Allein Herzog Wilhelm, der nach Hastings als König von England den Beinamen »Der Eroberer« erhielt, brauchte für seinen Englandfeldzug in kurzer Zeit an die 3000 Schiffe und Boote, um mit dieser gewaltigen Flotte seine 10000 Krieger samt 2000 Pferden

Bild 4/9. Stabkirche aus dem 12. Jh. (Norwegen)

sowie Kriegsgerät und Bagage über den Ärmelkanal zu setzen. Die Bilder auf dem Bayeux-Teppich lassen darüber hinaus erkennen, wie wenig sich die Formen der Äxte über Jahrhunderte hinweg veränderten. Sowohl die von den Normannen für den Bau der Schiffe benutzte kurzgestielte Breitaxt als auch die langgestielte Schmalaxt, die bevorzugt zum Fällen und Entasten der Bäume diente, erinnern doch sehr an die Vorbilder aus römischer Zeit, obgleich infolge verbesserter Herstellungstechniken die Klingen nunmehr dünner geschmiedet werden konnten.

An dem zum bedeutendsten wikingerzeitlichen Grabfund (Oslofjord 1903) gehörenden Osebergschiff, einem 21 m langen und 5 m breiten, mit 35 Rudern bestückten Langschiff, wurden unlängst holzanatomische Untersuchungen mit dem Elektronenmikroskop vorgenommen. Die Resultate besagen, daß die Oberfläche des damals bearbeiteten Holzes in ihrer Qualität nicht hinter der zurücksteht, die heutzutage ein geübter Tischler mit dem Handhobel erreicht. So gesehen sind die Ergebnisse dieser Untersuchung, ebenso wie die Aussagen des Bayeux-Teppichs, gleichsam ein Beleg für die Fähigkeit der Menschen vor mehr als 1000 Jahren, einfache Werkzeuge sehr hoher Anwendungseigenschaften herzustellen, um sie dann auch mit hervorragender Fertigkeit zu gebrauchen. Wikingerschiffe trugen unter Leif Eriksson ihre Erbauer ja immerhin bereits 500 Jahre vor Christoph Kolumbus bis an die östlichen Gestade Nordamerikas.

Bild 4/11. Schiffszimmermann bei der Arbeit mit der für die Wikingerzeit typischen Breitaxt. Er glättet und stapelt die zuvor vierseitig grob behauenen Planken (Teppich von Bayeux, 1077).

Bild 4/13. Herzog Wilhelm beauftragt seinen Schiffbaumeister mit dem Bau der Flotte zur Fahrt über den Ärmelkanal. (Teppich von Bayeux, 1077)

Bild 4/12. Normannische Schiffszimmerleute bauen auf Befehl Herzog Wilhelms die Invasionsflotte (Teppich von Bayeux, 1077). Nach Sägewerkzeugen sucht man auf dem Bayeux-Teppich vergebens.

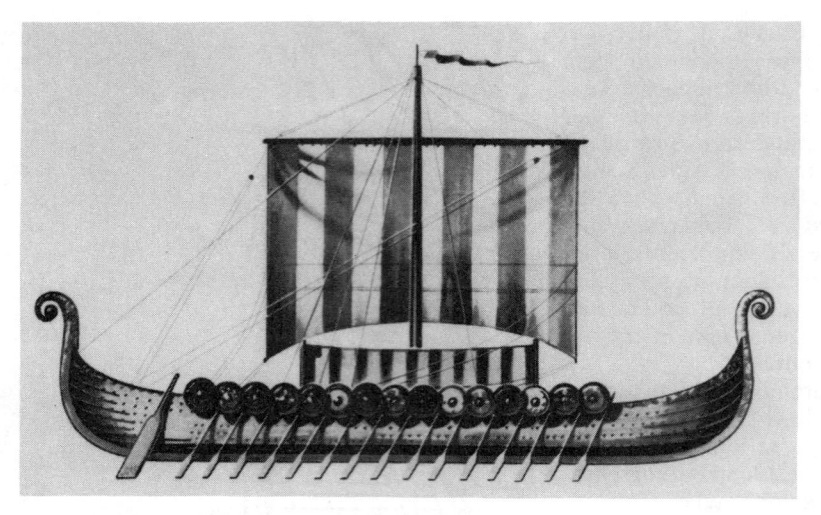

Bild 4/14. Wikingerschiff – ein ähnliches Schiff diente 850 zur Bestattung der Normannenfürstin Åsa (Osebergfund).

Bild 4/15. Wagen aus der Wikingerzeit

Bild 4/16. Wikingerzeitliches Werkzeugsortiment, darunter die schmale Fäll- und Zimmeraxt, eine Dechsel mit breiter Schneide sowie eine Messersäge

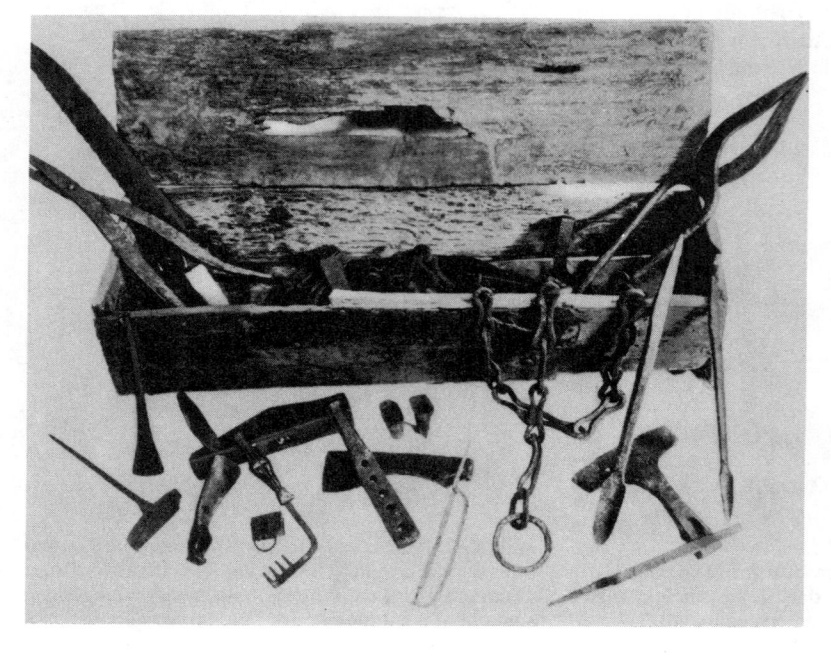

In Mitteleuropa erlangten nach dem 11. Jahrhundert Handwerk und Gewerbe immer mehr Bedeutung. In den ökonomisch fortgeschrittenen Ländern hatte die Entwicklung ein Stadium erreicht, das die Bildung feudaler Städte in wachsendem Umfang nicht nur möglich, sondern vor allem gesellschaftlich notwendig machte. Das Handwerk trennte sich von der Landwirtschaft; in den Städten fand es einen neuen Wirkungskreis. Es begann in der zweiten Hälfte des 10. Jahrhunderts, als viele Handwerker von den feudalen Gutshöfen fortgingen, um sich zusammen mit Kaufleuten an verkehrsgünstig gelegenen Kreuzungen wichtiger Handelswege, an geeigneten Flußübergängen sowie politischen oder religiösen Zentren niederzulassen, die durch die Nähe von Burgen, Pfalzen, Bischofssitzen oder auch Klöstern einen gewissen Schutz boten. Vom Feudalherrn hier verhältnismäßig unabhängig, konnten sie ihre Erzeugnisse vorteilhafter und noch dazu in größerer Menge absetzen.

Aus den lokalen Marktsiedlungen entstanden die mittelalterlichen Städte. Sie wuchsen schnell zu Zentren des Handels und der selbständigen gewerblichen Produktion. In den Städten schlossen sich die Handwerker seit dem 12. Jahrhundert in Zünften zusammen. Mit dieser Organisationsform konnten sie sich gegenüber den Patriziern, die das Stadtregiment führten, durchsetzen und damit in ihrer Arbeit entfalten. Hier behaupteten sie einen Grad an wirtschaftlicher Unabhängigkeit und Selbständigkeit, den die Handwerker der Bronzezeit und des klassischen Altertums nie gekannt hatten. Viele von ihnen spezialisierten sich jetzt auf die Herstellung nur weniger Erzeugnisse, und diese Spezialarbeit verrichteten sie ihr Leben lang. Um 500 gab es z. B. bei den germanischen Stämmen den Schmied als einzigen Metallverarbeiter, im 15. Jahrhundert hingegen um die 30 Zünfte und damit Berufe der Metallverarbeitung. Ähnlich verhielt es sich im Holzhandwerk. Das führte zur Vervollkommnung der handwerklichen Fertigkeiten und damit sowohl zur Produktionserhöhung als auch zu einer besseren Qualität der Arbeit. Den Absatz eines Teiles ihrer Produkte überließen die Handwerker den Kaufleuten. Handwerk und Handel wurden für viele der mittelalterlichen Städte zur Quelle wirtschaftlicher Stärke und gesellschaftlicher Macht. Damit vermochten sie die politische Bevormundung durch die Fürsten teilweise abzuschütteln.

Bild 4/17. Holzbearbeitung ohne Sägewerkzeuge im Mittelalter
a) Spalten mit dem Keil und Zurichten mit dem Breitbeil (nach einer Miniatur aus dem 11. Jh., Paris), b) Glätten des auf Hauböcken liegenden Balkens mit der Breitaxt (aus dem Echternacher Codex, um 1000), c) Holzhandwerker mit Schmal- und Breitaxt (Darstellung Ende 11. Jh., Kloster Werden/Essen), d) Spalten eines Stammes in Bretter mit Schmalaxt und Schlegel (St. Gregorii magni moralia, 12. Jh.)

Zu den Gewerken, die im ausgehenden Mittelalter zu Ansehen und hoher Blüte gelangten, gehörten auch die verschiedenen Zünfte der Holzverarbeitung. Über ganz Mitteleuropa erstreckten sich damals noch ausgedehnte Wälder. Der benötigte Rohstoff stand somit nahezu unbegrenzt zur Verfügung. Wohl niemals zuvor wurde Holz in solch großen Mengen verarbeitet wie gerade in dieser Zeit. Ob Häuser, Schiffe, Brücken, Wagen oder Brunnen, ob landwirtschaftliche Geräte, Mühlen- und Bergwerksanlagen sowie ungezählte Gegenstände des täglichen Lebens – sie alle bestanden entweder ganz oder doch teilweise aus Holz. Der wachsende Bedarf an so vielfältigen Erzeugnissen förderte die Arbeitsteilung im Gewerk der Holzbe- und -verarbeitung. Schreiner, Böttcher, Wagner und Drechsler, aber auch Schnitzer und Mühlenbauer werden nun zu eigenständigen Berufen. Sie entwickelten sich schnell und erreichten bald Gleichrangigkeit neben dem traditionellen Beruf des Zimmermanns.

Mit der fortschreitenden Spezialisierung der Berufe ging die Spezialisierung der Arbeitsmittel einher. Eine Vielzahl von den Grundtypen abgeleiteter Werkzeugformen bildete sich heraus. Axt, Beil und Ziehmesser und bald darauf Stemmeisen, Hobel, Bohrer und Säge sind von da an in mannigfaltigen Modellen anzutreffen, die alle immer nur einem ganz bestimmten Verwendungszweck dienten und in Form und Größe diesem Zweck angepaßt waren. Damit wurde der im antiken griechisch-römischen Kulturkreis begonnene Weg der Vervollkommnung von Holzbearbeitungswerkzeugen wieder aufgenommen und auf der Ebene des Handwerks zu einem gewissen Abschluß gebracht.

Bild 4/18. Zimmerleute beim Hausbau. In der Schmiede werden die Werkzeuge instandgesetzt. (Illustration aus dem Musterbuch vom Rhein, 12./13. Jh.)

Bild 4/19. Der Brunnenbauer gebrauchte den großen Löffelbohrer, wenn er aus Baumstämmen Rohrleitungen herzustellen hatte. (G. Agricola, 1556)

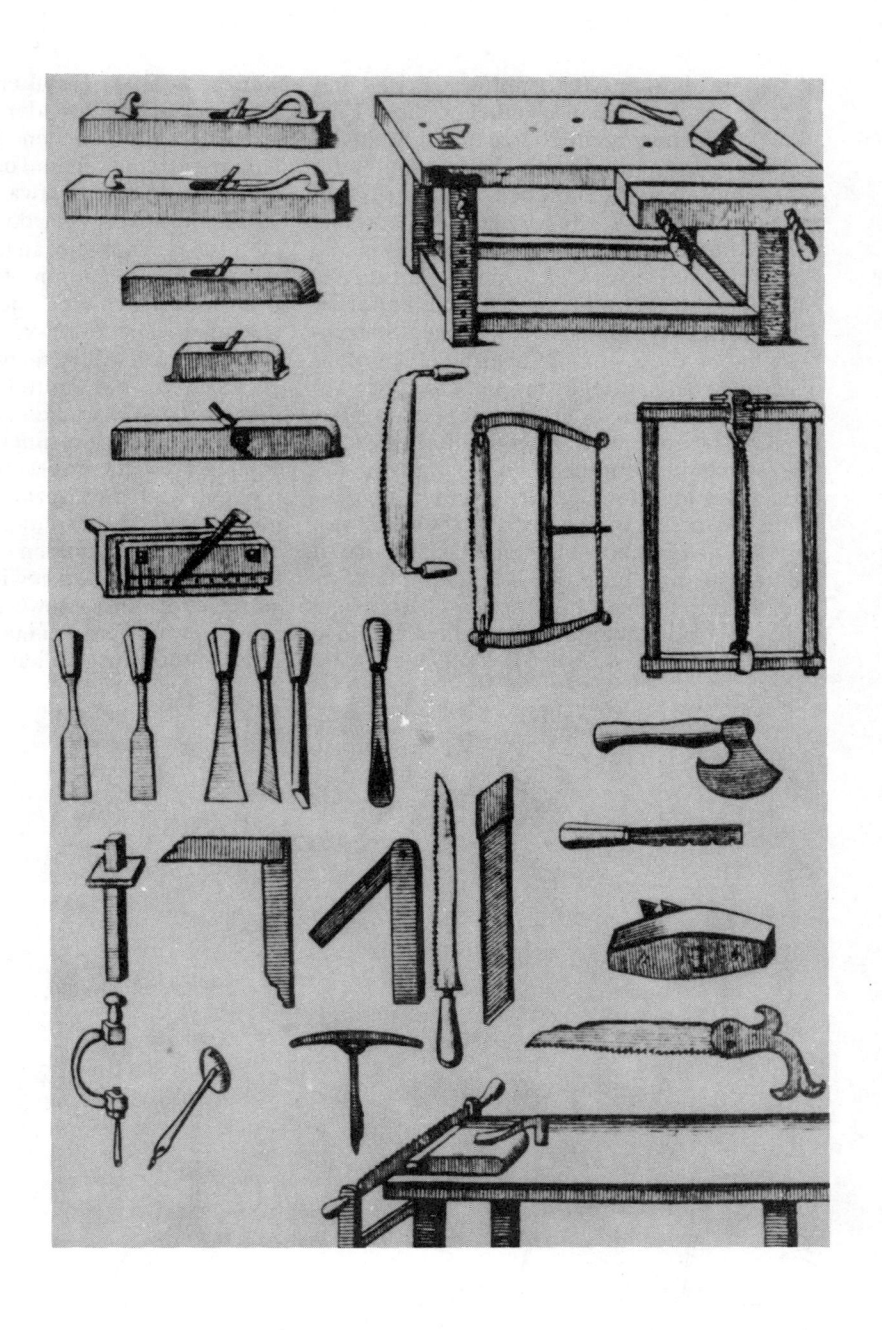

Bild 4/20. Werkzeugsortiment, wie es dem Schreiner seit dem 14./15. Jh. in etwa zur Verfügung stand (nach J. Moxon, 1673)

Die ältesten Arbeitsmittel, das Beil und die Axt, veranschaulichen diese Entwicklung recht überzeugend. Beinahe jede Berufsgruppe, die mit Holz zu tun hatte, besaß ihr »eigenes« Handbeil. So gab es Zimmermannsbeile, Tischlerbeile, Wagnerbeile sowie Müller- und Faßbinderbeile. Das kleine Querbeil, die Dechsel, ist in dieser Zeit als Gerinnedechsel, Felgendechsel oder als Faßdechsel anzutreffen. Die meisten dieser Spezialbeile haben die Zeit nicht überdauert; mechanisierte Arbeitsmittel lösten sie schließlich ab.

Mit der Behau- oder Zimmeraxt und der Breitaxt waren auch zwei bemerkenswerte Spezialäxte in Gebrauch, die von da an in nahezu unveränderter Gestalt lange Zeit die typischen Werkzeuge für die Bearbeitung von Rundholz zu Bauholz blieben. Die Zimmeraxt diente vorrangig für grobe Behauarbeiten. Ihr Stiel konnte deshalb bis zu einem Meter lang sein; die große, aber ziemlich schmale Klinge erreichte eine Masse von 3,5 kg. Ganz anders war die Breitaxt gestaltet. Hauptsächlich zum Ebnen und Glätten der mit der Zimmeraxt vorbereiteten Flächen bestimmt, war die Klinge extrem breit und der Stiel verhältnismäßig kurz. Später, etwa seit der Mitte des 15. Jahrhunderts, wurde die Klinge versetzt oder schräg zum Stiel angeordnet und nur noch einseitig zugeschliffen. Das erhöhte die Gebrauchseigenschaften dieses Werkzeuges beträchtlich. Die Breitaxt, die mit ihrer unverwechselbaren gedrungenen Gestalt geradezu als Symbol der mittelalterlichen Zimmermannsarbeit anzusehen ist, konnte noch bis in das 19. Jahrhundert hinein auf beinahe jedem Bauplatz angetroffen werden.

Wenn auch die Holzbearbeitungswerkzeuge im 11. und 12. Jahrhundert immer differenziertere Formen annahmen – mit der Säge wären für viele Tätigkeiten gewiß geringere Anstrengungen notwendig gewesen, und manches Erzeugnis wäre wohl weniger grob und schwerfällig anmutend ausgefallen oder hätte auf andere

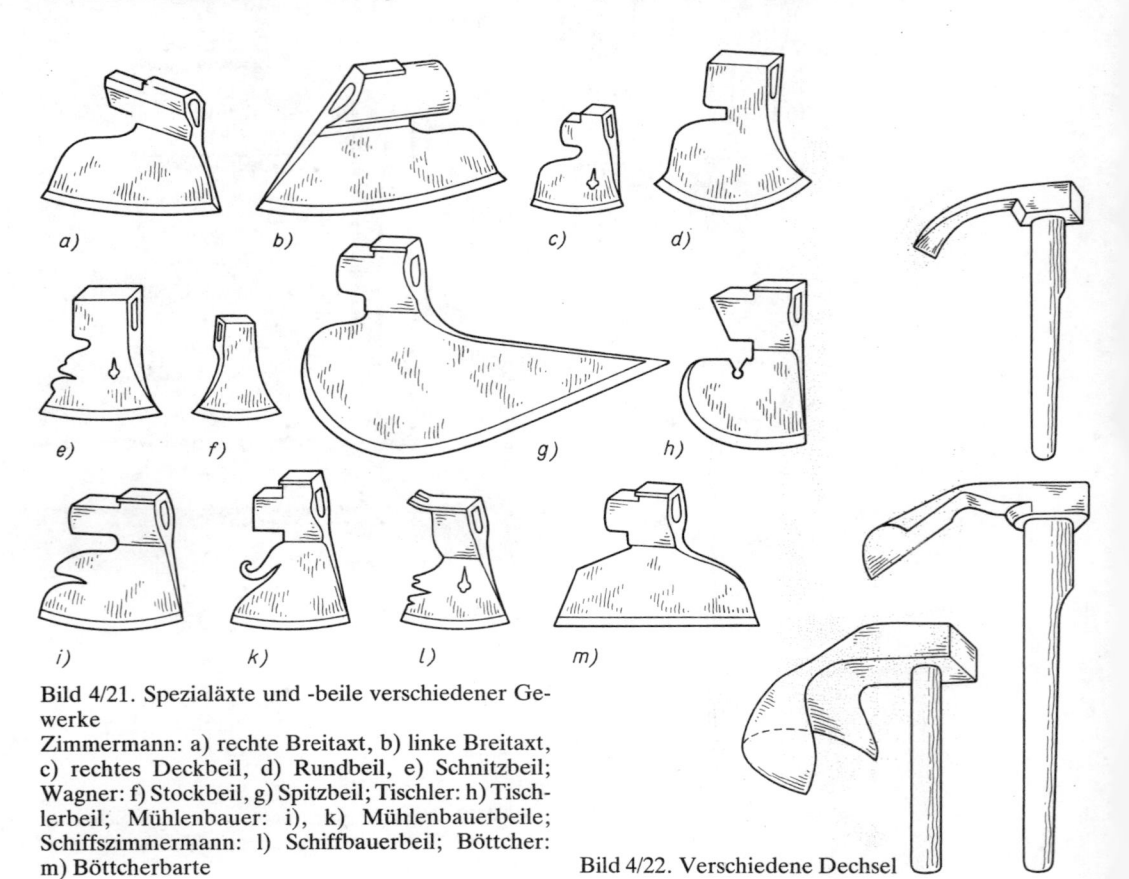

Bild 4/21. Spezialäxte und -beile verschiedener Gewerke
Zimmermann: a) rechte Breitaxt, b) linke Breitaxt, c) rechtes Deckbeil, d) Rundbeil, e) Schnitzbeil; Wagner: f) Stockbeil, g) Spitzbeil; Tischler: h) Tischlerbeil; Mühlenbauer: i), k) Mühlenbauerbeile; Schiffszimmermann: l) Schiffbauerbeil; Böttcher: m) Böttcherbarte

Bild 4/22. Verschiedene Dechsel

Art an Vollkommenheit gewinnen können. Dennoch, die solide Arbeit, von geschickten Handwerkerhänden mit doch sehr einfachen Arbeitsmitteln zustande gebracht, findet noch heute allenthalben Anerkennung und Bewunderung. Sie zeigt sich bis zur Gegenwart an alten Kirchenbauten, wie etwa an den Dachstühlen frühromanischer Basiliken (1000 bis 1200), aber auch an Burgen oder Bürgerhäusern in Fachwerkbauweise. Und aus feudalen Herrensitzen überkommene Türen, Truhen, Stühle, Bänke und Behältnisse künden davon, daß die mittelalterlichen Meister der Handwerkskunst selbst Bauteile und Gegenstände recht komplizierter Formen zu gestalten wußten.

Heute, da man sich die Be- und Verarbeitung von Holz ohne die Säge nur noch schwerlich vorstellen kann, liegt es nahe, den Techniken nachzugehen, die die Holzhandwerker im Mittelalter anwendeten, um mit Axt, Beil und Dechsel, mit Spalt- und Ziehmesser das Holz so vielgestaltig und doch auch zweckmäßig zu formen.

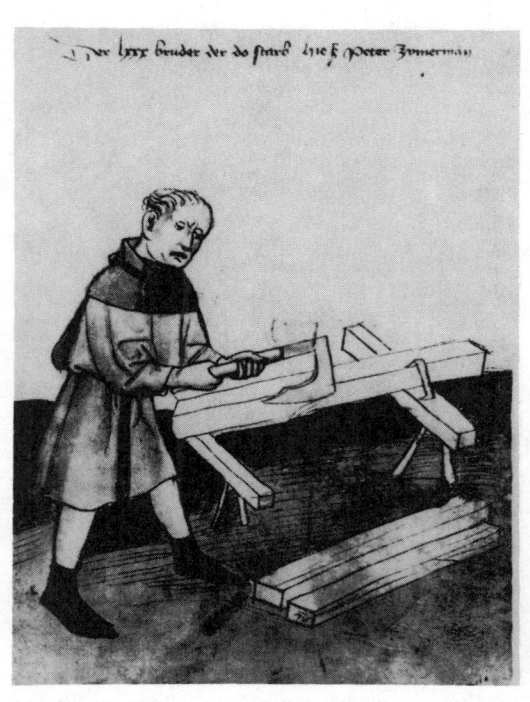

Bild 4/24. Glätten des grobbehauenen Balkens mit der Breitaxt (Hausbuch der Mendelschen Zwölfbrüderstiftung zu Nürnberg, 1425)

Bild 4/23. Grobbehauen mit der Zimmeraxt. Augenfällig sind die mit dem gleichen Werkzeug zuvor geschlagenen Stiche. Im Hintergrund entsteht das Fachwerkhaus. (Hausbuch der Mendelschen Zwölfbrüderstiftung zu Nürnberg, 1533)

Die wohl kompliziertesten Bauteile fertigte zu dieser Zeit das Gewerk der Wagner. Für die Herstellung von Felgen, Speichen, Naben und Achsen oder Drehschemeln wurden gediegene Fertigkeiten verlangt. Wagnerholz, das mußte ausgesuchtes Holz sein. Gut gewachsene, zähe und feste Rüster, Esche oder Eiche eigneten sich am besten. Die ausgewählten Stammabschnitte wurden zuerst mit Hammer und Keil zu Scheiten, sogenannten Mieseln, gespalten. Sodann erfolgte mit Schlegel und Spaltmesser die Aufteilung der Miesel zu Rohlingen. Spalten bedeutete dabei nicht das Zerteilen des Holzes schlechthin. Diese Tätigkeit – verantwortungsvoll und keineswegs unkompliziert – verlangte neben der Erfahrung solide Kenntnisse über das Verhalten des Holzes in Abhängigkeit vom Wuchs, denn immer mußten die Abmessungen der Miesel oder Rohlinge den Maßen der angestrebten Fertigteile möglichst nahekommen. Hier entschied sich, wieviel des wertvollen Wagnerholzes verlorenging. Die Feinbearbeitung des Holzes, die die eigentliche Kunst des Wagners verkör-

Bild 4/25. Wagner- und Böttchergewerke – kunstvoll gestaltet auf einem von diesen Gilden gestifteten Glasfenster der Kathedrale von Bourges, 13. Jh.

Bild 4/26. »Der heilige Matthias« mit der Breitaxt (Graphik von Lucas Cranach d. Ä., 1472 bis 1553)

perte – denn alle Teile mußten sich exakt zum Rade fügen – wurde allein mit Keil, Dechsel, Wagnerbeil, Messer, Bohrer und Stemmeisen bewältigt. Die anderen Holzhandwerker, so der Tischler, der Böttcher sowie der Drechsler und ebenso der Boots- oder Mühlenbauer, spalteten ihr Rohholz ebenfalls, bevor sie mit speziellen Beilen, Dechseln und Messern an die Fein- und Endbearbeitung gingen.

Der Zimmermann, der den Stamm zu Schnittholz umzuformen hatte, mußte zwei völlig unterschiedliche Techniken meistern: das Spalten und das Behauen. Die Technik des Spaltens eignete sich am besten zur Herstellung von Brettern oder Latten, von Schnittholz also, das nur geringen Querschnitt hat. »*Man spaltete die Stämme der Bäume mit Keilen in so viele und so dünne Stücke, als sichs thun lassen wolte; solten diese noch dünner werden, so behauete man sie auf beyden Seiten. Diese einfältige und verschwenderische Weise Bretter zu machen, ist so gar bis auf unsere Zeiten (1785) üblich geblieben. Rußlands grosse Kayserinn*«, Katharina II. (1729 bis 1796), »*hat sie dadurch abzuschaffen gesucht, daß sie ein Verboth gab, gehauene Bretter auf der Newa passiren zu lassen*« /17/. Das Holzspalten, dereinst als »Kleuben« oder »Klieben« bezeichnet, galt über Jahrhunderte als wichtiges Gewerk.[1] Noch heute erinnern die Namen »Brethauer« oder im südlichen deutschsprachigen Raum »Bretterklieber« an diesen Beruf aus vergangener Zeit.

Behauen wurden die Stämme immer dann, wenn sie zu Balken, Pfosten oder anderem starkdimensionierten Bauholz mit quadratischem oder rechteckigem Querschnitt verarbeitet werden sollten, d. h. zu Schnittholzsortimenten, die damals für den Haus-, Brücken- und Wasserbau sowie für den Schiff-, Berg- und Mühlenbau in großen Mengen notwendig waren. Fraglos kann die Behautechnik als die wichtigste Technik für die Herstellung von

---

[1] Gespaltene Bretter haben gegenüber gesägten den Vorteil größerer Festigkeit und Wetterbeständigkeit, da die Fasern nicht durchschnitten sind. Dachschindeln z. B. entstehen noch heute durch Spalten des Holzes.

Bild 4/27. Spalten von Stämmen mit Axt und Keil
(Vignette aus dem »teutsch Kalender«, Ulm, 1498)

Schnittholz im Mittelalter angesehen werden. Sie forderte von den Handwerkern neben Erfahrungen noch Ausdauer und allerhand Geschick. Immerhin mußte der von Natur aus rund und konisch gewachsene Stamm zu »schnurgeraden« Bauteilen mit ebenen und möglichst immer exakt rechtwinklig zueinander verlaufenden Flächen umgeformt werden. »Um den Gang der Arbeit thunlichst zu fördern, wurden für die einzelnen Aufgaben der Holzaufbereitung Männer ausgewählt, die sich – diesem Gewerke schon lange obliegend – die hierfür nöthige Gewandtheit angeeignet hatten.«/54/

Die Erfahrung lehrte bald, daß nur dann befriedigende Ergebnisse zu erreichen sind, wenn ein ganz bestimmter Arbeitsablauf eingehalten wird. Zumeist arbeiteten zwei Zimmerleute oder Waldarbeiter Hand in Hand. Als erstes hatten sie einen geeigneten Stamm auszusuchen, der in Qualität und Abmessung etwa dem Erzeugnis entsprach, zu dem er verarbeitet werden sollte. Je gewissenhafter diese Auswahl erfolgte, um so geringer war später der Aufwand an schwerer Transport- und Behauarbeit; außerdem blieb der Holzverlust in Grenzen. Da die Bearbeitung des Holzes zu ebener Erde nur eine unzureichende Genauigkeit zuläßt, mußte der Stamm angehoben und auf eigens dafür gebaute Hauböcke gelegt werden. Das war nicht eben leicht, zumal mechanische Hebezeuge wohl kaum zur Verfügung standen. Immerhin hatten die vielen Stämme, die als Spanten für den Schiffbau oder als Konstruktionshölzer für Gebäude und Brücken bestimmt waren, nicht selten eine Länge von nahezu 20 m und eine Masse, die 1 t oder mehr betragen konnte.

Nachdem am bereitliegenden Stamm Lage und Richtung der zuerst zu behauenden Fläche

Bild 4/28.
Die Behautechnik, motivbestimmend für die Darstellung des Baues der Arche im »Buch der Chroniken« von H. Schedel (1493)

mit Schnurschlag markiert und der angestrebte Bauholzquerschnitt mit Lineal und Winkelmaß auf die Stirnfläche des Stammes gezeichnet waren, konnte mit der eigentlichen Behauarbeit begonnen werden. Zuerst wurde die Zimmeraxt benötigt. Mit ihr wurden im Abstand von zwei Fuß senkrechte Kerben, die sogenannten Stiche, in den Stamm gehauen. Die Tiefe der Stiche mußte genau bis zur Ebene der Schnurschlagmarkierung reichen. Während dieser Tätigkeit standen die Zimmerleute auf dem Stamm, führten demzufolge das Werkzeug von oben gegen das Holz. Diese Arbeitsmethode gehört zu den typischen Bildern mittelalterlicher Bauplätze. Nur so war es überhaupt möglich, den Stich exakt und mit relativ wenig Kraftaufwand zu schlagen. Danach entfernte einer der Arbeiter, wiederum mit der Zimmeraxt, das zwischen den Stichen verbliebene Holz, so daß eine grobe Fläche entstand, indes der andere, dem ersten folgend, mit der feinspanenden Breitaxt die Fläche sorgfältig ebnete und glättete. Nun mußte der Stamm gekantet und auf die bearbeitete Fläche gelegt werden. Nachdem auf die gleiche Art und Weise und unter ständiger Zuhilfenahme des Winkelmaßes auch die anderen drei Flächen zugerichtet waren, gaben die Zimmerleute dem so entstandenen Bauholz die seiner endgültigen Bestimmung entsprechende Form. Sie bearbeiteten es mit Spezialbeilen, Stemmeisen und hölzernem Hammer sowie mit Ziehmesser und Bohrer zu Pfosten, Pfetten, Sparren, Unterzügen und zu Kehlbalken oder Spanten.

Bild 4/29. Nürnberger Zimmermann aus dem 15. Jh. (Holzschnitt nach einer Zeichnung von Wolgemuth)

Das Heraushauen des Bauholzes aus dem vollen Stamm bedurfte nicht nur geschickter Hände; es war zugleich mühevoll und vor allem zeitaufwendig. *»Ein Mann bewaldrechtete an einem Wintertag, wenn er höchstens eine Meile zum Arbeitsort zu gehen hat, 2 Stück kleines, 1 1/2 Stück mittleres oder 1 Stück starkes Bauholz« /159/.*[1]

Die im Mittelalter für das Zurichten von Rundholz zu Schnittholz entstandenen Arbeitsmethoden sollten sobald nicht in Verges-

Ich Zimermann / mach starck gebeuw /
In Schlösser / Heusser / alt vnd neuw /
Ich mach auch mancherley Mülwerck /
Auch Windmüln oben auff die Berg /
Vber die Wasser starcke Brück'n /
Auch Schiff vnd Flöß / von freyen stück'n /
Blockheusser zu der gegenwehr /
Dedalus gab mir diese Lehr.

Bild 4/30. Zimmerleute mit Schrotsäge, Zimmeraxt, Dechsel, Breitaxt und Bohrer. Jost Amman schuf diesen kulturgeschichtlich wertvollen Holzschnitt, Hans Sachs den trefflichen Reim dazu.

---

[1] Beim »Bewaldrechten« wurde der Stamm auf dem Behauplatz im Walde meist nur mit der Zimmeraxt grob, also nicht scharfkantig behauen, um den Transport des Bauholzes zum Ort der Weiterverarbeitung zu vereinfachen.

Bild 4/31. Zimmerleute beim Hausbau (Holzschnitt von Hieronymus Rodler, 1531)

Bild 4/32. Schnittholzherstellung und -bearbeitung im 17. Jh. auf einem städtischen Zimmerplatz. Alle für die Arbeit benötigten Werkzeuge sind im Bildvordergrund wiederzufinden. (Gravüre von G. Vogel)

senheit geraten. Sie konnten sich auf vielen Behau- und Zimmerplätzen jahrhundertelang behaupten, selbst dann noch, als längst Maschinen zum Zersägen der Stämme existierten. Es ist daher nicht ungewöhnlich, wenn HIERONYMUS RODLER (1488 bis 1538), der gelehrte fürstliche Hofbuchdrucker und Kanzler im rheinländischen Herzogtum Simmern, das Behauen als Motiv für die Illustration des von ihm 1531 für Künstler und Handwerker herausgegebenen Lehrbuches »Eyn schön nützlich büchlin und underweisung der Kunst des Messens mit dem Zirckel, Richtscheidt oder Linial«[1] verwendete. Dem Gestalter dieses Holzschnittes ist es vortrefflich gelungen, dem Betrachter die Behautechnik, eingebettet in eine Milieuschilderung, bildhaft nahezubringen. In der am Flußlauf gelegenen Ansiedlung errichten Zimmerleute ein Fachwerkgebäude. Das benötigte Rundholz wird zu Flößen gebunden herangebracht. Auf Hauböcken liegt ein Stamm, mit Eisenklammern fest verankert. Einer der Zimmerleute ist gerade damit beschäftigt, mit der schweren Zimmeraxt die »Stiche« zu schlagen. Die Breitaxt, mit der anschließend die am Stamm vorgearbeiteten Flächen geschlichtet werden müssen, lehnt griffbereit am Haubock. Auch der Winkel befindet sich in Reichweite, soll er doch oft benutzt werden, damit der Balken rechtwinklig ausfällt.

---

[1] Der Autor dieses Buches, das nach dem Vorbild des von ALBRECHT DÜRER geschaffenen berühmten Werkes ähnlichen Titels verfaßt wurde, blieb anonym. Obwohl ein schlüssiger Beweis nicht vorliegt, wird oft vermutet, daß kein Geringerer als der Landesherr RODLERS der Urheber war, nämlich JOHANN II., Herzog in Bayern, Pfalzgraf bei Rhein, Fürst zu Simmern usw., genannt Hans von Hunsrück, »*der sich in den Historien, Antiquitäten und Genealogien fleißig umgesehen, einige Werke übersetzt und andere selbst gefertigt hat*« /29/. Jedenfalls soll es ihm als Vertrauten KARLS V. zu danken sein, daß Simmern die Druckerei erhielt, der HIERONYMUS RODLER vorstand.

Für den Abbund bereit liegen fertig behauene Hölzer auf dem Schnürboden. Sie werden hier zu Pfetten, Säulen, Kopfbändern und anderen Fachwerkteilen zugerichtet. Die dafür erforderlichen Werkzeuge wie Stemmeisen, Schlegel, Zirkel sowie Löffelbohrer und jetzt auch schon Sägen sind im Bildvordergrund zu sehen. Bevor ans Werk gegangen wird, prüft der Meister mit dem Lehrling anhand des »Schnurschlages« die Geradheit der Hölzer. Auf andere wichtige Details noch lenkt die Abbildung die Aufmerksamkeit. So hat auch die Gestalt der Hauböcke ihre Bewandtnis. Sie sind auf einer Seite als schiefe Ebene ausgebildet, um das Hinaufbringen schwerer Stämme zu erleichtern. Und selbst die mit der Zimmeraxt abgenommenen groben Späne zeigen die entsprechende Form und Größe. Stellt der Künstler auch den arbeitenden Menschen mit seinen Werkzeugen und Leistungen in den Mittelpunkt – Kaiserpfalz, Wehrburg und Kloster im Hintergrund des Bildes deuten auf die kaum gebrochene Macht des Feudalherren.

So beschwerlich und wenig produktiv die Behautechnik war – mancher Hausbau, vor allem auf dem Lande, wäre in jener Zeit wohl kaum bewerkstelligt worden, hätten dafür teure maschinelle Produktionsmittel eingesetzt werden müssen.

Bild 4/33. Kaiser Maximilian I. (1459 bis 1519) mit der Schrotsäge in der Hand unter Zimmerleuten. Maximilian erlernte in seiner Jugend das Zimmermannshandwerk von Grund auf. (Holzschnitt von H. Burgkmair, um 1515)

Im vorgerückten Mittelalter sind in Zentraleuropa viele der mit dem Verfall und dem schließlichen Untergang des Römischen Reiches zeitweilig verlorengegangenen zivilisatorischen Spitzenleistungen wiederzufinden, so auch vorübergehend vergessene Werkzeuge und Bearbeitungstechniken. Zimmermann, Tischler und andere Holzwerker benutzten für die Anfertigung ihrer Erzeugnisse von da an in immer größerer Zahl wieder Säge und Hobel statt der einfachen Spalt- und Schneidwerkzeuge. Damit war der bereits für das antike Rom bekannte Stand der Produktionsinstrumente für die Holzbearbeitung im großen und ganzen erreicht.

Die mittelalterlichen Sägen – ob Gestellsäge oder Rahmensäge, ob Bügelsäge, Schrotsäge oder Fuchsschwanz –, sie alle ähnelten in ihrer konstruktiven Form zunächst noch sehr den in der Antike gebräuchlichen Sägewerkzeugen. Doch bald schon wurden der Säge zahlreiche neue Anwendungsgebiete erschlossen. Denn mit dem Suchen nach immer leistungsfähigeren Arbeitsmitteln entstanden aus den herkömmlichen Sägen in der Folgezeit Spezialwerkzeuge, deren Vielfalt heute kaum noch zu überschauen ist. Die geschichtlich älteste, bis zur Gegenwart verbreitet angewendete Handsäge, der Fuchsschwanz, wurde beispielsweise im Verlaufe des späten Mittelalters zu zahlreichen Sonderformen entwickelt, so zur Zapfensäge, Leistensäge, Gratsäge, Quadriersäge, Fenstersäge, Zinkensäge oder zur Loch- und Stichsäge.

Bild 4/34. Säge von Gommerstedt/Thüringen aus dem frühen 14. Jh. – einer der wenigen gegenständlichen Belege von mittelalterlichen Sägewerkzeugen, die auf die Gegenwart überkommen sind. Das Blatt dieses großen »Fuchsschwanzes« ist etwa 68 cm lang und 6 mm dick.

Bild 4/35. Werkzeuge für die Bearbeitung der Stämme zu Brettern, Balken und anderen einfachen Holzerzeugnissen, wie Faßdauben oder Schindeln (nach A. Danhelovsky)
1 Spaltmesser, 2, 11 Ziehmesser, 3, 6 Behauäxte, 4 Spaltaxt, 5 Breitaxt, 7 Dreimann-Längsschnittschrotsäge, 8 Handbeil, 9, 12 Fälläxte, 10 Hohldechsel, 13 Querschnittschrotsäge, 14 Spaltschlegel. Die Formen dieser Werkzeuge haben sich über mehrere Jahrhunderte kaum verändert.

Die Gestellsäge hat in diesem Prozeß wohl die bemerkenswerteste Entwicklung erfahren, so sehr sie mit ihren geschweiften Holmen auch der Römersäge noch glich. Seit dem Mittelalter nämlich hat sie das verstellbare Blatt. Meist war es schon damals an seinen Enden in zwei Handgriffe eingeschoben, die in den Holmen des Gestells um ihre Achse gedreht werden konnten. Zuerst ist eine solche Konstruktion auf der 1023 geschaffenen Darstellung der Marmorsäger in der Bilderhandschrift des Klosters Monte Cassino zu finden. Das verstellbare Blatt erhöhte die Anwendungseigenschaften dieser Handsäge nochmals beträchtlich. Und so überrascht es nicht, wenn von nun an neben dem Prototyp der Gestellsäge auch immer mehr Spezialformen dieses Werkzeuges auftraten, die konstruktiv den unterschiedlichen Aufgaben bei der Bearbeitung des Holzes angepaßt waren. Die Typenreihe zeigte sich schließlich reichhaltig und vielgestaltig. Sie reichte von der nahezu einen Meter langen Örtersäge über die Schließ- und die Absetzsäge, die Trenn- und die Schweifsäge bis hin zu der kaum 20 cm langen Gestellsäge für allerlei Kleinarbeit. Neben der Größe unterschieden sich die einzelnen Sägentypen vor allem in der Dicke und Breite des Sägeblattes, der Art und Weise seiner Befestigung sowie in der Form der Sägezähne. Damit war spätestens seit Beginn des 15. Jahrhunderts auch in Mitteleuropa die Verwendung der Gestellsäge nicht mehr nur auf einfache Zuschneidearbeiten begrenzt. In den modifizierten Formen eignete sie sich nun ebenso für komplizierte Arbeiten, wie beispielsweise zum Anschneiden von Zapfen, Zinken und Gehrungen, oder gar zur Anfertigung geschweifter Bauteile. Um diese Zeit fand das Werkzeug Eingang in die Werkstätten nahezu aller Holzhandwerker.

Zahlreiche zeitgenössische Bildwerke blieben erhalten, die vor Augen führen, wie der

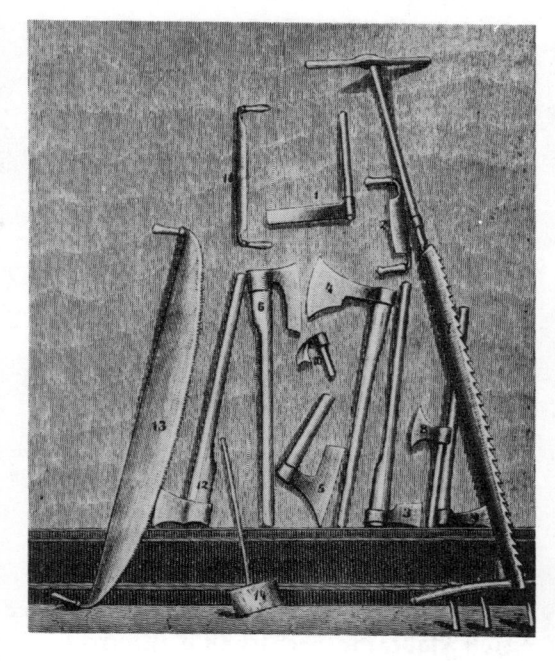

Bild 4/36. Lucas Cranach d. Ä. stellte um 1539 den Apostel Simon Kananäus als Patron der Holzwerker mit einer Schrotsäge in der Hand dar. Auffallend ist die M-Bezahnung, die an das 50 Jahre zuvor von Leonardo da Vinci gezeichnete Sägeblatt erinnert.

Mensch dereinst das Holz verarbeitete. Beinahe immer steht hierbei die Gestellsäge mit im Blickpunkt. Und wenn seit dem Spätmittelalter viele Erzeugnisse aus Holz wieder in gefälligen und zweckmäßigeren Formen hergestellt wurden, so ist das nicht zuletzt auf dieses vielseitig anwendbare Holzbearbeitungswerkzeug zurückzuführen.

So viel Gestellsäge, Bügelsäge und Fuchsschwanz zur Entwicklung des Holzhandwerks auch beigetragen haben – für die Arbeit im Walde oder zur Herstellung von Bohlen und Balken auf dem Holzplatz eigneten sie sich kaum. Sie waren als Einmannwerkzeuge für die Werkstatt und die Baustelle entwickelt worden. Um einen Baum zu fällen oder einen Stamm zu Schnittholz zu verarbeiten, bedarf es großer Sägen, die stabile Blätter haben und von zwei, drei oder gar vier Arbeitskräften gehandhabt werden können. Infolgedessen sind schließlich auch in weiten Gebieten Mitteleuropas seit Ende des 13. Jahrhunderts Schrot- und Rahmensägen zu finden. Sie verdrängten nun nach und nach vielerorts Axt, Beil, Ziehmesser und Keil vom ersten Platz im Gewerk der Schnittholzerzeugung. Es brauchte von da an nicht mehr lange, bis der Säger oder Brettschneider zum eigenständigen Berufsstand wurde. Bereits 1284 kannte man in Basel den »Heinrich der Seger«, und in Lübeck war 1307 ein »Johannes Sager« ansässig. Etwas später tauchte verschiedenerorts der Name Bretschneider auf. So befand sich um 1372 unter den Liegnitzer Handwerkern ein Mann namens »Sydel Bretsnyder«.

Ich bin ein Schreinr von Nürenberg/
Von Flader mach ich schön Teflwerck/
Verschrotten/vnd versetzt mit zier/
Leisten vnd Sims auff Welsch monier/
Thruhen/Schubladn/Gwandbehalter/
Tisch/Bettstat/Brettspiel Gießkalter/
Gefirneust/köstlich oder schlecht/
Ein jeden vmb sein pfennig recht.

Bild 4/37. Tischlerwerkstatt in der Zeit um 1580. Eine kunstvoll gearbeitete Truhe wird eben fertiggestellt. (Ständebuch von H. Sachs und J. Amman)

Bild 4/38. Der Kistenmacher

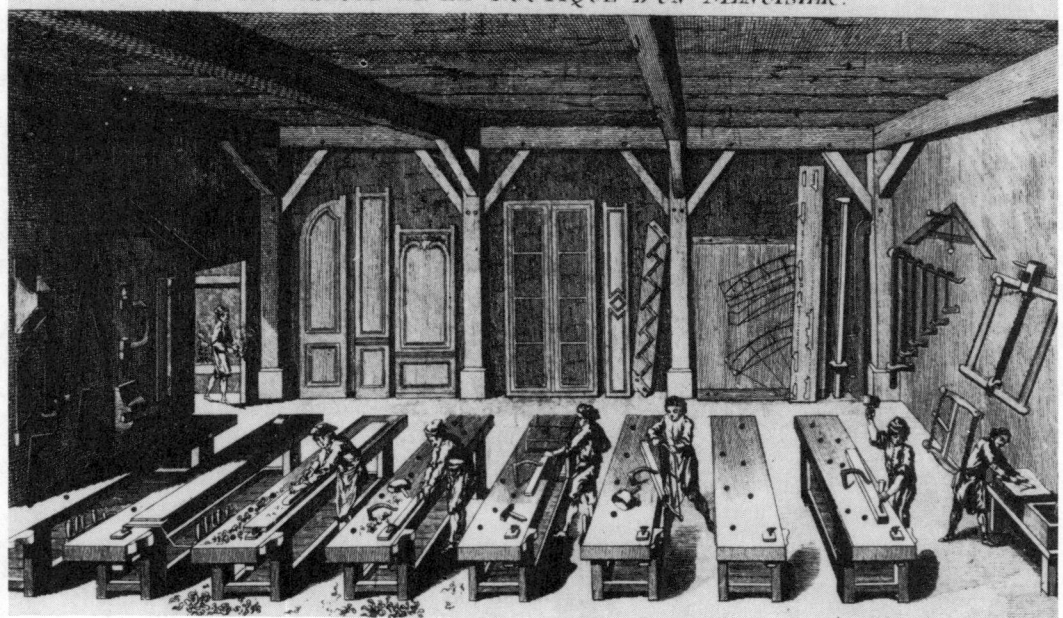

Bild 4/39. Blick in eine manufakturmäßig betriebene Großtischlerei zu Ende des 18. Jh.

Die Schrotsäge, die bereits mehr als 2000 Jahre zuvor den Assyrern bekannt gewesen war und die noch heute für grobe Arbeiten, so zum Querschneiden von Rundholz und Balken, benutzt wird, diente im Mittelalter in modifizierter Form bevorzugt als »Brettsäge« zum Längsaufteilen von Stämmen zu Schnittholz. Dieser als Handwerkszeug doch beinahe gewaltig anmutenden, bis 2,5 m langen Längsschnittschrotsäge begegnet man nur noch in Museen oder auf Abbildungen aus vergangener Zeit. Breite, quer angeordnete Griffe und große, immer auf Stoß gestellte und weit geschränkte Sägezähne, aber ebenso das spitz zulaufende Blatt waren die wesentlichsten Merkmale dieses historischen Arbeitsmittels.

Die Rahmensäge, die im Mittelalter verbreitet als Klobsäge bezeichnet wurde, erreichte unsere Zeit ebenfalls nicht. Dennoch, auch diese Handsäge hat ihre Geschichte. Seit ihrer Erfindung in der Antike bis hin zu der Zeit, da sich die maschinelle Holzbearbeitung durchgesetzt hatte – also über etwa zwei Jahrtausende hinweg –, erwies sich die Rahmensäge als das zweckmäßigste Werkzeug zur Herstellung von Schnittholz schlechthin. In diesem langen Zeitabschnitt hat sie erstaunlich wenig konstruktive Veränderungen erfahren. Lediglich große Griffe wurden angebracht, die die Handhabung erleichterten, und an die Stelle des Spannkeiles an einem der Holme trat die Spannschraube. Der großen Schrotsäge war die Rahmensäge dank ihrem gespannten und daher wesentlich dünnerem Sägeblatt in vielerlei Hinsicht überlegen. Sowohl qualitativ als auch quantitativ konnten bessere Ergebnisse erzielt werden. Die Schnittführung war exakter, die Oberfläche der Erzeugnisse sauberer.

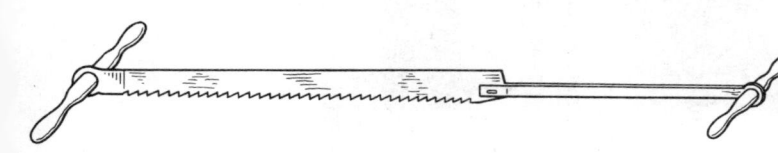

Bild 4/40. Große Längsschnittschrotsäge (Brettsäge)

Bild 4/41. Einschneiden des Stammes zu Brettern mit der Rahmensäge zu Beginn des 15. Jh. Am Werkzeug ist erstmals ein Handgriff auch am unteren Rahmenjoch zu sehen. (Hausbuch der Mendelschen Zwölfbrüderstiftung zu Nürnberg)

Bild 4/42. Furnierherstellung mit der Rahmensäge. Mit dem breiten, aber dünnen und feingezahnten Blatt sowie den günstig angeordneten Handgriffen ließ die Furnierrahmensäge einen sauberen und genauen Schnitt zu.

Zudem konnte viel Holz gespart werden, weil schmale Schnittfugen und damit nur wenig Späne entstanden. Außerdem erforderte die Arbeit mit der Rahmensäge einen verhältnismäßig geringen Kraftaufwand. Meist genügten bereits zwei Arbeitskräfte, um einen starken Klotz zu Brettern zu zerschneiden. Mit diesen Vorzügen war das Werkzeug für das Zurichten wertvoller Laubhölzer und die Anfertigung sehr dünner Bretter geradezu prädestiniert. Damit erklärt sich auch, warum später, als furnierte Möbel aufkamen, die Rahmensäge zum ersten Arbeitsmittel für die Furnierherstellung avancierte. Damals entstand die Furniersäge, eine kleine Rahmensäge mit breitem, feingezahntem und sehr dünnem Blatt sowie über die Stege hinausragenden Holmen, die als Handgriffe dienten.

Auf verschiedenen bildlichen Überlieferungen aus dem 15. und 16. Jahrhundert, die die Errichtung von Holzbauwerken darstellen, ist ein Sägewerkzeug recht eigentümlicher Gestalt kaum zu übersehen, das bis dahin unbekannt war. Nicht zu Unrecht wird es als Schwertsäge bezeichnet, erinnern doch Blatt, Griff und Handschutz in Form und Anordnung ziemlich zwingend an die noch zu dieser Zeit gebräuchliche Hieb- und Stichwaffe. Der Griff dieser Stoßsäge war so lang, daß er mit beiden Händen gefaßt werden konnte. Ebenso schnell, wie die Schwertsäge unter den Holzbearbeitungswerkzeugen auftauchte, verschwand sie wieder. Ihr Ursprung verliert sich im Dunkel der Vergangenheit. Die Vermutung liegt nahe, daß diese Sägeart dereinst beim Bau von Befestigungen und Brücken während

Bild 4/43.
Holzhandwerker unterstützen die Soldaten Karls des Großen bei der Einnahme einer Festung. Sie fällen Bäume, bearbeiten die Stämme mit Axt, Säge und Bohrer und fügen die Bretter und Balken zu Bauteilen für Belagerungsanlagen zusammen.
Im Bildvordergrund rechts ist die Schwertsäge zu erkennen.
Grisaille von Jean le Tavernier in einer französischen Bilderhandschrift, 1460).

Bild 4/45. Zimmermannswappen (Paris, 17. Jh.)

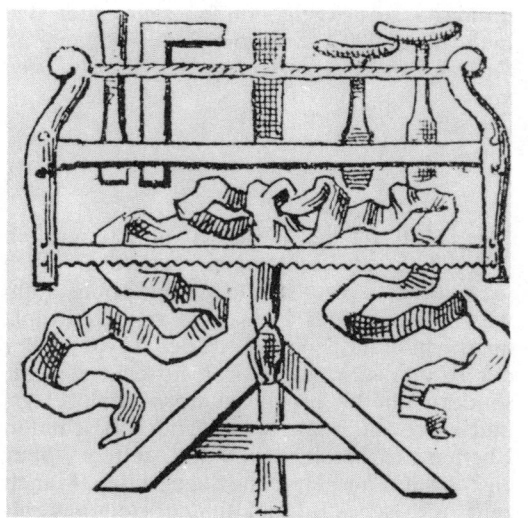

Bild 4/44. Wappen der Nürnberger Säger (Malerei, um 1680)

Bild 4/46. Zimmerleute, die mit der großen Rahmensäge an Ort und Stelle Bretter und Balken für den Hausbau herstellen (um 1530)

kriegerischer Unternehmungen entstand, als Waffen an Ort und Stelle zu provisorischen Werkzeugen und Geräten umgeschmiedet wurden.

Einen zeitigen schriftlichen Hinweis auf die Verwendung von großen Sägen zum Aufteilen von Baumstämmen in Mitteleuropa hat der Hochmeisterliche Kaplan des Deutschen Ritterordens NICOLAUS VON JEROSCHIN hinterlassen. In seiner deutschsprachigen »Kronike von Pruzinland«, die auf das 2. Viertel des 14. Jahrhunderts zurückgeht, finden sich unter den mehr als 27 000 Versen die Zeilen »*bäume, di durchschnitten si gar mit sagen al durch den kern*«.

Mit der Wiederentdeckung der großen Längsschnittsägen veränderte sich die Arbeitstechnik. Der Baumstamm wird während des Zersägens zu Schnittholz nun nicht mehr nach der Art der Ägypter oder der Römer schräg oder gar aufrecht gestellt, sondern überall möglichst horizontal gelegt, und zwar auf Bockgerüste, die von schiefen Ebenen aus beschickt wurden, seltener über eigens dafür ausgehobene Sägegruben. Manch zeitgenössisches Bilddokument bringt uns eindrucksvoll nahe, wie aufwendig, ja umständlich das Längsschneiden mit Handsägen war. Um die Schwere der Arbeit in Grenzen zu halten und eine möglichst genaue Schnittführung zu gewährleisten, mußten die Gerüste für die Auflage des Stammes übermannshoch sein. Dort oben stand der Topmann, der landläufig auch Oberschneider hieß. In ziemlich unsicherer Position oblag ihm die Aufgabe, die Säge nach jedem Schnitt wieder nach oben zu bringen und sie entlang der abgeschnürten Linie zu dirigieren. Die mühevollere Arbeit verrichtete der unter dem Stamm arbeitende Pitmann, der Unterschneider. Er, der sicher auf der Erde stand, mußte die Säge nicht nur nach unten ziehen, sondern gleichzeitig gegen das Holz drücken und so den eigentlichen Sägeschnitt führen. Die Leistung des Unterschneiders läßt sich ermessen, wenn man erfährt, daß ihm im Rhythmus von nur drei bis vier Minuten kurze Pausen zugestanden werden mußten. Immerhin schaffte ein guter Pitmann so an die 50 Schnitte in der Minute. Für den Einschnitt sehr starker Stämme war es dennoch häufig unerläßlich, zwei oder gar drei Arbeiter auf diesen Posten zu stellen, zumal dann, wenn nur Schrotsägen zur Verfügung standen. Die Pausen des Unterschneiders nutzte der Oberschneider, um Keile in die Schnittfuge zu treiben, damit die Säge nicht klemmen konnte.

Die mit der Handsägetechnik möglichen Arbeitsergebnisse waren sehr von der Holzart und der Holzfeuchte abhängig. Ein Team aufeinander eingespielter Säger, von denen jeder jahraus, jahrein dieser Tätigkeit nachging, erreichte unter günstigen Bedingungen mit der Rahmensäge an einem 12stündigen Arbeitstag Spitzenleistungen von beinahe 10 m² Schnittholz je Mann. Die Durchschnittsleistung dürfte jedoch die Hälfte dieses Wertes kaum überschritten haben.

Ihr bevorzugtes Einsatzgebiet fanden Schrot- und Rahmensägen von Anbeginn bei der Herstellung von schwachem Schnittholz. Für solche Sortimente kamen stets nur gerade, gesunde und möglichst astfreie Stämme in Betracht – Wertholz folglich, bei dessen Bearbeitung der mit den herkömmlichen Techniken des Spaltens und Behauens verbundene Holzverlust besonders spürbar war. Freilich wurden Balken, Bretter oder Latten nur selten aus dem vollen Stamm erzeugt. Oft ging dem Sägen das Behauen des Stammes an zwei, mitunter sogar an vier Seiten voraus, und die stärksten Stämme spaltete man zuvor mit Keilen.

Der verbreitete Gebrauch der Handsäge zur Bearbeitung von Rund- und Schnittholz brachte bedeutende Vorteile. Jetzt konnte Schnittholz mit ebenen und parallelen Flächen sowie frei von Krümmungen wesentlich rationeller und mit geringerem Materialverlust hergestellt werden, als das vorher mit den einfachen Spaltwerkzeugen möglich war.

Mit der Anwendung der Säge mußte auch sofort deren Instandhaltung gemeistert werden. Das um so mehr, als zu dieser Zeit noch kein hochwertiger Stahl zur Verfügung stand, folglich die Werkzeuge nach nicht allzulangem Gebrauch abstumpften. Eine Säge instandhalten – das konnte nicht jedermann. Diese Arbeit erforderte weit mehr Kenntnisse und Fertigkeiten als die Zurichtung jedes anderen Holzbearbeitungswerkzeuges. Ob eine Säge gut schneidet oder schlecht, hängt nicht allein von der Schärfe der Schneiden, sondern gleichermaßen von der Art der Bezahnung ab. Zahnform, Zahnhöhe und Zahnteilung sind von ebensolcher Wichtigkeit wie etwa der Schneidenwinkel oder die Schrankweite. Zudem gibt es für die Zurichtung eines Sägeblattes kaum allgemeingültige Regeln. Denn zahlreiche Einflüsse wollen bedacht sein, vor allem die Schnittrichtung, der Anwendungsbereich des Werkzeuges oder die Härte und Feuchte des Holzes, das zu sägen ist.

Folgerichtig wurde das Anfertigen und Zurichten der Sägen schnell zu einer Aufgabe für Spezialisten. Und so ist seit der Zeit, da die Sägewerkzeuge wieder Eingang in die Gewerke der Holzbe- und -verarbeitung fanden, ein neuer, eigenständiger und bald weithin geachteter Handwerksberuf anzutreffen, der Sägen- oder Neberschmied. Die Insignien seiner Zunft waren Schränkeisen und Feile. *»Sehen wir die Nothwendigkeit und Nutzbarkeit dieses*

Bild 4/47. Aufteilen von behauenen Blöcken zu Brettern mit der großen Schrotsäge. Da es sich hier um dicke Eichenstämme handelt, sind zur Handhabung des Werkzeugs vier Säger notwendig. Diese Arbeitstechnik war vereinzelt noch zu Anfang des 20. Jh. zu finden.

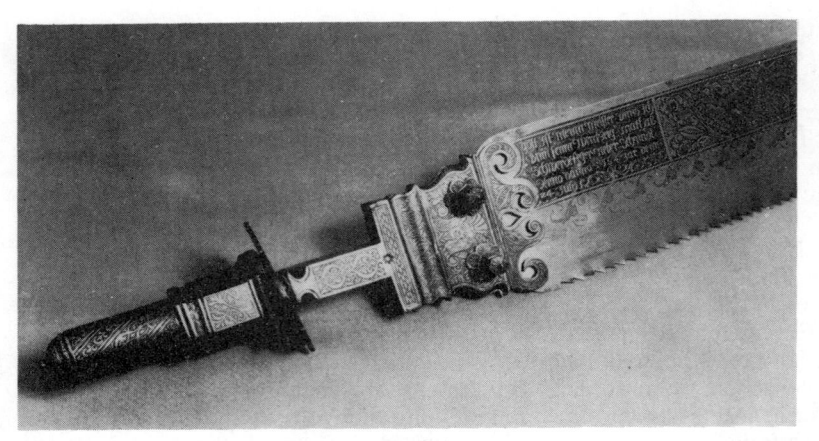

Bild 4/48. Holzbearbeitungswerkzeuge aus der Sammlung Kurfürst Augusts I. von Sachsen (1526 bis 1586) (Historisches Museum Dresden)

oben: kunstvoll verziertes Blatt einer Rahmensäge, unten: Breitaxt mit Elfenbeineinlagen am Stiel, rechte Seite: verschiedene Hobel

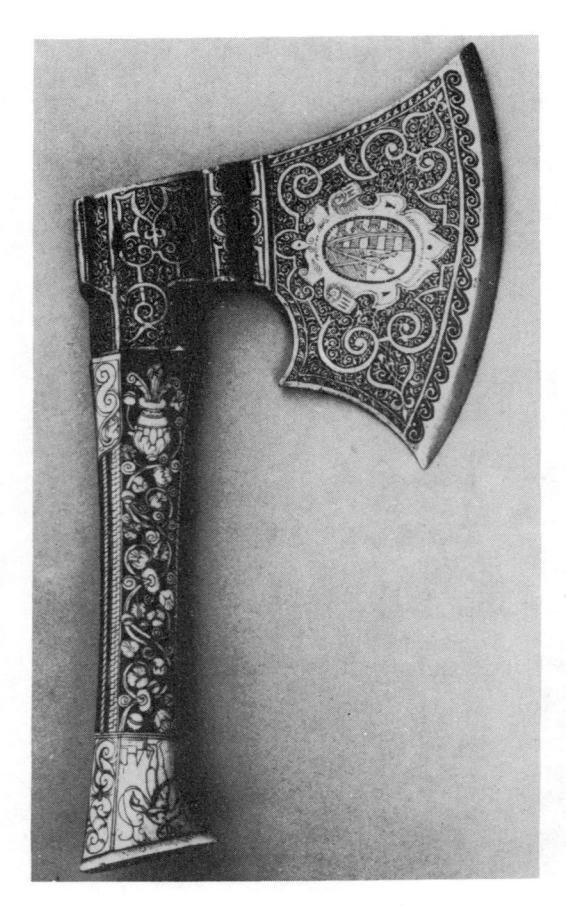

Handwercks an, so muß jedermann bekennen, daß die wenigsten Handwercker denselben entbehren können, fürnehmlich aber ist er den Bauleuten sehr zuträglich, indem sie ihre Balkken und Riegel nimmermehr so bald und accurat in gehöriger Länge und Breite zusammen zu richten vermögen, wenn sie sich nicht der Säge gebrauchten. Und wo würden wohl ohne die Säge die Bretter herkommen? Denn mit der blossen Spaltung der Stämme, würde es schwer hergehen.« /305/ Die Braunschweiger Zeugschmiedeordnung verlangte 1756 vom Neberschmied als Meisterstück auch eine Rahmensäge, »5 Fuß lang, 3 Zoll breit, 7 Zähne auf 2 Zoll, nebst Spannschrauben, doppelten Leisten, Hülse und Spannschlüssel«.

Die früheste exakte Darstellung der Bezahnung eines Sägeblattes stammt von LEONARDO DA VINCI. Eine seiner zahlreichen Skizzen, die in einem in Paris aufbewahrten Notizbuch enthalten ist, zeigt eine Schrotsäge mit einer Art »M-Bezahnung«. Als Legende fügte er in Spiegelschrift hinzu: »Doppelte Säge, die ziehend und stoßend operiert.« Diese Zeichnung ist nicht der einzige Beleg dafür, daß der Handwerker jener Zeit bemüht gewesen ist, seine Arbeitsleistungen mit der Handsäge durch das Herausfinden neuer Zahnformen zu verbessern. Im 15. Jahrhundert erfunden, bürgerte sich die M-Bezahnung bald ein; sie ist noch heute an Handsägen gebräuchlich.

Bild 4/50. Der Neberschmied (Kupferstich von C. Weigel, 1698)

Bild 4/49. Erzeugnisse der Kunst des Nürnberger Neberschmieds Eucharius Voytt (gegossene Grabtafel, 1566)

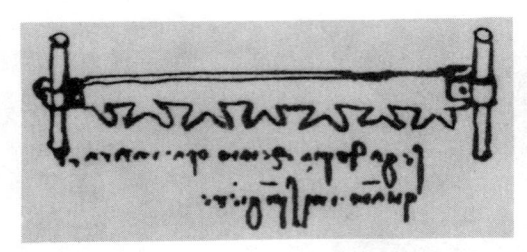

Bild 4/51. Eine Schrotsäge, »die ziehend und stoßend operiert« (Skizze und Text von Leonardo da Vinci, um 1490)

In der Periode des vollentfalteten Feudalismus wuchs mit dem Aufblühen der Städte ein selbstbewußtes, wohlhabendes Bürgertum heran, das, weltoffen und wirklichkeitsnah, an die Lebenshaltung höhere Ansprüche stellte. Augenfällig äußerte sich diese Entwicklung in der Wohnkultur der privilegierten Klassen. Die Patrizier wetteiferten in der Ausgestaltung ihrer Häuser mit dem Luxus der Adelssitze; und auch die Rat- und Zunfthäuser erhielten eine repräsentative Ausstattung. Die doch recht unwohnliche Adelsburg wich langsam dem luxuriös ausgestatteten Schloß. Für dieses Streben der herrschenden Klasse und des Bürgertums nach Wohlstand und Repräsentation war nicht zuletzt das Bedürfnis nach dem Besitz von Erzeugnissen aus wertvollen Hölzern kennzeichnend. Gediegene Holzarbeit war schließlich gefragter denn je. So kam auch für diese Arbeiten die Wiederentdeckung der Handsäge zur rechten Zeit. Mit welch anderen Holzbearbeitungswerkzeugen sonst wohl wäre die Herstellung der kunstvoll gestalteten Möbel, der Deckenverkleidungen, der feinen Täfelungen an den Wänden oder der holzgefliesten Fußböden möglich gewesen? Wenn die meisten dieser Gegenstände und noch andere Erzeugnisse ihr endgültiges Gepräge und Aussehen auch dem Hobel und dem Schnitzmesser verdanken, so konnte das der Handsäge doch kaum etwas von ihrer Ausnahmestellung nehmen, die sie unter den Holzbearbeitungswerkzeugen innehatte.

Eine recht anschauliche und zugleich aufschlußreiche Schilderung der mittelalterlichen Holzhandwerkstechnik ist mit dem »Hausbuch der MENDELschen Zwölfbrüderstiftung zu Nürnberg« erhalten geblieben. Diese einmalige Bilderhandschrift verdankt ihr Entstehen einem für diese Zeit ungewöhnlichen Umstand. Als im Jahre 1388 der reiche Fernkaufmann CONRAD MENDEL, offensichtlich um soziale Spannungen zwischen Patriziern und Handwerkern in der Reichsstadt Nürnberg abzubauen, ein Almosen gestiftet hatte und davon ein Heim für arme, alte oder kranke Handwerker errichten ließ, war es in dieser »Zwölfbrüderstiftung« bald zur festen Sitte geworden, alle dort aufgenommenen Handwerker in Ausübung ihres einstigen Berufes zu porträtieren. Aus den in vier Jahrhunderten in chronologischer Folge geschaffenen Handwerkerbildern entstand zusammen mit den Stiftsregeln und den biographischen Hinweisen das dreibändige Hausbuch der Stiftung. Für die Technikgeschichte liegt in der Bilderhandschrift manch Wertvolles verborgen, finden sich doch hier viele der damals gebräuchlichen Werkzeuge, Arbeitsmethoden und Erzeugnisse in einfacher bildlicher Darstellung detailgetreu wieder.

Im 16. Jahrhundert – der Buchdruck hatte seine Wiegenzeit bereits hinter sich – setzten

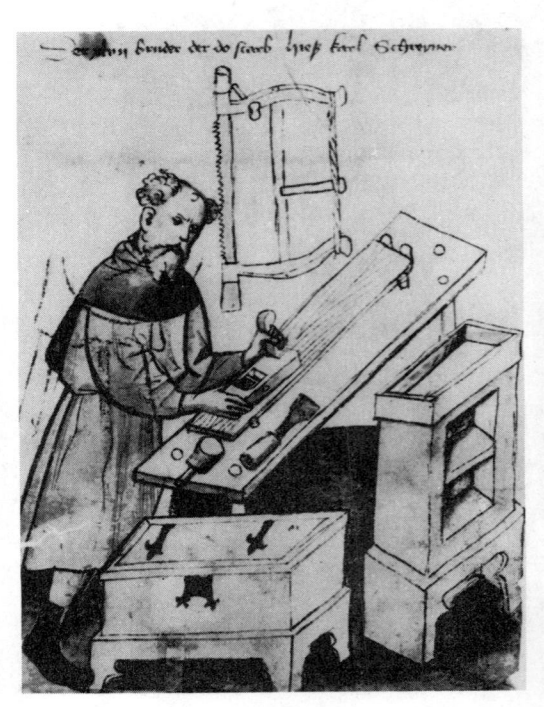

Bild 4/52. Tischler (1425) im Hausbuch der Mendelschen Zwölfbrüderstiftung

Bild 4/54. Der Tischler im Ständebuch von Christoph Weigel (1698)

Bild 4/53. Wagner im Hausbuch der Mendelschen Zwölfbrüderstiftung

gedruckte Bücher fort, was mit dem Hausbuch begonnen wurde. 1568 erschien die »Eygentliche Beschreibung aller Stände auff Erden«, zu der HANS SACHS (1494 bis 1576) die trefflichen Reime und der Maler und Holzschnittzeichner JOST AMMAN (1539 bis 1591) kunstvolle Illustrationen schufen. Mit dieser großartigen Arbeit vermitteln sie ein umfassendes kulturgeschichtliches Bild ihrer Zeit. Und 130 Jahre später, 1698, brachte der Kupferstecher und Verleger CHRISTOPH WEIGEL mit seiner »Abbildung der gemeinnützlichen Hauptstände« ein Werk heraus, das ebenso bedeutsame Aussagen zum damaligen technischen Entwicklungsstand im Handwerk enthält. In der zweiten Hälfte des 18. Jahrhunderts würdigte dann DENIS DIDEROT (1713 bis 1784), der französische Philosoph und Schriftsteller, zusammen mit dem Naturwissenschaftler JEAN LE ROND D'ALEMBERT und anderen führenden Gelehrten der Aufklärung in der gegen klerikale Dogmen und die überlebte Herrschaft des Feudaladels gerichteten »Enzyklopädie der Wissenschaften, Künste und Gewerbe« in nicht minder beeindruckender Form den Handwerkerstand.

Ein Vergleich der Darstellungen des Nürnberger Hausbuches mit denen der Ständebücher von SACHS/AMMAN und WEIGEL bringt interessante Aufschlüsse zutage. Im ersten Band des Hausbuches umfassen die Datierungen der Handwerkerbilder die Zeit von 1390 bis 1549, also ungefähr bis zum Erscheinen des ersten Ständebuches. Während dieses Zeitraumes von etwa 160 Jahren vertreten die vom Zwölfbrüderhaus aufgenommenen Handwerker annähernd 100 verschiedene Berufe.[1] Etwa die gleiche Anzahl an Handwerksberufen hielten HANS SACHS und JOST AMMAN für darstellenswert. Als Holzhandwerker zeigen Hausbuch und Ständebücher den Wagner, den Böttcher, den Drechsler, den Schreiner und den Zimmermann. Es ist bemerkenswert, daß Ausrüstung und Arbeitsmethoden dieser Gewerke von den ersten Bildern im Hausbuch bis zu CHRISTOPH WEIGEL, somit über 300 Jahre hin-

---

[1] Der Vergleich mit einer Statistik aus dem Jahre 1363, die für Nürnberg nur 50 Berufe nennt, macht die fortschreitende Spezialisierung im Handwerk augenscheinlich.

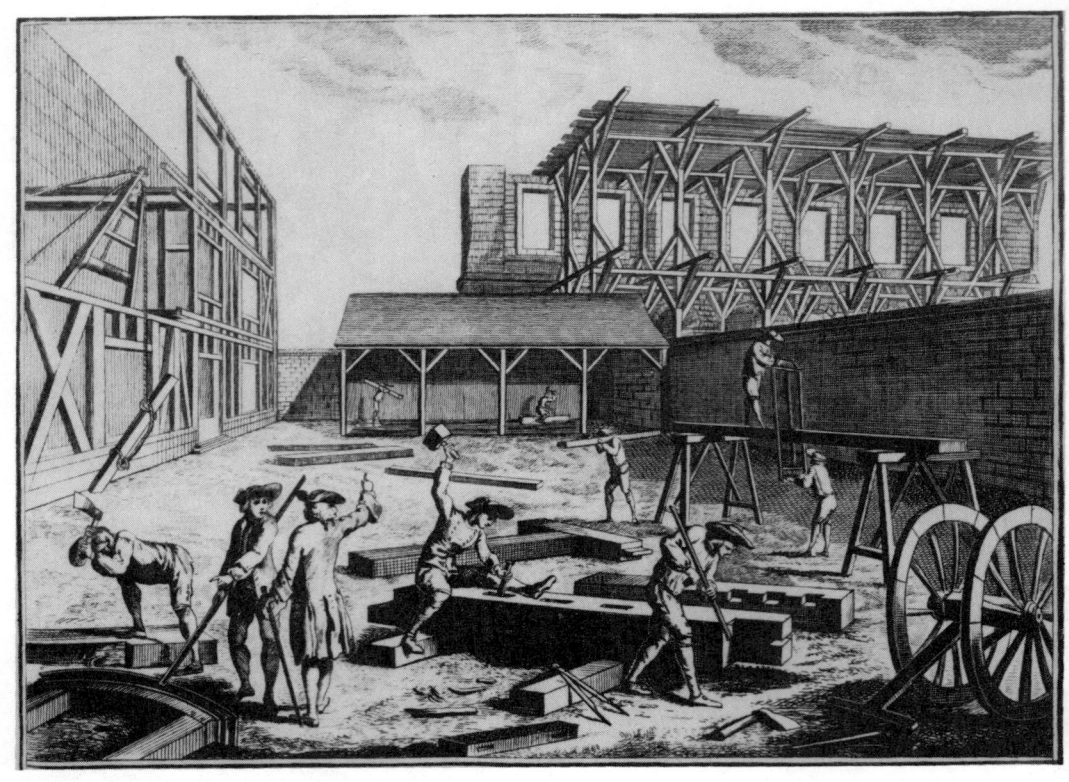

Bild 4/55. Würdigung der Zimmermannskunst durch Denis Diderot

Bild 4/56. Stellmacherei, wie sie D. Diderot zur Mitte des 18. Jh. sah. Noch immer sind verschiedene Spezialbeile die gebräuchlichen Arbeitsmittel des Wagners.

Bild 4/57. Milieu einer Böttcherwerkstatt aus dem 18. Jh. Das Werkzeugsortiment ist reichhaltiger geworden. Die Gestellsäge im Vordergrund kann zum Zuschneiden der Faßdauben benutzt worden sein. (Radierung von F. W. Bollinger)

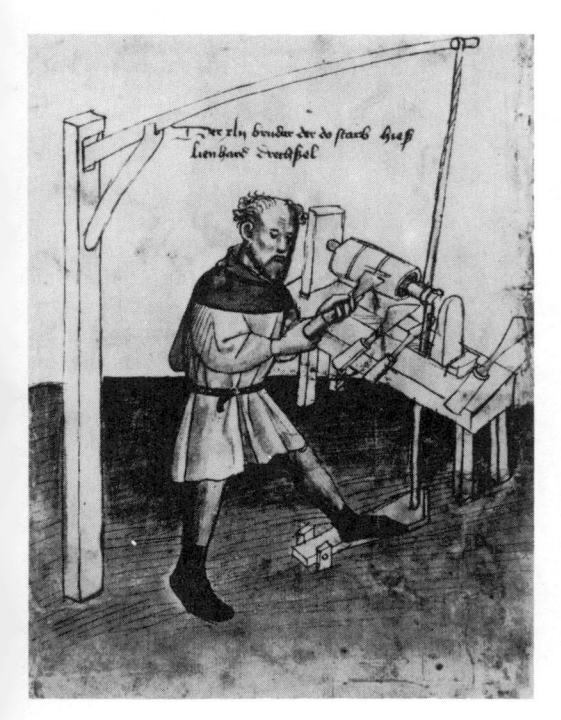

weg, kaum eine Veränderung erfahren haben. Wagner und Böttcher hatten im Beil ihr wichtigstes Werkzeug, wenn das Rohholz zu komplizierten Bauteilen zuzurichten war. Auch der Zimmermann arbeitete hauptsächlich mit der Axt, bis ihm später noch die Schrotsäge und der Fuchsschwanz zur Verfügung standen. Der Tischler benutzte die Gestellsäge, das Handbeil, den Hobel und das Stemmeisen. CHRISTOPH WEIGEL erst zeigt ihn auch mit der Rahmensäge, die zur Herstellung von Furnieren unerläßlich war. Allein der Drechsler besitzt mit der fußbetätigten Wippdrehbank ein teilmechanisiertes Arbeitsmittel.

Für die Gewerke des Zimmermanns und des Schreiners läßt der Vergleich zwischen Haus-

Bild 4/58. Drechslerwerkstatt zu Anfang des 15. Jh. Die Wippdrehbank war eines der ersten mechanisiert betriebenen Arbeitsmittel in der Holzbearbeitung. (Hausbuch der Mendelschen Zwölfbrüderstiftung zu Nürnberg)

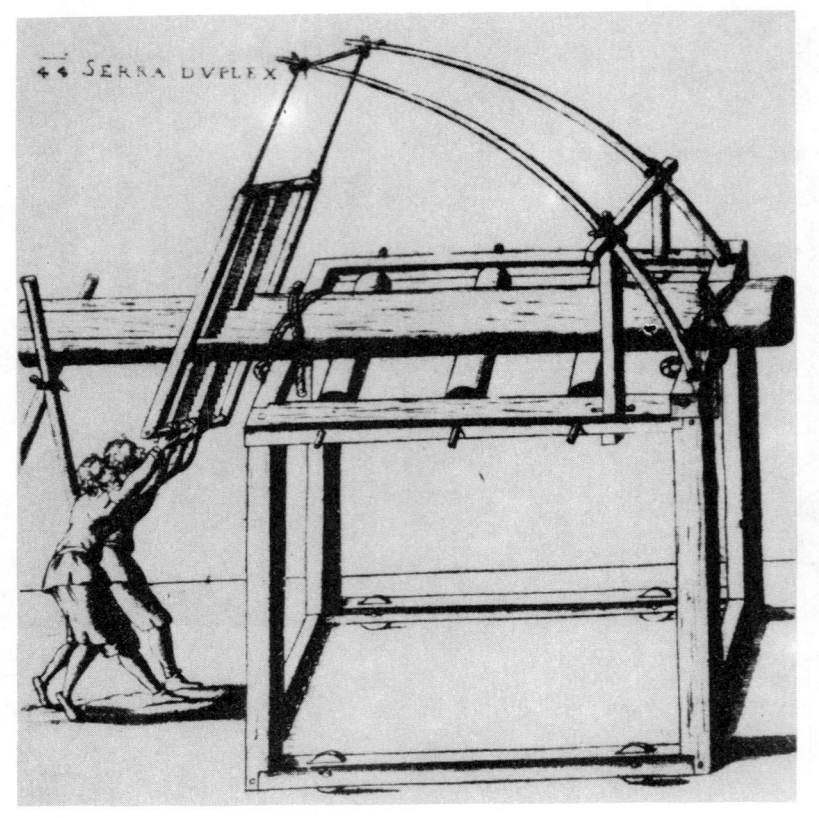

Bild 4/59. Teilmechanisierter Einschnitt eines Stammes. Als Werkzeug dient die große Rahmensäge, die hier ein zweites Blatt erhalten hat. Zwei Federbalken ersetzen den Obermann. (F. Veranzio, Venedig, 1600)

buch und Ständebüchern eine fortschreitende Spezialisierung erkennen. Bereits 1486 zeigt das MENDELsche Hausbuch den Zimmermann auch als Mühlenbauer. Und das WEIGELsche Ständebuch stellt den Schiffszimmermann und den Segelbaummacher als Spezialberufe vor. Gibt es im Hausbuch und im Ständebuch nur den Schreiner schlechthin, so kennt CHRISTOPH WEIGEL schließlich sieben Spezialtischler. Den Säger als Spezialist für die Herstellung von Brettern und ähnlichen Halbfertigerzeugnissen stellen die Gestalter des Hausbuches seit 1425 mit der Rahmensäge dar. Als eigenständiger Beruf tritt der Handsäger jedoch nur bis zum 17. Jahrhundert auf. Fraglos war die zunehmende Mechanisierung der Schnittholzherstellung eine Ursache für das Aussterben dieses Handwerks.

5. Die ersten Sägemaschinen – Klopfgatter und Venezianergatter

Im späten Mittelalter, der Periode des fortgeschrittenen Feudalismus in Europa, als sich bereits erste frühkapitalistische Produktionsformen herausbildeten, vollzog sich infolge der schnelleren Entwicklung der Produktivkräfte ein bedeutender wirtschaftlicher Aufschwung mit sprunghafter Entwicklung des Handels und des Handwerks und damit verbunden des Städte-, Schiff- und Bergbaus. Unter den Bedingungen dieser Prosperität stieg auch der Bedarf nach gesägtem Schnittholz in einer Weise, daß ihm allein auf der Basis der Herstellung mit Handwerkszeugen nicht mehr entsprochen werden konnte. So war der allmähliche Übergang zur mechanisierten Schnittholzerzeugung ein gesellschaftlich notwendiger Prozeß. Es »*soll der Statt-Paumeister bestellen eine Segmül, die dann zu der Statt Nottorft woll geratten mag*«.[1] Gewiß wird die Absicht der Produzenten, durch den zunehmenden Verkauf ihrer Erzeugnisse auch selbst mehr zu verdienen, die Suche nach technischen Neuerungen für die Schnittholzherstellung gefördert haben. Die Gleichförmigkeit und Einfachheit der Werkzeugführung beim Zurechtsägen des Stammes zu Brettern, Bohlen oder Balken kam diesem Bestreben ganz sicher entgegen. Dennoch sollten die mit dem Bau von Sägemühlen verbundenen technischen Probleme für den mittelalterlichen In-

Bild 5/1. Der im Mittelalter beginnende Aufschwung im Städte-, Schiff- und Bergbau war mit einem nahezu sprunghaft steigenden Bedarf nach Schnittholz verbunden.

genieur eine wirkliche Herausforderung bedeutet haben.

Die allerersten Anzeichen für die Herstellung von Schnittholz mit maschinellen Arbeitsmitteln führen bis in die erste Hälfte des 13. Jahrhunderts zurück. Die älteste überlieferte bildhafte Darstellung einer Sägemaschine überhaupt zeigt eine wassergetriebene Hubsäge. Geschaffen wurde sie als Federzeichnung um 1230 von VILLARD DE HONNECOURT, dem großen französischen Bildhauer, Architekten und Ingenieur der Gotik, der in Frankreich und Ungarn wirkte.[2]

Wie könnte die Funktionsweise dieser bewunderungswürdigen Konstruktion gewesen

---

[1] TUCHER, E.: Baumeisterbuch der Stadt Nürnberg 1464–1475.

[2] Als Entstehungsjahr der Federzeichnung wird auch 1235 oder 1245 angegeben.

Bild 5/2. Hölzerner Kran. Nur mit Axt und Säge konnte dem hohen Bedarf nach Schnittholz nicht mehr entsprochen werden. Der Übergang zur maschinellen Schnittholzerzeugung wurde zum Erfordernis.

sein? Im Gegensatz zum manuellen Sägen, bei dem das Holz eine feste Lage einnimmt, während das Sägeblatt in der Schnittrichtung fortbewegt wird, hat die Sägemaschine eine ortsfeste Stellung, und der Stamm wird gegen das Werkzeug geschoben. Das Sägeblatt ist mit dem einen Ende an der im Boden verankerten, scherenartig zu bewegenden Hebelvorrichtung und mit dem anderen an einer biegsamen Fichtenstange befestigt. Es bewegt sich in vertikaler Ebene, also auf und ab. An dem horizontal angeordneten Wellbaum sind kreuzförmig Nocken angebracht. Sie drücken abwechselnd über den Hebel die Säge nieder, die dabei den Schnitt ausführt und gleichzeitig die Fichtenstange spannt. Jedesmal nach dem Abheben eines Nockens vom Hebel zieht die Fichtenstange das Sägeblatt wieder nach oben. Das auf dem Wellbaum zwischen Mühlrad und Nockenkreuz angebrachte Rad greift mit seinen Zacken von unten in den Stamm ein und schiebt ihn kontinuierlich zwischen Führungen hindurch gegen das Sägeblatt.

Der Historiker LYNN WHITE bezeichnet VILLARD DE HONNECOURTS »Sägegatter«[1] als die

---

[1] Die Bezeichnung »Sägegatter« existierte zu dieser Zeit noch nicht. Über viele Jahrhunderte hieß die Sägemaschine einfach »Säge«. Erst seit der Mitte des 19. Jahrhunderts bürgerten sich in deutschsprachigen Gebieten für Hubsägen nach und nach die Bezeichnungen Gatter, Gattersäge, Sägegatter oder auch Gattersägemaschine ein.

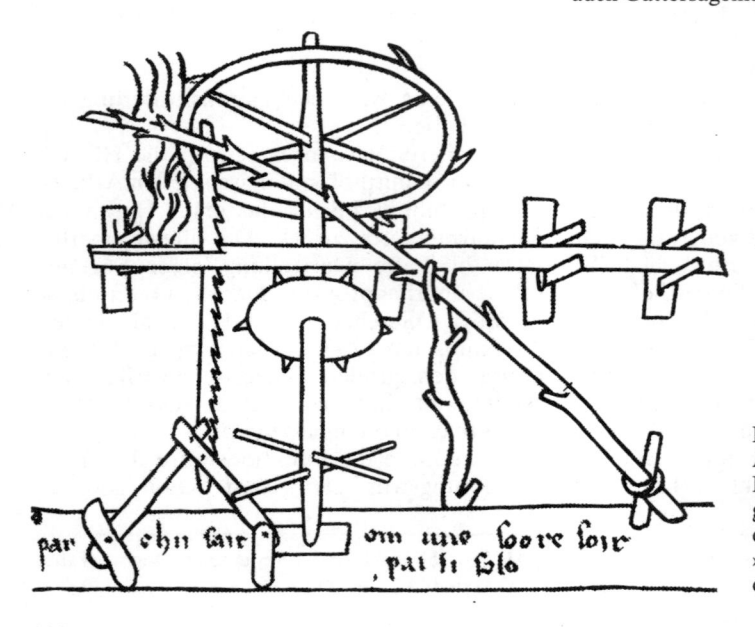

Bild 5/3.
Älteste erhalten gebliebene Darstellung einer Sägemaschine – geschaffen um 1230 von Villard de Honnecourt mit der Legende: »Auf diese Art macht man eine Säge, selbsttätig zu sägen.«

»erste Industriemaschine mit zwei vollautomatischen, wechselseitig verbundenen Bewegungen« /311/. Als VILLARD die Gedanken zu Papier brachte, ahnte er wohl kaum, daß diese seine Konstruktion mit dem auf und nieder gehenden Sägeblatt und dem gegen die ortsfeste Säge bewegten Baumstamm zwei mechanische Wirkungsweisen enthält, die der Mensch noch fast 800 Jahre danach, an der Schwelle zum 21. Jahrhundert, für die Produktion von Schnittholz bevorzugt anwenden würde. VILLARD zeigte mit dem Sägegatter aber auch als erster die Umformung einer Drehbewegung in eine geradlinige Bewegung sowie die Nutzung der Feder als Energiespeicher an einer Arbeitsmaschine. Möglicherweise hatte er das Vorbild für seine Maschine in der Normandie, unweit seiner Heimat gefunden.

Die als kombinierte Draufsicht gewählte Art der Darstellung war für das Mittelalter typisch. Selbst komplizierte Mechanismen konnten mit dieser Projektionsart in nur einer Ebene höchst anschaulich abgebildet werden. Freilich wird damit auch technisch Widersprüchliches offenbar: An dem großen, unterschlächtig betriebenen Mühlrad sind die Wasserschaufeln so angebracht, daß es sich im verkehrten Sinn dreht, und das Zahnrad fördert infolge seines großen Durchmessers das Holz zu schnell gegen das Sägeblatt; zudem vermißt der heutige Betrachter den Sägerahmen. An Wert geht der Erfindung dadurch nichts verloren. Die Architekten jener Zeit überlieferten im Grunde genommen ohnehin nur die Idee für ein Projekt. Den Gedanken in die Praxis umzusetzen blieb zumeist dem Handwerker überlassen. *»Wenn bei VILLARD technische Angaben über Details der Mechanik fehlen, besagt das nicht, daß sie nicht existieren oder daß er sie nicht kannte; sie lassen sich auf Grund von Traditionen ergänzen und dürften in der Bauhütte bekannt gewesen sein.«* /125/ Das Original der Federzeichnung gehört zu dem um 1235 von VILLARD geschaffenen Bauhüttenbuch, das als einziges seiner Art – obgleich nur in Fragmenten – erhalten geblieben ist. Seit 1795 in der Nationalbibliothek von Paris aufbewahrt, gibt dieses Werk auf 33 Pergamentblättern einen hervorragenden Einblick in die Schaffensweise der Künstler zu gotischer Zeit.

Weniger bekannt als VILLARDS Darstellung vom »Sägewerk« ist seine Skizze von einer teilmechanisierten Querschnittsäge. Dieses Bild ist gleichfalls im Bauhüttenbuch zu finden. Die Bildunterschrift weist auf die Zweckbestimmung dieser Säge hin: *»Mit dieser Maschine schneidet man Pfähle im Wasser zu, damit man Bretter darauf legen kann«*. Sie war demnach dafür bestimmt, die Arbeit unter Wasser beim Bau von Pfahlgründungen für Hafenanlagen und Brücken zu erleichtern. Das Sägeblatt, das den Schnitt in horizontaler Ebene führt, wird über eine hölzerne Rahmenkonstruktion, die in ein Gestell eingeschoben ist, manuell hin und her bewegt. Ein mit Gewichten gespanntes Seil, das über ein Rad geführt wird, drückt das Sägeblatt fest gegen den Pfahl. Wenn man hört, daß diese Säge im 18. Jahrhundert erneut erfunden worden ist und daß sie noch im 19. Jahrhundert nur wenig anders ausgesehen haben soll, zeugt das von dem hohen technischen Gehalt auch dieser Konstruktion.

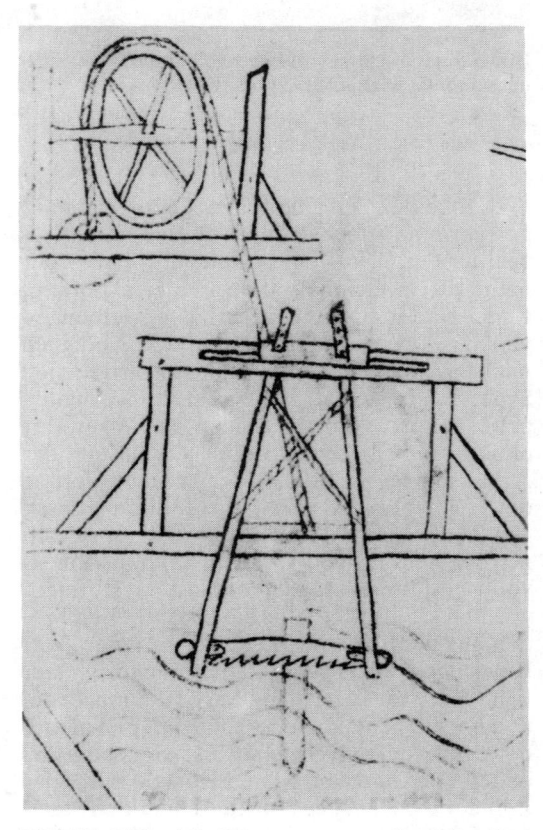

Bild 5/4. Villard de Honnecourts mechanische Säge zum Zurechtschneiden von Gründungspfählen unter der Wasseroberfläche

Bild 5/5. Holzschneidemühle zu Tharandt – gezeichnet von J. C. Klengel (1751 bis 1824)

Die beiden VILLARDschen Federzeichnungen gewinnen noch dadurch an Bedeutung, als aus der darauffolgenden Zeit, und zwar über mehr als zweieinhalb Jahrhunderte hinweg, weder Bilder noch technische Beschreibungen von Sägemechanismen bekannt sind. Lediglich noch das Abbild einer mechanisch betriebenen Säge, das im französischen Chartres erhalten geblieben ist, vermittelt bis in die Gegenwart einiges über die konstruktive Gestaltung der Arbeitsmittel zu Beginn der Mechanisierung des Holzsägens. Als die in dieser Stadt ansässigen Zünfte um 1240 für den Bau der großartigen Kathedrale von Chartres überaus kunstvoll gestaltete Medaillonfenster stifteten, wählten sie als Motiv für die Glasarbeiten Szenen aus dem Handwerkerleben in jener Zeit. Eines der Fenster, das »Zimmermannsfenster von Chartres«, zeigt eine Säge, die mit Pedal und hochliegendem Federbaum auf und nieder bewegt wird. Danach geben erst wieder die Arbeiten von Ingenieuren und Künstlern aus der Zeit der Renaissance Auskunft über den Stand der Technik bei der Bearbeitung des Holzes mit Maschinen.

Die vermutlich früheste Kunde von der Existenz einer Sägemühle kommt 1204 aus der Normandie, wo das maschinelle Sägen schon im Verlauf des 13. Jahrhunderts eine ziemliche Verbreitung gefunden haben soll. Der Beleg findet sich in einem Vermögensnachweis, der für Evreux auch die »molendina de planchia«, also eine Plankenmühle, als Besitz der Krone nennt. Beinahe ebensoweit führt eine Nachricht zurück, die 1267 auf eine Wasserkraftsäge im Schweizer Jura verweist. Verhältnismäßig häufig sind Brettsägemühlen für das 14. Jahrhundert urkundlich nachgewiesen, und zwar vorerst für gebirgige Gegenden, die mit ihrem Holzreichtum und den reichlich vorhandenen natürlichen Wasserkräften gute Voraussetzungen für den Betrieb maschineller Sägen boten. So ist für 1312 eine Sägemühle in Oberösterreich belegt, und für den Schwarzwald sind 1314 die »Stockburgsäge« und 1339 die »Peterzeller Säge« urkundlich erwähnt. 1361 soll in Graubünden (Schweiz) und noch vor 1340 bei Zürich eine Sägemühle gestanden haben.

Maschinelle Sägeanlagen für den Rundholzeinschnitt, die heute als Modell in einem Museum in Jugoslawien zu sehen sind, wurden in den Jahren zwischen 1320 bis 1358 mutmaßlich von den Venezianern errichtet. Wie verbreitet in Italien die maschinelle Erzeugung von Schnittholz bereits ausgangs des Mittelalters betrieben wurde und welch hoher technischer Stand dort zu dieser Zeit erreicht war, geht auch aus einem schriftlichen Beleg hervor. 1444 empfiehlt Kardinal BESSARION in einem Schreiben an den Herrscher des griechischen Fürstentums Morea, KONSTANTIN PALAEOLOGUS, junge Leute heimlich nach Italien zu senden, auf daß sie dort neben anderen die Handarbeit ersetzenden Techniken auch die Anlagen zum maschinellen Sägen von Holz studieren mögen.

Ebenfalls sehr frühzeitige Belege über die maschinelle Schnittholzerzeugung stammen aus den mittelalterlichen Städten. 1303 kauften die Domherren von St. Sernin in Toulouse eine mechanisierte Säge. Bald darauf, 1322, wird in einer Bauamtsrechnung eine Sägemühle in Augsburg genannt, die nach dem Namen des Besitzers »Hanrey-Mühle« hieß. Dem Bürgerbuch der Stadt Augsburg ist zu entnehmen, daß man 1337 dort Sägemühlen betrieb. 1391 hatten fünf Sägemühlen an den augsburgischen Fiskus Pachtzins zu zahlen. Und für Breslau wird im zeitigen 14. Jahrhundert eine »holzmul« angezeigt und 1387 ein Sägemüller namens »Peter bretsnyder« erwähnt, »*der die bretmöle gemytet ein jar*«. Nachweise dieser Art setzen sich im 15. Jahrhundert fort, zunächst wiederum für Breslau. Diesmal belegt eine Pachtrechnung aus dem Jahre 1427 die Existenz einer Sägemühle in dieser Stadt. 1434 besaß Berlin eine mechanische Säge. Und »*um das Jahr 1490 kaufte der Rath von Erfurt ein Stück Wald zu Tambach und eine Schneidemühle. Sie hatten noch eine vom Abte zu Georgenthal gegen 35 Talente im Pachte*«.[1] Es sind dies altehrwürdige Städte, einige zu jener Zeit als Reichsstädte privilegiert, die sich vom 14. Jahrhundert an zu bedeutenden Metropolen des Handels nach Italien und Ostindien bzw. Osteuropa entwickelten und deren wirtschaftliche Kraft auch aus dem Handwerk und seinem technischen Fortschritt resultierte.

Diese Belege lassen darauf schließen, daß die Holzsägemaschine im 13. Jahrhundert entstand und daß spätestens seit dem Ende des 14. Jahrhunderts Sägemühlen in den wirt-

---

[1] Aus »Historie von Erfurt« nach J. BECKMANN.

Bild 5/6. Schneidemühle als Thema der darstellenden Kunst (zeitgenössischer Stich)

Bild 5/7. Sägemühle in der typischen zweigeschossigen Bauweise – Blick auf den Gatterkeller und den darüberliegenden Sägeboden

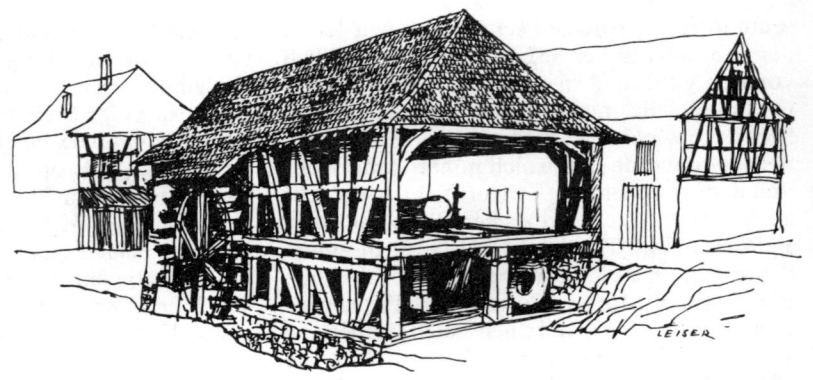

schaftlich führenden europäischen Ländern bekannte und schon recht verbreitet betriebene Einrichtungen waren. Noch andere historische Überlieferungen stützen diese Erkenntnis. So ordnete 1304 und 1307 der Dauphin als Graf von Vienne für Gebiete seiner im südöstlichen Frankreich gelegenen Grafschaft an, Sägemühlen stillzulegen, da eine Entwaldung zu drohen schien.[1] Und der portugiesische Infant Dom ENRIQUE EL NAVEGADOR (genannt Heinrich der Seefahrer, 1394 bis 1460) ließ auf der 1420 von ihm wiederentdeckten »Holzinsel« Madeira entlang der Flüsse neben anderen in Europa bewährten Mechanismen etliche mit Wasserkraft angetriebene Sägemühlen errichten, »*um die herrlichen Holzarten zu Brettern sägen, und solche nach Portugal bringen zu lassen*« /17/.

Von Frankreich berichtet die Chronik Mitte des 16. Jahrhunderts über ein frühes Sägegatter dieses Landes anhand einer Begebenheit. Als der Bischof von Ely, zeitweilig Gesandter der Königin von England beim Vatikan, im Jahre 1555 etwa 6 Meilen von Lion entfernt eine Holzschneidemühle vorfand, hielt er es der Mühe wert, daß sein Reiseschreiber diese Novität in ihrer Erscheinung schriftlich festhielt: »*Die Sägemühle wird von einem senkrechten Rad angetrieben, und das Wasser, welches es gehend macht, wird vollständig über einen schmalen Graben zum Rad geliefert. Dieses Rad besitzt ein Stück aus Holz wie ein gekröpfter Hebel, befestigt am Wellbaumende und am Ende der Säge, welcher so bewegt wird von der Kraft des Wassers, auf- und niederziehend die Säge, die sich kontinuierlich einfrißt. Die Säge ist gehalten in einem Gestell aus Holz. Ferner liegt das Holz, wie es war, auf einem Schlitten, der Stück für Stück zur Säge bewegt wird.*«[2] Wahrscheinlich ist diese Notiz die älteste erhalten gebliebene technische Beschreibung einer in der Praxis genutzten Sägemaschine.

Im holzreichen Norwegen entstanden die ersten Sägemühlen zu Beginn des 16. Jahrhunderts. Sie wurden dort als »Neue Kunst« bezeichnet. Mit ihrer Hilfe konnte Schnittholz bald in Mengen hergestellt werden, die den Export dieses Erzeugnisses erlaubten. Das war für den dänisch-norwegischen König CHRISTIAN III. Veranlassung, anno 1545 den »Brettzehnten« einzuführen. Schließlich erwähnt 1552 der Reformator JOHANN MATHESIUS in seiner »Chronica der Keyserlichen freyen Bergstadt Sanct Jochimsthal«, dem heutigen Jachymov (ČSSR), daß der Mathematiker JACOB GEUSEN »*auch die pretmühl angegeben hat.*«[3]

---

[1] Ein im Jahre 1386 geführter Prozeß bezeugt, daß die Verbote das Problem nicht aus der Welt schaffen konnten. VINZENT CLARIERE und seine Helfer standen vor Gericht, weil sie entlang des Flusses Roise mehrere Sägen errichtet und illegal eine Unzahl Bäume gefällt und zu Planken eingeschnitten hatten.

[2] Aus einer Reisebeschreibung in den »Miscellaneous state Papers«, 1501 bis 1726, übersetzt aus dem Lateinischen und gekürzt.

[3] MATHESIUS, J.: Sarepta oder Bergpostill sampt der Jochimßthalischen kurtzen Chronicken. – Nürnberg, 1564.

Wie die ersten maschinellen Sägen im Detail ausgesehen haben, wie ihre Mechanik im einzelnen funktionierte, das ist heute wohl kaum mehr festzustellen. Technische Darstellungen und Beschreibungen, die Holzsägemaschinen vorstellen, von denen man weiß, daß sie auch gebaut und praktisch eingesetzt worden sind, reichen nur bis zum Ende des 15. Jahrhunderts zurück. Freilich läßt die Fülle der aus dem 15. und 16. Jahrhundert erhalten gebliebenen Belege doch auch vorsichtige Rückschlüsse auf die Anfänge der maschinellen Sägetechnik zu.

An der Sägemaschine des 15. Jahrhunderts können bereits drei ineinandergreifende Baugruppen unterschieden werden: der Antrieb, das Sägegestell und die Vorschubmechanik. Zum Antrieb gehörten das Mühlrad, der Wellbaum und Vorrichtungen zur kinematischen Verbindung des Antriebs mit dem Sägerahmen. Das Sägegestell bestand aus dem Sägerahmen mit dem Sägeblatt und den Gatterständern, die dem Rahmen die Führung gaben. Die Vorschubmechanik umfaßte das Schiebezeug und den Blockwagen, auf dem der Stamm lag. Nahezu alle Bauteile, die für ein Sägegatter benötig wurden – ob Räder, Wellen, Hebel oder Gestelle –, waren aus Holz gefertigt. Der Antriebsmechanismus nahm die vom fließenden Wasser angebotene Strömungsenergie auf und übertrug sie unter Umformung der Drehbewegung in geradlinige Bewegungen auf den Sägerahmen und das Schiebezeug.

Es ist bemerkenswert, daß an diesen frühen maschinellen Sägen bereits wichtige Bauteile und funktionelle Lösungen zu finden sind, die bis heute charakteristische Merkmale für die Gattersägemaschine blieben. Hierzu gehören die Zweietagenbauweise zur Trennung der Antriebs- und Arbeitsfunktionen, der Sägerahmen mit dem gespannten Sägeblatt und die Hubbewegung des Werkzeuges.

Obgleich von den Anfängen des mechanisierten Sägens kein lückenloser Nachweis über den Verlauf der konstruktiven Weiterentwicklung der Sägemaschinen gegeben werden kann, so ist doch das Typische im Fortschreiten des technischen Niveaus dieser Zeit rekonstruierbar. Eine solche Rekonstruktion läßt für die wesentlichsten Funktionen und Bauteile des Sägegatters charakteristische Schritte der Entwicklung ableiten.

Die am meisten verbreitete Antriebskraft war, wie für alle maschinell betriebenen Einrichtungen dieser Zeit, das fließende Wasser, dessen Energie über ein Mühlrad auf die Maschine übertragen wurde.

Das Mühlrad ist die älteste Kraftmaschine des Menschen. Es war schon vor 2000 Jahren in den Staaten des klassischen Altertums bekannt. Griechen und Römer lernten das Mühlrad offenbar im Orient kennen. Ein Papyrus aus dem 2. Jahrhundert v. u. Z. verweist auf ein Wasserrad in Ägypten, und der griechische Geograph STRABO (um 63 v. u. Z. bis 19 u. Z.) erwähnt in seiner »Geographika« eine wasserradgetriebene Getreidemühle, die MITHRADATES VI. (132 bis 63 v. u. Z.), der König von Pontos, im Jahr 88 v. u. Z. in seinem Palast an der Ostküste des Schwarzen Meeres errichten ließ. *»Und* ANTIPATROS, *ein griechischer Dichter aus der Zeit Ciceros, begrüßte die Erfindung der Wassermühle zum Mahlen des Getreides, diese Elementarform aller produktiven Maschinerie, als Befreierin der Sklavinnen und Herstellerin des goldenen Zeitalters.«* /202/

Die ersten Wasserräder haben sich in horizontaler Ebene, d. h. in der gleichen Ebene wie die Mühlsteine, gedreht, da man das Getriebe zur Umformung der vertikalen in die horizontale Drehbewegung noch nicht kannte. Doch bereits um 20 v. u. Z. beschreibt der römische Ingenieur und Architekt POLLIO VITRUV (1. Jh. v. u. Z.) in seinem dem Kaiser Augustus gewidmeten Buch »Über die Architektur«, dem einzigen aus der Antike erhalten gebliebenen Werk dieser Art, ein Mühlrad, das sich in vertikaler Ebene drehte. Eines der ältesten Wasserräder, das bewahrt werden konnte, soll aus dem hellenistischen Athen stammen. Es hat einen Durchmesser von 3,20 m. Doch weder im antiken Griechenland noch im römischen Imperium erlangte das Wasserrad zum Betreiben von Werkzeugen wirtschaftliche Bedeutung. Als Energiequelle reichten die Sklaven offensichtlich aus. Die damals entwickelten, von Naturkräften angetriebenen Mechanismen dienten zumeist der Schaulust und dem Vergnügen der Privilegierten. Vor allem die römische Gesellschaft bildete kaum das Substrat, auf dem technischer Fortschritt auf der Grundlage von arbeitserleichternden Mechanismen hätte gedeihen

Bild 5/8.
Zeitige Darstellung des Mühlrades als Illustration eines mittelalterlichen Rechtsbuches (Bilderhandschrift des Sachsenspiegels, um 1230)

können. Dieser Staat besaß nur wenige wassergetriebene Mühlen. Eine Zunahme ihrer Anzahl ist nur schwerlich zu erkennen. So waren Wasserräder im Römischen Reich des ersten Jahrhunderts unserer Zeitrechnung kaum häufiger zu finden als im Jahrhundert davor. Dabei fehlte es nicht an Mühlenwerken in großer Zahl; sie alle wurden jedoch mit tierischer Kraft oder von Menschen bewegt. Erst nach dem Untergang des Weströmischen Reiches (476), also mehrere Jahrhunderte nach der Erfindung des Wasserrades, nahm seine Verwendung zum Bewegen von Werkzeugen, zunächst hauptsächlich von Mühlsteinen, deutlich zu. Nun drehte Wasserkraft die Mühlen, die einst von Sklaven, Landfremden und Tieren bewegt wurden. In vielen feudalen Gutshöfen im nördlichen Mitteleuropa war seit etwa 600 das Wasserrad anzutreffen; in England tauchte es um 700 auf. Und vom 11. Jahrhundert an war das Mühlrad geradezu typisch als Kraftmaschine in der Zeit des Feudalismus.

Aber wohl erst zu Beginn des 13. Jahrhunderts war die Technik soweit vorangeschritten, daß das Wasserrad als Kraftquelle auch in die Herstellung von Schnittholz einbezogen werden konnte. Von da an jedoch sollte es über mehr als sechs Jahrhunderte hinweg, bis zur Ablösung durch die Dampfmaschine, die wesentlichste Kraftmaschine in den Brettschneidemühlen und Sägewerken bleiben. Während man im Altertum und selbst noch weit bis ins Mittelalter hinein nur das unterschlächtig angetriebene Wasserrad kannte, verbreitete sich seit dem 13. Jahrhundert mehr und mehr das oberschlächtige Wasserrad, das nicht so sehr auf gleichbleibenden Wasserstand angewiesen ist und außerdem mindestens das Doppelte des unterschlächtigen Wasserrades leistet.

Die Wasseranke oder Gnepfe, diese einfachste Kraftmaschine, deren Ursprung noch im Ungewissen liegt, hat für die Holzsägerei anscheinend nie Bedeutung erlangt.[1] Sie ist

---

[1] Die Wasseranke arbeitet ohne Rotationsbewegung. Ein Waagebalken trägt an einem Ende ein Wassergefäß, am anderen das Werkzeug mit Gegengewicht. Vom Mühlgraben mit Wasser gefüllt, kippt das Gefäß den Waagebalken und hebt damit das Werkzeug an. Während dieser Schrägstellung leert sich das Gefäß, so daß das Werkzeug durch die Schwerkraft des Gegengewichts in seine Ausgangsstellung zurückfällt. Die Arbeitsfrequenz von Gnepfesägen soll bei 10 Hub je Minute gelegen haben.

Bild 5/9. Oberschlächtiges Wasserrad zum Betreiben einer Sägemühle

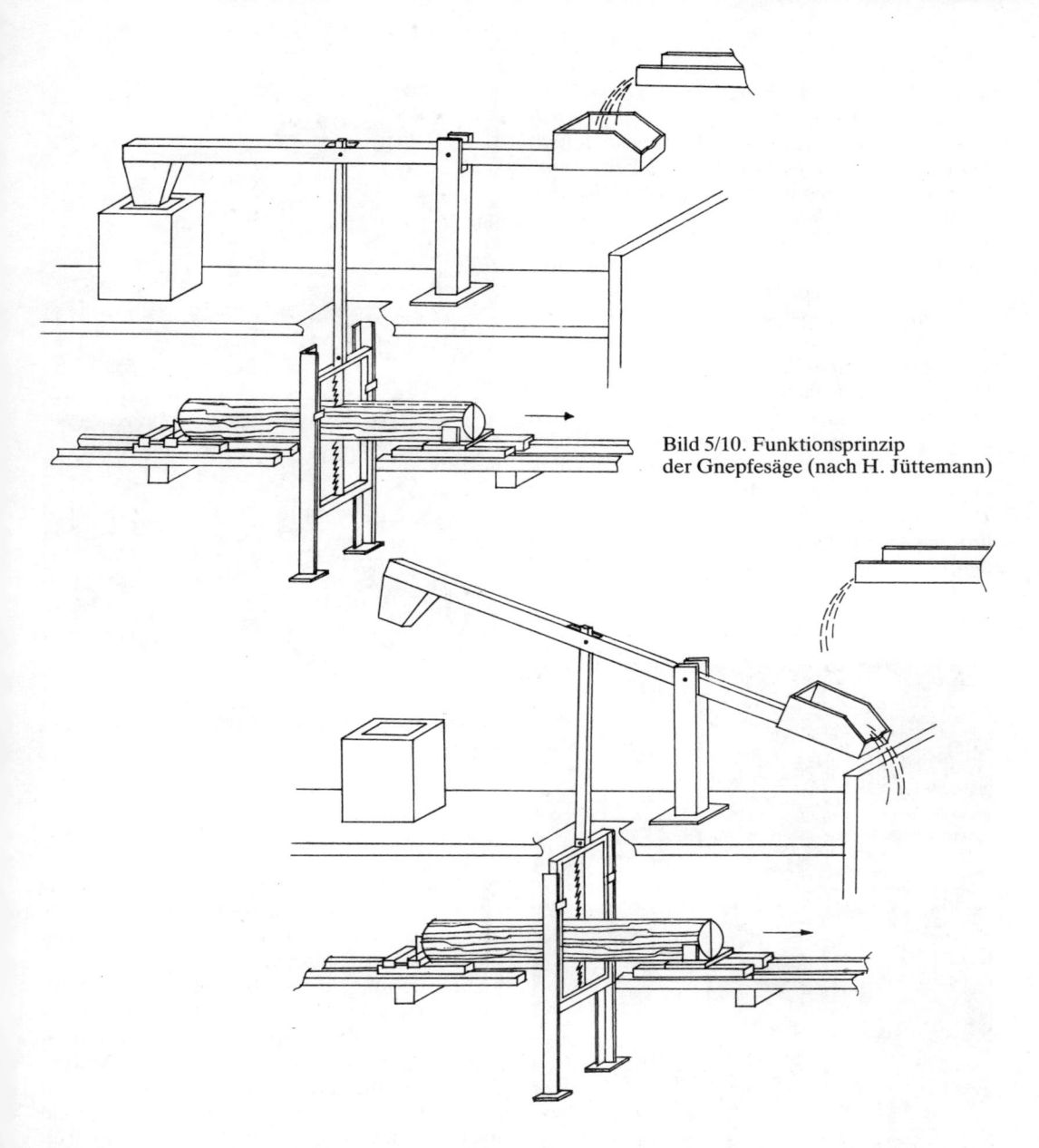

Bild 5/10. Funktionsprinzip der Gnepfesäge (nach H. Jüttemann)

über das ganze Mittelalter hinweg nicht belegt. Erst sehr spät, vermutlich im 18. Jahrhundert, tritt sie in Sägemühlen in Erscheinung und auch da wohl nur in einem eng begrenzten Gebiet der Schweiz.

Neben dem wassergetriebenen Rad wurde die Kraft von Tieren sehr früh für den Antrieb der Sägegatter genutzt. Dabei war der Göpel die energieübertragende Vorrichtung. Im 16. Jahrhundert mehrten sich die Versuche und Anstrengungen namhafter Techniker, Sägemechanismen zu konstruieren, die mit menschlicher Kraft, und zwar unter Ausnutzung der Hebelwirkung von Gestängen, Handkurbeln und Treträdern, in Gang gehalten werden sollten. Zu ihnen gehörte der königliche Ingenieur und Mathematiker JACQUES BESSON (um 1500 bis 1569). In seinem erst 1578 veröffentlichten Buch »Théâtre des Instruments Mathématiques et Mécaniques« ist auch etwas zur Zweckbestimmung dieser seiner Konstruktion gesagt: »*Diese Maschine solle in Wäldern* und an Orten gebraucht werden, wo es an Wasser mangele und wo die Maschine so tief gestellt werden könne, daß man das Holz von dem Erdboden direkt auf die Maschine schieben könne. Denn an Orten, wo Wasser reichlich vorhanden ist, wie in Deutschland, wo man große Mengen Bretter damit schneidet, sind die Maschinen ganz andere als diese hier« /25/. Später verfolgte JOACHIM BECHER, kaiserlicher Kammer-Rat, mit dem göpelgetriebenen Gatter noch ein anderes Ziel, wie aus seiner 1706 in Jena veröffentlichten »Närrischen Weisheit« zu erfahren ist: »Ich habe eine Invention erdacht, Säge-Mühlen zu machen, welche mit Ochsen getrieben werden und die man daher im Walde verfahren kan, zu den Bäumen selbst. Denn man kan mit leichterer Mühe die geschnittenen Breter verfahren als ganze Bäume. Diese Invention hat sehr gut gethan und ist approbirt worden.«

Bild 5/11. Roßschneidemühle mit angehängter Mahlmühle – dargestellt um 1580 von J. de Strada á Rossberg

Bild 5/12. Mit Menschenkraft über Tretrad angetriebenes Sägegatter – konstruiert um 1580 von J. de Strada á Rossberg. G. A. Böckler schrieb 1661 zu dieser Maschine: »Gegenwärtige Seeg-Mühl kann durch ein Trett-Rad mit Hülff ein oder zweyer Personen regieret werden.« /31/

Für die Umformung der Drehbewegung der Mühlradwelle in die Hubbewegung des Sägerahmens wurde zuerst der Nockentrieb eingesetzt – eine Form der Energieübertragung, die vorher schon an Stampf- und Hammermühlen zu finden war. Die Nocken, die direkt auf der verlängerten Mühlradwelle, dem Wellbaum, angebracht waren, griffen am unteren Joch des Sägerahmens an, hoben den Werkzeugträger an und gaben ihn nach Erreichen des oberen Totpunktes frei. Der Sägeschnitt wurde geführt, während der Rahmen, bedingt durch seine Schwerkraft, in den unteren Totpunkt zurückfiel. Das erforderte einen schweren, stabil gebauten Sägerahmen. Die mit diesem Wirkprinzip erreichbare Schnittqualität genügte den damaligen Ansprüchen. Die Anzahl der Nocken war vom Wasserangebot abhängig. Lag die Mühle an einem schnellfließenden Gewässer, reichte zumeist ein Wellbaum mit nur einem Nocken aus; stand nur langsam fließendes Wasser zur

Verfügung, dann waren zwei, mitunter auch drei Nocken für eine ansprechende Hubzahl erforderlich. Um den Bewegungsablauf des Nockengatters zu verbessern, wurden bis zu 8 m lange elastische Fichtenstangen, sogenannte Ruten, als Federbäume eingesetzt. Mit dem einen Ende am Gebälk der Sägemühle befestigt, bremsten die Federbäume die Bewegung des herabfallenden bzw. aufsteigenden Rahmens jeweils kurz vor dem unteren bzw. oberen Totpunkt ab und halfen nach Überwindung der Totpunkte die Bewegung des Rahmens wieder zu beschleunigen.

Es ist mit großer Wahrscheinlichkeit anzunehmen, daß bis zur Mitte des 15. Jahrhunderts in allen Sägemühlen Gatter mit Nockentrieb standen. Als Bauernsäge konnte sich das Nockengatter in einigen Gegenden, wie etwa im Schwarzwald, über viele Jahrhunderte behaupten, selbst dann noch, als längst weit effektivere Arten der Kraftübertragung bekannt waren. Denn für die Herstellung von Schnittholz in kleineren Mengen eignete es sich gut.

Bild 5/14. Antriebswelle des Klopfgatters mit drei Nocken

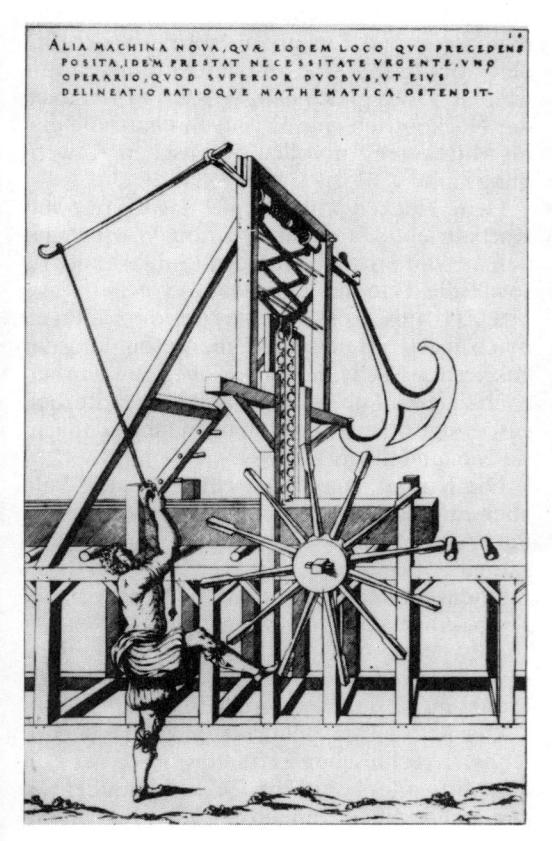

Bild 5/15. Blick in den Sägeraum einer Schwarzwälder Klopfsägemühle

Bild 5/13. Versuch der Konstruktion eines manuell getriebenen Sägegatters (J. Besson, 1578)

111

Bild 5/16. Klopfsäge im Schwarzwald (Rekonstruktion von H. Schilli)
1 Nockenwelle,
2 Nocken,
3 Sägerahmen,
4 Sägeblock,
5 Federbalken,
6 Fahrbahn,
7 Blockwagen,
8 Schiebezeug

Der Anschaffungspreis war niedrig, die Unterhaltung einfach.

Das Nockengatter wurde verbreitet als »Klopfsäge« bezeichnet. Der Name rührt von den typischen rhythmischen Geräuschen her, die durch das Anschlagen der Nocken an den Sägerahmen und das Anprallen des Rahmens an die Federbäume verursacht wurden. Klopfsägen waren meilenweit zu hören.

Wie viele bedeutsame Erfindungen ist der Nockentrieb eine einfache Vorrichtung. Er

Bild 5/17. Kurbel-Pleuel-Mechanismus an einer handgetriebenen Getreidemühle – hinterlassen vom Anonymus aus der Zeit der Hussitenbewegung

entstammt nicht dem Mittelalter. Sein Ursprung ist in der hellenistischen Zeit zu suchen. HERON VON ALEXANDRIA, der griechische Mathematiker und Techniker, beispielsweise, hat den Nocken für seine antiken Automaten verwendet. Doch gleich dem Wasserrad war auch der Nockentrieb eine Errungenschaft, die erst im Mittelalter zur vollen praktischen Anwendung kam.

Dem Nockengatter folgte das Gatter mit Kurbeltrieb. Darstellungen von Wasserpumpen aus der ersten Hälfte des 15. Jahrhunderts sowie die Handmühlen des »ANONYMUS AUS DER ZEIT DER HUSSITENBEWEGUNG« zählen zu den frühesten Belegen, die die Verbindung der gekröpften Welle mit dem Pleuel zum Kurbeltrieb zeigen. Die ersten Abbildungen kurbelgetriebener Gatter folgten nicht lange danach; sie entstanden um 1480.

Die Kurbel, zuallererst ein hölzerner, bald aber ein eiserner Krummzapfen, war am Ende der Antriebswelle angebracht. Die Pleuelstange griff mittig am unteren Joch des Sägerahmens an und übertrug so die Kraft von der Kurbel auf das Werkzeug. Gekröpfte Antriebswellen sind an Gattersägemaschinen erstmals im ausgehenden 16. Jahrhundert, verbreitet im 17. Jahrhundert zu finden.

Der Kurbeltrieb gehört wohl zu den bedeutendsten technischen Erfindungen aus der Zeit des Mittelalters. Auf die Entwicklung der Sägemaschinen, die damals nur über die Hubbe-

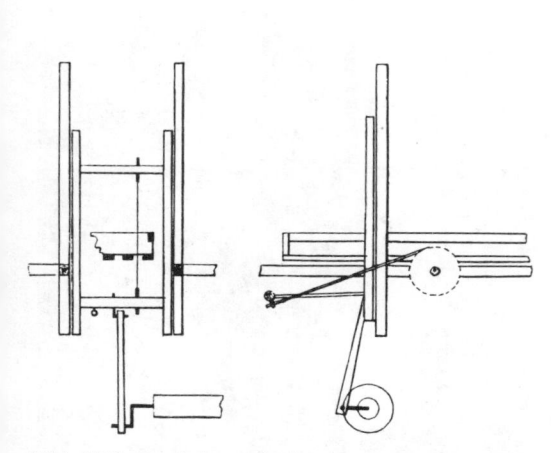

Bild 5/18. Funktionsprinzip des Kurbeltriebes an einem Venezianergatter

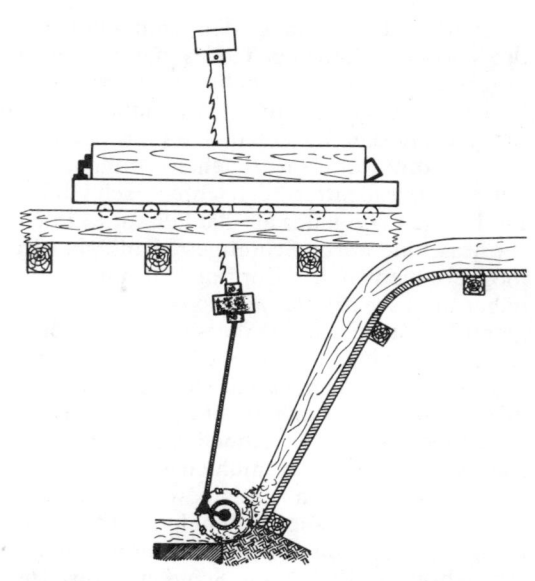

Bild 5/19. Funktionsprinzip eines Venezianergatters mit Schußtenn und Stoßrad

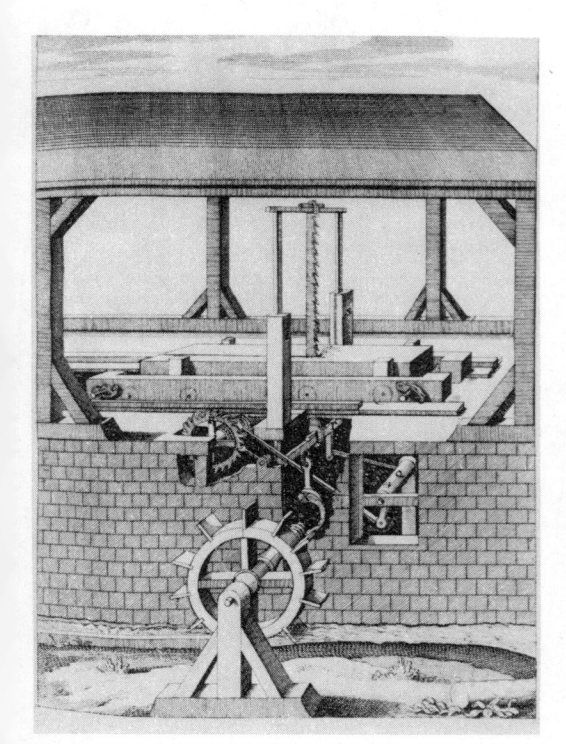

Bild 5/20. Venezianergatter mit unterschlächtigem Wasserrad. Noch hat die Maschine kein Getriebe. (G. A. Böckler, 1661 – nach A. Ramelli, 1588)

wegung denkbar war, wirkte er geradezu revolutionierend. Infolge der andauernden kraftschlüssigen Verbindung des Sägerahmens mit der Antriebswelle verlief der Sägevorgang wesentlich stabiler und ruhiger als beim Nockengatter. Das war eine wichtige Voraussetzung für die Erhöhung der Hubfrequenz. Sägegatter mit Kurbeltrieb erreichten schließlich die mehrfache Leistung ihrer nockengetriebenen Vorgänger. Darüber hinaus zeigte sich die Schnittfläche in wesentlich besserer Qualität.

Am Anfang war der Kurbeltrieb direkt mit der Welle des Wasserrades verbunden, so daß die Hubzahl des Gatters der Drehzahl des Mühlrades entsprach. Ob sich das Gatter schnell drehte oder langsam, das war vor allem von der Fließgeschwindigkeit des Wassers abhängig. Das je nach Standort der Sägemühle unterschiedliche natürliche Angebot an Wasserkraft führte bald zur Herausbildung von zwei Gattertypen, die sich bei sonst gleicher Mechanik im Antrieb doch sehr voneinander unterschieden. Für das Gebirge mit seinen schnellfließenden Gewässern waren Sägegatter mit einem relativ kleinen Wasserrad typisch. Dieses sogenannte venezianische Stoßrad hatte einen Durchmesser von kaum 1 m; es konnte aber nahezu 2 m breit sein. Das Wasser stürzte aus einer Höhe von etwa 3,5 m über eine steilgestellte Rinne, den Schußtenn, auf das Wasserrad und versetzte es, hauptsächlich durch Stoß, in eine schnelle Drehbewegung. Es gibt Anzeichen dafür, daß Schußtenn und Stoßrad auf die Getreidemühlen aus der Zeit des antiken Rom zurückgehen. Vollentwickelte Stoßradgatter erreichten schließlich Drehzahlen von mehr als 200 U/min. Mit dieser Maschine waren Schnittgeschwindigkeiten möglich, die von der Klopfsäge auch nicht annähernd geschafft werden konnten. Stoßradgatter benötigen infolge ihres schnellen Laufs weder Übersetzungsgetriebe noch Schwungrad. Sie waren demzufolge technisch unkompliziert und bedurften nur geringer Stellfläche.

Für die an weniger schnell fließenden Gewässern gelegenen Sägemühlen war das große, zuerst noch unterschlächtig bewegte Mühlrad kennzeichnend. Diese Mühlen arbeiteten langsam; nur selten überstieg die Drehzahl der Antriebswelle 10 U/min. Seit Ende des 16. Jahrhunderts wurde dieses Gatter mit einer separaten Kurbelwelle und einer Übersetzung zwischen der Welle des Wasserrades und der Kurbelwelle in Form eines hölzernen Zahnradtriebes gebaut. Damit konnte die Hubzahl

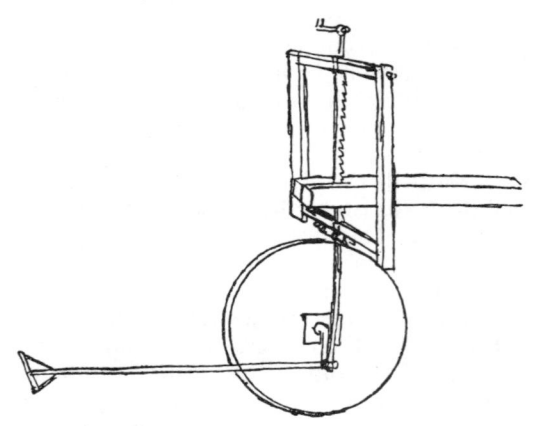

Bild 5/21. Zeitigste erhalten gebliebene Darstellung eines Sägegatters mit Schwungrad (Entwurf von Leonardo da Vinci, um 1500). Die Maschine könnte auch für den Antrieb mit Menschenkraft gedacht gewesen sein.

Bild 5/22. Prototyp des vollentwickelten Venezianergatters mit Übersetzungsgetriebe (G. A. Böckler, 1661 – nach H. Zeising). Die nahezu 400 Jahre alte technische Beschreibung gab H. Zeising 1607.

des Sägerahmens gegenüber der Drehzahl des Mühlrades beträchtlich erhöht werden, etwa im Verhältnis von 10:1. Getriebegatter arbeiten im allgemeinen mit einer Frequenz von 80 bis 90 Hub/min. Allerdings setzte diese konstruktive Lösung gegenüber dem getriebelosen Gatter eine wesentlich kompliziertere Mechanik voraus.

Das Prinzip der Drehzahlübersetzung war von anderen Mechanismen übernommen worden. Die Anwendung am Sägegatter führte in der Holzbearbeitung zu einer bemerkenswerten technischen Entwicklung, wurde doch mit dem Zahnradgetriebe eine erhebliche Erhöhung der Schnittgeschwindigkeit der Maschine und damit der Produktivität der menschlichen Arbeit praktisch unabhängig von der Fließgeschwindigkeit des Wassers möglich. Im Prinzip war an allen Sägegattern mit Übersetzungsgetriebe auch das Schwungrad zu finden, das mit seinem Energiespeicherungsvermögen wesentlich zur leichteren Überwindung der Totpunkte und damit zum gleichmäßigen Lauf und zur Erhöhung der Leistung dieser Maschinen mit langsam drehender Antriebswelle beitrug. Den ersten Sägemechanismus mit Schwungrad stellt LEONARDO DA VINCI in einem um 1500 entstandenen Notizbuch dar. Beide Maschinentypen, das Stoßradgatter und das Gatter mit Getriebe und Schwungrad, existierten über Jahrhunderte in Abhängigkeit vom Standort der Sägemühlen gleichberechtigt nebeneinander.

Das Anfahren und das Anhalten sowie die Regulierung der Drehzahl erfolgten bei den ersten Sägegattern über einen im Mühlgraben eingebauten Schieber, mit dem die Zufuhr des Wassers zum Mühlrad in ihrer Menge dosiert bzw. unterbrochen werden konnte.

Der Transport des Stammes gegen das Sägeblatt, also der Blockvorschub – ein an sich recht komplizierter technischer Vorgang, der jedoch für das maschinelle Sägen eine ebensowichtige Voraussetzung wie die Werkzeugbewegung ist –, wurde schon frühzeitig auf sehr einfache und doch vollkommene Weise gemeistert. Da Vorschubwalzen noch nicht bekannt waren, diente der Blockwagen nicht nur zum Befestigen und zum Transport des Stammes bis zur Säge, sondern auch als Vorrichtung, die den Stamm während des gesamten Einschnittprozesses fixierte und im Rhythmus der Hubbewegung gegen das Sägeblatt drückte. Der Blockwagen war ein Rahmengestell ohne Zwischenstreben. Dieser »Roll-Rahme« konnte nahezu über seine gesamte Länge zwischen dem Sägerahmen vor- und zurückbewegt werden. Anfangs glitt er dabei als »Schlitten« über im Fußboden eingelassene Rundhölzer oder Rollen, später war er mit Rädern versehen, die auf Schienen liefen.

Die Befestigung und die seitliche Einstellung des Stammes auf dem Blockwagen wurde, allgemein betrachtet, mit zwei konstruktiv verschiedenartigen Vorrichtungen bewerkstelligt: einmal mit Seitenlehne und Preßbalken, zum anderen mit Querschemeln. Der Blockwagen mit Schemeln war am Klopfgatter und am Getriebegatter zu finden. Hier wurde der Sägeblock nicht völlig durchschnitten. Es verblieb ein ungesägtes Endstück, der »Kamm«, der den Block bis zuletzt zusammenhielt. Mit Keil oder Säge oder einfach durch Brechen ließen sich die Bretter leicht vom Kamm trennen. Der Blockwagen mit Seitenlehne hingegen gilt als ein Merkmal des Stoßradgatters. Er war so gebaut, daß der Stamm in seiner ganzen Länge durchschnitten wurde. Ein Kamm entstand nicht. Die Entnahme der Bretter erfolgte somit Stück für Stück – ein Brett nach jedem Maschinendurchlauf.

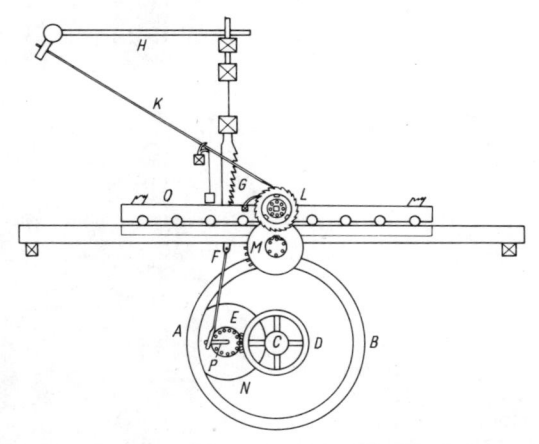

Bild 5/23. Funktionsprinzip des vollentwickelten Venezianergatters (nach K. C. Langsdorf, 1828)
A, B Wasserrad, C Wasserradwelle, D, E Übersetzungsgetriebe, F Pleuel, G Sägeblatt, H Wippgestänge, K Klinke, L Klinkenrad, M Vorschubgetriebe, N Schwungrad, O Blockwagen, P Kurbel

Die Vorschubbewegung wurde dem Blockwagen automatisch mit dem Schiebezeug vom Sägerahmen aus übertragen. Das Schiebezeug bestand aus der am oberen oder unteren Rahmenjoch befestigten Wippe, der Schubstange mit Klinke sowie dem Klinkenrad, das über Seilzug oder Ketten mit dem Blockwagen verbunden war. Wippe sowie Klinke und Klinkenrad übertrugen die Vorschubbewegung diskontinuierlich meist während des Rahmenaufwärtshubes, so daß das Sägeblatt den Sägeschnitt bei ruhendem Block ausführte. Das funktionierte nur, wenn das Sägeblatt in Schnittrichtung etwas geneigt, d. h. mit »Überhang« in den Sägerahmen eingespannt war oder die Blattbreite sich von oben nach unten verjüngte. Über Jahrhunderte hinweg sollte die Funktionsweise dieser Vorschubmechanik nahezu unverändert bleiben. Heute wird die vom Schiebezeug bewirkte Bewegung als »Klinkenvorschub« bezeichnet. Die Vorschubgeschwindigkeit lag in Abhängigkeit von der Holzart, der Dicke des Stammes und dem Leistungsangebot des Mühlrades im Bereich von 1,5 mm bis 2,5 mm /Hub.

Eine Unterbrechung des Vorschubs und damit des Sägevorganges, nicht aber der Bewegung des Rahmens, war leicht möglich, indem die Klinke vom Klinkenrad abgehoben wurde.

Bild 5/24. Einblattsägemühle in Oberschwaben/BRD. Ein Kennzeichen des Gatters mit Schemelblockwagen ist der breite Sägerahmen. Technisch bedingt mußten der Stamm und die mit ihm durch den »Kamm« noch verbundenen Bretter während des Einschnitts von einer Seite des Sägerahmens zur anderen versetzt werden.

Bild 5/25. Hebezeug aus dem 16. Jh. Fast ganz aus Holz hergestellt und mit Menschenkraft über Göpel angetrieben, dient es hier beim Hausbau zum Befördern schwerer Holzbalken. (H. Zeising – nach einer Zeichnung von A. Ramelli)

Bild 5/26.
Venezianersägemühle

Spätere Sägegatter hatten eine mechanische Vorrichtung, die das Abheben der Klinke jedesmal kurz vor Beendigung eines Schnittes selbsttätig auslöste, um Unfälle oder aber Beschädigungen des Blockwagens bzw. des Sägeblattes zu vermeiden.

Nach jedem Schnitt mußte der Blockwagen in seine Ausgangsstellung vor das Sägeblatt zurückgeführt und danach der Block um das Maß der folgenden Brettdicke auf dem Wagen seitlich versetzt werden. Erfolgte der Rücktransport des Blockwagens zuerst noch manuell mit dem Hebebaum oder mechanisch mit der Handkurbel, ist an späteren Maschinen zwischen der Antriebswelle und dem Blockwagen eine Zahnradverbindung zu finden, die den Wagenrücklauf selbsttätig bewirkte.

Die konstruktive Entwicklung des Sägegatters in seinen wesentlichsten Merkmalen läßt erkennen, daß bereits im 16. Jahrhundert ein technischer Stand erreicht war, der die mechanisierte Schnittholzerzeugung mit beträchtlicher Produktivität und in zuverlässiger Weise möglich machte. Die nachfolgende relativ schnelle Verbreitung der Sägemühlen in Europa ist Ausdruck sowohl der Vorzüge dieser neuen Technik als auch des Aufkommens kapitalistischer Produktionsformen. Die Entwicklung der Städte mit ihren vielfältigen Handwerken und Baulichkeiten, der stark aufkommende Bergbau und das Hüttenwesen sowie die Hochseeschiffahrt stellten an die Produktion von Schnittholz Anforderungen weit über den bisherigen Bedarf hinaus. Und wie der Bergbau, das Hüttenwesen und der Schiffbau ist auch der Übergang zur mechanisierten Produktion von Schnittholz zu den Keimzellen kapitalistischer Produktionsformen zu zählen.

Bild 5/27. Venezianersägemühle im Schwarzwald

Sägegatters in Venedig zu suchen ist. Und die Verbreitung dieser Sägemaschinen über weite Teile des südlichen Europa wird von Venedig ausgegangen sein. Noch zur Mitte des vorigen Jahrhunderts wurden für die Piavetäler 35 Sägemühlen mit 140 Einblattgattern gezählt.

Im Laufe der Zeit hat sich der Begriff »Venezianersäge« bzw. »Venezianergatter« inhaltlich erweitert. Heute bezeichnet man verbreitet als Venezianergatter auch die frühen Sägegatter mit Getriebe. Demnach lassen sich für den Prototyp des Venezianergatters etwa folgende charakteristische Merkmale finden:
– Holzbauweise
– ein Sägeblatt
– vertikal bewegter Rahmen als Werkzeugträger
– Antrieb mit Wasserrad
– Kraftübertragung über Kurbelwelle, Kurbel und Pleuelstange, ggf. unter Zwischenschaltung eines Übersetzungsgetriebes

Die ersten kurbelgetriebenen Gatter, also die Gatter mit Schußtenn und Stoßrad, wurden als »Venezianersägen« bezeichnet. Sägemühlen, die mit Venezianergattern ausgerüstet waren, hießen »venezianische Mühlen«. Venedig erlebte im 15. und 16. Jahrhundert eine wirtschaftliche und kulturelle Blütezeit. Die Venezianer waren in manchem Gewerbe führend, so z. B. bei der Herstellung hochwertiger Glaserzeugnisse, aber auch in der Holzbe- und -verarbeitung. Schnittholz spielte für die venezianische Wirtschaft eine nicht unbedeutende Rolle. Die Handelsflotte der mächtigen Stadtrepublik zählte in den zwanziger Jahren des 15. Jahrhunderts nahezu 3500 Schiffe. Für den Bau und die ständige Erneuerung dieser Flotte, aber ebenso für den ausgedehnten Handel mit Werkhölzern bedurfte es einer leistungsfähigen Holzbearbeitung. Die natürlichen Bedingungen dafür zeigten sich äußerst günstig. Die nahen Alpengebiete waren nicht nur ein schier unerschöpfliches Holzreservoir, sie boten mit den schnellfließenden Gebirgsflüssen auch gute Bedingungen für das Betreiben mechanisierter Holzsägen und für den Holztransport. So geht man gewiß mit der Annahme nicht fehl, daß es die Venezianer waren, die damals den Stand der Technik in der maschinellen Holzbearbeitung bestimmten, und daß der Ursprung des kurbelgetriebenen

Bild 5/28. Die restaurierte Venezianersäge mit Blockwinde in Densbüren – ein technisches Denkmal für die Holzsägerei aus vergangener Zeit in der Schweiz

– automatischer, diskontinuierlicher Stammvorschub mit Blockwagen.

Sollte nun ein Sägewerk große Leistungen zustande bringen, wurden am gleichen Ort einfach drei, vier, fünf und mehr dieser Einblattsägegatter nebeneinander aufgestellt. Hinsichtlich der erzeugten Schnittqualität, d. h. der Beschaffenheit der gesägten Flächen, sollen die Gatter venezianischer Bauart jedoch von den nachfolgenden Konstruktionen bis Ende des 19. Jahrhunderts nicht wieder erreicht worden sein.

Die nach der Art der Venezianergatter aufgebauten Einblattgatter aus Holz blieben über lange Zeit das für die maschinelle Schnittholzerzeugung wesentlichste Produktionsmittel. Es ist schon beachtlich, daß diese einfachen Maschinen bis weit in die Zeit des Industriekapitalismus hinein betrieben wurden, wenngleich sie auch da und dort infolge einfacher technischer Verbesserungen, die hauptsächlich in der Verwendung von Metall anstelle von Holz für einige stark belastete Bauteile bestanden, nicht mehr ganz dem ursprünglichen Venezianergatter entsprachen. Ein beredtes Beispiel dafür war eine nahe Bozen (Südtirol) gelegene Schneidemühle, in der mit sieben venezianischen Gattern quantitativ und auch qualitativ so ausgezeichnete Ergebnisse erzielt werden konnten, daß dieser Betrieb noch über 1880 hinaus der neuen Technik dieser Zeit gegenüber konkurrenzfähig blieb. In der zweiten Hälfte des 19. Jahrhunderts arbeiteten noch Hunderte solcher technisch längst gänzlich veralteten Maschinen.

Einige dieser alten Einblattsägegatter und selbst Sägemühlen haben die Zeit überdauert. Sie sind als letzte Repräsentanten frühkapitalistischer Produktionsweise wertvolle historische Sachzeugen und werden deshalb als technische Denkmale erhalten und gepflegt, so in der Schweiz, in Polen, Rumänien und Jugoslawien, in der ČSSR, der BRD, in Österreich und in anderen Ländern. In der DDR wurden die Neumannmühle in der Sächsischen Schweiz und ein hölzernes Einblattsägegatter in Seiffen im Erzgebirge zu technischen Denkmalen erklärt.

Bild 5/29. Venezianergatter in der Neumannmühle/Sächsische Schweiz – eines der wenigen Gatter in Holzbauweise, die über die Jahrhunderte hinweg bis in unsere Zeit gelangten

Bild 5/30. Alte Venezianersäge in Krki/Jugoslawien. Der Lehnenblockwagen ist noch als »Rollrahme« ausgebildet.

6. Ingenieure der Renaissancezeit als Pioniere der Sägewerkstechnik

> Zapfen größter Wirksamkeit werden für Bewegungen dienen, die hin- und hergehen, wie die von Glocken, Sägen und dergleichen.
>
> LEONARDO DA VINCI

Begibt man sich auf die Suche nach der frühesten bildhaften Darstellung kurbelgetriebener Sägemaschinen, dann führt die Spur bis in die auch für Wissenschaft und Technik überaus fruchtbare Renaissancezeit zurück, bis zu LEONARDO DA VINCI (1452 bis 1519) und zu FRANCESCO DI GIORGIO MARTINI (1439 bis 1502), einem großen Baumeister und Ingenieur dieser Epoche.

LEONARDO DA VINCI hinterließ die Zeichnung eines Sägegatters in einer der berühmten Sammlungen seiner Handschriften, dem Codex Atlanticus. Die von FRANCESCO DI GIORGIO geschaffene Gatterdarstellung ist in seiner Handschrift »Ashburnhan« zu finden. Sie diente zusammen mit 72 anderen technischen Motiven, wie Hebezeuge, Pressen, Wagen und Schiffe, als Vorlage für die Gestaltung eines Reliefs am Herzogspalast der mittelitalienischen Stadt Urbino. Vom Bildhauer AMBROGIO BAROCCI DA MILANO kunstvoll in Stein gehauen, überdauerte dieses wertvolle Dokument der frühen Sägewerkstechnik die Jahrhunderte.[1]

Den beiden großen Italienern ging es mit diesen Darstellungen vermutlich nicht allein um die konstruktive Weiterentwicklung der Sägemechanismen. Die Gatterzeichnungen sind gewiß, wie viele andere ihrer Maschinenbilder auch, zuerst als anschauliche und instruktive Notizen zu verstehen, mit denen sie sich als Fachleute für technische und künstlerische Unternehmungen aller Art auf ihre Aufgaben an den Herrscherhöfen vorbereiteten. Besonders für LEONARDO DA VINCI war das Zeichnen »geistreicher« Mechanismen außerdem eine Arbeitsmethode, mit der er danach trachtete, das Wesen der materiellen Welt zu erfassen. LEONARDO gab sich nicht damit zufrieden, zu erforschen, wie eine Maschine arbeitet; immer wollte er darüber hinaus die Ursache der Wirkungsweise herausfinden. Daß aus dem Künstler und Techniker LEONARDO DA VINCI auch der Wissenschaftler und Philosoph wurde, beruht wohl letztlich auf diesem Drang nach Erkenntnis. Blieben doch seine Gedanken nicht am Einzelbeispiel haften. Über das Studium der Maschinen und Mechanismen vermochte er in die Grundgesetze der Kinematik einzudringen und schließlich zu Erkenntnissen ganz allgemeiner Art zu gelangen.

Mit FRANCESCO DI GIORGIO stimmte LEONARDO DA VINCI in der Gründlichkeit und Tiefe der Gedanken mehr als mit irgendeinem anderen seiner Zeitgenossen überein. Die erwähnte Handschrift, die auch LEONARDO kannte und die heute in der »Laurenziana«, der berühmten Bibliothek zu Florenz, aufbewahrt wird, bezeugt das hohe technische Können FRANCESCOS. Das Manuskript enthält viele Gedanken zu Maschinen, Waffen und Architekturen, die auch in den frühen Handschriften LEONARDOS zu finden sind. Bezeichnend ist fernerhin, daß diese beiden überragenden Männer 1490 gemeinsam nach Pavia gerufen worden sind, um bei der Vollendung des dortigen Domes zu Rate gezogen zu werden.

Das Wirken von LEONARDO DA VINCI und FRANCESCO DI GIORGIO fiel in die Blütezeit der Renaissance. Italien war damals das wirtschaftlich am weitesten entwickelte Land Europas. Das hohe Niveau der handwerklichen Produktion, das Entstehen erster Manufakturen und nicht zuletzt die zahlreichen aus der Antike erhalten gebliebenen kulturellen Leistungen boten Technikern und Künstlern reichhaltige Anregungen für ihre schöpferische Tätigkeit. Befreit von klerikaler Enge und der Starre im Denken, gingen Wissenschaft und Technik zum ersten Mal ein Bündnis ein, das

---

[1] Alle 72 Reliefs sind in dem 1724 herausgegebenen Werk »Memorie concerenti in Citta die Urbino« als Kupferstiche wiederzufinden. Leider wurden die Stiche nur ziemlich grob, teilweise ungenau und selbst fehlerhaft von den Originalen abgenommen, so daß sie weder in künstlerischer noch in technischer Hinsicht höheren Ansprüchen genügen können.

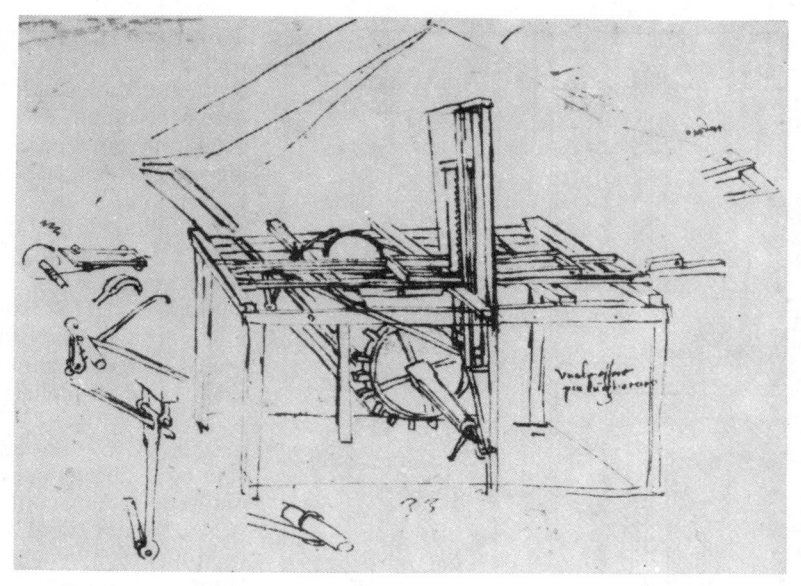

Bild 6/1. Das Venezianergatter von Leonardo da Vinci – entworfen um 1480 – die älteste Darstellung des kurbelgetriebenen Sägegatters und des automatischen Klinkenvorschubs

Bild 6/2. Das Venezianergatter von Francesco di Giorgio Martini (Steinrelief am Palast von Urbino – geschaffen von Ambrogio Barocci, um 1480)

Zutritt zu bis dahin unerschlossenen Räumen brachte und Kräfte frei werden ließ, die bis in unsere Zeit wirken.

Anfangs freilich befand sich das wissenschaftliche Denken noch in einem keimhaften Zustand. Größtenteils bestand es darin, gerade in der Technik, empirisch gewonnene Erkenntnisse zu sammeln und auf günstige Lösungen hinzuweisen, sie anderen zu vermitteln. In dieser Entwicklung, deren Träger hauptsächlich die Städte waren, spiegeln sich vor allem die Interessen der entstehenden Bourgeoisie wider. Venedig, Florenz, Genua, Mailand und andere italienische Städte sowie die mit ihnen über die Alpenstraßen verbundenen Zentren frühkapitalistischer Produktion in Süd- und Südwestdeutschland waren die Mittelpunkte regen gewerblichen und kaufmännischen Lebens. Die Zünfte hatten zu dieser Zeit bereits den Höhepunkt ihres progressiven Wirkens überschritten.

Am Herzogshofe von Urbino fielen daher die technischen Ideen eines FRANCESCO DI GIORGIO auf fruchtbaren Boden. Das Oberhaupt der kleinen Stadtrepublik, Herzog FEDERIGO DI MONTEFELTRO, stand als typischer Renaissancefürst technischer und wissenschaftlicher Problematik aufgeschlossen ge-

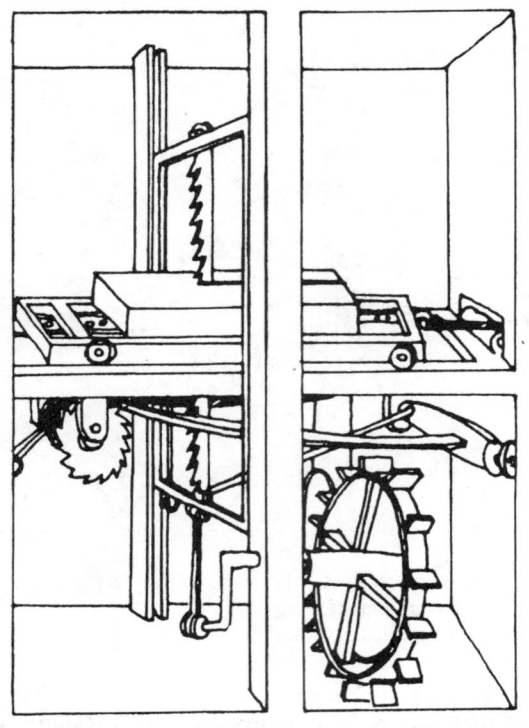

Bild 6/3. Das Venezianergatter des Francesco di Giorgio Martini aus seiner Handschrift »Ashburnhan«

datiert – sind ein getreues Abbild dieses Entwicklungsstandes. So präzise ist hier das Wesentliche der Konstruktion und der Mechanik der Maschinen erfaßt, daß es wohl ohne Schwierigkeiten möglich wäre, anhand allein dieser Skizzen funktionsfähige Modelle zu bauen.

Auffallend an den Darstellungen ist die Identität des konstruktiven Aufbaus der beiden Sägegatter. Wer um die Vorliebe vieler Techniker der Renaissance für komplizierte kinematische Verbindungen, für »Schrauben ohne Ende«, Zahnradgetriebe und andere doch recht komplizierte Maschinenelemente weiß, den könnte die Einfachheit dieser Sägemaschinen aufs erste überraschen. Die Gatter sind zwar bereits mit einem kunstvollen automatischen Vorschubmechanismus ausgerüstet, der dem Blockwagen die Bewegung diskontinuierlich vom Sägerahmen aus über Wippe, Gestänge, Klinkenrad und Seiltrieb überträgt. Sie haben aber weder eine Drehzahlübersetzung noch das Schwungrad. Doch was primitiv erscheinen könnte, erweist sich bei näherer Betrachtung als durchaus zweckmäßig und rational. Die Schöpfer dieses Sägegattertyps haben es ausgezeichnet verstanden, die von der Natur im fließenden Wasser bereitgestellte Strömungsenergie mit minimalem Aufwand in Leistung mit hohem Wirkungsgrad umzusetzen. Der Schlüssel dazu bot sich ihnen in einfachsten technischen Mitteln. Sie

genüber. Alles, was ihm an Büchern über Mathematik, Architektur und Maschinen erreichbar war, sei es aus dem Altertum oder aus der damaligen Zeit, vereinigte er in seiner bedeutenden Bibliothek. Viele Fürsten und andere »edle Herren« haben seinerzeit ihre Söhne zur Ausbildung und Erziehung nach Urbino gesandt. Es ist deshalb durchaus nicht ungewöhnlich, wenn der Herzog, frühbürgerlichem Denken folgend, bei der Ausgestaltung seines Palazzo Ducale Bildern technischen Inhalts gegenüber Szenen aus dem höfischen und kirchlichen Leben den Vorzug gab. In einem Doppelporträt postiert er sich neben »seinen« Ingenieur.

Das Schreiben des Humanisten BESSARION ist ein Zeugnis dafür, daß in Italien bereits im 15. Jahrhundert auch auf dem Gebiet des maschinellen Sägens ein beachtliches Niveau erreicht war. Die von LEONARDO und FRANCESCO geschaffenen Bilder von Gattersägemaschinen – sie werden übrigens einheitlich auf etwa 1480

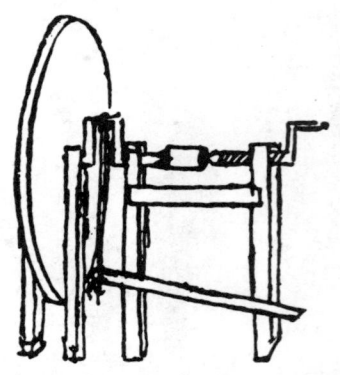

Bild 6/4. Entwurf der ersten Drehbank mit Pleuel, Kurbel und Schwungrad (Skizze von Leonardo da Vinci). Der neue Mechanismus brachte gegenüber der Wippdrehbank den Vorteil, daß sich das Werkstück kontinuierlich und immer in gleicher Richtung drehte.

Bild 6/5. Hebezeug – entworfen um 1470 von Francesco di Giorgio Martini (Steinrelief am Palast von Urbino)

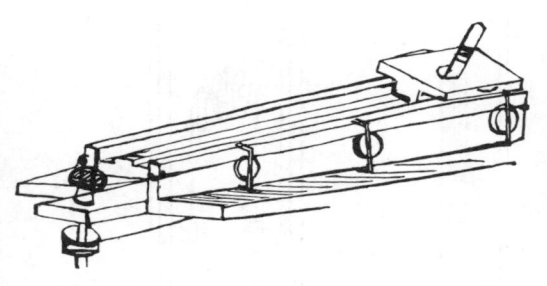

Bild 6/6. Hobelvorrichtung (Skizze von Leonardo da Vinci)

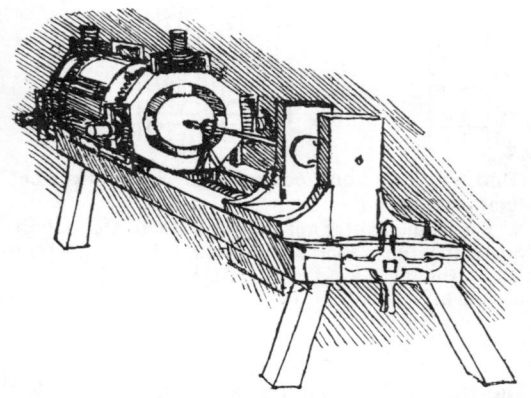

Bild 6/7. Maschine mit spindelbewegtem Support zum Bohren hölzerner Wasserrohre (Entwurf von Leonardo da Vinci, um 1500)

verwendeten das kleine venezianische Stoßrad und führten das Wasser aus ziemlich großer Höhe über den Schußtenn der Maschine zu. Auf diese Weise erzielten sie respektable Drehzahlen. Mehr als hundertmal drehte sich das Mühlrad in der Minute, und ebensooft bewegte sich der über Kurbel und Pleuel direkt mit der Mühlradwelle verbundene Sägerahmen auf und nieder.

In der Tat: Bei solchen Parametern erübrigten sich Drehzahlübersetzung und Schwungrad. Für die Maschinenbauer bestand somit keine Veranlassung, teure Getriebe vorzusehen, zumal solche Mechanismen ja auch beträchtliche Reibungsverluste bewirken und eine zusätzliche Störungsquelle sein können. Kein Wunder, daß sich an der Konstruktion dieser schnellen, leistungsfähigen Gatter über Jahrhunderte kaum etwas änderte und sie in ihrer ursprünglichen Form bis in das 19. Jahrhundert hinein an den wasserreichen, schnellfließenden Flüssen Oberitaliens und anderer Alpenländer in großer Anzahl betrieben wurden. Der Historiker HERMANN GROTHE schrieb 1874 dazu: »*Wir können auch nicht umhin zu erwähnen, daß wir in Lodi eine Säge fanden, welche, seit langem an einem Kanal gelegen, dem* LEONARDOS *geistreiche Quellbrunnen seine Entstehung verdankt, heute noch die Gestalt zeigt, welche uns* LEONARDO *von einer Säge skizziert.*« /124/

Mit der Dokumentation und dem zeichnerischen Durchdringen der einfachen Gattersägemaschinen erschöpft sich der Beitrag, den diese beiden großen Techniker der Renaissance zur Entwicklung der Produktionsinstrumente für die Holzbearbeitung leisteten, jedoch noch nicht. Insbesondere im Schaffen des universellen LEONARDO DA VINCI nahmen die Arbeiten auf dem Gebiet der Holztechnik einen nicht unbedeutenden Platz ein. Der Schöpfer der »Mona Lisa« ersann die erste Hobelmaschine und war damit seiner Zeit um 300 Jahre voraus. Er konstruierte Bohrmaschinen,

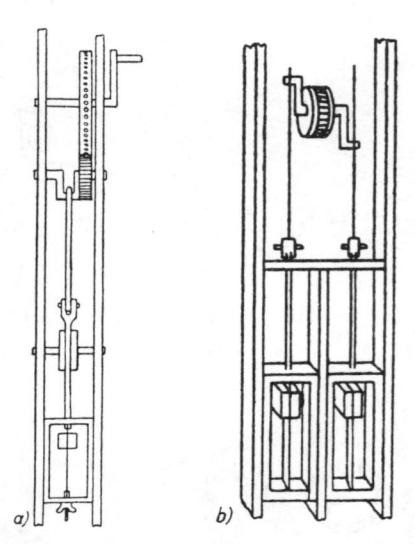

Bild 6/8. Drei von Leonardo da Vinci entworfene Gattervarianten
a) Einrahmengatter mit Oberantrieb, b) Doppelrahmengatter mit Oberantrieb, c) Zweistelzengatter – 1827 erneut entdeckt und erst dann in der Praxis verwirklicht

die für die Herstellung der damals in großen Mengen benötigten hölzernen Wasserleitungsrohre unerläßlich waren, und er entwarf neue Holzdrehmaschinen mit Kurbeltrieb und Schwungrad sowie ebenso einfache wie zweckmäßige Querfördervorrichtungen zum Herausbringen von Baumstämmen aus dem Wasser. Viele seiner theoretischen und praktischen Arbeiten kamen aber auch indirekt der Holzbearbeitung zugute. Tiefgreifende Studien zur Verbesserung des Wasserrades gehören ebenso dazu wie Entwürfe für den Bau von Kanälen, Schleusen, Wehren und Dämmen – von Bauwerken also, die für das Betreiben von Wassersägemühlen erforderlich sind.

LEONARDOS Studien zum Kurbeltrieb führten zu einigen neuen kinematischen Lösungen für Gattersägemaschinen. Darunter befinden sich Konzeptionen für Doppelrahmengatter, Zweistelzengatter und Gatter mit Oberantrieb. Hier zeigt sich LEONARDO als Urheber

Bild 6/9. Querförderanlage zum Herausbringen von Rundholz aus dem Wasserlager. Selbsttätige Sperrklinken verhindern das Zurückrollen der Baumstämme. (Zeichnung und Beschreibung von Leonardo da Vinci)

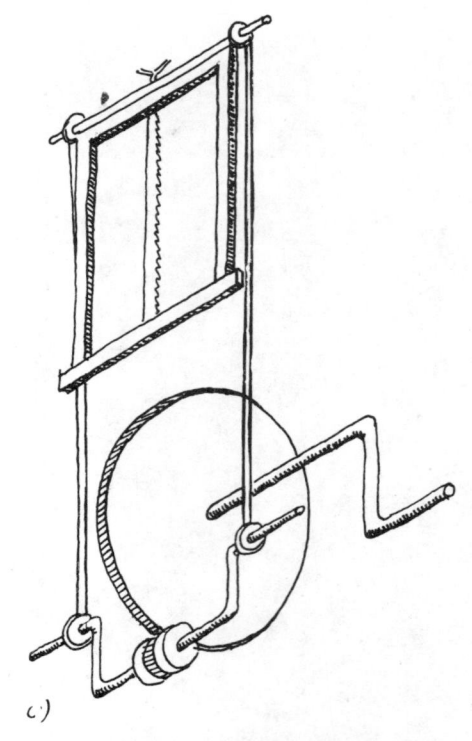

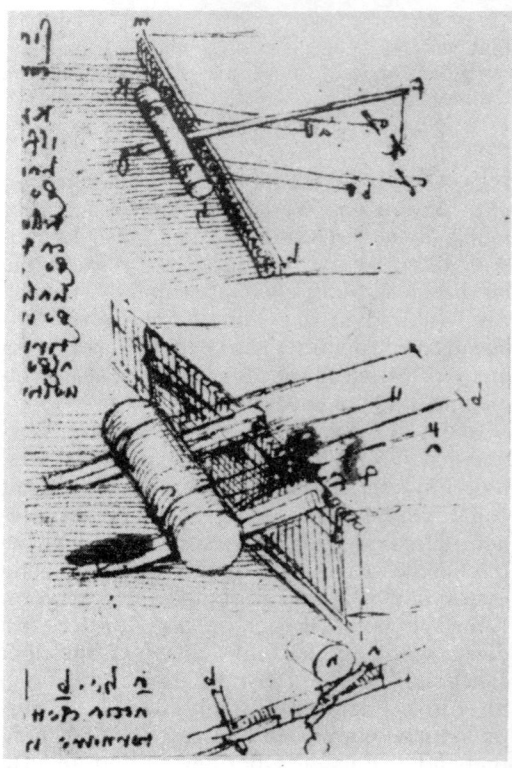

von Erfindungen, die ihre Zweckmäßigkeit erst lange nach ihm unter Beweis stellen konnten, dann nämlich, als Maschinenbauer sie erneut kreierten und erfolgreich in die Praxis einführten. Überhaupt geht vieles von dem, was die in den folgenden Jahrhunderten entstandenen »Maschinenbücher« enthalten, zumindest in der Grundanlage auf Entwürfe LEONARDOS und FRANCESCOS zurück.

LEONARDO DA VINCI selbst trug sich gegen Ende seines Lebens mit dem Gedanken, sein Handschriftenmaterial zu Büchern aufzubereiten. Eine hinterlassene Liste geplanter Bücher enthält unter anderen den Titel »Wie die Gewässer das in den Bergen gefällte Holz wohlbehalten zu Tale bringen«. Der enorme Umfang des Handschriftenmaterials – die Zahl der Seiten zählt nach Tausenden – und die erdrückende Fülle seiner immer neuen Ideen werden die wesentliche Ursache dafür gewesen sein, daß LEONARDO keinen seiner Buchpläne verwirklichen konnte.

Im Jahre 1588, mehr als 100 Jahre nachdem LEONARDO DA VINCI und FRANCESCO DI GIORGIO die ersten Gatterdarstellungen schufen, erscheint das Bild eines wassergetriebenen Sägegatters erstmals in einem gedruckten Buch. Urheber dieses Werkes, der »Schatzkammer Mechanischer Künste«, ist der Italiener AGOSTINO RAMELLI (1530 bis 1590), der als Ingenieur des Königs von Frankreich zu einem der Nachfolger im letzten Amt von LEONARDO DA VINCI avancierte. RAMELLI wird zur Schule LEONARDOS gezählt, nicht zuletzt deshalb, weil sein Lehrer MARCHESE DI MARIGNANO – Heerführer Karls V. – noch unter den Augen von LEONARDO DA VINCI an der Akademie in Mailand studieren konnte. RAMELLI vermochte in seinem Werk, einem der ersten gedruckten Bücher technischen Inhaltes überhaupt, mit 195 großformatigen Kupferstichen fast alle damals bekannten maschinellen Einrichtungen bildhaft darzustellen und auf ebensovielen Textseiten in französischer und italienischer Sprache zu beschreiben. Vorangestellt ist dem Werk ein Kupferstich, auf dem sich der königliche Ingenieur selbst in reicher Ritterkleidung präsentiert, in der rechten Hand den für den Mechaniker symbolischen Zirkel.

Bild 6/10. Titelblatt aus A. Ramellis »Schatzkammer Mechanischer Künste«, 1588, dem ersten gedruckten Buch, das eine Sägemaschine darstellt und beschreibt

Was RAMELLI an wohldurchdachten Maschinen zeigt, ist beeindruckend, obgleich viele seiner technischen Lösungen zu kompliziert erscheinen, als daß sie ohne weiteres Anspruch auf praktische Realisierung hätten haben können. Dem Ingenieur ging es wohl auch in erster Linie um die Demonstration der vielfältigen Möglichkeiten, die die Mechanik für den Bau von Maschinen bot. Für seine Darstellung des Sägegatters trifft diese Einschränkung jedoch nicht zu. Im Gegenteil, die Maschine entspricht in ihrem zweckmäßigen konstruktiven Aufbau beinahe vollkommen dem von LEONARDO DA VINCI und FRANCESCO DI GIORGIO erdachten Gattertyp. Über die rationelle Antriebslösung mit Stoßrad und Schußtenn, die für eine hohe Leistung der getriebelosen Maschinen Voraussetzung war, verfügte das Gatter RAMELLIS allerdings nicht. Lediglich ein einfaches unterschlächtiges Wasserrad war vorgesehen, das der Säge nur eine ziemlich geringe Hubzahl übertragen konnte. Dennoch übernahmen fortan beinahe alle Herausgeber von Druckerzeugnissen über die »Mühlenbaukünste« und die »Schauplätze neuer Maschinen« das hier vorgestellte Gatter im Original.

Eine der von AGOSTINO RAMELLI für seine Maschinen verwendeten kinematischen Lösungen verdient besondere Beachtung. Geht es doch hierbei um einen Mechanismus zur Umformung einer Dreh- in eine Hubbewegung, der noch zu späterer Zeit als Alternative zum Kurbeltrieb an Gattersägemaschinen in Betracht gezogen wurde. Selbst der Gelehrte und Maschinenkonstrukteur LEONHARDT CHRISTOPH STURM griff noch Anfang des 18. Jahrhunderts auf diese Antriebslösung zurück, als er der Fachwelt seine »verbesserten Arten Sägen zu betreiben« vorstellte.

Bei RAMELLIS Mechanismus, zu dem erste Ansätze schon in den Skizzenbüchern LEONARDOS zu finden sind, handelt es sich im Prinzip um eine Kombination von Kammrad und Zahnstangentrieb. Auf der Antriebswelle sind zwei nur über die Hälfte ihres Umfanges mit Zähnen versehene Kammräder angeordnet. Diese Kammräder greifen abwechselnd in einen zwischen ihnen angebrachten, zweiseitig gezahnten Triebstock ein und versetzen ihn in eine der Bewegung des Pleuels ähnliche Reziprokbewegung. So interessant diese kinematische Variante erscheint – durchsetzen konnte sie sich gegenüber dem Kurbeltrieb oder dem konventionellen Nockentrieb nicht.

Bild 6/11. Eine von Ramellis technischen Lösungen für eine Seilwinde, die zum Heben schwerer Lasten bestimmt war

Bild 6/12. Selbstbildnis des A. Ramelli in seiner »Schatzkammer Mechanischer Künste«

Eines der ersten deutschsprachigen enzyklopädischen Maschinenbücher ist das 1607 in Leipzig verlegte »Theatrum Machinarum etc.« von HEINRICH ZEISING (gest. 1613). ZEISING, über dessen Leben kaum etwas bekannt ist, formuliert die Beweggründe, die ihn zur Herausgabe des Buches veranlaßten, im Vorwort selbst: »*Damit auch dem geneigten und kunstliebenden Leser nicht irgend etwas Fremdes und Unbekanntes begegnen möge, sind mit viel Müh und Arbeit Maschinen, welche von scharfsinnigen Leuten erfunden worden sind, aus den von diesen und anderen hinterlassenen Schriften zusammengebracht worden. Es werden vielerlei künstliche Mühlwerke, Schrauben und sonstige Inventionen und vorteilhafte Bewegungen gefunden werden und noch andere nützliche Dinge. Deshalb habe ich keine Arbeit noch Fleis verdriesen lassen dieses Werk mit Reissen und Kupferstechen zu fördern.*« /318/

Bild 6/13. Getriebeloses Venezianergatter mit unterschlächtig angetriebenem Wasserrad – konstruiert von A. Ramelli

Bild 6/14. Ramellis Funktionsbeschreibung zu seinem Venezianergatter

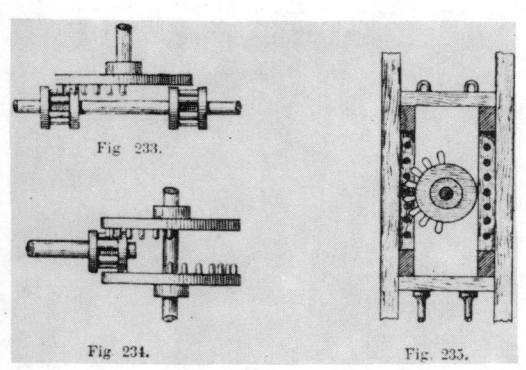

Bild 6/15. Von A. Ramelli entworfene Getriebe zur Umformung der Dreh- in eine Hubbewegung mit Hilfe von Zahnrad- bzw. Zahnrad-Zahnstangen-Kombinationen

Bild 6/16. Mit Tretrad angetriebenes Hebezeug (H. Zeising)

Was heute das Werk ZEISINGS für die Geschichte der Sägewerkstechnik so wertvoll erscheinen läßt, ist die darin enthaltene erste Darstellung eines vollentwickelten Venezianergatters. Hier ist also die früheste Abbildung jenes Gattertyps zu finden, der, mit Getriebe, Schwungrad und maschinellem Wagenrücklauf ausgerüstet, auch bei langsam strömendem Aufschlagwasser eine Drehzahl von etwa 100 U/min erreichte. Leider gehört ausgerechnet dieses Maschinenbild zu den 36 der insgesamt 118 technischen Illustrationen im Buch, deren Urheber bereits damals nicht mehr zu ermitteln waren. So kann auch diese Darstellung keine endgültige Antwort auf die Frage nach dem eigentlichen Ursprung des Venezianergatters geben. Der Initiative HEINRICH ZEISINGS aber ist es zu danken, wenn heute mit Sicherheit doch immerhin gesagt werden kann, daß Venezianersägen mit Übersetzungsgetriebe schon im 16. Jahrhundert betrieben wurden.

Bild 6/17. Früheste Darstellung eines Venezianergatters mit Übersetzungsgetriebe, Schwungrad und maschinellem Wagenrücklauf (H. Zeising, 1607)

schenkraft über Treträder gedacht. Und mit einem weiteren Bild zeigt DE STRADA etwas gänzlich Neues, nämlich ein getriebeloses Venezianergatter, das mit einer maschinell bewegten Winde zum Anheben der Stämme auf den Blockwagen ausgerüstet ist. Die Antriebskraft für das Hebezeug leitete der Erfinder vom Sägerahmen ab, und zwar während des Leerlaufs der Maschine. Ein Klinkenmechanismus versetzt die Trommel der Winde in eine schnell intermittierende Drehbewegung.

Bild 6/18. Getriebeloses Venezianergatter von H. Zeising (nach A. Ramelli)

Bereits einige Jahre vor HEINRICH ZEISING schuf der aus der oberitalienischen Stadt Mantua stammende JACOB DE STRADA À ROSSBERG (1523 bis 1588), der sich selbst als Edler bester Antiquarius, Kriegs- und Hofbaumeister dreier Kaiser in Prag und Wien (Ferdinand I., Maximilian II., Rudolf II.) titulierte, neben 100 anderen Kupferstichen über die Mühl- und Wasserkünste auch einige Darstellungen von interessanten Sägegatterversionen.[1] Zwei der in seinem Buch abgebildeten Gatter haben bereits Zahnradgetriebe, und zwar entweder Übersetzungs- oder aber Untersetzungsgetriebe. Allerdings sind diese Maschinen nur für den Antrieb mit Tieren über Göpel beziehungsweise mit Men-

Die früheste bis heute erhalten gebliebene Darstellung einer Gattersägemaschine mit mehreren Sägeblättern, eines Bundgatters also, stammt von SALOMON DE CAUS (etwa 1576 bis 1630). Ganz im Stile bedeutender Techniker und Künstler der Renaissance war auch sein Wirken nicht auf ein Land allein beschränkt. Geboren in der Normandie, arbeitete DE CAUS bis 1612 in England, diente danach bis 1620 als »Churfürstlich-pfälzischer Ingenieur und Baumeister« in Heidelberg am Hofe Friedrichs V., um dann bis zu seinem Lebensende in Frankreich zu wirken. Seine Werke, die in London, Frankfurt/Main und Paris erschienen, bezeugen ihm eine neue wissenschaftliche Arbeitsweise. Mutet es bereits modern an, wenn SALOMON DE CAUS in seinem 1615 veröffentlichten Buch »Vom gewaltsamen Bewegen: Beschreibung etlicher sowohl nützlichen alß lustigen Maschiner neben underschiedlichen Abrissen etlicher Höhlen oder Grotten und Lust Brunnen« jedem Kapitel ein »Problema« – heute würde man sagen eine Aufgabenstellung – zugrunde legte, so erinnern die Wege, die er in seinen Abhandlungen zur Lösung der Aufgaben eingeschlagen hat, an Arbeitsmethoden, wie sie in Wissenschaft und Technik noch heute gebräuchlich sind. Er bewertete bekannte technische Verfahren kritisch und gab danach Hinweise zu ihrer konstruktiven Veränderung. Theoreme, Vergleiche und einfache Experi-

---

[1] Das Werk DE STRADA À ROSSBERGS über die Mühlenbaukunst »Künstlicher Abriß allerhand Wasserkünsten, auch Wind-, Ross-, Hand- und Wassermühlen neben schönen und nützlichen Pompen« ist erst 1617/18 nach seinem Tod von seinem Enkel OCTAVIUS DE STRADA veröffentlicht worden.

Bild 6/19. J. de Strada á Rossberg, um 1580: »Dieses ist ein Bohrmühl, darauff allerley hölzern Röhren gebohret werden.« /279/

mente dienten ihm dabei als Hilfsmittel. Oftmals kam er auf diese Weise zu völlig neuartigen technischen Lösungen.

Das wohl eindrucksvollste Beispiel seiner Kreativität gibt DE CAUS mit dem Vorschlag, »*Wasser mittels Hitze in die Höhe zu treiben*« – ein Gedanke, der ihn als einen der ersten Wegbereiter der Dampfmaschine erkennen läßt. Auch die Bundgatterdarstellung ist seinem Bemühen zu danken, bekannte Mechanismen oder Apparaturen technisch noch zu vervollkommen. So nahm er als kritischer Ingenieur Anstoß an der Störanfälligkeit der damals für Gattersägemaschinen gebräuchlichen Klinkenmechanismen für den Blockvorschub. Mit einer technisch recht unkomplizierten Lösung suchte er hier Abhilfe zu schaffen: »*Problema XVII: Eine Maschine mit welcher man durch Wasserkraft gar geschwind Holz schneiden kann. Diese Maschine ist in dem schweizerischen Gebirg sehr gemein und sägen das Tannenholz zu Diel' in großer Menge damit. Sie werden auch in großen Städten benutzt, wo man oftmals Dielen und anders Holz zum Bauen schneiden muß. Diese* (in den Städten betriebenen) *Maschinen, sind aber denen, welche die Schweizer gebrauchen, nicht in allem gleich,*

Bild 6/20. J. de Strada á Rossbergs Venezianergatter mit Blockwinde. Die technische Beschreibung verfaßte G. A. Böckler, als er 80 Jahre später diese Darstellung für sein »Theatrum machinarum novum« übernahm.

Die LXIV. Figur.
Eine Seeg-Mühl Holz zuschneiden.

Diese Seeg- oder Schneid-Mühl kan gleich wie die vorige/ an einem fliessenden Wasser angeordnet werden/ und hat des Wasser-Rads A. Wellbaum eine eiserne gekröpfte Kurbe/ welche durch den Arm B. die Rahme sampt der eingespanten Seege C. auff und abziehet/ und zugleich auch die Sperr-Stange E. durch H. und I. beweget/ und in das gekerbte Sperr-Rad D. eingreiffet/ und dasselbe zuruck hält. Bey F. ist ein gehängter Wellbaum mit einem Sperr-Rad zum bequemen Holz L. auff die Roll-Rahme herbey zubringen/ angeordnet/ so zwar keine Nothwendigkeit ist/ und wird derowegen einem jeden frey stehen/ solches zumachen oder zuunterlassen.

Bild 6/21. Die vermutlich früheste Darstellung eines Gatters mit mehreren Sägeblättern schuf 1615 S. de Caus. Mit dem großen, doppeltbreiten Wasserrad und dem Untersetzungsgetriebe deutet de Caus den hohen Energiebedarf des Bundgatters an. Der Blockvorschub wird mit zwei an Seilen hängenden Gewichten bewerkstelligt.

Bild 6/22. Als »eine subtile und artige Maschine, um oval zu drehen« /45/, bezeichnete S. de Caus seine neuartige Holzdrehbank, die über ein Schwungrad mit Handkurbel angetrieben wurde.

Bild 6/23. Anfertigen von Leitungsrohren aus Baumstämmen mit der von S. de Caus konstruierten wasserradgetriebenen Maschine

denn sie schieben das Holz vermittelst etlicher Kammräder und einem Schaltrade gegen die Sägeblätter. Da aber unaufhörlich daran zu flicken ist, vermeide ich den Gebrauch derselben, wo ich kann, und gebrauche statt dessen die Gewichtsteine, wo jeder zwei oder dreihundert Pfund wiegt. Es können zwei, drei oder höchstens vier Blätter mit einander gebraucht werden. Wenn das Holz am Ende ist, ziehen es ein oder zwei Männer mit einer Winde und einem starken Seile wieder zurück.« /45/

Daß SALOMON DE CAUS mit dieser Konstruktion jedoch eine nur wenig glückliche Hand besaß, lag offensichtlich daran, daß er vermeinte, die höhere Funktionssicherheit der Maschine mit dem Verzicht auf das Schiebezeug und den mechanischen Blockwagenrücklauf erreichen zu können. Aber gerade die Erfindung dieser beiden Mechanismen war ein bedeutsamer Schritt auf dem Weg zur maschinellen Schnittholzerzeugung, auch wenn sie anfangs noch zuweilen den Dienst versagt haben sollten.

Die von DE CAUS gewählte Antriebslösung konnte sich offenbar ebenfalls nur örtlich durchsetzen. Um dem hohen Energiebedarf des Bundgatters zu entsprechen, verwendete er ein Getriebe, das die Drehzahl des Wasserrades etwa im Verhältnis 1:0,3 untersetzt auf die Kurbelwelle übertrug. Damit allerdings wurde die Maschine zum »Langsamläufer«, so daß die mit der Vielzahl der Sägeblätter angestrebte höhere Leistung ausblieb. Dennoch verraten solcherart Versuche einiges von den Anstrengungen, die über lange Zeit notwendig waren, um dem neuen Gattertyp zur Praxisreife zu verhelfen.

Andere von SALOMON DE CAUS entwickelte oder verbesserte Holzbearbeitungsmaschinen, wie zum Beispiel *»Eine sehr nützliche Maschine, hölzerne Wasserrohre zu bohren (Problema XIX)«* oder *»Eine subtile und artige Maschine, um oval zu drehen (Problema XXI)«*, konnten ihre Eignung gewiß nachhaltiger unter Beweis stellen als dieses Bundgatter der ersten Generation, bis zu dessen voller Funktionstüchtigkeit es doch noch so mancher Erkenntnisse und Erfahrungen bedurfte.

Bild 6/24. Werkzeugschmiede mit Wasserradantrieb (G. A. Böckler)

Einer der Techniker, die nächst HEINRICH ZEISING dem Verlauf der Entwicklung des Mühlenbaus und damit der Sägewerkstechnik nachgingen und die Ergebnisse in Wort und Bild einem großen Interessentenkreis zugänglich machten, war GEORG ANDREAS BÖCKLER (etwa 1630 bis 1710). Bis zu Beginn der industriellen Revolution war Mühlenbau gleichbedeutend mit Maschinenbau schlechthin. Er umfaßte den Bau von Getreidemühlen, Papiermühlen, Dreschmühlen, Quetsch- und Stampfmühlen, von Gerbmühlen, Walkmühlen, Pulvermühlen, Bohrmühlen und Mühlen zum Betreiben von Blasebälgen und natürlich nicht zuletzt den Bau von Sägemühlen. Dazu kam die Herstellung von Hebezeugen, Pump-, Hammer-, Schöpf- und Brunnenwerken sowie von Feuerspritzen und Wasserkünsten.

BÖCKLER, ein in der Mathematik wie in der Mechanik erfahrener Architekt und Ingenieur, erkannte die wirtschaftliche Bedeutung des Mühlenbaues; und es scheint ihm ein persönliches Anliegen gewesen zu sein, diesen wichtigen Zweig der Baukunst zu fördern. In seinem »Theatrum machinarum novum«, dem »Schauplatz der Mechanischen Künsten von Mühl- und Wasserwercken«, stellte er mit 152 Kupferstichen all die »Wasser-, Wind-, Roß-, Gewichts- und Handmühlen sowie Pumpen und Feuerspritzen« zusammen, die ihm von den Schöpfungen eines RAMELLI, BESSON, DE STRADA oder DE CAUS wesentlich erschienen. So werden hier auch nahezu alle bis dahin bekannten Arten von Sägegattern gezeigt – von der einfachen getriebelosen Maschine über das vollkommene Venezianergatter mit Übersetzungsgetriebe bis hin zu den ersten funktionstüchtigen Bundsägegattern.

Dem Theatrum Machinarum – heute eine bibliophile Kostbarkeit – war schon zu Lebzeiten des Verfassers Erfolg beschieden. Immerhin wurde dieses Buch von 1661 bis 1703 in fünf Auflagen gedruckt. Daß BÖCKLER nur eine der Ausgaben in der »Gelehrtensprache« Latein verlegen ließ, beweist wohl sein Bemühen, ein Anschauungswerk für die Praxis des Mühlenbauers zu schaffen. Bemerkenswert sind die Worte, die BÖCKLER im Vorwort zum »Theatrum machinarum novum« an seinen Landesherrn richtet: »*Wann demnach die Mühl-Gebäu in einem jedem Land hochnothwendig und nützlich,* (so sollte) *Eure Churfürstlich Durchlaucht nicht allein die von dem leidigen Kriege*

Bild 6/25. Titelblatt des Mühlenbuches von G. A. Böckler

Bild 6/26. Von zwei Sägern mit Handkurbeln angetriebenes Gatter aus dem »Theatrum machinarum novum« von G. A. Böckler, 1661 (leicht bearbeitete Wiedergabe eines Kupferstichs aus J. Bessons Maschinenbuch, 1578)

eingerissene und verwüste Mühl-Wercker wiederum repariren sondern auch noch viel andere nützliche neue Gebäu aufrichten und bauen lassen. Also habe ich von langer Zeit hero, wegen obberührten Nutzens, vielerley Mühl-Wercker und Wasser-Künste colligiret und zusammen gebracht.« /31/

Spätestens nach der Betrachtung des Buches von G. A. BÖCKLER ist man veranlaßt, etwas zu der Qualität dieser vor mehreren hundert Jahren entstandenen Druckerzeugnisse anzufügen. Begonnen mit den Ständebüchern, beeindrucken noch heute diese meist reich mit Holzschnitten oder Kupferstichen illustrierten Werke durch die Sachkenntnis ihrer Verfasser ebenso wie durch die Reichhaltigkeit des Inhalts und die exakte Darstellung, nicht zuletzt aber auch durch den Druck und die Aufmachung. Ihr Wert als Dokumente der Vergangenheit gewinnt noch dadurch an Bedeutung, als nur sehr wenige der zumeist aus Holz gezimmerten mittelalterlichen und frühkapitalistischen Produktionsinstrumente für die Erzeugung von Schnittholz unsere Zeit erreicht haben.

Das schöpferische Wirken bedeutender Techniker der Renaissance, von LEONARDO DA VINCI bis SALOMON DE CAUS, birgt viel Wertvolles von den Anfängen der maschinellen Holzbearbeitung in sich. Und die Betrachtung dieses Schaffens erhellt manches von dem, was den technischen Fortschritt in diesem Gewerk über Jahrhunderte ausmachte. Handschriften oder gedruckte Veröffentlichungen aus der Feder dieser Männer vermitteln Informationen, die es ermöglichen, die Entwicklungsstufen, die die Gattersägemaschine bis zum 18. Jahrhundert durchlaufen hat, in etwa chronologischer Folge zu rekonstruieren. So wird deutlich, daß das vollentwickelte Venezianergatter, wie es als technisches Denkmal noch heute existiert, schon vor 400 Jahren bekannt war, und daß das einfache, nicht minder leistungsfähige Venezianergatter ohne Getriebe und Schwungrad

Bild 6/27. Blick in eine Werkzeugschmiede. Blasebalg und Schleifstein werden mit dem Wasserrad angetrieben.

Bild 6/28. Mühlenbauer zur Mitte des 15. Jh. – Wasserrad und Wellbaum sind fertiggestellt. (Hausbuch der Mendelschen Zwölfbrüderstiftung zu Nürnberg)

Bild 6/29. Mühlenbauer – hier während der Arbeit an einem Erzpochwerk (G. Agricola, 1565)

135

mit Bestimmtheit mehr als 100 Jahre älter ist. Hinweise auf die Urheber wesentlicher technischer Neuerungen oder auf den Zeitpunkt, da diese neuen Techniken eingeführt wurden, sind freilich kaum mehr zu erkennen. So muß wohl für das Sägegatter mit seinen Mechanismen die oft als wahr bewiesene Erkenntnis, daß jede Erfindung letztendlich das Werk vieler schöpferischer Menschen in sich vereint, in besonderem Maße in Anspruch genommen werden. Man erfährt aber auch von ersten Arbeiten zur Entwicklung der Hobel- und Bohrmaschine sowie von der Konstruktion recht leistungsfähiger Einrichtungen zum Fördern und Heben des Holzes.

Wenn sich Künstler und Ingenieure, die zu den bedeutendsten der Geschichte zählen, diesen Aufgaben immer aufs neue widmeten, dann zeugt das von der Stellung der Holzbearbeitung in jener Zeit. Freilich konnten sie allein die Problematik nicht zwingen. Zu den Schöpfern der heute vielbewunderten ersten Maschinen und Mechanismen zur Holzbearbeitung gehören ebenso die einfachen Mühlenbauer. Sie waren es, die den letztendlich alles entscheidenden Schritt der Umsetzung technischer Ideen in die Praxis zu gehen hatten. Für diese Handwerker, deren Namen zumeist unbekannt geblieben sind, genügte es nicht, daß sie ihre Werkzeuge gut zu gebrauchen wußten. Stets mußten sie auch über ein notwendiges Maß an theoretischem Wissen verfügen. Zu diesem Wissen, von dem vieles empirisch erworben war, gehörten Kenntnisse über die Grundlagen der Mechanik und über die »Künste des Messens und Rechnens« gleichermaßen wie die Kenntnis von den Eigenschaften und dem Verhalten der Mühlenbauhölzer. Denn zumeist war der Mühlenbauer auf sich allein gestellt, wenn es galt, Größe und Gestalt des Wasserrades mit der Menge und der Strömungsgeschwindigkeit des Wassers in Übereinstimmung zu bringen, das Übersetzungsverhältnis festzulegen oder die Abmessungen des Sägerahmens und anderer Bauteile in Abhängigkeit von der jeweiligen Belastung zu bestimmen. Und beim Zusammenbau des Mühlwerks mußte er mit den Handwerkzeugen des Zimmermanns ebenso zurechtkommen wie mit denen des Tischlers oder des Schmieds. Er verwendete Holz sehr unterschiedlicher Eigenschaften: Lärche für die Wasserradschaufeln, Eiche für die Antriebswellen, Weißbuche oder Akazie für die Zähne der Getriebe, Esche für den Sägerahmen und andere dynamisch beanspruchte Bauteile, dazu Fichte für das Maschinengestell und für das Mühlengebäude – denn jedes Bauteil sollte möglichst lange den hohen Belastungen im rauhen Sägemühlenbetrieb standhalten. – Mühlen zu bauen, das galt zu jener Zeit als »Kunst«. Und diejenigen, die die Technik des Mühlenbaues zu meistern verstanden, galten als »kunst-verständige« Leute. Sie halfen mit ihrer Arbeit, Licht in das Dunkel zu bringen, das lange über dem Mittelalter lastete.

7. Die Sägemühle

»Die Säge- oder Schneidemühlen, welche auch einiger Orten Bret-Mühlen genannt werden, sind ein sehr nutzbares Stück der Hauß-Wirtschaft, wo man nämlich viel haubares Gehölz in der Nähe haben kan, sonderlich wann große Städte und Märckte nicht weit entfernt, wo es gemeiniglich viel Tischler, Zimmerleute und dergleichen Handwerker giebet, welche Pfosten, Breter und Latten zu ihrer Nothdurfft bedürfen.« /190/ »Wo wollten beedes, der Schreiner und Zimmermann, zu rechte kommen, ohne die Bretter? Womit würde der Kaufmann in Einpackung seiner zerbrechlichen Waaren, so er dem Stroh und den Planen nicht vertrauen darff, sich Rath schaffen, ohne die Bretter zu den Kisten?« /305/ Und mit der Entwicklung der Sägemühlen zum eigenständigen Gewerbe bildete sich ein neuer Berufsstand heraus, der Sägemüller, der in verschiedenen Gegenden auch Brettmüller oder Schneidemüller hieß. Bereits 1338 war im Bürgerbuch der Stadt Augsburg der Name »Saegemüller« zu finden.

Betrachtet man den Produktionsablauf, und da vor allem den Grad der Mechanisierung und die Organisation der Arbeit, dann findet die Sägemühle historisch ihren Platz zwischen der Werkstatt des Holzhandwerkers und dem industriell produzierenden Schnittholzbetrieb. Gleichwohl der eigentliche Sägeprozeß mechanisiert, in Abschnitten sogar automatisch ablief, bestimmten dennoch zu einem erheblichen Teil manuelle Arbeiten die Produktion. Sieht man von den nur ganz vereinzelt anzutreffenden Blockwinden einmal ab, war das Gatter die einzige Maschine im frühkapitalistischen Sägemühlenbetrieb. Das Heranbringen der Stämme, das Umsetzen der Blöcke während des Einschnitts und der Abtransport des Schnittholzes waren von Hand, bestenfalls mit einfachen Hebezeugen zu bewerkstelligen. Hebebäume, Wende- und Ziehhaken, die sogenannten Sapinen, sowie Äxte und Keile mußten genügen, diese körperlich schweren Arbeiten zu erleichtern.

Der Standort einer Mühle wird in der Regel von drei Bedingungen bestimmt worden sein, von dem natürlichen Angebot an fließendem Wasser, dem Holzreichtum der Umgebung und der Nähe von Arbeitsstätten der Holzhandwerker. So reihten sich in den von Flüssen und Wildbächen durchzogenen Tälern erschlossener Gebiete die Sägemühlen zusammen mit Mahl-, Stampf- und Walkmühlen oft in langer Kette aneinander. Sie prägten wesentlich das Landschaftsbild entlang der Wasserläufe.

Sehr selten nur war es möglich, den Fluß oder den Bach in seinem natürlichen Verlauf zum Betreiben der Sägemühle zu nutzen. Meist führten erst umfangreiche Wasserbauten aus Stein, Erde und Holz zum Ziel. Wehre, die quer durch den Fluß verliefen, Mühlgräben, mitunter kilometerlang, Umgehungsgräben und Überläufe, Rechen, Schütze, Uferbefestigungen, Dämme und Eisbrecher, dazu Brücken und Stege mußten gebaut werden, um das Wasser in geregelte Bahnen zu leiten, das nötige Wassergefälle zu schaffen und das Mühlwerk vor Schaden zu bewahren.

Bisweilen dienten die Mühlgewässer auch zum Flößen oder Triften der Stämme und des Schnittholzes. In diesem Fall gehörten zur Mühle außerdem Anlagen zum Auffangen des Holzes, die sogenannten Fänge, sowie Floßhäfen, in denen die Stämme und Bretter gesammelt und für den An- bzw. Abtransport zu Flößen zusammengestellt werden konnten. Weit oben im Gebirge lagen überdies Schleusen, die das Wasser der Flüsse stauten, um zur Triftoder Floßzeit das Holz sicher zu Tal zu bringen.

Je wasserreicher der natürliche Zufluß zur Sägemühle war, um so größeren Aufwand erforderten im allgemeinen die Wasserbauten. Und dennoch gaben sie der Mühle wohl niemals ausreichenden Schutz. Allzuoft ließen ein starker Gewitterregen oder ein schnelles Tauwetter den sanft fließenden Mühlbach in kur-

Bild 7/1. Vermutlich älteste Landschaftsdarstellung, die eine Sägemühle als Motiv zeigt (Kupferstich aus »Georgica curiosa«, Nürnberg, 1682). Es handelt sich um eine Venezianermühle mit zwei Gattern.

zer Zeit zum reißenden Fluß anschwellen. Dann blieben Beschädigungen nicht aus, waren selbst Zerstörungen kaum zu verhindern. Viel Mühe und Geld mußte der Sägemüller jedesmal aufbringen, um alles wieder so instand zu setzen, daß er den Mühlenbetrieb weiterführen konnte.

Das äußere Kennzeichen, das der Sägemühle ihr Gepräge gab, war das Mühlengebäude. Es diente nicht nur dazu, die wertvolle Gattersägemaschine über einen möglichst langen Zeitraum vor äußeren zerstörenden Einflüssen sicher zu bewahren, es war auch eine unerläßliche Voraussetzung dafür, daß die verschiedenen Baugruppen des Sägegatters überhaupt erst funktionell miteinander verbunden und damit zur Maschine vereint werden konnten.

Das für das 16. und 17. Jahrhundert typische Mühlengebäude war ein festes Bauwerk. *»Die Mühlen sollen gegen das Wasser mit Wänden wohl bemachtet und verwahret sein.«*[1] Allgemein bestand das Mühlengebäude aus dem aus Bruchsteinen oder Ziegeln errichteten Untergeschoß, dem Gatterkeller, und dem daraufgesetzten hölzernen, vorwiegend im Fachwerkverband gezimmerten Obergeschoß, dem Sägeboden. Lehmausfachungen erwiesen sich für Sägemühlen als ungeeignet. Sie hielten den doch recht beträchtlichen Erschütterungen, die von der Maschine ausgingen, auf die Dauer nicht stand.

Um die Maschinenschwingungen zu verringern, wurden Antrieb, Sägegestell und Vorschubmechanik im Gebäude stets getrennt voneinander verankert. Während die schwe-

---

[1] Fürstlich Sächsische Mühlen-Ordnungen Ernestinischer Linie, anno 1616.

Bild 7/2.
Alte Brettschneidemühle im Loschwitzgrund bei Dresden (Lichtbild von A. Kotzsch, um 1870)

ren Lagerständer für Mühlrad, Wellbaum und Getriebe, die sogenannten Wellbänke, auf dem Kellerfußboden standen, war das massive Sägegestell fest mit den Unterzügen des Dielenbodens und dem Gebälk des Dachstuhles verbunden. Das Schiebezeug konnte entweder im Gatterkeller untergebracht oder am Dachstuhl befestigt sein. Mächtige, in den Dielenboden und das Mauerwerk eingebaute »Straßbäume« trugen den schweren Blockwagen. Neben dem Mühlengebäude, und zwar in der Regel auf der dem Mühlgraben abgewandten Seite, erstreckte sich das Rundholzlager. Von hier aus wurden die Stämme über eine aufgeschüttete schiefe Ebene zunächst bis an das Gebäude und danach weiter durch eine große Öffnung in der Längsseite des Sägebodens bis vor die Sägemaschine gerollt. Das Schnittholz lagerte bis zum Verkauf zumeist unter einem schauerartigen Vorbau des Mühlengebäudes. Hier konnte es, geschützt vor Regen und ausreichend durchlüftet, gut trocknen.

Für gewöhnlich waren die frühkapitalistischen Sägemühlen mit nur einem Sägegatter ausgestattet. Die Strömungsenergie des Wassers reichte nur selten aus, um mehrere Maschinen am gleichen Ort zu betreiben. Zudem mag anfangs die Eingattersägemühle im allgemeinen wohl für den jeweiligen Bedarf ausgereicht haben. Und schließlich war die Kopplung von zwei oder gar drei Sägegattern mit einer Mühlradwelle nicht nur sehr aufwendig, sondern auch technisch nur schwer zu bewerkstelligen, zumal dann, wenn es sich um Gatter mit Übersetzungsgetriebe handelte. Zu dieser Zeit ging man doch noch sicherer, im Bedarfsfall eine zweite oder dritte Sägemühle zu errichten.

Die ersten Sägemühlen mit mehreren Sägegattern sind vermutlich in den Alpentälern entstanden. Das starke Gefälle der Gebirgsflüsse bot dafür die natürliche Voraussetzung. Hier bereitete die Aufstellung von mehreren Maschinen unter einem Dach technisch weniger Schwierigkeiten; und der ökonomische Aufwand blieb in vertretbaren Grenzen, da die kleinen, getriebelosen Stoßradgatter eingesetzt werden konnten. Der Mühlgraben dieser venezianischen Mehrgattersägemühlen verlief nicht wie sonst üblich seitlich entlang der Mühle, sondern mittig durch das Mühlengebäude hindurch. Die Sägegatter standen beiderseits des Mühlgrabens gestaffelt hintereinander, bis zu vier Maschinen auf jeder Seite. Zu jeder Maschine gehörte ein Mühlrad. Das Wasser wurde vom Mühlgraben nach rechts und links abgezweigt und über voneinander getrennte Fluter und Schußrinnen jedem Mühlrad gesondert zugeführt. Traten Störungen an einem der Sägegatter auf oder mußte das Sägeblatt instand gesetzt werden, beeinträchtigte das die Arbeit an den anderen Maschinen nicht. Oftmals waren solche Mehrgattersägemühlen mit Sägemaschinen unterschiedlicher Größe ausgestattet. Dann wurde auf den kleinen Gattern das schwächere und auf den größeren Gattern das starke Holz eingeschnitten.

Die Errichtung einer Sägemühle war jedesmal eine kostspielige Angelegenheit. Sie überschritt bei weitem die Mittel, die dem Handwerker im allgemeinen zur Verfügung standen. Dabei muß bedacht werden, daß es mit dem Kauf und dem Aufstellen der Gattersägemaschine allein nicht getan war. Zu einer Sägemühle gehörte mehr, so das zweigeschossige Mühlengebäude, die Lagerplätze für die Stämme und das Schnittholz, vor allem aber die Anlagen zur Regulierung des Wasserlaufes, die oftmals das Mehrfache der Sägemaschine kosteten. Das erforderte viel Geld für jene Zeit. Folglich waren die Sägemühlen jahrhundertelang zumeist Eigentum des Großgrundbesitzes, der Städte und Gemeinden, der Kirche und der Klöster oder auch der Handelshäuser; Bauernsägen waren selten.

Der Mühlherr, oft der Landesherr, nahm gemeinhin das Mühlrecht für sich allein in Anspruch. Er fand es rechtens, die Kraft des Wassers und später selbst des Windes vornehmlich als sein Eigentum zu betrachten. Er allein war es, der den Bau einer Mühle veranlassen konnte.

Freilich betrieben die Mühlherren ihre Sägemühlen höchst selten selbst; sie verpachteten sie gegen einen jährlichen Sägezins an Sägemüller, die zumeist dem Handwerkerstand entstammten. Es galt als üblich, daß der Mühlherr zunächst einen Mindestsägezins als Pacht für die herrschaftliche Säge ausschrieb. Für gewöhnlich erhielt jener Bewerber den Pachtvertrag, der die höchste Pachtsumme bot, voraus-

Bild 7/3. Sägemühle mit ihren wasserbaulichen Anlagen (F. J. Gerstner, 1832)

Bild 7/4. Die Stämme werden für den Transport zur Schneidemühle zu Flößen zusammengestellt.

Bild 7/5. Rundholzflöße auf dem Weg zur Sägemühle

gesetzt, er konnte einen zahlungsfähigen Bürgen stellen. Um sich eines unbotmäßigen Pächters nach nicht allzulanger Zeit entledigen zu können, befristete der Mühlherr die Pachtdauer nach eigenem Gutdünken. Viel später erst wird die Erbpacht eingeführt; sie kann als eine Vorstufe zum Eigentum an der Mühle betrachtet werden.

Mit der Pacht erlangte der Sägemüller aber nicht nur das Recht, die Mühle zu betreiben, er übernahm gleichzeitig die Pflicht, alle Unterhaltungs- und Reparaturarbeiten an der Mühlenanlage mit eigenen Kräften und Mitteln auszuführen. Diejenigen, die dem Gewerk des Holzsägens nachgingen, konnten kaum Reichtum erlangen; sie gehörten fast immer den unteren sozialen Schichten an. Dann und wann versuchte der Sägemüller mit der unerlaubten Angliederung von Mahlwerken, die ihm mehr als die Säge einbrachten, seine Lage zu verbessern. Von der Obrigkeit erlassene Mühlordnungen, die das Pachtverhältnis streng regelten, gaben die Gewähr, daß der Sägemüller zusammen mit seiner Familie es nicht an Anstrengung fehlen ließ, um dem Mühlherrn den erwarteten Gewinn zu erwirtschaften. Wer anno 1600 im Thüringischen gegenüber der Mühlenordnung für *»brüchig erfunden wurde, der soll nicht allein von der Obrigkeit mit Gefängnis oder Geldstraffe belegt, sondern auch auf vorhergehendes Obrigkeitliches Erkäntnis für untüchtig gehalten, auf dem Handwercke nicht weiter gelitten, wo er anzutreffen aufgetrieben, und nach Gelegenheit der Verbrechung wohl gar am Leibe gestraffet werden.«*[1]

Meist stand dem Sägemüller ein Mühlknecht zur Seite. Oftmals war das der Sohn des Sägemüllers, der, kaum erwachsen, das Gewerk in der väterlichen Mühle erlernt hatte. Nur selten warf die Sägemühle so viel ab, daß noch fremde Arbeitskräfte beschäftigt werden konnten. Zuweilen halfen die vom Mühlherrn zum Fällen und Heranschaffen der Stämme saisonzeitlich unter Vertrag genommenen Holz- und Flößknechte, die Mühlgräben und Rechen zu säubern oder die Uferwerke auszubessern.

Die Arbeit in der Sägemühle war körperlich schwere Arbeit. Sie forderte vom Sägemüller und vom Mühlknecht aber nicht nur viel Fleiß und Kraft, sondern darüber hinaus noch allerhand Geschick sowie das rechte Maß bei der Einteilung der verschiedenen Tätigkeiten, sollte ihnen die Mühle die Existenz sichern. Romantisches Sentiment, wie es so manche zeitgenössische Landschaftsdarstellung vermittelt, gehörte ganz sicher nicht zur frühkapitalistischen Sägemühle. Immer achteten der Mühlherr und sein Mühlvogt streng darauf,

---

[1] Fürstlich Sächsische Mühlen-Ordnungen Ernestinischer Linie, anno 1616.

Bild 7/6. Die Stämme werden im Wasserlager für den Einschnitt bereitgestellt.

Bild 7/7. Brettschneidemühle bei Vojniku/ Jugoslawien

daß das Gatter ohne Unterbrechung lief. Die Arbeitszeit wurde ohnehin durch objektiv bedingtes Stillstehen der Maschine empfindlich geschmälert. Denn die Mühle konnte während der regelmäßig im Frühjahr wiederkehrenden Hochwasser ebensowenig in Gang gehalten werden wie etwa bei Niedrigwasser im Sommer oder wenn zur Winterszeit starker Frost das Wasser im Mühlgraben gefrieren ließ. Zudem verbot so mancherorts die Obrigkeit unter Androhung von Strafe die Arbeit an Sonn- und Feiertagen. So verblieben letztendlich wohl kaum mehr als 220 Arbeitstage im Jahr, an denen sich das Sägegatter drehen konnte; dann aber lief es Tag und Nacht. Viel wurde jetzt abverlangt. Sägemüller und Mühlknecht lösten sich im 12-Stunden-Rhythmus ab. Pausen sah das Tagewerk nicht vor. Selbst die Mahlzeiten wurden eingenommen, während das Gatter schnitt. Nur wenn das Sägeblatt nachgeschärft und geschränkt werden mußte oder Reparaturen am Mühlwerk es erforderten, durfte das Räderwerk abgestellt, die Arbeit an der Maschine kurzzeitig unterbrochen werden. Des Nachts erhellten Kienspäne, Kerzen oder Öllampen den Sägeraum notdürftig. Auf dem Rundholzlager mußte die Arbeit ruhen. Die für den Einschnitt benötigten Sägeblöcke waren bereits während der Tagschicht herangeschafft worden.

Für das Abtrennen eines Brettes vom Stamm benötigte der Sägemüller mit dem Einblattgatter für Stämme von durchschnittlich 4,50 m Länge etwa 10 Minuten. Diese Zeit galt es für die Erledigung möglichst vieler Nebenarbeiten zu nutzen. Ein neuer Stamm mußte vom Rundholzplatz zur Maschine gerollt werden, der Wurzelanlauf war zu behauen, und auch die eingeschnittenen Bretter konnten nicht im Sägeraum verbleiben, sondern mußten ins Freie gebracht und dort als »Blöcke« zum Trocknen gestapelt werden. *»So hat auch der Säger wohl zu beobachten, daß er die Bretter, wie sie geschnitten, wieder in richtiger Ordnung ohne Verwechslung aufeinander lege, und oben mit der Schwarte zudecke, zu zeigen, daß nichts aus der Mitte, wo die Bretter am breitesten, davon kommen sei und die Schwarte, woran so viel nicht gelegen, den Regen auf und aushalte und das darunter liegende vor der Feuchte beschütze«* /305/. Und schließlich waren von Zeit zu Zeit die Späne aus dem Gatterkeller zu bringen. Viel produktive Zeit ließ sich gewinnen, wenn die für eine gute Holzausnutzung günstigste Lage des Stammes auf dem Blockwagen im voraus bestimmt wurde. Bei allen diesen Arbeiten hatte der Sägemüller das Sägegatter ständig im Auge, eigentlich im Ohr zu behalten. Denn klemmte das Sägeblatt, machte die Maschine sich durch »Schreien« bemerkbar. Der Sägemüller schaffte dann schnell Abhilfe, indem er Keile in die Schnittfuge trieb oder das Blatt mit Wasser benetzte.

Untersuchungen zufolge, die in der Mitte des vorigen Jahrhunderts in klassischen Venezianersägemühlen vorgenommen wurden, benötigte im 16./17. Jahrhundert der geschickte Sägemüller, wenn er 4,50 m lange und 25 cm breite, unbesäumte Bretter zu erzeugen hatte und keine ernsthaften Störungen im Produktionsablauf eintraten, während einer zwölfstündigen Arbeitsschicht für die verschiedenen Tätigkeiten folgende Arbeitszeit /310/:

Tätigkeiten	Arbeitszeit	Zeitanteil
Auflegen der Blöcke 7 bis 8 Stück, auf den Blockwagen	12 min	2 %
Einrichten der Blöcke auf dem Blockwagen für 72 Schnitte	75 min	10 %
Reine Schnittzeit zur Erzeugung von 65 bis 69 Brettern, Gesamtlänge 300 m, in der der Sägemüller verschiedene Hilfsarbeiten erledigte	590 min	82 %
Gründliches Schärfen und Schränken des Sägeblattes (5- bis 6 mal)	37 min	5 %
Nachbessern der Schärfe und des Schrankes	6 min	1 %
gesamt	720 min	

Besäumtes Schnittholz, also Bretter ohne Rinde an den Schmalflächen und Kanthölzer sowie Balken, benötigte mehr Arbeitsaufwand. Für die Herstellung dieser Erzeugnisse waren mit der Einblattsäge mehrere Maschinendurchläufe erforderlich.

Die Mühlsägeblätter, von deren Zustand doch wesentlich der Verdienst des Sägemüllers abhing, waren über lange Zeit von nicht allzuguter Qualität. Legierter Werkzeugstahl kam erst im 18. Jahrhundert auf. *»Die Sägen müssen von weichem Eisen sein und dürfen keine Brüche oder Spaltungen*

Bild 7/8. Querschnitt durch Gatterkeller und Sägeboden einer Venezianersäge an langsamfließendem Gewässer (Bauzeichnung von B. de Belidor, 1736)

Bild 7/9. Sägemüller und Mühlknecht während der Arbeit am Venezianergatter (C. Weigel, 1698)

haben«, lautete eine der Forderungen des Sägemüllers an den Neberschmied, *»denn sonst springen die Zähne ab, wenn sie geschränkt werden oder auf einen Ast treffen«/156/*. Was sich bereits an den großen Handsägen als nachteilig zeigte, wurde an den stark beanspruchten Maschinensägeblättern besonders spürbar, sie hatten eine nur sehr geringe Standzeit. Spätestens nach jeweils 20 Brettern, d. h. nach dem Einschnitt von höchstens zwei Stämmen, mußte das Blatt gründlich nachgeschärft und geschränkt werden. Diese Arbeit führte der Sägemüller zumeist selbst aus. Ohne das Sägeblatt aus dem Rahmen zu nehmen, setzte er es mit Feile und Schränkeisen wieder instand. Durchschnittlich fünf- bis sechsmal mußte er sich in einer 12-Stunden-Schicht dieser Mühe unterziehen. Und auch zwischenzeitlich, eigentlich nach jedem Schnitt, prüfte er seine Säge und nahm sofort die Instandhaltungswerkzeuge zur Hand, wenn Schärfe oder Schränkung nachzubessern waren. Die damals für Mühlensägeblätter übliche Zahnform, eine Art Wolfszahn mit einem Keilwinkel von 45° und weiten Zahnabständen, begünstigte die Arbeit des Schärfens doch erheblich. Es brauchte lediglich der Zahnrükken, und der auch nur im Bereich der Zahnspitze, gefeilt zu werden.

Jedes Schärfen verkleinerte die Sägezähne, und nach drei bis vier Tagen, also nach sechs bis acht Schichten, mußte die Bezahnung er-

Bild 7/10. Schnittholzlager einer Sägemühle

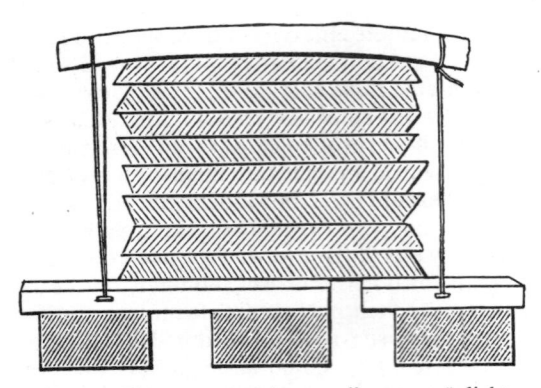

Bild 7/11. Einspannvorrichtung, die es ermöglichte, mit dem Einblattgatter mehrere Bretter gleichzeitig zu besäumen (nach J. Wesseley, 1860)

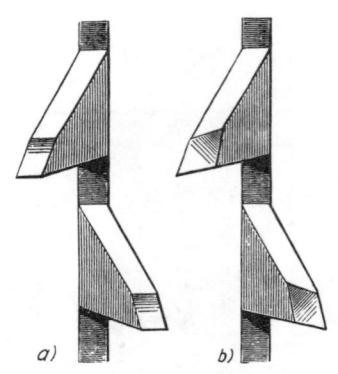

Bild 7/13. Sägezahnschliff (nach J. Wessely, 1860) a) üblicher Geradschliff, b) Schrägschliff

Bild 7/12. Schneidemüller beim Nachschärfen des Gattersägeblattes mit der Feile

neuert werden. Diese Arbeit konnte der Sägemüller für gewöhnlich nicht selbst bewerkstelligen; er übertrug sie dem Neberschmied. Neue Gattersägeblätter waren 15 bis 20 cm breit. Sechs- bis achtmal konnte die Bezahnung erneuert werden; danach war die Säge für den Mühlenbetrieb unbrauchbar.

Die venezianischen Brettmüller verwiesen stolz auf die von ihnen praktizierte Art, »den Sägen guten Schliff« zu geben. Man bezeichnete die venezianischen Sägeblätter als das »Vorzüglichste, was in den Ländern anzutreffen« sei. Dahinter verbargen sich schräg angeschliffene Zähne, mit denen die Sägeblätter leichter und reiner schnitten als die mit dem üblichen Geradschliff versehenen Blätter. Außerhalb Venedigs setzte sich der Schrägschliff nicht durch, offenbar deshalb, weil seine Vorteile auf Kosten der ohnehin geringen Standzeit des Sägeblattes gingen.

Stahlqualität und Fertigungstechniken ließen die Herstellung dünner Sägeblätter noch nicht zu. Die Mühlsägeblätter waren damals bis zu 5 mm dick. Überdies konnte der Neberschmied der Forderung des Sägemüllers nach Blättern mit durchgängig gleicher Dicke, selbst wenn er große Geschicklichkeit besaß und sich redlich mühte, wohl niemals nachkommen. So versuchte man in der Sägemühle die Blattunebenheiten durch möglichst weite Schränkung auszugleichen. Der Sägemüller, der nach der Anzahl der gesägten Bretter seinen Lohn erhielt, trachtete ohnehin danach, ein weit geschränktes Blatt zu benutzen, ließ sich doch damit die Arbeit wesentlich beschleunigen. Freilich waren dann Schnittfugen bis 7 mm oder gar 8 mm Breite keine Seltenheit; beinahe ein Viertel des Stammes fiel in die Späne, und außerdem zeigte das Schnittholz über Gebühr rauhe Oberflächen. Solange die Holzpreise nur wenig zu Buche schlugen, nahm selten einer Anstoß daran. Erst viel später, vermutlich nicht vor Beginn des 19. Jahrhunderts, vermochte man Sägeblätter mit konisch geformtem Querschnitt herzustellen; sie waren an den Sägezähnen etwa 1 mm dicker als am Blattrücken. Nun genügten wesentlich geringere Schrankweiten, um das

Klemmen der Säge zu vermeiden. Zudem war die Oberfläche des Schnittholzes so wenig rauh, daß sie sogleich mit dem Feinhobel bearbeitet werden konnte. Überhaupt ging es in der Werkzeugherstellung und -instandhaltung über Jahrhunderte nur zögernd voran. Die Herstellung hochwertiger Metallegierungen und das Herausfinden der günstigsten Sägezahnformen bedurften wissenschaftlicher Grundlagen, die erst zur Zeit der industriellen Revolution möglich wurden.

Dennoch war die Sägemühle des 16. und 17. Jahrhunderts eine Produktionsstätte, die mit allen ihren Teilen doch recht gut und über lange Zeit auch zuverlässig funktionierte. Und ebenso war ihre Leistung in Anbetracht des Standes der Technik bemerkenswert. Je nachdem, ob ganz trockenes Holz, etwa lange gelagerte Eiche, oder sehr frisches Nadelholz eingeschnitten wurde, lag die Schnittleistung zwischen $2 m^2/h$ und $10 m^2/h$. Damit mochten Spitzenbetriebe, wie etwa die Venezianermühlen in Norditalien, im Mittel $7 m^2/h$ Schnittfläche erreicht haben. Das erforderte eine Vorschubgeschwindigkeit des Blockwagens von beinahe $0,5 m/min$. Diese Werte gelten für die zu jener Zeit durchschnittliche Brettbreite von 25 cm. Wurde schwächeres Holz gesägt, war die Schnittleistung geringer, trotz höheren Vorschubs. So geht man wohl kaum fehl mit der Feststellung, daß ein Sägemüller, der sein Fach gehörig verstand, unter günstigen Bedingungen während eines Jahres, d. h. an 220 Arbeitstagen in Tag- und Nachtschicht, in seiner Mühle etwa 3 000 Sägeblöcke von je 4,50 m Länge zu 30 000 Brettern mit einer durchschnittlichen Breite von 25 cm und einer durchschnittlichen Dicke von 25 mm einschneiden konnte. Demzufolge wird man für die leistungsfähigsten frühkapitalistischen Eingattersägemühlen $900 m^3$ Schnittholz als Jahresproduktion annehmen können. Das entsprach etwa der fünffachen Leistung und der zehnfachen Arbeitsproduktivität, wie sie mit großen Zweimann-Handsägen zu schaffen waren.

Die zunehmende Verbreitung der Sägemühlen führte zu einer weiteren Spezialisierung in der Holzbearbeitung. Nun, da die Schnittholzerzeugung – als erstes Holzgewerbe überhaupt – maschinell betrieben werden konnte, entwickelte sie sich nach und nach zur Eigenständigkeit. Sie grenzte sich in ihrem Produktionsprofil zusehends gegenüber anderen Gewerken ab, die die Weiterverarbeitung der in der Sägemühle erzeugten Bretter, Kanthölzer, Balken oder Latten zu Fertigerzeugnissen vornahmen. Damit wurde eine gewisse Trennung zwischen der ersten und zweiten Bearbeitungsstufe, die über die einzelne Werkstatt noch hinausging, eingeleitet. Die weiteren Betrachtungen folgen dem Weg, den die Schnittholzerzeugung als selbständiger Zweig genommen hat.

8. Holländische Windmühlen treiben Bundgatter

Gegen Ende des 16. Jahrhunderts verlangsamte sich die Entwicklung der Produktionsinstrumente für die Schnittholzerzeugung in weiten Teilen Europas merklich. Die etwa 200 Jahre bis zum Ende des 18. Jahrhunderts sind fast ausschließlich von Verbesserungen an bereits bekannten Wirkprinzipien und Maschinenbauteilen gekennzeichnet. Grundlegende Neuerungen wurden kaum hervorgebracht. Noch immer blieb das Sägegatter die einzige Einrichtung zum maschinellen Aufteilen von Rundholz zu Schnittholz; noch waren Kreissäge sowie Bandsäge nicht erfunden. Wasser und Wind stellten weiterhin die allein brauchbaren Antriebskräfte dar, und das Holz dominierte nach wie vor als Werkstoff für den Bau der Mechanismen in den Sägemühlen.

Die Ursache für diese Stagnation bestand in den feudalistischen Produktionsverhältnissen, die sich inzwischen überlebt hatten. Sie fesselten vor allem die Masse der Produzenten als Bauern mit ganz unterschiedlichen Besitzverhältnissen und als landlose Kätner und Knechte an die nach wie vor weitgehend naturalwirtschaftlich lebenden, d. h. sich selbst versorgenden Dörfer, und sie erhielten den Einfluß der Zünfte, die sich in den Städten der Entwicklung der kapitalistischen Industrie entgegenstellten. Abgesehen von dem Bedarf der neuen stehenden Heere und der fürstlichen Höfe an gewerblichen Erzeugnissen, der von Handwerkern, einzelnen privilegierten Manufakturen und seit dem Ende des 18. Jahrhunderts hier und da schon von Fabriken gedeckt wurde, war so weder in der Landwirtschaft noch in der Industrie eine rationellere Produktion durchzusetzen, die damals nur in der kapitalistischen Produktionsweise bestehen konnte.

Für die Produktivkräfte im Gewerk der Schnittholzerzeugung brachte zu jener Zeit im Grunde genommen nur die Entwicklung des Einblattgatters zum Bundgatter bedeutsamen Fortschritt. Mit dem Bundgatter, das in seinem Rahmen mehrere Sägeblätter als Bund zusammengefaßt aufnimmt, war es zum ersten Mal möglich geworden, in einem Maschinendurchlauf mehrere Sägeschnitte auszuführen und damit aus einem Stamm gleichzeitig eine Vielzahl von Brettern zu erzeugen. Das war ein Vorteil, auf den sich noch heute die dominierende Stellung der Gattersägemaschine gründet.

Die Bezeichnung »Sägegatter« geht übrigens ebenfalls auf diese Zeit zurück. Ihren Ursprung hat sie in dem Vergleich der Anordnung mehrerer Sägeblätter im Sägerahmen mit dem Gatter im Sinne eines Lattenzaunes. Über Jahrhunderte hinweg verband man mit dem Begriff »Gatter« dann auch lediglich den Werkzeugträger der Sägemaschine. Gegen Mitte des 19. Jahrhunderts, als inzwischen für

Bild 8/1. Einschnitt eines Stammes mit dem Bundgatter

Bild 8/2. Großes oberschlächtiges Wasserrad, wie es für eine Bundgattersägemühle mit ihrem hohen Energiebedarf unerläßlich war

die Schnittholzerzeugung noch andere Maschinen zur Verfügung standen, wurde der Begriff auf die gesamte Sägemaschine übertragen. Erst von da an war es üblich, alle Sägemaschinen mit reziprok bewegten Sägeblättern als Sägegatter oder auch als Gatter schlechthin zu bezeichnen.

Mit der Erfindung des Mehrblattgatters war wiederum ein markanter Schritt auf dem Wege zur Erhöhung der Leistungsfähigkeit der Sägemechanismen getan. Jetzt hatte das Sägegatter einen solchen technischen Stand erreicht, daß erneut eine sprunghafte Zunahme der Produktion von Schnittholz möglich gewesen wäre. Offensichtlich war aber diese Entwicklung ihrer Zeit noch ein Stück voraus, denn das Bundgatter fand nicht die schnelle Verbreitung wie etwa 150 Jahre zuvor das Einblattgatter. Selbst im 19. Jahrhundert wurde in Deutschland und Österreich noch eine »heftige Polemik« gegen die Nützlichkeit des Bundsägegatters geführt. Ein Argument unter anderen war, daß »*einfache Sägegatter* (Einblattgatter) *bei ein und derselben* (Antriebs-)*Kraft eher mehr als weniger leisteten* (weil sie schneller drehen), *und dabei, wie man zu sagen pflegt, dick und dünn, d. h. aus ein und demselben Sägeblock starke und schwache Dielen schneiden können. Wogegen in anderem Fall* (beim Bundgatter) *aus diesem Behufe die Sägen erst immer wieder eingesetzt und gerichtet werden müssen.*« /270/ Hinzu kam noch die »*Unbequemlichkeit, daß die Sägen, um sie zu schärfen* (im Gegensatz zum Einblattgatter), *jedesmal aus dem Rahmen genommen und mühsam eingespannt und gerichtet werden müssen. Die Schneidemühlen mit vielen Sägen sind daher mehr nur ein notwendiges Übel, welches unter den gegenwärtigen Umständen aber nicht zu vermeiden ist.*« /270/ Ein solcher Argwohn wird verständlich, wenn man um die doch recht begrenzte Leistungsfähigkeit der damaligen Wasserräder weiß. Nur selten werden zur Zeit des Venezianergatters 4 PS erreicht worden sein.

Dennoch haben Mühlenbaufachleute schon früh Anstrengungen unternommen, der Problematik um das Bundgatter beizukommen. Mit recht wirksamen konstruktiven Veränderungen an bekannten Bauteilen versuchten sie, der neuen Maschine zum Durchbruch zu verhelfen. Sie verbesserten den Antrieb und setzten relativ dünne Sägeblätter ein, mit denen der Schneidwiderstand beim Sägen erheblich verringert werden konnte. Und sie rüsteten die Maschine mit einem gegenüber dem Einblattgatter wesentlich größeren Mühlrad aus, das bei einem Durchmesser von beinahe 6 m und einer Schaufelbreite von etwa 1,50 m eine bis dahin nicht erreichte Antriebsleistung entwickelte – mitunter bis zu 10 PS.

Vereinzelt wurden Bundgatter seit Mitte des 16. Jahrhunderts betrieben. Die erste niedergeschriebene Nachricht über eine solche Maschine hinterließ STEPHANUS VINANDUS PIGHIUS (1520 bis 1604). Als der Philologe und Antiquar den Prinzen Karl von Kleve in den Jahren 1574/75 auf einer Reise durch Deutschland und Österreich nach Italien begleitete, fand er an einem Bundgatter in der damals als Handelsplatz bedeutenden Stadt Regensburg solches Interesse, daß er später der kurzen Beschreibung dieser Maschine einen Platz in seinem 1587 in Antwerpen veröffentlichten Werk »Hercules Prodicus« einräumte: »*Holzmühlen zeigen sich mir, in denen Balken von großem Gewichte, auch unmäßig große Bäume, in die kreischenden Zähne der auf- und niedergehenden viel-fachen Sägen stürzen und in einem Zuge in kurzer Zeitspanne in mehrere Bretter zerkleinert werden.*« /226/

Bild 8/3. Oberschlächtiges Wasserrad einer Bundgattersägemühle in Jugoslawien

Bild 8/4. Blick in den Sägeraum einer alten Bundgatterschneidemühle – im Hintergrund ein Venezianergatter

Wirkliche Verbreitung fand das Bundgatter zunächst jedoch lediglich in den Niederlanden. Dort wurde es in Abhängigkeit von den spezifischen klimatischen und geographischen Bedingungen dieses Landes fast ausschließlich von Windmühlen angetrieben.

Die weitreichende Bedeutung, die die Windmühle als Kraftmaschine über mehr als 200 Jahre für die Erzeugung von Schnittholz erlangt hat, veranlaßt dazu, ihrem Ursprung nachzuspüren. Das Windrad ist eine relativ späte technische Erfindung, obgleich sich der Mensch wohl schon sehr viel früher gedanklich mit der Nutzung der Windkraft zum Betreiben von Mechanismen beschäftigt haben mag. Das älteste bekannte Zeugnis von der Existenz einer Windmühle als Maschine zum Bewegen von Werkzeugen führt nach Vorderasien. Es stammt aus der Zeit um 950 und belegt eine Windmühle mit horizontal gestelltem Flügelkreuz im heutigen iranisch-afghanischen Grenzgebiet Seistan.

Weder die Völker des Alten Orients noch die Griechen oder Römer besaßen Kenntnis von windgetriebenen Mühlen, gleichwohl es an hypothetischen Ableitungen nicht fehlt, die helfen wollen, das geschichtliche Dunkel, das über der Erfindung dieser Kraftmaschine noch liegt, zu durchdringen. Es gibt Anzeichen dafür, daß die Kreuzfahrer von ihren fernen Zügen den Gedanken von Asien nach Europa übermittelt haben, aus dem Rad der Wassermühle die Flügel der windgetriebenen Mühle abzuleiten.

Für Westeuropa kommt die wohl erste beglaubigte Information über eine Windmühle aus der Normandie (Frankreich). Der Beleg ist eine Schenkungsurkunde aus der Zeit um 1180, in der erstmals für diesen Raum eine solche Maschine Erwähnung findet. Es handelt sich dabei höchstwahrscheinlich um eine Bockmühle. Ihre segelbespannten Flügel waren bereits vertikal angeordnet, die Antriebswelle war also – gleich nahezu allen folgenden Windmühlen des europäischen Kontinents – hori-

Bild 8/5. Bundgattersägemühle. Diese von D. Diderot und J.-B. d'Alembert um 1750 vorgestellte maßstabgerechte Zeichnung gehört zu den ersten bildhaften Darstellungen von Mehrblattgatter-Anlagen. (links Vorderansicht, unten Seitenansicht)

zontal gelagert. Nachweislich drehten sich Windräder spätestens seit 1195 auch in Belgien und seit 1274 in den Niederlanden sowie bald darauf in beinahe allen europäischen Ländern. Die ältesten Nachrichten über Windmühlen in unserem Land führen nach Wismar (1296), Plau (1298) und Ribnitz (1310). Und auf dem nordamerikanischen Teilkontinent sind kurz nach 1600 die ersten Mechanismen von Windrädern angetrieben worden. Die frühen Windmühlen waren bautechnisch noch nicht von ausgereifter Konstruktion. Ständig drohte ihnen Gefahr, vom Wind umgerissen zu werden.

Das bevorzugte Einsatzgebiet der Windräder war – gleich den Wasserrädern – zunächst das Mahlen von Getreide. Aber bald fanden sie Anwendung in noch anderen Gewerken, etwa um Tuche zu walken, aus Samen Öl zu pressen oder Wasser abzupumpen und zu schöpfen. Die bewegten Werkzeuge waren dann Mühlsteine, Pochstempel oder Pumpen. Die Windmühle wurde überall und immer nur dann dem Wasserrad vorgezogen, wenn es die natürlichen Gegebenheiten, vornehmlich fehlende Wasserkraft und ausreichende Windverhältnisse, rechtfertigten. In Holland, das zu großen Teilen unter dem Niveau des Meeresspiegels liegt und dem es deshalb von jeher an natürlicher Wasserkraft mangelte, verbreitete sich diese Antriebsmaschine am schnellsten. So wurde schließlich auch die erste von einem Windrad getriebene Mühle für das Einschneiden von Rundholz zu Schnittholz in den Niederlanden gebaut.

Schriftlichen Überlieferungen zufolge war es der Mühlenbaumeister CORNELIS CORNELISZ VAN UITGEEST, mit bürgerlichem Namen Cornelis Lottjes, der wohl als erster für den Windmühlenantrieb geeignete Sägegatter konstruiert, gebaut sowie offenbar auch verkauft hat und der zudem vermutlich an andere Mühlenbauer Lizenzen für die Errichtung von Holzsägemühlen seiner Konstruktion als Erfindung vergab. Es waren dies bereits Maschinen, die in ihrem Rahmen zunächst zwei, bald vier und endlich sogar acht Sägeblätter aufnehmen konnten.

CORNELISZ errichtete seine erste Windsägemühle im Jahre 1594 in der Nähe von Uitgeest. Vom Typ her soll es sich um eine hölzerne Turmmühle gehandelt haben, die den Namen »Die Jungfer« bekam. Er stellte sie auf ein durch Halteseile mit dem Ufer verbundenes Floß, damit sich die Mühle von selbst »in den Wind« drehen konnte. Bereits 1593 hatte CORNELISZ ein Lizenzgesuch mit zwei Zeichnungen von Windsägemühlen an die Staaten von Holland eingereicht. Die eine Zeichnung zeigt eine Wippmühle, die andere eine Floßmühle. Aber erst im Jahre 1600 erteilten ihm die Staaten von Utrecht die Lizenz für den Bau.

Die Floßsägemühle ist offenbar die erste von Windkraft getriebene Sägemühle überhaupt. Sie genügte jedoch nicht lange den Erwartungen und sollte deshalb das einzige Exemplar ihrer Art bleiben. 1604 setzte CORNELISZ daraufhin das erste Mal eine Windmühle mit drehbarer Haube zum Betreiben eines Sägegatters ein. Mit diesem Mühlentyp wurde nun auch für

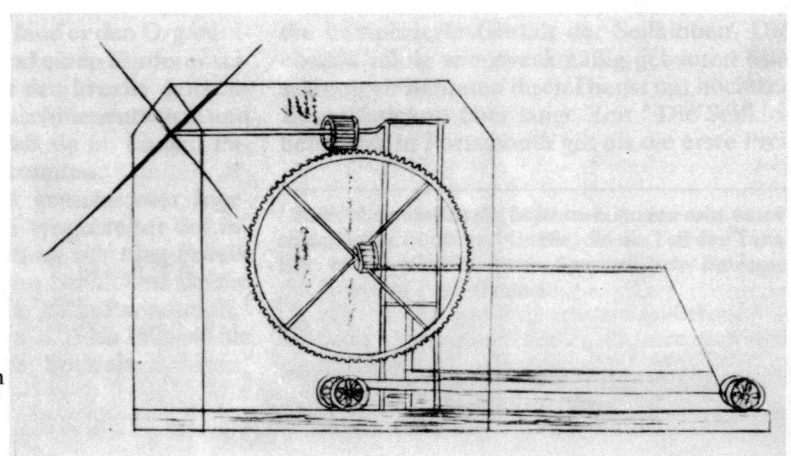

Bild 8/6.
Konstruktionszeichnung der ersten windgetriebenen Sägemühle – geschaffen 1593 von Cornelisz van Uitgeest

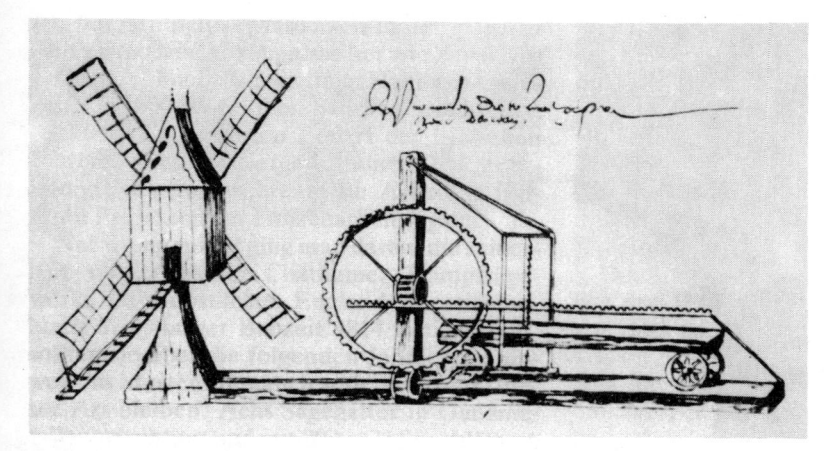

Bild 8/7. Windgetriebenes Sägewerk – entworfen 1593 von Cornelisz van Uitgeest: Als Kraftmaschine sah er eine Wippmühle vor. Cornelisz zeigt hier auch als erster den Zahnstangentrieb als Mechanismus zum Vorschub des Blockwagens.

Bild 8/8. Prinzipdarstellung der Energieübertragung und -umformung in einer Windsägemühle (K. C. Langsdorf, 1828)

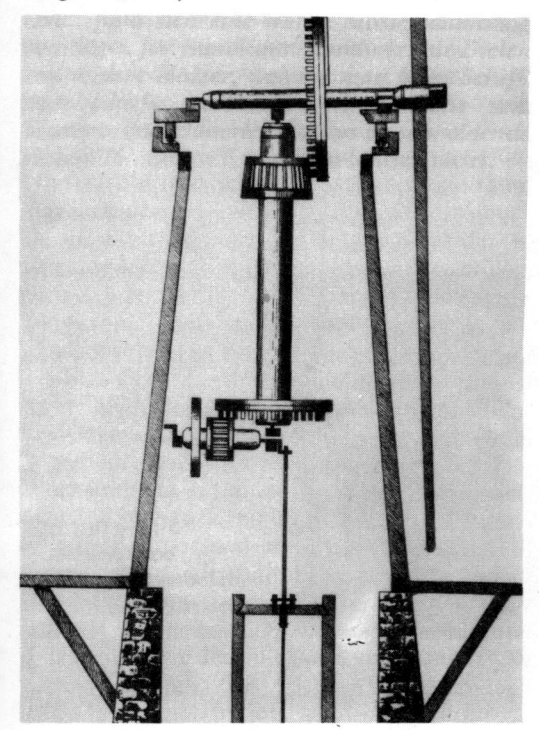

das Holzsägen eine konstruktive Lösung verwirklicht, die bereits in einem Notizbuch von LEONARDO DA VINCI enthalten ist. Das Drehen der Haube und damit das Verstellen der Flügel in Abhängigkeit von der Windrichtung erfolgte auch bei den ersten mit Windkraft getriebenen Sägemühlen manuell mit Stert und Haspel von außen.

Das vornehmliche Verdienst des CORNELISZ besteht jedoch wohl darin, daß er erste brauchbare, vor allem funktionssichere Lösungen des Umsetzens der Drehbewegung in eine Hubbewegung für Windsägemühlen fand. Das bedeutete die Bewältigung eines für die damalige Zeit nicht unkomplizierten Problems. Stellen doch Sägegatter mit Windradantrieb infolge der langen Wege der Übertragung der Antriebsenergie – nämlich von der Flügelwelle hoch oben im Mühlenturm bis hinunter zur Sägemaschine – erheblich höhere technisch-mechanische Anforderungen an die Konstruktion als wassergetriebene Gatter. CORNELISZ sollte daher als Erfinder der Holzsäge-Windmühle gelten können. Die horizontale Drehbewegung der Flügelwelle wurde über das Kammrad und das Kron- oder Spindelrad in eine vertikale Drehbewegung der Königswelle übertragen, um unten im Sägeraum wieder in eine waagerechte Drehbewegung der Gatterantriebswelle zurückgeführt zu werden. Über den Krummzapfen oder die Kröpfung mit Pleuel schließlich wurde die Drehbewegung der Antriebswelle in die Auf- und Abbewegung des Sägerahmens umgewandelt.

Der Sägeraum von Windsägemühlen mit drehbarer Haube konnte entweder separat neben dem Mühlenturm stehen oder aber das untere Geschoß des Mühlengebäudes bilden, auf

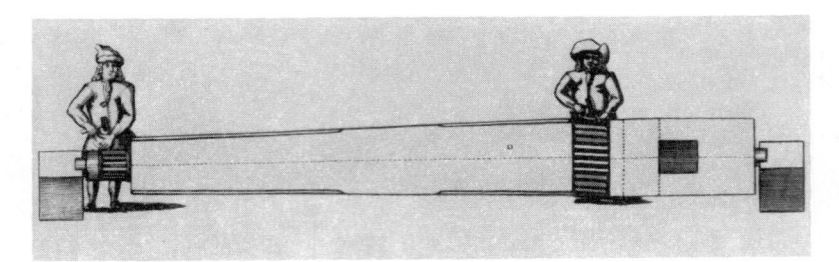

Bild 8/9. Flügelwelle einer großen Windsägemühle (Länge über 7 m, Durchmesser fast 80 cm). Dieses tonnenschwere Bauteil hatte seinen Platz in der Windmühlenhaube, 25 m und mehr über den Sägemaschinen.

dem der Turm errichtet war. In beiden Fällen bedurfte es bautechnisch nur sehr einfacher Sägeräume. Die Maschinen standen zu ebener Erde, da der Antrieb von oben erfolgte. Somit waren die Unterkellerung sowie die schiefe Ebene zum Heranbringen der Stämme und Blöcke, wie sie die Installierung wassergetriebener Sägegatter erforderte, hier nicht vonnöten.

Zu Beginn des 17. Jahrhunderts, nicht lange nachdem die Windkraft das erste Mal zum Betreiben von Sägegattern genutzt worden war, entwickelten holländische Mühlenbauer mit der Paltrockmühle einen neuen Mühlentyp, der sich bemerkenswert für den Einschnitt von Rundholz eignete und der deshalb schnelle Verbreitung im Sägegewerbe fand. Windsägemühlen mit drehbarer Haube wurden von da an mehr und mehr durch Paltrock-Sägemühlen ersetzt. Ihren Namen verdankt die Paltrockmühle der äußeren Ähnlichkeit mit einem charakteristischen Kleidungsstück der Pfälzer, die im 17. Jahrhundert nach Holland eingewandert waren und sich an der Zaan niedergelassen hatten.

Die Paltrock-Sägemühle ließ sich infolge ihrer charakteristischen Gestalt leicht und weithin von den anderen Mühlentypen unterscheiden. Zwar hatte der Mühlenturm, gleich einigen anderen Windmühlen, die Form einer vierseitigen abgestumpften Pyramide, doch der große Sägeraum, der im Turm nicht ausreichend Platz fand, ragte symmetrisch an zwei Seiten, einer Plattform gleich, weit über den Grundkörper der Mühle hinaus, abgestützt von starken Streben. Der Sägeraum lag mit seiner Längsachse stets rechtwinklig zur Flügelwelle. Er trug ein Dach, war aber ansonsten nach drei Seiten offen. Nur die dem Wind zugewandte Seite, die Seite zu den Flügeln hin,

Bild 8/10. Windmühlensägewerk. Die neben der Sägehalle aufgestellte mächtige Holländerwindmühle liefert die zum Betreiben der Bundgatter notwendige Energie.

war zugebaut. Außergewöhnlich zeigte sich auch die Turmhaube. Damit das große Kammrad hier ausreichend Platz fand, war sie nicht, wie man das von vielen anderen Windmühlen kennt, abgeschrägt, sondern nach vorn und hinten spitzbogenförmig gewölbt ausgebildet. Das Mühlengebäude bestand immer aus Holz. Es ruhte auf einem schweren, hölzernen Bockgestell und einem niedrigen, gemauerten Fundament, das ringförmig um den Bock verlief. Zwischen dem Fundament und der Unterseite des Mühlenturmes waren Rollenlager eingebaut. Auf diese Weise konnte das ganze Bauwerk mit der Handhaspel gedreht und damit das Flügelkreuz gegen den Wind gerichtet werden.

Paltrock-Sägemühlen lagen zumeist am Wasser. Die Stämme wurden als Flöße oder mit Schiffen oder Kähnen angelandet und über eine Rampe in den Sägeraum gefördert. Gleich nach dem Einschnitt brachte man das Schnittholz auf ebendiesem Weg zurück, um es mit Binnenkähnen weiterzutransportieren. Ob CORNELIS CORNELISZ auch als Erfinder der Paltrock-Sägemühle anzusehen ist, läßt sich heute wohl kaum noch in Erfahrung bringen.

Bild 8/12. Paltrocksägemühle in Zaandam

Bild 8/11. Paltrocksägemühle (Zeichnung von K. C. Langsdorf, 1828)

155

Windgetriebene Sägemühlen sind weniger an eine Örtlichkeit gebunden als Wassersägemühlen. Sie haben freilich auch Nachteile. Ihre Leistung ist direkt abhängig von der jeweiligen Stärke des Windes. Die Gatter laufen demzufolge ungleichmäßig, bald rascher, bald langsamer. Bisweilen bleibt das Triebwerk infolge mangelnder Antriebsenergie stehen. Darauf mußte bei der Konstruktion der Maschinen geachtet werden. Sägegatter mit drei Rahmen, das bewies die Praxis bald, wurden diesen Bedingungen am ehesten gerecht.

Doch auch bei Sturm ließ der erfahrene Windsägemüller seine Gatter stillstehen. Jetzt zu sägen stellte ein Wagnis dar. Zu schnell drehende Flügel konnten das Räderwerk heißlaufen lassen und die Mühle in Brand setzen. Überdies war dann die Belastung des Flügelkreuzes zu groß. Die Flügel konnten brechen und das Mühlengebäude mit der Wucht ihrer Drehung empfindlich beschädigen. Wechselte der Wind unversehens die Richtung um 180°, konnte es passieren, daß sich die Flügelwelle plötzlich rückwärts drehte und so alle Zähne des Getriebes abgeschert oder aber die Räder und Wellen gänzlich zerstört wurden.

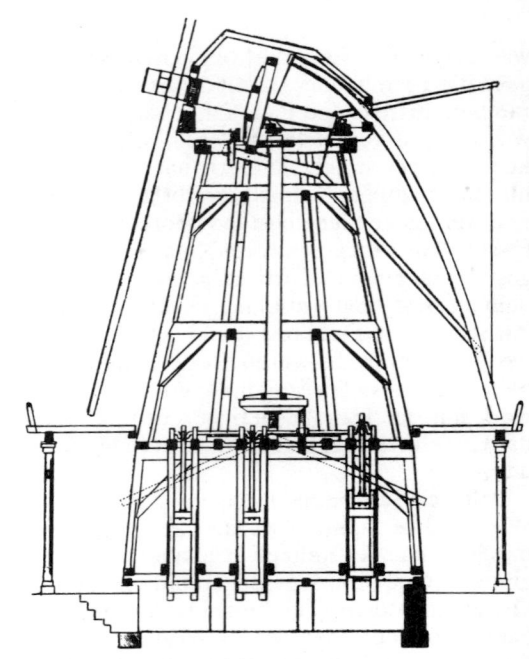

Bild 8/13. Große holländische Dreigatter-Windsägemühle auf einer Bauzeichnung von J.-A. Borgnis, 1818. Beeindruckend zeigt sich hier das Größenverhältnis zwischen der Kraftmaschine und den Arbeitsmaschinen.

Bild 8/14. Holländischer Ostindienfahrer in der Werft (Zeichnung von W. Hollar, 1647). Für den Bau eines solchen Schiffes, der etwa 8 Monate dauerte, wurden rund 1000 m³ Eichenholz benötigt.

Die zumeist auf exponierten Standorten errichteten Windsägemühlen prägen noch mehr als die Wassermühlen das Antlitz der Landschaft, in der sie standen. Mit ihrem bis zu 35 m hohen Turm und dem riesigen Windrad, das die Turmspitze noch um 20 m überragen konnte, stellten sie markante Bauwerke dar – zum größten Teil aus dem Werkstoff erbaut, dessen Zurichtung ihre Aufgabe war. Dem Auge nicht sichtbar, aber ebenso wichtig und in der Herstellung aufwendig waren die Mühlenfundamente. Nicht selten zeigte sich der Baugrund so weich, daß Steinfundamente allein nicht ausreichten. Dann mußten noch Pfahlgründungen angelegt werden, um die Standfestigkeit der Mühle zu gewährleisten. Welch eine Mühe, um die kaum anderthalb Meter langen Sägeblätter in Bewegung zu setzen! Doch der Aufwand lohnte sich. »*Es können 14 achtzigfüßige (24 m lange) Bretter auf einmal zerschnitten werden.*« /73/ Windsägemühlen, am richtigen Ort aufgestellt, blieben die leistungsfähigsten Sägemühlen für lange Zeit.

Nachdem alle technischen Voraussetzungen geschaffen waren, funktionierten die vom Wind angetriebenen Sägegatter bald ebenso zuverlässig, wie man das von den Gattern in den wassergetriebenen Sägemühlen seit langem kannte. Um den hohen Holzbedarf des Landes, besonders den der großen Städte, wie Amsterdam, Haarlem oder Leiden, zu decken, gaben die Staaten von Holland den Sägemüllern freies Windrecht. Damals erfuhr die niederländische Holzsägerei einen enormen, nahezu über zwei Jahrhunderte währenden Aufschwung. Das Gewerbe der holländischen Säger war vorwiegend in dem unweit von Amsterdam gelegenen Ort Zaandam zu Hause; doch fand man Windsägemühlen in größerer Zahl auch bei Amsterdam, Dordrecht und Middelburg. Allein in der Gerichtsbarkeit Zaandam ist für 1727 die stattliche Anzahl von über 250 Schneidemühlen genannt, die oftmals mit zwei und mehr Bundgattern arbeiteten. Etwas später zählte man in der »Zaangegend« sogar 350 solcher Windsägemühlen; 233 davon sollen Paltrockmühlen gewesen sein. Zur gleichen Zeit standen im Gebiet um Amsterdam 70 bis 80 Paltrock-Sägemühlen.[1] »*Amsterdam hat eine Windmühlenburg um sich, besonders sind der Sägemühlen sehr viele vor dem Utrechter Thore, die jedoch bey meiner Anwesenheit fast alle, wegen Mangel an Wind, feyerten.*« /73/

Obgleich die Anzahl der erhalten gebliebenen Windmühlen doch relativ groß ist – Paltrock-Sägemühlen sucht man heute fast vergebens. In den Niederlanden stehen noch einige dieser altehrwürdigen Zeugen der Holzsägerei aus längst vergangener Zeit, die mit sehr viel Mühe restauriert worden sind.

In den holländischen Windsägemühlen wurde einheimisches, aber wohl vor allem aus den Kolonien eingeführtes oder aus anderen Ländern importiertes Rohholz bearbeitet. Viele Stämme kamen zu Flößen gebunden den Rhein herab, aus dem Schwarzwald, oder mit Kauffahrern über die Nord- und Ostsee hinweg aus Norwegen und Nordwestrußland. »*Das gesägte Holz wird theils in Holland zum Schiffbau verbraucht, theils geht es in großen Quantitäten nach Westindien*« /73/. Holland hatte zu jener Zeit die Monopolstellung im Export gesägten Holzes inne.

Dieser auffallende Wechsel des Zentrums der Schnittholzerzeugung, wie vieler anderer Gewerke auch, von den vormals wirtschaftlich starken Ländern des südlichen Mitteleuropas nach den Niederlanden, war nicht zufällig; er hatte ebenso politische wie wirtschaftliche Ursachen. 1581 erlangten sieben niederländische Provinzen ihre Unabhängigkeit von Spanien; sie bildeten die »Generalstaaten« und damit eine Republik. Die erste bürgerliche Revolution hatte gesiegt. Die Niederländer eroberten ein riesiges Kolonialreich; sie wurden für einige Zeit zur ersten Handelsmacht der Erde, zum »Spediteur der Ozeane«. Im Lande erblühten Wissenschaft und Kunst. Eine wesentliche Voraussetzung dafür stellte die Handels- und Kriegsflotte dar. Zur Mitte des 17. Jahrhunderts befuhren nicht weniger als 35 000 Schiffe unter niederländischer Flagge die Weltmeere. Bei Amsterdam und Zaandam lagen die großen Werften, die von den vielen modernen Sägemühlen der Umgebung beachtliche Mengen Schnittholz für den Bau der Schiffe erhielten.

---

[1] 1707 wurden für das Gebiet um Zaandam insgesamt etwa 1200 Windmühlen gezählt; die meisten waren dafür bestimmt, Holz zu sägen, Wiesen und Sümpfe zu entwässern, Seen trockenzulegen (Poldermühlen) oder Stoffe zu verfilzen (Walkmühlen).

In den Jahren 1697 und 1717 besuchte Zar PETER I. diese damals führende europäische Handels- und Hafenstadt und ebenso das nahe Zaandam, um zu erfahren, wie nach »holländischer Manier« Hölzer bearbeitet und daraus Schiffe gebaut werden.[1] Während dieser seiner Studienbesuche in den Niederlanden, die hauptsächlich der Aneignung von Kenntnissen für die Schaffung der ersten russischen Hochseeflotte dienten, hat PETER I. tatsächlich an mehreren Schiffen selbst mitgebaut und gleichfalls an der Errichtung einiger Windmühlen tätigen Anteil gehabt, so an einer Turmmühle in Zaandam, die den Namen »De Grootvorst« (Der Großfürst) erhielt. Als er in seine Heimat zurückkehrte, folgten ihm holländische Mühlenbauer und andere Handwerker nach. In Rußland wieder eingetroffen, ließ PETER DER GROSSE bald viele windgetriebene Sägemühlen errichten. Sie produzierten bereits nach kurzer Zeit Schiffbau- und Bauschnittholz, das er für die Werften und Bergwerke sowie für den Bau seiner neuen, 1703 gegründeten Hauptstadt Sankt Petersburg in riesigen Mengen benötigte. Als Standort der Sägemühlen wählte der Zar zuerst die windreichen Küsten Nordwestrußlands und des südlichen Schwedens. Sie wurden dort – im Gegensatz zu den Wassersägemühlen – verbreitet als »trockene Mühlen« bezeichnet. Doch später sind sie auch in anderen klimatisch geeigneten Landesteilen zu finden. Bauweise und Funktionsprinzip der russischen Windsägemühlen waren anfangs noch deutlich dem »holländischen Modell« entlehnt.

Obwohl Windmühlen zumindest in den nordwestlichen Gouvernements des damaligen Rußlands bereits seit 1330 existierten, beispielsweise in den Gebieten von Riga oder Archangelsk, und danach auch in den südlichen Landesteilen, etwa auf der Krim, anzutreffen waren, so hatte doch der zweimalige Hollandaufenthalt PETERS I. mit dem Suchen, auf bessere Art und Weise Schnittholz zu erzeugen, gleichzeitig zu einer relativ starken Verbreitung der Windmühle im Zarenreich geführt. Denn nach nicht allzulanger Zeit nutzten noch andere Gewerke mehr als zuvor den Wind als Antriebskraft für ihre Maschinerien.

Es dauerte nur wenige Jahrzehnte, da mußte sich die holländische Holzsägerei der heftigen Konkurrenz der russischen Sägemühlen erwehren. Die niederländische Einfuhr von Rundholz und die Ausfuhr von Schnittholz nahmen nämlich rasch ab. Das veranlaßte 1752 die Generalstaaten, den Export von Mühlen oder Mühlenteilen bei Strafe des Verlustes der Bürgerrechte zu untersagen.

Als dann das aufstrebende bürgerlich-kapitalistische England sich anschickte, den Weg zur ersten Industriemacht der Welt anzutreten und damit einhergehend die Vorherrschaft auf den Weltmeeren zu übernehmen, verfiel im Verlaufe der zweiten Hälfte des 18. Jahrhunderts die Wirtschaft der Niederlande zunehmend in Stagnation. Die Niederlande hatten ihre Vormachtstellung eingebüßt. *»Von dieser Zeit an verminderte sich die Anzahl der Sägemühlen. Innerhalb von 30 Jahren wurden bloß zu Zaandam mehr als hundert Balken-Sägemühlen abgebrochen. Überdies fehlte es vielen an Arbeit. Zum Glück hat dieses Niederreißen aufgehöret.«* /17/

---

[1] Motiv und historischer Hintergrund der von Albert Lortzing geschaffenen volkstümlichen Spieloper »Zar und Zimmermann« (1837).

Bild 8/15. Peter der Große als Zimmermann mit der Axt in der Hand in Holland

Bild 8/16.
Windgetriebene Dreigattersägemühle. Dieses leistungsfähige Werk wurde um 1700 von der Holländisch-Ostindien-Kompanie in Amsterdam errichtet. Der Mühlenturm steht auf der Sägehalle. Deutlich ist der lange Weg der Energieübertragung von der Flügelwelle bis zu den Gattern zu erkennen.

Verheerende Auswirkungen auf die Schnittholzerzeugung im Lande hatte schließlich ein 1780 von England ausgesprochenes Verbot, das die Einfuhr gesägten Holzes in das Inselreich nicht mehr zuließ. Das führte letztendlich zum Niedergang der Holzsägerei in Holland, so auch in Zaandam.

Kein Zweifel fügt sich ein – die Niederländer haben im 17. und 18. Jahrhundert viel zur Verbesserung und Verbreitung der Sägemaschinen beigetragen. Sie waren damals führend im Bau windgetriebener Sägemühlen. Von ihnen stammen die spektakulären Neuerungen für das Holzsägen in dieser Zeit, ohne daß jedoch die Vermutung, sie könnten damit die Erfinder des Bundgatters sein, durch Quellen exakt verbürgt ist. Der hohe technische Stand dieser von den Meistern der holländischen Mühlenbaukunst geschaffenen Sägegatter fand gleichsam darin seine Bestätigung, als sowohl wind- als auch wassergetriebene holländische Maschinen von England importiert sowie von den Einwanderern in Amerika zur Erschließung des neuentdeckten Landes in größerer Anzahl verwendet worden sind. *»1626 wurden im Staate Neu Amsterdam (New York) 3 Sägemühlen von der Holländisch Westindien Kompanie errichtet. Damit begann die Geschichte der mechanischen Holzbearbeitung in diesem Staat. 1701 arbeiteten bereits 40 Mühlen in der Provinz.«* /94/ *»Die von den Holländern gebauten Mühlen konnten in einer Stunde mehr Holz sägen als zehn Männer an einem Tag.«* /221/

Zu den ersten in Nordamerika betriebenen Sägemaschinen holländischer Herkunft gehörten Einblattgatter, die keinen Sägerahmen hatten. Das Pleuel war direkt mit dem in seitlichen Führungen laufenden Sägeblatt verbunden. Gespannt wurde das Blatt von einer an seinem oberen Ende befestigten federnden Stange. Diese Konstruktion erinnert an VILLARDS Gatterdarstellung von 1230. Als Nachfahre des rahmenlosen Sägegatters hat im 19. Jahrhundert in den USA die »Mulaysäge« ziemliche Verbreitung erlangt.

Die holländischen Mühlenbauer galten gleichzeitig als Lehrmeister für englische, norwegische, portugiesische sowie deutsche Mühlenbauer, die dieses Handwerk in Holland erlernten. Als FRIEDRICH II. 1752 wissen wollte, ob in Ostfriesland Sägemühlen vorhanden sind, ergaben die Recherchen, daß in diesem Gebiet sechs Windsägemühlen, mutmaßlich Paltrockmühlen, arbeiteten. Holländische Windsägemühlen waren schon Ende des 17. Jahrhunderts in Hamburg und Berlin anzutreffen. Erkundungs- sowie Eroberungsfahrten der Niederländer taten ein übriges, um die holländische Kunst des Mühlenbaues in anderen Kontinenten zu verbreiten. Um so mehr verwundert es, wenn man hört, daß eine im Jahre 1714 bei Augsburg errichtete windgetriebene Gattersäge – allerdings mit waagerecht angeordnetem Flügelkreuz – bald wieder stillgelegt werden mußte, da sie die Konkurrenz mit den örtlichen Wasserradmühlen nicht durchhalten konnte.

Seit dem 17. Jahrhundert wurden auch in anderen nördlich gelegenen Ländern Europas mehr und mehr Bundgatter betrieben. In England errichtete ein Holländer 1633 nahe London das vermutlich erste Bundgattersägewerk in diesem Land.[1] Und in Schweden soll ein Gatter mit mehreren Sägen im Einhang 1653 gebaut worden sein – indes in weiten Gebieten Mitteleuropas, so auch in Deutschland, noch über lange Zeit das Venezianergatter dominierte. *»In Deutschland, wo man das Holz nicht sonderlich achtet, habe ich dergleichen Sägemühlen mit 6, 8, 9 Sägeblättern nicht angetroffen. Wäre aber bey uns die holländische Art Bretter zu schneiden einmal hergebracht, so würden wir, wie jene, aus jedem Sägeklotz 1, 2, 3 Bretter mehr erhalten können, dessen Stoff dermalen noch in unnüze Späne gerissen wird.«*

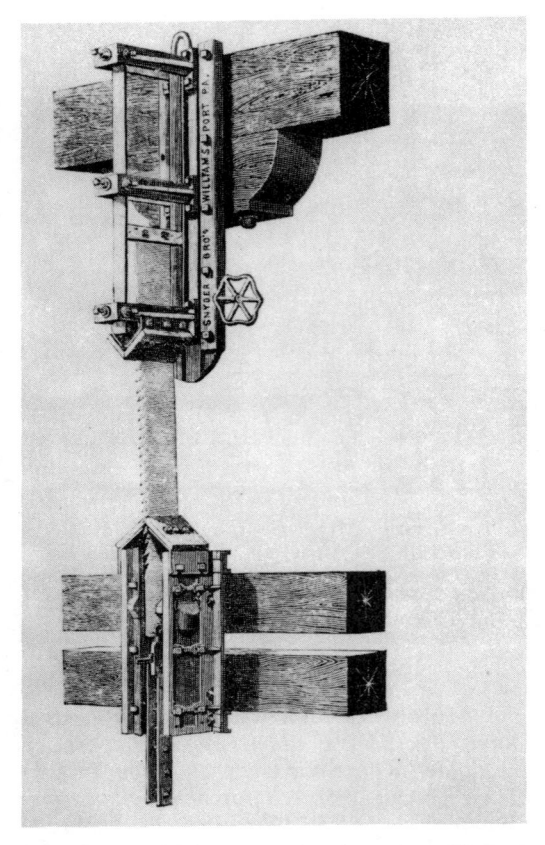

Bild 8/17. Die Mulaysäge – ein rahmenloses Sägegatter

Bild 8/18. Moderne Viergattersägemühle aus dem 17. Jh. als Motiv für eine Studie des Malers G. A. van Wittel (1653 bis 1736)

---

[1] Das englische Parlament stellte sich der Verbreitung der Sägemühlen lange entgegen, beeinflußt von dem Bedenken, die Sägemaschine würde viele Handsäger mit ihren Familien ruinieren.

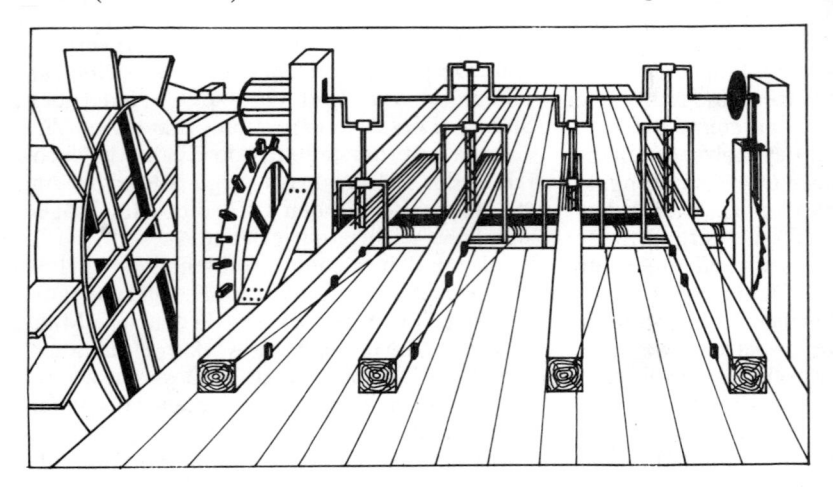

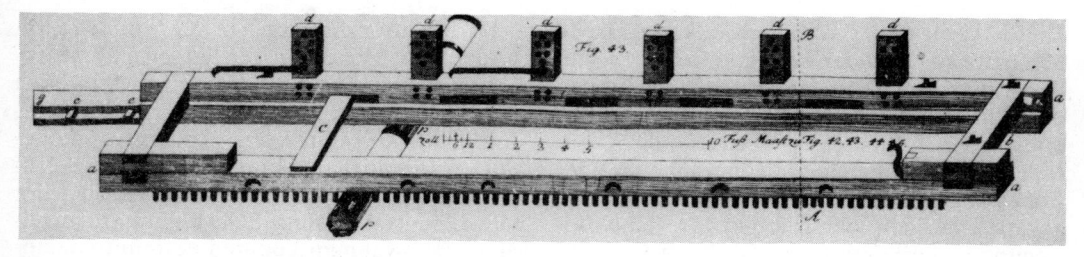

Bild 8/19. Blockwagen mit Zahnstangentrieb für ein Bundgatter

Dieser territoriale Unterschied in der Anwendung des technischen Fortschritts führt die Gedanken voraus bis in das Jahr 1852 zu einer an der damaligen Königlichen Bauakademie zu Berlin über den Stand der Technik bei der Schnittholzherstellung gehaltenen Vorlesung, die selbst noch zu dieser Zeit, da Dampfsägewerke bereits von sich reden machten, den »Roßschneidemühlen«, den von Tieren über Göpel angetriebenen Gattersägen, einen gehörigen Platz einräumte: »*Es tritt demnach an die Stelle des Wasserrades wieder das Roßwerk. Die erforderliche Kraft ist gleich der von 4 Pferden; leichtere Gatter dürften jedoch bei mäßiger Geschwindigkeit auch wohl nur die Kraft von 3 Pferden erfordern.*« /270/

Die Bundgatter der ersten Generation entsprachen im konstruktiven Aufbau und in der Funktionsweise – sieht man von dem Oberantrieb an Gattern in Windmühlen ab – noch weitgehend dem Venezianergatter, jener Maschine, die als Einblattgatter gegen Ende des 16. Jahrhunderts ihren höchsten technischen Stand erreicht hatte. Auch nahezu alle Bauteile des Bundgatters, wie etwa das Maschinengestell oder der Sägerahmen, ja selbst die meisten Mechanismen für die Kraftübertragung und den Blockvorschub, bestanden aus Holz. Und noch immer besaß man keine Kenntnis von dem Vorschubmechanismus mit Einzugswalzen. So konnte nach wie vor auf den großen, rahmenförmigen Blockwagen, der das Holz zugleich festhielt und gegen die Sägeblätter förderte, nicht verzichtet werden. Damit blieb der doch recht beträchtliche Anteil unproduktiver Zeit während des Blockwechsels bestehen. Denn der Stamm konnte noch nicht vollständig durchschnitten werden, da am Stammende der sogenannte »Kamm«, der die Bretter noch zusammenhielt, zum Schutz von Sägeblatt und Blockwagen stehenbleiben mußte. Das zwang dazu, den Blockwagen mit dem eingeschnittenen Stamm durch den Rahmen zurückzutransportieren. Erst danach war es möglich, die Bretter mit Keilen vollständig voneinander zu trennen, sie vom Wagen zu nehmen und einen neuen Block aufzulegen.

Das mit dem Sägenbund sofort auftretende Problem der Fixierung des Abstandes der Sägeblätter im Rahmen entsprechend den gewünschten Brettdicken wurde mit Distanzbeilagen aus Eichenholz und metallenen Keilen gelöst. In der Bemessung der Distanzbeilagen fand bereits das infolge der Dickenschwindung des Holzes notwendige Übermaß ebenso Berücksichtigung wie die jeweilige Schrankweite der Sägezähne. Übrigens verbrauchte im 18. Jahrhundert, als bereits legierter Stahl bekannt war, ein schweres Bundgatter jährlich etwa 50 Sägeblätter.

Mit der Erfindung des Bundgatters und der konstruktiven Vervollkommnung der Maschine bis zur Eignung für die industriemäßige Anwendung erschöpfte sich also im Grunde genommen die Weiterentwicklung der Sägemaschinen im 17. und 18. Jahrhundert – abgesehen von Detailverbesserungen. Aus heutiger Sicht kann vornehmlich der damals zum Fortbewegen des Blockwagens eingeführte Zahnstangentrieb als eine über lange Zeit bleibende Neuerung gewertet werden, die allerdings im wesentlichen wohl nur die Funktionssicherheit, weniger die Leistung des Gatters erhöhte.

Dieser verbesserte, technisch unkomplizierte Mechanismus, der den Seil- und Kettenzug ablöste, beruhte darauf, daß an den Langbäumen des Blockwagens angebrachte Zahnstangen und in die Zahnstangen eingreifende Zahnräder die Kraftübertragung übernahmen. Der Zahnstangentrieb von wassergetriebenen Sägegattern erhielt die Energie für seine Bewegung in herkömmlicher Weise diskontinuierlich vom Sägerahmen übertragen. An windgetriebenen holländischen Sägemühlen dagegen ist eine erste Form des kontinuierlichen Vorschubs zu finden. Hier nämlich wurden die Zahnstangen über ein Kammrad direkt mit der Antriebswelle verbunden. Bestrebungen zu damaliger Zeit, Bundgatter mit zwei Sägerahmen oder den Rahmen mit zwei Sägenbunden auszurüsten, um zwei Blöcke gleichzeitig einschneiden zu können, zeugen wohl auch in diesen Jahrhunderten von dem Wollen, den neu erworbenen Stand der Technik bis an seine Grenzen zu nutzen, konnten sich in der Praxis jedoch nur wenig durchsetzen.

Bild 8/20. Paltrocksägemühle mit zwei schweren Bundgattern, um 1735. Das Bauwerk maß in der Höhe 33 m. Gut ist die Anpassung der Form der Mühlenhaube an das große Kammrad (Durchmesser 5,5 m) zu erkennen. Die Königswelle fehlt; über 10 m lange Pleuelstangen verbinden die Kurbelwelle mit den Sägerahmen.

Dauerhafter dagegen war die von den Holländern für Mühlen mit Windantrieb entwickelte Technik, bei der drei Bundgatterrahmen gemeinsam von einer bis zu 400 kg schweren, dreifach gekröpften eisernen Kurbelwelle bewegt wurden, um so einen energiespeichernden Effekt und damit einen runden Lauf der Maschine selbst ohne Schwungrad zu erreichen. Die Rahmen konnten getrennt voneinander betrieben werden. Derartige Sägegatter erreichten Drehzahlen von 60 bis 80 U/min. Die Holländer bauten für geeignete Standorte aber auch Holzsägemühlen, die, je nach Erfordernis, entweder mit Wind- oder mit Wasserkraft zu betreiben waren. Dieser äußerlich eigenwillig anmutende Mühlentyp war bautechnisch so konstruiert, daß die Wassermühle die darüber errichtete Windmühle trug. Solche Mühlen, die von einer Kraftquelle auf die andere umgeschaltet werden konnten, hießen vielerorts Wasserfluchtmühlen. Sie hatten ein zweifaches Triebwerk, das Windrad und das Wasserrad, mit jeweils getrennter Mechanik für die Kraftübertragung. Die ersten, Anfang des 17. Jahrhunderts von den Niederländern nach Nordamerika exportierten Sägemühlenausrüstungen waren dergestalt konstruiert. Das spricht neben dem Wissen um die begrenzte Zuverlässigkeit der Naturkräfte gleichzeitig für ein ausgeprägtes ökonomisches Denken der ersten amerikanischen Sägemüller. So waren sie nicht mehr nur von einer Kraftquelle abhängig, sie konnten bei Bedarf von der anderen Gebrauch machen und damit Produktionsausfall vermeiden.

Mit anderen Windmühlen war es möglich, über ein einziges Triebwerk verschiedene Werkzeuge in Bewegung zu setzen. Beispielsweise existierten Mühlen, die gleichzeitig sowohl Holz sägen als auch Getreide mahlen und dazu noch Öl aus Samen pressen konnten. Von wassergetriebenen Mühlen sind derartige kombinierte Techniken, wenngleich in einfacherer Form, ebenfalls überliefert. Aber weder die kombinierten Mühlen noch die Wasserfluchtmühlen erlangten größere Verbreitung.

Dagegen waren spätestens seit Anfang des 18. Jahrhunderts mancherorts Sägemühlen anzutreffen, deren konstruktiv-technische Gestaltung bereits so ausgereift war, daß sie mit nur einem Triebwerk, einerlei ob mit Wasser- oder Windrad, zwei und mehr Bundgatter in Bewegung setzen konnten.

Ein Sägewerk, das das höchste technische Niveau der Herstellung von Schnittholz im ausgehenden 18. Jahrhundert repräsentierte, war die wiederaufgebaute »Stansfieldmühle« im englischen Limehouse. Hier kann man bereits von Ansätzen zu einer kompletten Einschnittechnologie sprechen, denn neben den Sägegattern waren noch Mechanismen für die Vorbereitung und den Transport des Rundholzes vorhanden. Der hohe technische Stand dieser Anlage veranlaßte damals die »Gesellschaft zur Aufmunterung der Künste, Manufacturen und Handelschaft«, die Anlage als technische Spitzenleistung anzuerkennen und sie auf der Londoner »Ausstellung von nützlichen Maschinen, Entdeckungen und Verbesserungen in den Manufacturen« – der bedeutendsten Ausstellung für den Fortschritt der Technik zu jener Zeit – in Form eines detailgetreuen Modells der Fachwelt vorzustellen.

Die neue Stansfieldmühle wurde um 1770, also ganz am Beginn der industriellen Revolution, konstruiert und gebaut. Deshalb waren die maschinellen Ausrüstungen auch dieser Anlage fast ausschließlich aus Holz gezimmert, und als Antrieb mußten noch immer die Naturkräfte dienen. Aus der Gesamtkonzeption des Sägewerkes ist unschwer abzulesen, daß ihr Konstrukteur, JAMES STANSFIELD, das Handwerk zum Bau und Betreiben von Sägemühlen in den Niederlanden erlernt hatte, wenngleich er auch nicht das Windrad, sondern das Wasserrad als Triebwerk wählte.

Die Stansfieldmühle war eine Mehrgatteranlage. Drei von einer gemeinsamen Hauptwelle angetriebene Bundgatter boten allein schon die Gewähr, daß die Einschnittleistung an die modernen holländischen Dreirahmen-Windsägemühlen heranreichte. Hinzu kam – wohl erstmals in der langen Geschichte der Sägemühle überhaupt – eine im Kellergeschoß des Mühlengebäudes untergebrachte mechanische *»Säge, welche nur die Bäume quer oder übers Hirn entzwey zu schneiden gebraucht wird«* /9/. Diese Säge war somit nicht für den Einschnitt, sondern lediglich dazu bestimmt, das zeit- und kraftaufwendige Zerteilen der

Bild 8/22. Vom Gatterrahmen aus angetriebener Kran zum Heben der Stämme auf den Blockwagen (Stansfieldmühle)

Bild 8/21. Die Stansfieldmühle – dargestellt um 1770 von W. Bailey

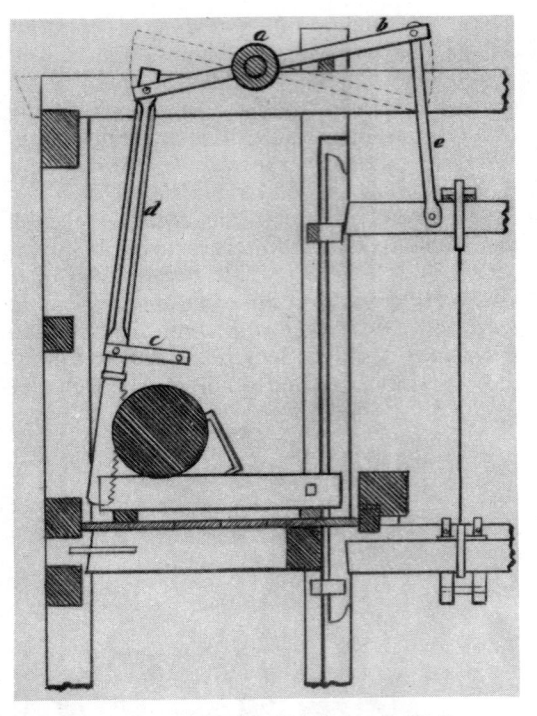

Bild 8/23. Erste maschinelle Querschnittsäge zum Ablängen der Stämme zu Sägeblöcken

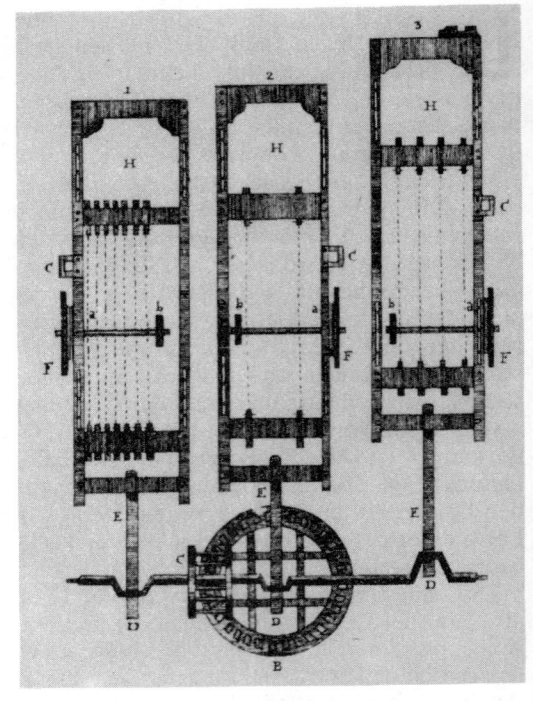

Bild 8/24. Das Dreirahmen-Sägeaggregat der Stansfieldmühle

Stämme in Sägeblöcke zu mechanisieren. Das gespannte Sägeblatt wurde vom Rahmen eines der drei Gatter über einen zweiarmigen Hebel auf und nieder bewegt und mit Bleigewichten gegen den ruhenden Stamm gedrückt. Nicht allein von der Zweckbestimmung her, sondern ebenso hinsichtlich der Konstruktion und der Funktionsweise kann die Querschnittsäge in der Stansfieldmühle – das ist bemerkenswert – durchaus als der Vorläufer der Rundholz-Ablängstation heutiger Sägewerke betrachtet werden. Obgleich da und dort seit langem versucht worden war, mechanische Hebezeuge für die Beschickung des Gatters zu nutzen, so stellt der Kran in der Stansfieldmühle dennoch eine bedeutsame technische Neuerung dar. Denn bis dahin war es zumindest in Wassersägemühlen nicht gebräuchlich, die Seilwinde mit dem Flaschenzug zu kombinieren oder gar das Hebezeug technologisch in den Produktionsablauf einzubeziehen. Alle Mechanismen – die drei Bundgatter mit ihren Blockwagen, die Ablängstation und der Kran – waren zum Zwecke ihres Antriebs über ein sinnreiches und kunstvolles System meist hölzerner Räderwerke, Gestänge, Hebel, Wellen, Kurbeln sowie durch Seile mit dem großen, oberschlächtig angetriebenen Wasserrad verbunden, das allein die gesamte Antriebsenergie bereitstellte.

Sicher nicht zu Unrecht war die Stansfieldmühle als hervorragende technische Leistung ihrer Zeit das Vorbild für die Ausführung ähnlicher Projekte in noch anderen Ländern. Die von diesem Sägewerk erhalten gebliebenen Dokumente sind als Aussage zur Entwicklung der Produktionsinstrumente für die Erzeugung von Schnittholz von besonderem Wert, bewahren sie doch bis in unsere Zeit exakte Kenntnisse über die Technik und Technologie frühkapitalistischer Produktionsweise in einer Einschnittanlage, die die letzte technische Stufe vor dem Dampfsägewerk verkörpert.

Im schwedischen Karlskrona hat an der Wende zum 19. Jahrhundert eine wasserradgetriebene Sägemühle gestanden, »*die wohl die* stärkste Sägemühle in Europa, ja vielleicht die stärkste Wirkung eines vom Wasser getriebenen Rades gewesen ist«. Sechs Sägerahmen mit je zwölf Sägeblättern im Einhang wurden von einer dreifach gekröpften Kurbelwelle bewegt, »so daß man diese sechs Rahmen wirklich zwey und siebenzig Schnitte auf ein Mal thun sieht« /229/.

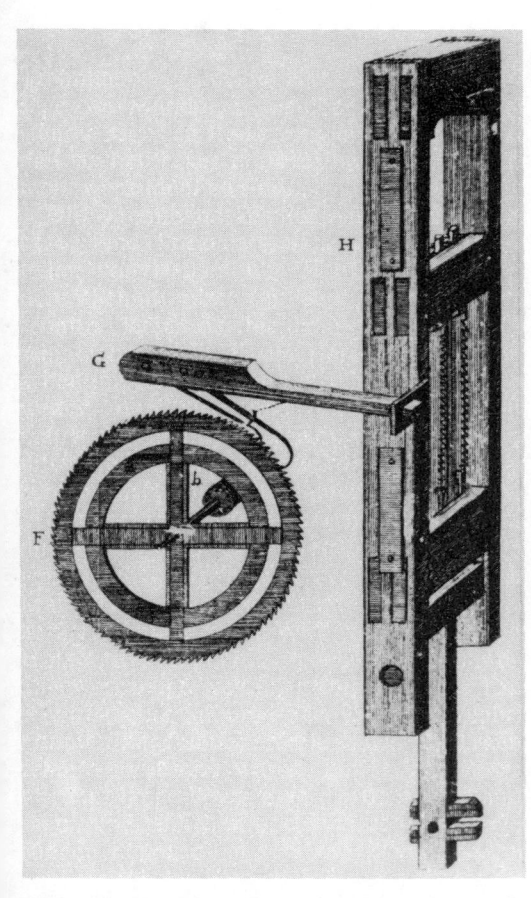

Bild 8/25. Detaildarstellung eines Sägerahmens der Stansfieldmühle mit seitlicher Vorschubableitung

Mit der Einführung des Bundgatters konnte die Arbeitsproduktivität in dem Gewerbe der Schnittholzerzeugung beinahe sprunghaft gesteigert werden. Bereits einfache Bundgatter, die lediglich mit einem zweiten Sägeblatt ausgerüstet wurden, brachten eine Leistung, die bis zu 50% über der des Venezianergatters lag. So konnten mit derartigen Maschinen, ohne daß an dem Mechanismus Wesentliches verändert oder mehr Wasser zugeführt worden wäre, an einem Arbeitstag, also in zwei 12-Stunden-Schichten, mindestens 50 Bretter mehr als mit dem Einblattgatter erzeugt werden. Diese höhere Leistung resultierte in nicht unbedeutendem Maße aus der nun möglichen Verringerung der Hilfszeiten. Und Bundgatter, die mit sechs Sägeblättern arbeiteten, erreichten sogar 17 m^2 Schnittleistung je Stunde; das entspricht etwa der zweieinhalbfachen Leistung des Venezianergatters oder der zehnfachen Leistung, die mit der Schrotsäge zustande zu bringen war. In der Tat eine beeindruckende Steigerung der Produktivität menschlicher Arbeit, obzwar die Schnittleistung je Sägeblatt nur noch 50% gegenüber dem Einblattgatter betrug. Sägewerke vom Typ der Stansfieldmühle mochten, wenn man unterstellt, daß jedes der drei Bundgatter mit vier Sägeblättern ausgerüstet war und der übliche zweimal 12-stündige Schichtrhythmus eingehalten werden konnte, bei gemischtem Erzeugnissortiment etwa 4500 m^3 Schnittholz im Jahr produziert haben.

Weder die großen holländischen Windsägemühlen noch die nach der Art der Stansfieldmühle produzierenden wassergetriebenen Einschnittanlagen lassen sich mit der Venezianermühle aus vergangener Zeit gleichsetzen. Sie unterscheiden sich von dieser traditionellen Produktionsstätte grundlegend, und zwar nicht nur in ihrem äußeren Erscheinungsbild und hinsichtlich des Grades der Mechanisierung. In diesen Sägewerken war auch eine völlig andere, eine neue Form der Organisation der Arbeit zu finden; Sägemüller und Mühlknecht gehörten der Vergangenheit an. Hier wurde Schnittholz beinahe fabrikmäßig produziert. Bei den modernen Sägemühlen des 18. Jahrhunderts handelte es sich bereits um eine niedere Form des kapitalistischen Industriebetriebes. Folglich waren mit dem Entstehen großer Bundgattersägemühlen auch in der Schnittholzerzeugung erstmals vom Unternehmer abhängige Lohnarbeiter in größerer

Zahl anzutreffen, die in enger Zusammenarbeit, in ständiger wechselseitiger Beziehung ihr zwölfstündiges Tagewerk verrichteten.

Gleich zu Beginn der mit dem Bundgatter ausgelösten industriemäßigen Produktion von Schnittholz verzeichnet die Geschichte erste Anzeichen von Maschinenstürmerei – zunächst in dem damals wirtschaftlich aufstrebenden England. Nachdem 1633 ein Holländer unweit von London eine windgetriebene Bundgattermühle aufgebaut hatte, verweigerten ihm die Säger den Dienst. Die Mühle bedrohte ihre Existenz; sie mußten um ihren Arbeitsplatz bangen. Es kam zum Aufruhr, und der Mühlherr sah sich genötigt, die Gatter stillzulegen. In ähnlicher Weise gingen in den ersten Jahren des 18. Jahrhunderts Arbeiter gegen den Bau solcher Mühlen vor. Und als sich 1767 ein reicher englischer Holzhändler vom Mühlenbaumeister STANSFIELD die erste große Windsägemühle bei Limehouse errichten ließ, wurde das Gebäude bald darauf von Handsägern wieder niedergerissen, weil sie die Ursache für ihr kärgliches Dasein noch in der Maschine selbst, nicht aber in deren kapitalistischer Anwendung sahen.

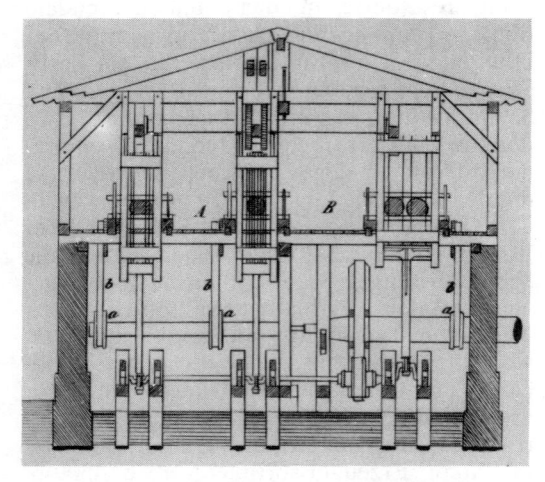

Bild 8/26. Große wassergetriebene Bundgattersägemühle, ausgerüstet mit zwei Einrahmengattern und einem Doppelgatter

9. Gelehrte befassen sich mit Sägemaschinen

Als sich im 17. und 18. Jahrhundert von England ausgehend die »Aufklärung« als geistige Emanzipationsbewegung des fortschrittlichen Bürgertums gegen die überlebten, aber noch herrschenden Anschauungen und Institutionen des Feudalismus über Europa verbreitete, war damit auch ein Aufschwung in der Technik verbunden.[1] Wissenschaftsorientiertes, zumeist rationalistisch geprägtes Denken begann allmählich das empirische Suchen nach neuen Erkenntnissen zu verdrängen. Die Maschinentechnik entwickelte sich in jener Zeit zur eigenständigen Disziplin. Sie stand von da an gleichberechtigt neben solchen Fachgebieten wie dem Bauwesen, dem Bergbau oder der Landwirtschaft. Ein neuer Typ des Technikers bildete sich heraus, der als Konstrukteur und Mechaniker die fachlichen Eigenschaften des nach Erfahrungsregeln arbeitenden Handwerkers – etwa des Mühlenbauers – und viel von dem theoretischen Wissen eines Gelehrten in sich vereinte.

Die Techniker und Ingenieure aus der Zeit der Aufklärung bedienten sich moderner Arbeitsmethoden. Sie bemaßen die Eignung von Maschinen, Apparaten oder Geräten erstmals nach dem Wirkungsgrad und beurteilten technische Leistungen nach solchen Kriterien wie Kraftbedarf, Funktionssicherheit oder auch Kosten. An der Renaissancetechnik kritisierten sie vornehmlich den Ballast an Verzierungen oder überflüssiger Mechanik und ebenso die Gepflogenheit, antike Überlieferungen unbesehen zu übernehmen. So zweckmäßig wie die angestrebten technischen Lösungen, so sachlich und nüchtern zeigten sich auch die Formen, die die Konstrukteure zur Darstellung und Beschreibung ihrer Entwürfe gebrauchten. Die bildhaft wirkende Perspektivdarstellung ganzer Maschinen, die bis dahin die ausschließlich angewendete Art der zeichnerischen Wiedergabe technischer Ideen war, wurde zunehmend von maßstabgerechten

Bild 9/1. Dieses kunstvoll gestaltete Titelbild stellte der Mühlenbaumeister Pieter Linperch seinem 1727 zu Amsterdam gedruckten Mühlenbuch voran. Linperchs Werk gehört zu den historischen Dokumenten, die die Arbeitsmethoden der Ingenieure und Mühlenbaumeister sowie den hohen technischen Stand im Sägemühlenbau zu Beginn des 18. Jh. bezeugen.

---

[1] Die Aufklärung, deren Entstehen insbesondere von der Entwicklung der Produktivkräfte und des Handels im 15. und 16. Jahrhundert sowie von den bedeutenden geographischen Entdeckungen in dieser Zeit herzuleiten ist, beruht ideengeschichtlich auf dem frühbürgerlichen Humanismus, der Reformation und dem Rationalismus des 17. Jahrhunderts.

technischen Zeichnungen abgelöst. Damit verzichtete man zugleich auf den bislang an Maschinenbildern üblichen Zierat, der für das Verstehen einer Konstruktion ohnehin nicht von Bedeutung ist, ihre Vorzüge und Wirkprinzipien eher noch verdecken kann. Notwendige, die Zeichnungen ergänzende textliche Erläuterungen wurden in eine schlichte Sprache gefaßt, die auch dem Arbeiter in der Werkstatt verständlich war. All das festigte die Stellung des Ingenieurwesens und förderte die Entwicklung und Leistungsfähigkeit des Maschinenbaues spürbar. Die Holzbearbeitung, noch immer eines der wichtigsten Gewerke, blieb davon nicht ausgeschlossen. Der hier und in dieser Zeit erreichte technische Fortschritt war ein Ergebnis dieser Entwicklung.

Einer der bedeutendsten Ingenieure, die sich auch auf dem Gebiet der Holzbearbeitung mit neuen Arbeitsmethoden um den technischen Fortschritt bemühten, war JACOB LEUPOLD (1674 bis 1727). Er forderte, daß der Techniker als »*Practicus im Gegensatz zum Theoreticus oder Empiricus eine Maschine würcklich anzugeben und auszuführen weiß.*« /188/ Bleibende Anerkennung erwarb sich LEUPOLD mit seinem »Theatrum Machinarum«, einer in zehn Bänden angelegten Enzyklopädie, die die Technik des Baues von Wasserkünsten, Hebezeugen, Brücken, Mühlen sowie die Rechen- und Meßkunst umfaßt. Er wandte sich mit diesem Werk, wie er selbst schrieb, an die »*Künstler, Handwerker und dergleichen Leute, die keine Sprachen oder andere Studia besitzen und dennoch dieser Fundamenten am allermeisten benötigt sind, nicht etwa zur Kuriosität, sondern weil sie würcklich sich solcher Maschinen bedienen, ja dieselben bauen und brauchen müssen.*« /188/ Und er verhehlte dabei nicht seine Bedenken: »*Dahero noch täglich sich viele neue Künstler und Inventionsmeister finden, die lauter Wunderwerke zu machen wissen, und Krafft ohne Krafft auszuüben, oder mit einem Pfund soviel wie mit zweyen thun wollen, ja gar das Perpetuum mobile ist ihnen ein geringes. Aber alles dieses närrische Zeug und Windmacherey entstehet blos daher, weil diese Leute kein Fundament haben und Krafft, Last und Zeit nicht zu berechnen wissen. Aus eben dieser Ursach sind*

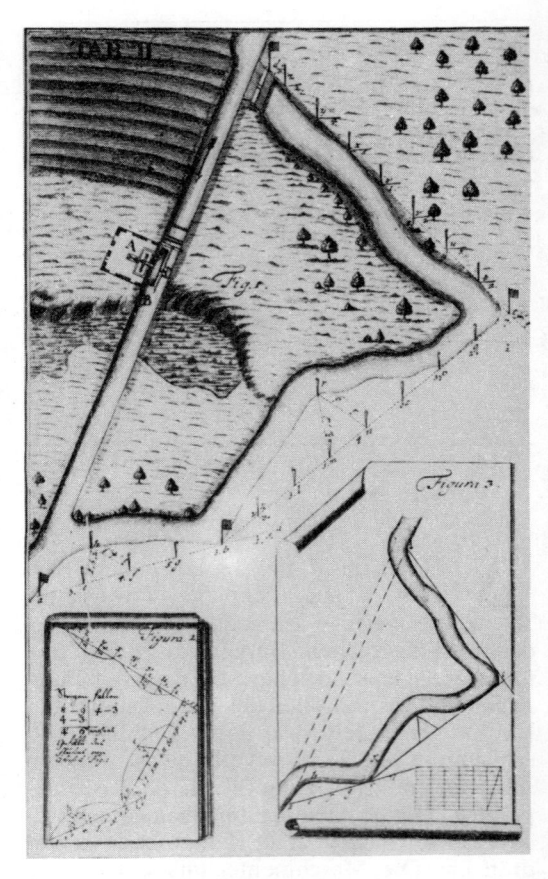

Bild 9/2. Lage- und Höhenplan für eine Wassersägemühle – gezeichnet von J. Leupold

so viele Mißgeburthen an Maschine entstanden.« LEUPOLD lehrte deshalb die Handwerker, »*wie sie eine gegebene Krafft anzuordnen haben, damit alles bei den ausgetheilten Maschinen seine nöthige Proportion, Stärcke und Bequemlichkeit erlange.*« /188/

Im Band 9 der LEUPOLDschen Enzyklopädie, dem »Theatrum Machinarum Molarium oder Schauplatz der Mühlenbaukunst«, der erst 1735 – also nach dem Tod LEUPOLDS – von dessen Schüler JOHANN MATTHIAS BEYER herausgegeben werden konnte, haben die Sägemaschinen ihren Platz gefunden. Hier wird in dem Kapitel »Von den Säge- oder Schneidemühlen« in exakten Aufrissen neben anderer Holzbearbeitungstechnik auch ein vollentwickeltes Venezianergatter mit Blockaufzug vorgestellt, an dem der bislang übliche Seil- oder Kettentrieb zur Bewegung des Blockwagens durch den Zahnstangentrieb ersetzt worden ist.

Neu zeigte sich gleichfalls die Art und Weise der Darbietung von Erkenntnissen. Neben den technischen Zeichnungen fanden die Handwerker nun auch ausführliche schriftliche Anleitungen, die ihnen den Bau einer Sägemaschine doch wesentlich erleichtern halfen. LEUPOLDS Erläuterungen für den Sägemühlenbauer reichen von empirischen Regeln zur Gestaltung des Wasserrades über Ratschläge zur »gehörigen Proportionierung« des Räderwerks bis zu Hinweisen zum Einhängen der Sägeblätter und zum Einrichten der Stämme auf dem Blockwagen.

Die Problematik um das Bundgatter war zu jener Zeit zumindest für Wassersägemühlen noch keineswegs gelöst. So erstaunt es kaum, wenn sich LEUPOLD als progressiver Ingenieur mit dieser modernen Sägemaschine eingehend beschäftigte und wenn er die Ergebnisse seiner Arbeit – deren Richtigkeit sich bald danach erweisen sollte – im »Schauplatz der Mühlenbaukunst« anderen zu vermitteln suchte. Dort ist als Fazit seiner Überlegungen und Versuche u. a. zu lesen: *»Es haben sich einige seit vielen Jahren her aber umsonst bemühet, die Säge-Mühlen mit so viel neben einander gestellten Sägen anzulegen, daß dadurch ein gantzer Block in so viel Breter, als seine Stärcke austräget, auf ein mahl geschnitten werden könne. Weil es nun unseres Wissens noch keinen gelungen, so wollen wir kürtzlich, wie nemlich die Sache anzufangen, einige Vorschläge thun:*

Erstlich muß man der Maschine mehr Krafft geben, d. i. das Wasser-Rad muß doppelt weit sein, und auch zwey mahl soviel Wasser, als eine einfache Säge-Mühle haben.

Vors andere muß man die Säge-Blätter schwächer machen lassen, damit sie nicht einen allzu grossen Schnitt verursachen.

Drittens müssen die Sägen bey einem Umlauff des Wasser-Rades nicht so viel mahl, als bey einer gemeinen Säge-Mühle geschiehet, auf und nieder gehen.

Bild 9/3. J. Leupolds Bauzeichnung einer Sägemühle mit maschinell betriebener Winde und schiefer Ebene zum Quertransport der Stämme vom Rundholzlager in den Sägeraum. Sie gehört zu den ersten Darstellungen, die wasserradgetriebene Sägegatter mit dem Zahnstangenvorschub zeigen.

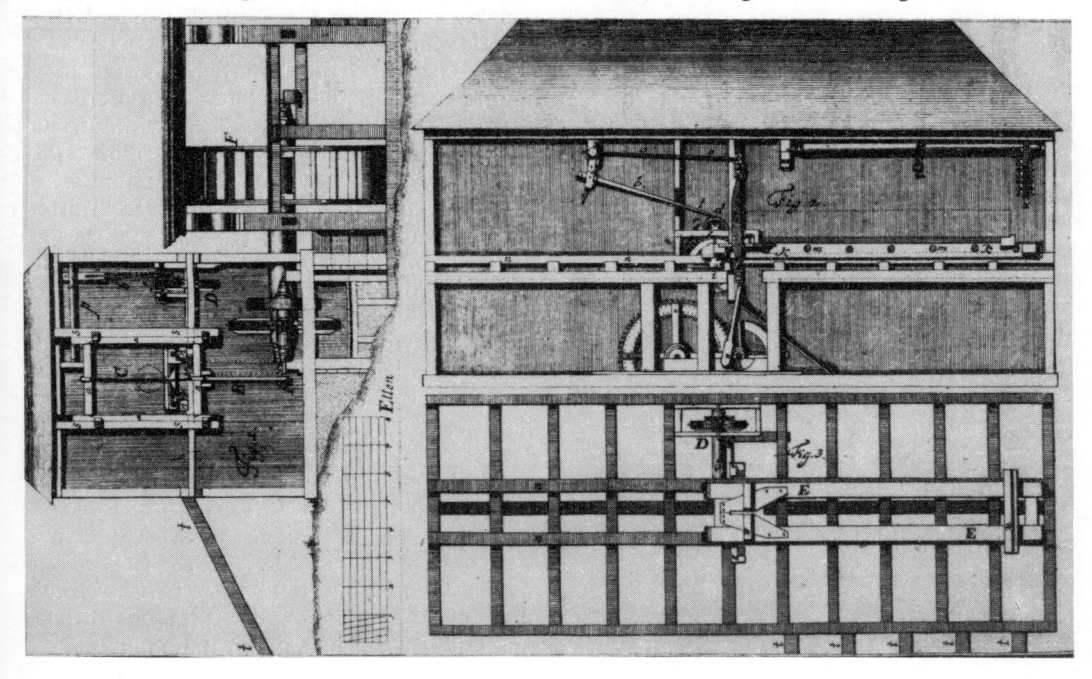

169

Dieses wären nun kürzlich die Haupt-Requisita, worauf es bey Säge-Mühlen mit viel Sägen, wann man den vorgesetzten Zweck glücklich erhalten will, grösten theils ankömmt.« /190/ Wie gut erkannte LEUPOLD doch bereits den Zusammenhang zwischen Energieangebot und Zerspanungsleistung. Sein Hinweis auf die holländischen Sägemühlen macht das noch deutlicher: *»So wird wohl niemand läugnen können, daß die Holländischen Säge-Mühlen, in welchen eigentlich viel Sägen befindlich, von der in Holland beständigen See-Lufft weit mehr Krafft bekommen, als unsere gemeinen Säge-Mühlen von dem Wasser haben.«* /190/

JACOB LEUPOLD hat zweifelsohne maßgebend mitgeholfen, dem technischen Fortschritt in der Holzbearbeitung im 18. Jahrhundert den Weg zu bereiten. Schon zu Lebzeiten erreichte der universelle Techniker und Gelehrte hohes Ansehen. Wissenschaftliche Gesellschaften nahmen ihn als ihr Mitglied auf, und Preußen ernannte ihn zum »Commercien-Rath«. Dabei waren es einfache Verhältnisse, denen er entstammte. Als Sohn eines geschickten Handwerkers genoß JACOB LEUPOLD in der väterlichen Werkstatt in Planitz eine gediegene praktische Ausbildung, bevor er sich mit dem Besuch der damals berühmten Gelehrtenschule in Zwickau und mit dem »Studium der Gelahrsamkeit« in Jena und Wittenberg umfassende theoretische Kenntnisse erwarb. Danach kam er nach Leipzig, wo es zu jener Zeit weder an Gelehrten noch an Predigern, wohl aber an »Künstlern« mit mathematischem und physikalischem Wissen mangelte. In dieser Stadt unterrichtete er Zimmerleute, Maurer und andere Handwerker sowie Studenten in den Naturwissenschaften und in der Zivilbaukunst. Wenn LEUPOLD 1699 begann, für die Praxis neue Apparate, Instrumente und Maschinen in seiner Leipziger Werkstatt selbst zu entwickeln und herzustellen, zeugt dies von seinem Anliegen, dem Maschinenbau nicht allein mit der Weitergabe von Wissen, sondern gleichzeitig mit ausgereiften praktischen Lösungen voranzuhelfen. Die gutbezahlte Stelle als Vorsteher eines Spitals ließ ihm dafür Zeit zur Genüge und gab ihm noch dazu materielle Sicherheit. Beinahe zwanzig Jahre später erst konnte der »Leipziger Mechanikus« von dem Ertrag allein der Werkstatt existieren und sich fortan mehr seiner Lebensaufgabe, dem »Theatrum Machinarum«, widmen.

Gleich LEUPOLD erwarben sich noch andere Männer in der ersten Hälfte des 18. Jahrhunderts um den technischen Fortschritt in der Holzbearbeitung bleibende Verdienste. Zu ihnen gehören LEONHARDT CHRISTOPH STURM (1669 bis 1719) und BERNARD FORET DE BELIDOR (1697 bis 1761).

LEONHARDT STURM war einer jener Ingenieure und Erfinder, deren schöpferisches Denken die Weiterentwicklung und Vervollkommnung der Sägewerkstechnik in besonderem Maße beeinflußte. Manches an seinem Lebensweg und an seiner persönlichen Einstellung erinnert an JACOB LEUPOLD, manches an seiner Arbeitsweise an SALOMON DE CAUS. Bereits in jungen Jahren fühlte sich STURM der Mathematik verbunden. Obwohl er Theologie studiert hatte, trat er nicht in den geistlichen Stand, sondern folgte seinen naturwissenschaftlichen Neigungen. So anerkannt waren bald seine Leistungen als Gelehrter, daß er Professuren für Mathematik in Wolfenbüttel sowie in Frankfurt/Main erhielt und die »Preußische Akademie der Wissenschaften«, die damals zu den führenden wissenschaftlichen Zentren in Europa zählte, ihn als Mitglied aufnahm. Immerhin umfaßt das Werk STURMS mehr als 35 Schriften naturwissenschaftlichen, technischen und auch philosophischen Inhalts.

Bild 9/4. Von J. Leupold vorgeschlagene nomografische Methode zur Bestimmung der Antriebsenergie für oberschlächtige Wasserräder

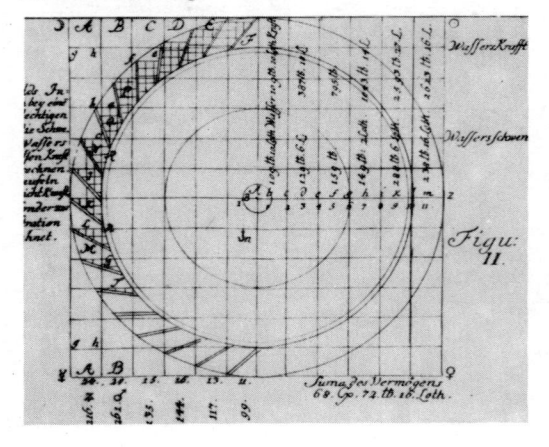

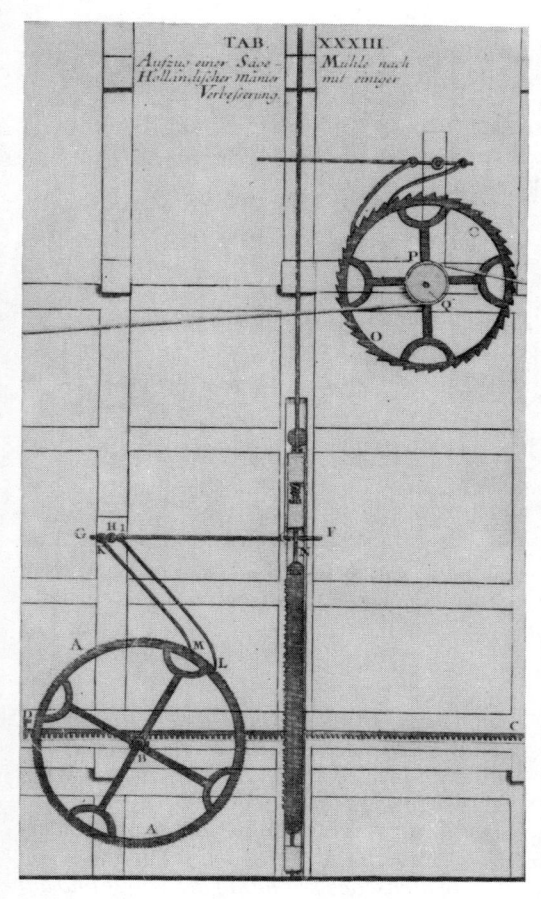

Bild 9/5. Eine der ersten maßstabgerechten technischen Zeichnungen für den Sägemühlenbau – geschaffen 1718 von L. C. Sturm. Sie zeigt eine neue Lösung zur Übertragung der Antriebsenergie auf den Blockwagen und die Blockwinde.

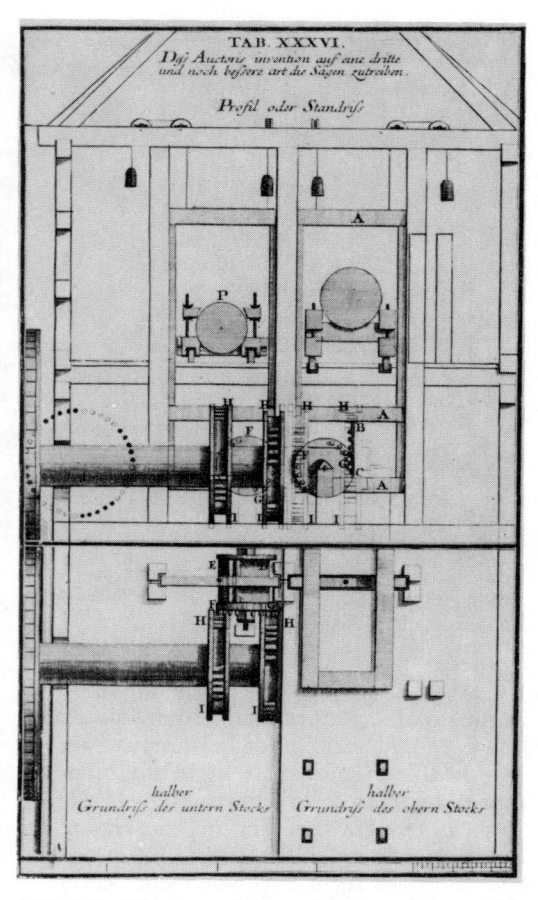

Bild 9/6. Wassergetriebene Zweigattersägemühle mit Kammrad-Zahnstangentrieb – entworfen von L. C. Sturm um 1718

Nach 1711 schließlich stellte STURM Wissen und Arbeitskraft zunehmend in den Dienst der Praxis. Er wirkte fortan als Baudirektor in Mecklenburg und Braunschweig. Auch in diesem Amt sind seine Bemühungen um die Förderung des Mühlenbaues unverkennbar. Anregungen gewann er auf Studienreisen, die ihn nach Holland, in das Land der Windsägemühlen, und nach Frankreich führten. Es war aber auch die Zeit, in der STURM seine »Vollständige Mühlenbaukunst« vollendete, ein Werk, daß er »allen sowohl der grossen Oeconomie und den Mechanischen Künsten beflissenen zum Nutzen getreulich eröffnet« hat. Das Buch erschien 1718, also noch Jahre bevor JACOB LEUPOLD die Fachwelt mit dem »Theatrum Machinarum« bekannt machte.

STURM ist der erste, der Sägemaschinen nicht mehr in der Form der Perspektivansichten, sondern in der maßstabgerechter Zeichnungen darstellte. Nicht wenige der von ihm überaus sorgfältig entworfenen und beschriebenen »aller rarsten und vortrefflichsten Mechanischen Vortheile für die Praxis« sind noch heute für den Sägewerker interessant, schon allein deshalb, weil seine Darstellungen von Sägegattern und Bauteilen durchaus als die frühesten Konstruktionszeichnungen von Holzbearbeitungsmaschinen aufzufassen sind. STURMS Arbeit ist aber noch in anderer Hinsicht bemerkenswert,

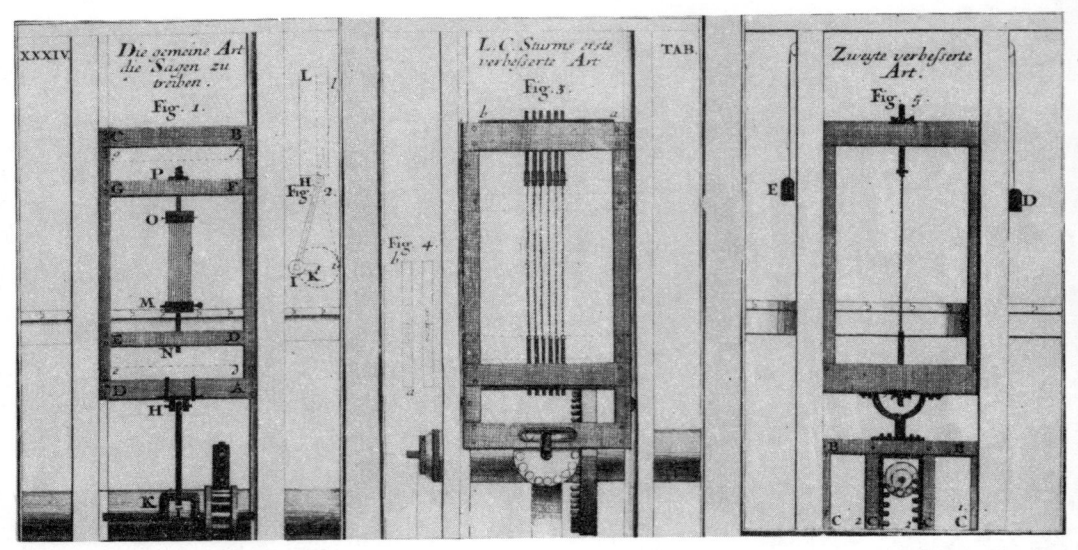

Bild 9/7. Verschiedene von L. C. Sturm als Alternative zum herkömmlichen Kurbeltrieb entwickelte Zahnradtriebe für Sägegatter

Von links: Antrieb mit Kurbel und Pleuel, Kammradtrieb, Kammrad-Zahnstangentrieb

begnügte er sich doch nicht damit, die potentiellen Möglichkeiten der Leistungssteigerung an Maschinen nur abstrakt herauszufinden. Immer legte er auch konstruktive Lösungen vor, die dem Handwerker die Umsetzung der Ideen erleichtern sollten. Seine für die damalige Zeit doch recht ungewöhnliche Methode, technische Aufgaben zu lösen, indem er nach der gegenseitigen Abhängigkeit von Teilprozessen suchte und von dem auf diese Art und Weise erlangten Ergebnis ein Forderungsprogramm ableitete, läßt sich auch aus seinen »5 Requisita« für das Bundgatter erkennen:

»Das erste Requisitum nun ist, daß die Sägen sowohl in dem Aufziehen als auch in dem Niederziehen schneiden sollen.

Im Falle, wenn man das erste Requisitum erhalten könne, wäre es das andere Requisitum, daß der Schlitten (Blockwagen) continuierlich fortgezogen würde.

Das dritte Requisitum wäre, daß der Säge-Rahm leicht und stille ohne viel rumpeln hin und her gezogen werde.

Das vierte Requisitum ist, daß man einen Block allzeit auf ein mahl in so viel Theile zerschneiden könne, als man vorgenommen hat, oder daß wenn nur ein oder zwey Schnitt durch einen Block thut, man zwey oder drey Blöcke in so viel besondere Sägerahmen schneiden könne. (Dies finden wir in der That in den Schneidemühlen zu Berlin, Hamburg und vielen holländischen, die von Wind getrieben werden.)

Das fünfte Requisitum ist, daß man die Sägeblöcke durch die Mühle selbst mit Hülfe von wenig Menschen könne auf die Mühle und auf den Schlitten bringen und, wenn sie geschnitten worden, wieder herabbringen.« /281/

Ebenso wie LEUPOLD trat auch LEONHARDT STURM für die Anwendung des Bundgatters ein. Er hielt es für durchaus möglich, wasserradgetriebene Sägegatter mit mehreren Sägeblättern auszurüsten oder aber – nach dem Vorbild der Holländer – mehrere Sägerahmen mit nur einer Antriebswelle zu bewegen. STURMS »verbesserte Arten Sägen zu treiben« beruhen auf speziellen Zahnrad- oder Zahnrad-Zahnstangentrieben, die anstelle der Kurbel und des Pleuels die Umsetzung der Drehbewegung der Mühlradwelle in die Hubbewegung des Sägerahmens übernehmen. Antriebe dieses Funktionsprinzips, von denen sich STURM bessere Laufeigenschaften und einen höheren Wirkungsgrad versprach, gehen bis auf das 15. und 16. Jahrhundert zurück. Sie wurden zuerst von Technikern der Renaissancezeit entworfen, damals allerdings nicht für Gattersägemaschinen, sondern für Pumpen, Steinsägen und andere Mechanismen. LEONHARDT STURM kannte sie aus den Maschinenbüchern von HEINRICH ZEISING und ANDREAS BÖCKLER. Überhaupt hat STURM mit seinen Ideen zu anderen Getrieben manches Neuland betreten. Neben Antrieben, die den Sägerahmen sowohl während der Aufwärts- als auch während der Abwärtsbewegung formschlüssig führten, entwickelte er einen Antrieb, der den Rahmen – ähnlich der Nockenwelle des »Klopfgatters« – am oberen Totpunkt freigab, so daß der Sägeschnitt allein mit der Schwerkraft des Werkzeugträgers geführt wurde. Es wäre gewiß nicht uninteressant zu erfahren, inwieweit und zu welcher Zeit diesen Neuerungen STURMS Erfolg beschieden war.

Gegenüber alten, bewährten technischen Lösungen können sich Erfindungen für gewöhnlich erst dann durchsetzen, wenn dafür ein ausreichendes gesellschaftliches Interesse besteht und außerdem die technischen und ökonomischen Voraussetzungen für die Einführung der Neuerungen geschaffen worden sind. Bisweilen konnten Jahrzehnte, gar Jahrhunderte vergehen, bevor ein Gedanke, den ein kluger Kopf erdacht und zu Papier gebracht hatte, in der Praxis seinen Niederschlag fand. LEONARDO DA VINCIS Zweistelzengatter beispielsweise war erst in der Mitte des 19. Jahrhunderts in den Sägewerken anzutreffen. Für manche Erfindung STURMS trifft Ähnliches zu. Auch er eilte mit einigen seiner Ideen der Zeit ein Stück voraus. Der von ihm propagierte kontinuierlich verlaufende Vorschub des Stammes gegen das Sägeblatt konnte sich gar erst in jüngster Zeit durchsetzen, dann nämlich, als dieser Vorgang infolge der nunmehr sehr hohen Gatterdrehzahlen mit der herkömmlichen rhythmisch wirkenden Mechanik nicht mehr fehlerfrei zu steuern war.

Brachte LEONHARDT STURM die Holzbearbeitung vornehmlich als Urheber neuer konstruktiver Lösungen voran, erwarb sich BERNARD FORET DE BELIDOR in der Praxis des Mühlenbaues sowie mit seinen vom praktischen Mühlenbetrieb abgeleiteten wissenschaftlichen Erkenntnissen bleibende Anerkennung. BELIDOR, der Physik und Mathematik studiert hatte, wirkte längere Zeit als Professor für Mathematik an der Artillerieschule in dem nördlich Paris gelegenen La Fere. Als 1736 am Königshofe beschlossen wurde, in dieser Stadt eine Sägemühle zu errichten, war es BELIDOR, der dafür den Auftrag erhielt. Und zwar hatte er nicht nur den Entwurf auszuarbeiten; er war auch für die Bauausführung verantwortlich. Nach eigenen Worten hat BELIDOR *»nichts dabei verabsäumt, die Errichtung der Mühle in der allermöglichsten Vollkommenheit zu begleiten«* /19/. Wie trefflich ihm dieses Projekt gelang, läßt eine Überlieferung erkennen, nach der noch über das 18. Jahrhundert hinaus die Bundgatter-Sägemühle in La Fere nicht nur in Frankreich, sondern auch in anderen Ländern als Vorbild für den Bau leistungsfähiger wasserradgetriebener Sägegatter galt. Hier wurde wohl das Beste an Leistung, Zweckmäßigkeit, Arbeitsgenauigkeit und Funktionssicherheit erreicht, was unter den damaligen Bedingungen im Mühlenbau schlechthin möglich war.

Dabei unterschied sich doch BELIDORS »berühmte Mühle« im Grundaufbau nur wenig von anderen damaligen maschinellen Sägeanlagen. Der gelehrte Mühlenbauer sah keinen Anlaß, auf die konventionellen, in Jahrhunderten gereiften Konstruktionen zu verzichten. Seinem absolutistischen Auftraggeber verpflichtet, konnte er ohnehin kaum auf wenig erprobte Neuerungen eingehen, da sie für das Gelingen des Vorhabens doch erhebliche Risiken in sich bargen.

Bild 9/8. L. C. Sturms verbessertes Wasserrad. Mit der bis an die Radschaufeln reichenden Röhre sollte der Wirkungsgrad des Mühlrades erhöht werden.

Völlig neu hatte er dennoch den Transport der Sägeblöcke vom Rundholzlager nach dem Arbeitsgeschoß des Mühlengebäudes gelöst. BELIDOR setzte hierfür – erstmals im Sägewerksbetrieb überhaupt – einen auf Schienen laufenden Wagen ein. So einfach dieses Transportmittel auch war, brachte es doch die Arbeit in der Sägemühle in zweierlei Hinsicht beträchtlich voran. Denn mit dieser neuen Technik konnte nicht nur die Einschnittleistung erhöht, sondern außerdem etliches an schwerer körperlicher Arbeit, die bis dahin für den Transport der Stämme und Blöcke notwendig war, eingespart werden. Noch 150 Jahre danach sollte der gleisgebundene Wagen, die »Lore«, das typische Transportmittel im Sägewerk sein.

BELIDOR selbst sah seine Mühle keineswegs als allgemeingültige Bestlösung an. Zu tief war er in das Wesen der Holzzerspanung bereits eingedrungen, als daß er nicht erkannt hätte, inwieweit jede Einschnittanlage dem jeweiligen natürlichen Energieangebot entsprechend ausgelegt werden muß. So räumte er den »*etwas simpleren*« getriebelosen Gattern »*für die bergichten Länder, wo man Wasserfälle hat*«, ja selbst den Klopfgattern ihre Existenzberechtigung ein. Allerdings rät er »*denjenigen, welche die Erbauung derergleichen Mühlen auf sich haben, vorhers wohl zu untersuchen, welche der aufgezeigten Arten mit der Beschaffenheit oder Lage des Orts, wo eine solche Mühle soll aufgeführt werden, am besten übereinkömme*« /19/.

Betrachtet man die Arbeitsmethoden, mit denen BELIDOR sowohl die Planung als auch den Bau seiner Sägemühle durchführte, so überrascht die erreichte Vollkommenheit kaum. Mathematische Berechnungen verbun-

Bild 9/9. Bundgattersägemühle von B. de Belidor. Belidor setzte hier als erster den Gleiswagen für den Rundholztransport ein. Die Zeichnung diente D. Diderot und J. B. d'Alembert als Vorlage für die in ihrer »Enzyklopädie« gezeigte Sägemühle.

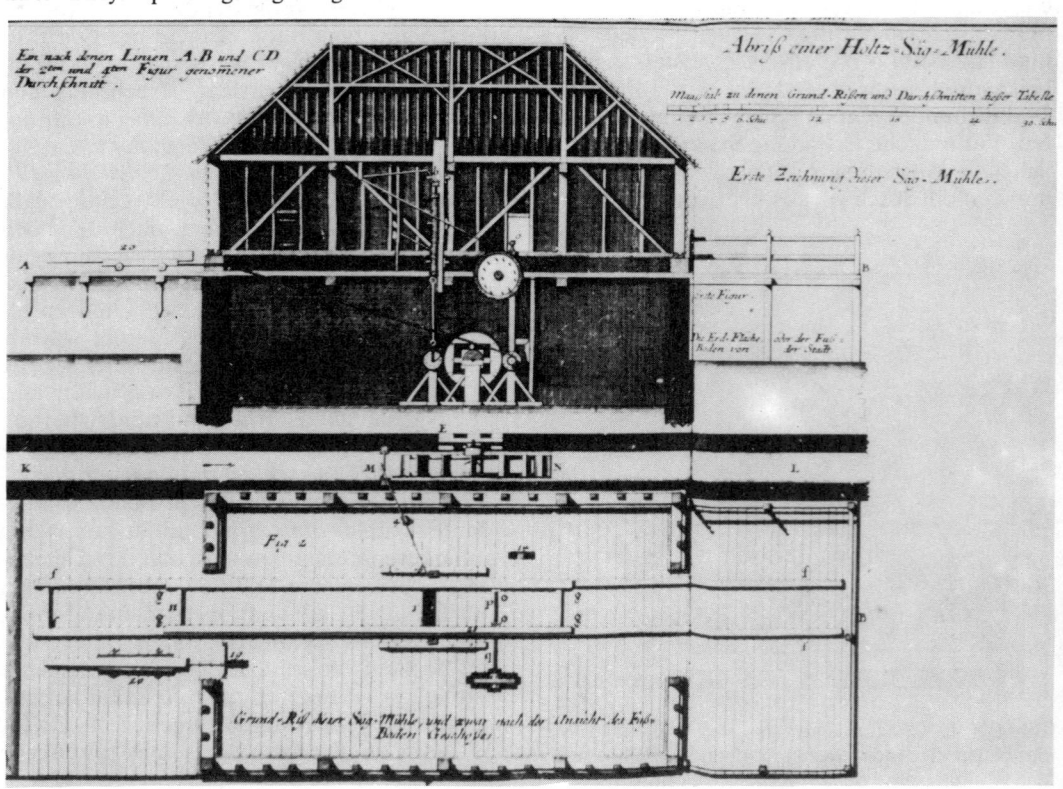

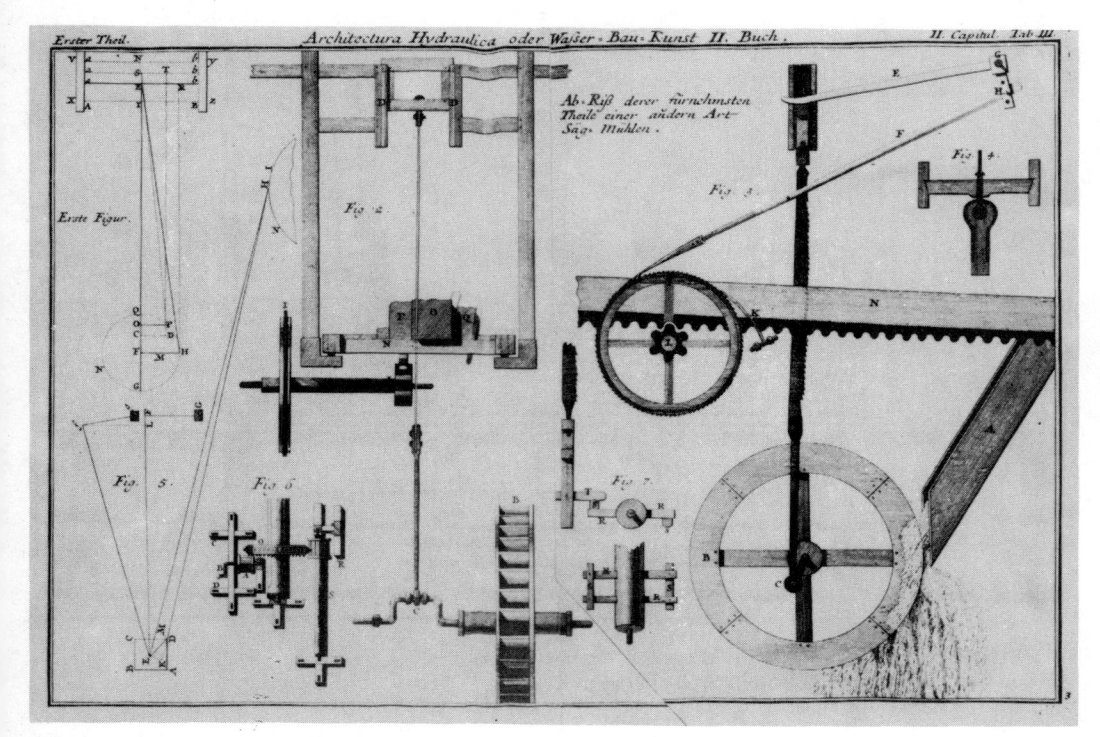

Bild 9/10. Studien Belidors zu Baugruppen des Schußtenngatters und des Nockengatters

den mit praktischen Versuchen und empirisch gewonnenen Erkenntnissen halfen ihm, zu den »fürnehmsten Maaß-Reguln zu gelangen, nach denen man sich in der Erbauung einer Säg-Mühle zu richten hatte und welche zugleich zum Beispiel der Anlage dergleichen Maschinen überhaupt dienen konnte.« /19/ Das verwundert nicht an einem Mann, dessen »Architectura Hydraulica«[1] über lange Zeit richtungsweisend nicht nur für den Sägemühlenbau, sondern ebenso für andere »technische Künste« war. »*Ein jeder einsichtige und aufmerksame Mühlenmeister wird nach dieser Beschreibung und der vorher angeführten* BELIDOR*schen Berechnung eine Sägemühle mit mehreren Sägen anzulegen im Stande seyn. Vorausgesetzt, daß genugsames und beständiges Aufschlagwasser vorhanden, das Werk im vorteilhaften Umtrieb zu erhalten. Ich meines Orts bin mit Vorbedacht so weitläufig bey dieser Beschreibung gewesen, um unseren geschickten Zeugarbeitern die etwannige Anlegung einer solchen Mühle zu erleichtern, da alle Kleinigkeiten praktisch nach ihrem Gebrauch beschrieben und durch Zeichnungen anschaulich gemacht worden.«* /27/

So wie jeder Mühlenbauer gern die Ratschläge BELIDORS befolgte, stützten sich auch Wissenschaftler und Ingenieure auf die Pionierleistung dieses Mannes, wenn sie nach neuen Erkenntnissen in der Sägetechnik suchten. Sie interessierten nicht nur die allgemeingültigen Regeln für den Bau von Sägemühlen, sondern noch mehr seine in wissenschaftlicher Arbeit ermittelten Leistungskennziffern für Sägemaschinen. Die genaue Kenntnis von dem Widerstand, den das Holz während des Einschnitts den Sägeblättern entgegensetzt, ist für die konstruktive Gestaltung der Sägemaschinen sowie der Sägeblätter und damit für die

---

[1] Architectura Hydraulica. Oder: Die Kunst, das Gewässer zu denen verschiedentlichen Nothwendigkeiten des menschlichen Lebens zu leiten, in die Höhe zu bringen und vorteilhafftig anzuwenden.

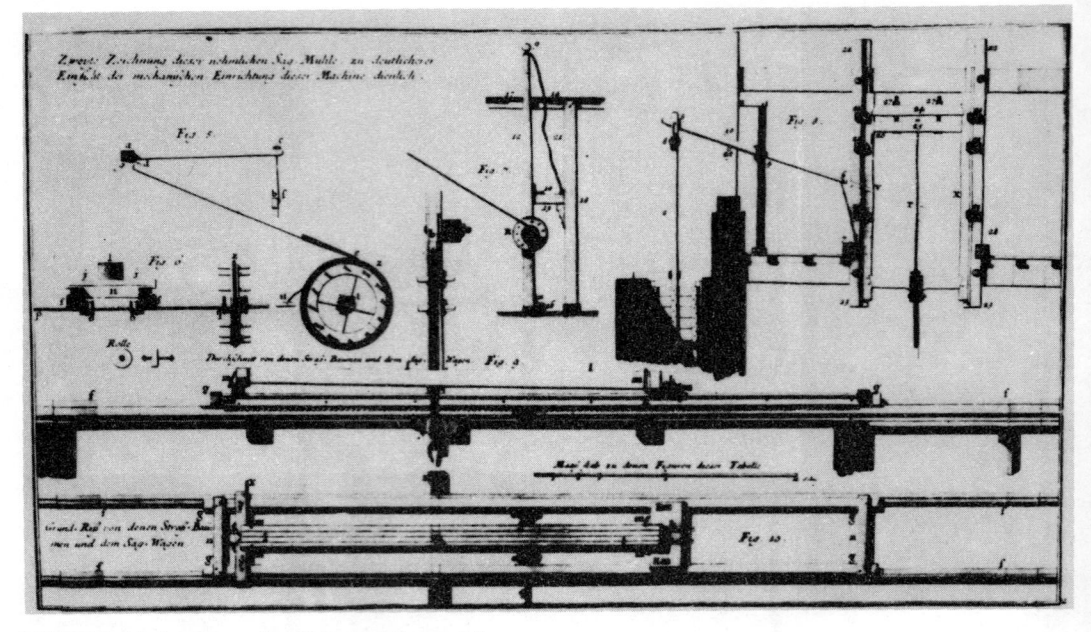

Bild 9/11. Maßstabgerechte Konstruktionszeichnungen von Bauteilen für die Sägemühle in La Fere – geschaffen 1736 von B. de Belidor

Bestimmung der Mengenleistung eines Sägewerks recht bedeutungsvoll. BELIDOR war der erste, der sich auf dieses Gebiet begab. Aus zahlreichen Experimenten, Versuchen und Berechnungen entstanden seine Schneidwiderstandskennwerte. Er ging in seinen Untersuchungen vom manuellen Sägen aus und unterschied nach Holzart, Holzfeuchte und Schnitthöhe. Mit dieser Arbeit und den dabei erreichten Ergebnissen zählt BERNARD FORET DE BELIDOR, der als Mitglied der Englischen und der Preußischen Königlichen Akademie der Wissenschaften angehörte, zu den Begründern der wissenschaftlichen Untersuchung der Sägewerkstechnik. Sein Arbeitsplatz war die Sägemühle in La Fere. Hier fand er unter anderem heraus:

Grünes Holz kann 1,5- bis 2mal so schnell gesägt werden wie trockenes Holz von der gleichen Holzart und Dicke.

Nadelholz kann etwa 1,4mal so schnell gesägt werden wie Hartholz.

Für Gattersägeblätter ermittelte BELIDOR einen Schneidwiderstand von »368 Pariser Pfunden«. Abgeleitet davon legte er seiner Leistungsberechnung für die La Ferer Sägemühle, die ein Dreiblatt-Sägegatter erhalten sollte, einen Schneidwiderstand von »1174 Pariser Pfunden« zugrunde.

BELIDORs Arbeiten sind umfangreich, seine Erkenntnisse tiefgehend. Noch im 19. Jahrhundert bezog man sie ein, wenn wissenschaftliche oder auch praktische Aufgaben in der Sägewerkstechnik zu lösen waren.

Die Techniker und Ingenieure der Aufklärung wirkten keineswegs nur für die Zeit, in der sie lebten. Man kann in ihnen gleichsam auch Wegbereiter für die industrielle Revolution sehen. Wenn der Übergang von der Sägemühle mit Wasser- oder Windradantrieb zum Dampfsägewerk doch ohne größere technische Rückschläge und noch dazu relativ schnell möglich wurde, dann ist das nicht zuletzt Ingenieuren wie JACOB LEUPOLD, BERNARD DE BELIDOR oder LEONHARDT STURM, aber gleichermaßen den vielen ungenannten Mühlenbauern dieser Zeit geschuldet. Wissen und Können dieser Männer

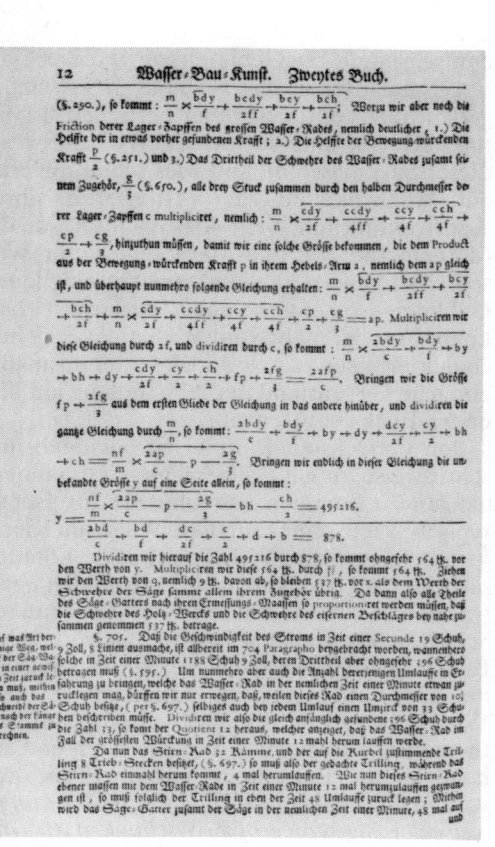

Bild 9/12. Auszug aus den Berechnungen B. de Belidors für seine Sägemühle in La Fere

sind erst dann richtig zu bewerten, wenn man nicht nur die Maßstäbe unserer Zeit anlegt, sondern ihr Werk zuerst als Erzeugnis des zeitigen 18. Jahrhunderts nimmt.

Damals begannen sich unter dem Einfluß der Aufklärung zusehends Wissenschaftler für die Probleme der Praxis zu interessieren. Der traditionelle Zweig der Holzbearbeitung hatte bis dahin bereits einen hohen technischen Stand erreicht, so daß die eine oder andere für sein weiteres Fortkommen bedeutsame Aufgabe mit den Kenntnissen, der Erfahrung sowie den Fertigkeiten des Mechanikers oder Handwerkers allein nicht mehr befriedigend zu lösen war. Zu denen, die sich mit der wissenschaftlichen Durchdringung einzelner Vorgänge des maschinellen Sägens von Holz schon sehr zeitig befaßt haben, gehört kein Geringerer als LEONHARD EULER (1707 bis 1783). Unter seinen mehr als 950 wissenschaftlichen Abhandlungen ist auch eine »Über die Wirkungsweise der Sägen« zu finden. Wenn sich der geniale schweizerische Mathematiker, Physiker und Astronom mit Sägemaschinen beschäftigte, dann verrät das gewißlich etwas von der Bedeutung, die der maschinellen Erzeugung von Schnittholz noch vor der Industrialisierung zukam. Als Dokument praxisbezogener wissenschaftlicher Tätigkeit in der Zeit der Aufklärung birgt diese über 200 Jahre alte Schrift viel Wertvolles in sich.

Wie es in der zweiten Hälfte des 18. Jahrhunderts um das Verhältnis zwischen Wissenschaft und Praxis aussah, ist interessant aus der Feder des Preußenkönigs Friedrich II. zu erfahren, der – wie andere »aufgeklärte« Monarchen auch – den praktischen Wert der Wissenschaft für den absolutistischen Staat jener Zeit nicht unbeachtet lassen konnte: »*In unseren Tagen ist es soweit gekommen, daß eine Regierung in Europa, die die Ermunterung der Wissenschaft im geringsten verabsäumte, binnen kurzem hinter ihren Nachbarn zurückstehen würde.*« /287/

LEONHARD EULER wirkte von 1741 bis 1766 in Berlin an der Preußischen Königlichen Akademie der Wissenschaften. Vorher, von 1731 an, und nach 1766 arbeitete er als Mitglied der Petersburger Akademie der Wissenschaften in Rußland. Sowohl dort als auch in Preußen wurde der Gelehrte nicht selten zu technischen Fragen konsultiert und mit der Lösung praktischer Aufgaben betraut. Man benötigte seinen Rat, wenn es um Feuerspritzen, Kanalbauten oder um die Trockenlegung von Sümpfen ging – mehr aber noch für den Bau von Mühlen und deren Antriebsmechanismen, die Windräder, Wasserräder und Wasserturbinen.

Dem Sägen von Holz mit Maschinen wandte sich LEONHARD EULER bereits während seines ersten Aufenthalts in Sankt Petersburg zu. Dagegen stammt die Abhandlung über die Wirkungsweise der Sägen aus seiner Berliner Zeit. Einem Protokollvermerk in den Registern der Berliner Akademie der Wissenschaften zufolge berichtete der Gelehrte am 17. Januar 1754 den Akademieangehörigen über diese Arbeit[1], die dann zwei Jahre später als 30 Druckseiten umfassender Beitrag im Jahrbuch

---

[1] Der Protokollvermerk lautet: »*Mr* EULER *a lu un Memoire Sur les Scies.*« (Magister EULER verlas eine Abhandlung über Sägen.) /313/

Bild 9/13. Einblick in die mathematische Berechnung zum Sägegatter, wie sie in L. Eulers 1756 veröffentlichtem Werk »Über die Wirkungsweise der Sägen« zu finden ist

der Akademie veröffentlicht wurde.[1] Der Inhalt der Abhandlung bezieht sich auf das Klopfgatter, jenes einfache Sägegatter also, das keinen Kurbelmechanismus hat, sondern den Schneidwiderstand mit der Schwerkraft des Sägerahmens überwindet. Besonders in den deutschsprachigen Gebieten wurde dieser Gattertyp noch bis in das 19. Jahrhundert hinein gebaut und recht verbreitet betrieben. LEONHARD EULER untersuchte die Wirkungsweise dieser Sägemaschine und wies schlußfolgernd auf Möglichkeiten zur Verbesserung ihrer Konstruktion hin. Sein Arbeitsmittel war die Mathematik. Mit den Methoden dieser Wissenschaft, die er ja selbst auf verschiedenen Gebieten so entscheidend bereichert hat, konnte er viel mehr vom Wesen der Sägemechanik erfassen, als der doch verhältnismäßig einfache Gegenstand der Abhandlung auf den ersten Blick erwarten läßt.

Am einfachsten Beispiel zu beginnen und schrittweise zu ganz allgemeinen Zusammenhängen zu kommen war ohnehin für EULER typisch. Viele seiner auf diese Weise am Klopfgatter gewonnenen Erkenntnisse konnten nicht nur auf die damaligen Sägemühlen übertragen werden, sie sind selbst für den heutigen Schnittholzbetrieb noch gültig. So vermochte EULER beispielsweise das Verhältnis zwischen der Sägeblattneigung im Gatterrahmen, dem Vorschubweg und der Sägeblattlänge als mathematische Beziehung auszudrücken und anhand dieser Beziehung nachzuweisen, daß »*der richtige Sägenüberhang für die Wirkungsweise der Säge von größter Wichtigkeit ist*« /70/. Er erkannte überdies die Abhängigkeit, die zwischen der Dicke des von einem Sägezahn abgenommenen Spanes und dem Schneidwiderstand besteht.[2] Heute wie zu EULERS Zeit können dergleichen Erkenntnisse helfen, die optimale Gatterdrehzahl zu finden. Wenn LEONHARD EULER schließlich bewiesen hat, »*daß der Effekt der Säge in geringerer Proportion wächst als die für ihren Antrieb aufgewendete Energie*«, dann berührte das bereits Erkenntnisse, die gegenwärtig im Gatterbau zu den aktuellen Grundsätzen gehören.

---

[1] EULER, L.: Sur l'action des Scies (Über die Wirkungsweise der Sägen). – In: Histoire de l'Académie Royale des Sciences. – Berlin, 1756. – S. 267–291. /70/
[2] Interessant ist hierbei, daß EULER »*einen Versuch* BELIDORS *bemühte, um den Widerstand zu erfahren, auf den eine Säge ungefähr trifft, wenn sie in das Holz eintritt*« /70/.

10. Der Dampf revolutioniert die Holzbearbeitung

Die letzten Jahrzehnte des 18. Jahrhunderts und die erste Hälfte des 19. Jahrhunderts waren in Europa von einer stürmischen Entwicklung der Produktivkräfte und da zuerst – abgesehen von den Produzenten – der Produktionsinstrumente gekennzeichnet. Dieser spontan verlaufende Prozeß äußerte sich in zahlreichen bedeutsamen Erfindungen, vor allem im Maschinenbau, die es erstmals möglich machten, Handarbeit weitgehend und verbreitet durch Werkzeug- und Arbeitsmaschinen verbunden mit der Dampfmaschine als neue Antriebskraft abzulösen. Es war die Zeit der industriellen Revolution, die Zeit des Übergangs von der vorwiegend auf manueller Arbeit beruhenden Manufaktur und vom Handwerk zur Maschinenindustrie – zum kapitalistischen Fabriksystem. »*Der Dampf und die neue Werkzeugmaschinerie verwandelten die neue Manufaktur in die moderne große Industrie und revolutionierten damit die ganze Grundlage der bürgerlichen Gesellschaft.*« /202/ In diesem Prozeß, der vielschichtig war und nicht nur die technische, sondern zugleich die ökonomische und soziale Entwicklung einschloß, schuf sich der Kapitalismus die materiell-technische Basis, mit der er sich als Gesellschaftsformation durchsetzen konnte.

Die industrielle Revolution ging von England aus; sie begann in diesem Land als kontinuierlicher Prozeß im letzten Drittel des 18. Jahrhunderts und endete dort um 1830. England war damals am weitesten fortgeschritten. Sehr früh schon hatten sich hier kapitalistische Produktionsverhältnisse herausgebildet. Ihr Ursprung geht bis auf das ausgehende 15. Jahrhundert zurück. Nachdem sich die Mitglieder des englischen Hochadels im Kampf um den Besitz des Throns während der Rosenkriege (1455 bis 1485) gegenseitig beinahe vollständig ausgerottet hatten, entstand in der Folge ein kapitalistisch wirtschaftender Adel. Dieser vollzog auch die sogenannte ursprüngliche Akkumulation; dabei vertrieb er einen großen Teil der Bauern von ihrem Grund und Boden und verwandelte sie in kapitalistische Lohnarbeiter. Auf dieser neuen sozialökonomischen Grundlage verlief die Entwicklung der Produktivkräfte in England schneller als in anderen Ländern. Bis zum 18. Jahrhundert war sie so weit fortgeschritten, daß die industrielle Revolution hervorbrechen konnte. Die Unterwerfung von Kolonien, die Ausbeutung der Schätze dieser Länder und billige Arbeitskräfte ermöglichten die notwendige Konzentration des Kapitals.

In Frankreich setzte die industrielle Revolution an der Wende zum 19. Jahrhundert ein. Die bürgerliche Revolution von 1789/94 schuf hierfür die Voraussetzungen. Sie beseitigte die hemmende Feudalordnung schneller und vollständiger, als das die Revolution in England vermocht hatte. Zudem folgte der Revolution in Frankreich eine bewußte Ermutigung der Erfindertätigkeit und Unterstützung der Industrialisierung. Als NAPOLEON I. 1807 das Dampfschiffprojekt von ROBERT FULTON zu Gesicht bekam, schrieb er an seinen Innenminister: »*Ich habe soeben das Projekt des Bürgers FULTON durchgesehen, dessen Übermittlung Sie viel zu lange verzögert haben, denn es könnte das Gesicht der Welt verändern. Jedenfalls trage ich Ihnen auf, diese Angelegenheit sofort durch ein Komitee von Akademiemitgliedern, die wissenschaftliche Autoritäten Europas sind, untersuchen zu lassen. Eine große physikalische Wahrheit ist mir hier eröffnet worden; nun ist die Sache dieser Herren, sie zu erkennen und nutzbar zu machen. Übermitteln Sie mir den Bericht möglichst innerhalb einer Woche, da ich darauf brenne, das Ergebnis zu erfahren. N.*« /94/ Besonders die »Société d'encouragement pour l'industrie nationale«, die Gesellschaft zur Aufmunterung der Industrie des Landes, machte sich die Förderung des technischen Fortschritts zum Anliegen. Sie subventionierte die Arbeit der Wissenschaftler

Bild 10/1. Dampfmaschine für Sägewerke mit Treppenrost-Vorfeuerung für Rinde und Sägespäne

und Ingenieure, setzte Preise für bedeutende Erfindungen aus und prüfte die Neuerungen kritisch hinsichtlich der zu erwartenden wirtschaftlichen und sozialen Auswirkungen. Das brachte auch die Industrialisierung der Holzbearbeitung schneller voran, zunächst in Frankreich und bald darauf in anderen europäischen Ländern.

Gefördert von dem Geschehen in England und Frankreich, nahm die revolutionäre Bewegung auch in den deutschen Teilstaaten zu. Den Höhepunkt in dieser bürgerlichen Umwälzung, die 1807 mit dem Oktoberedikt des Freiherrn vom Stein begann und die sich bis zur Schaffung des deutschen Nationalstaates, bis zur Bismarckschen Reichsgründung 1871, hinzog, bildete die bürgerlich-demokratische Revolution 1848/49. Obgleich die Revolution unterlag, zwang sie doch die feudalistische herrschende Klasse zum Übergang zur kapitalistischen Produktionsweise. Damit stärkte und beschleunigte sie die industrielle Revolution in Deutschland, die bis 1870 andauerte, nachdem sie relativ spät, erst um 1830 – begünstigt durch die Bildung des Deutschen Zollvereins und damit eines einheitlichen nationalen Marktes – eingesetzt hatte.

Die Produktion von Schnittholz allerdings wurde nicht sofort von der industriellen Revolution erfaßt wie etwa die Textilfertigung. Das mag unter anderem darauf zurückzuführen sein, daß in der Holzbearbeitung die Anfänge der Mechanisierung weiter zurückliegen, infolgedessen noch ein gewisser technischer Vorlauf bestand, wie er sich in den leistungsstarken Bundgattersägewerken zeigte. So verlief die Entwicklung der Sägemaschinen vorerst weiterhin evolutionär, noch nahezu ein halbes Jahrhundert.

Grundlegende maschinentechnische Neuerungen, die die Herstellung von Schnittholz auf industrieller Basis einleiteten, entstanden erst kurz nach der Jahrhundertwende – ebenfalls zuerst in England. Vieles von dieser modernen Sägewerkstechnik ging auf Erfahrungen und Erfindungen zurück, die inzwischen

Bild 10/2. Das dampfgetriebene, eiserne Vollgatter

aus der Metallverarbeitung vorlagen. Das wissenschaftliche Verständnis für solche Vorgänge wie Oxydation und Reduktion oder die Legierung der chemischen Elemente ermöglichten es nunmehr, Stahl und Eisen homogen mit gleichmäßiger Qualität herzustellen. Hinzu kam mit der 1784 von JAMES WATT erfundenen doppeltwirkenden Dampfmaschine eine neue Antriebskraft, die bereits seit geraumer Zeit der Produktion materieller Güter in den führenden Wirtschaftszweigen starke Impulse verlieh. Vornehmlich die im Werkzeugmaschinenbau bis dahin gewonnenen Erkenntnisse waren es, die gleichsam im nachhinein den holzverarbeitenden Betrieben zugute kamen, die die Entwicklung zu einer modernen Holzindustrie beschleunigen halfen. Konnten doch die ersten Dampfsägewerke sogleich mit verhältnismäßig leistungsfähiger und funktionssicherer Technik ausgerüstet werden, ohne daß erst aufwendige konstruktiv-technische Grundlagen geschaffen oder primäre Erfahrungen für den Bau der Mechanismen gesammelt werden mußten. Das traf für dynamisch belastete Bauteile, wie etwa für das Maschinengestell und den Gatterrahmen oder die funktionsgerechte Gestaltung der energieumsetzenden Mechanismen, ebenso zu wie für die Kraftmaschine selbst.

In den nun folgenden Jahrzehnten entwickelten sich die Sägewerke in einem bis dahin nicht gekannten Tempo; erstaunlich schnell wurde jetzt neu Erdachtes in Stahl und Eisen überführt. Es verrät zweifelsohne einiges von dem gewaltigen technischen Fortschritt in dieser Zeit, und es bestätigt die nach anfänglichem Zögern dann doch recht schnell verlaufende und ziemlich umfassende Integration der Schnittholzproduktion mit dem Prozeß der industriellen Revolution, wenn in relativ kurzer Zeit – außer leistungsstarken Gattern in stabiler Metallausführung und mit Dampfantrieb – nun auch neue, bislang unbekannte Sägemaschinen, wie die Kreissäge und die Bandsäge oder das Horizontalgatter, erfunden und zu zukunftssicheren Maschinen entwickelt wurden. Das um so mehr, als alle diese Maschinen sofort in der Praxis bestehen konnten. Die Zeit der industriellen Revolution war eine Zeit so überaus reich an technischen Neuerungen auch in der maschinellen Holzbearbeitung, daß darauf einzugehen hier nur in groben Zügen möglich ist.

Erstmals den Dampf als Antriebskraft für eine Holzbearbeitungsmaschine zu nutzen – das gelang fast zur gleichen Zeit in den USA und in England. 1801 hatte der amerikanische Ingenieur und Fabrikbesitzer OLIVER EVANS (1755 bis 1819) in Philadelphia die erste Hochdruckdampfmaschine mit Kondensation (8 bis 10 at Betriebsdruck) entwickelt. EVANS, der darüber hinaus die erste nichtschienengebundene amerikanische Lokomobile für den Gebrauch auf Straßen konstruierte und der sich bleibende Verdienste um den Mühlenbau erwarb, erprobte seine großartige maschinentechnische Neuerung zuerst im eigenen Sägewerk. Er verband 1802 die Dampfma-

Bild 10/3.
Das Horizontalgatter

181

schine mit einem Sägegatter, das bis dahin seine Antriebsenergie vom Wasser erhalten hatte. Das Experiment gelang. Das Gatter »*sägte bald 3000 Fuß Holz täglich, und die Folge war eine Nachfrage nach dampfbetriebenen Sägemühlen*« /72/.

In Europa war es eine Hobelmaschine, die als erste Holzbearbeitungsmaschine mit Dampfkraft angetrieben wurde. Sie stand seit 1802 im königlichen Zeughaus zu Woolwich und diente dort zur Herstellung von Geschützlafetten. Der englische Ingenieur JOSEF BRAMAH war der Konstrukteur. 1809 wurden am selben Ort noch vier dampfgetriebene Vollgatter montiert, jedes mit 12 bis 15 Sägeblättern ausgerüstet. Gewiß geht man nicht fehl mit der Annahme, daß sie die ersten Dampfsägegatter in Europa gewesen sind. Woolwich, damals noch ein Londoner Vorort, doch bereits von modernen Werften und mächtigen Docks gekennzeichnet, gehörte zu den Zentren des englischen Schiffbaus.

Die gleich zu Beginn des 19. Jahrhunderts in Woolwich und bald darauf noch in anderen Städten des südlichen England, so in Portsmouth, Chatham sowie Plymouth und Southampton, aufgebauten »mechanischen Holzwerkstätten« verkörperten ein technisches Niveau, das beinahe alle während der industriellen Revolution in der Holzbearbeitung erreichten Spitzenleistungen in sich vereinte. Die Konstruktion und der Bau der maschinentechnischen Ausrüstung dieser Betriebe sind über zwei Jahrzehnte hinweg eng mit den Namen der englischen Ingenieure und Maschinenbauer SAMUEL BENTHAM, HENRY MAUDSLAY und MARC ISAMBARD BRUNEL verbunden. Sie waren es, die als erste daran gingen, die Errungenschaften dieser Zeit für die Holzbearbeitung zu verwerten. Mit den vielen neuen Maschinen und den komplizierten Technologien, die sie schufen, »*erweckten sie die Aufmerksamkeit der ganzen technischen Welt*«. Der gesellschaftliche Fortschritt im damaligen England, der dem Ideenreichtum und der Schöpferkraft freien Raum gab, sowie die im gemeinsamen Handeln vereinten, sehr unterschiedlichen Fähigkeiten der drei hervorragenden Ingenieure können wohl als die wesentlichsten Voraussetzungen für diese Pionierarbeit angesehen werden.

Auf SAMUEL BENTHAM (1757 bis 1831), der während seiner siebenjährigen Lehre beim Meisterschiffbauer der Woolwicher Werften das Holzhandwerk von Grund auf erlernt hatte und der durch seinen Dienst auf See gut mit den Anforderungen vertraut war, die an die Holzkonstruktion hochseetüchtiger Schiffe gestellt werden müssen, gehen ungezählte Ideen für neue maschinentechnische Lösungen in der Holzbearbeitung zurück. Unter seinen nach Dutzenden zählenden Erfindungen befindet sich auch der früheste Vorschlag zur Verwendung rotierender Schneidmesser. Damit hatte er nicht weniger als den Fräser erfunden – ein Werkzeug, das heute aus der Sägeindustrie wie aus der Holzbearbeitung schlechthin nicht mehr wegzudenken ist.

Bild 10/4. Die Kreissäge

Bild 10/5.
Die Blockbandsäge

Die 1792 von BENTHAM in London eingerichtete Maschinenfabrik, in der er viele seiner Entwürfe verwirklichen konnte, war der erste Spezialbetrieb der Welt für den Bau von Holzbearbeitungsmaschinen. *»Dort wurden Maschinen für alle Grundoperationen der Holzbearbeitung gebaut, einschließlich Hobel-, Kehl-, Falz-, Nut-, Stemm- und Sägemaschinen. Sie waren für grobe wie für feine Arbeiten geeignet, aber auch zur Bearbeitung entlang gekrümmter und gedrehter Flächen, so daß das Holz in unterschiedlichste Formen gebracht werden konnte. Beispielsweise wurden komplizierte Fensterrahmen präpariert oder auch kunstvolle Wagenräder, ohne daß irgend etwas an Handarbeit erinnerte, außer beim Zusammenbau der Teile.«*[1] Vom englischen Unterhaus erhielt BENTHAM – wohl nicht allein für seine Erfindungen, sondern mehr noch für seine Leistungen als erfolgreicher Manager der industriellen Holzverarbeitung – öffentliche Anerkennungen.[2]

---

[1] aus einer Vorlesung von Prof. WILLIS, London, vor der Society of Arts 1852. /237/
[2] *»Sir SAMUEL BENTHAM hat ein Maschinensystem präpariert und in den Werften eingeführt, mit dem, von gewöhnlich nicht besonders ausgebildeten Arbeitskräften bedient, 9/10 der Arbeitszeit eingespart werden. Die Herstellung eines Tisches beispielsweise erfordert nur noch die Hälfte der finanziellen Aufwendungen«* /237/.

HENRY MAUDSLAY (1771 bis 1831) war Maschinenbauer. Ihm ging der Ruf voraus, einer der besten Metallarbeiter des Landes zu sein. Das ist gewiß nicht nur darauf zurückzuführen, daß es ihm fast immer gelang, mit eigenen Ideen und schöpferischer Umsetzung die seiner Werkstatt zur Ausführung übertragenen Konstruktionen noch zu vervollkommnen, sondern ebenso auf seine reiche Erfindertätigkeit. So leitete er u. a. die Standardisierung der Schraubenabmessungen in die Wege, fertigte ein Meßgerät an, das Arbeitsgenauigkeiten von 1/10000 Zoll zuließ und ersetzte am Metallguß die scharfen Kanten durch Rundungen. MAUDSLAY, der später Dampfmaschinen mit einer bis dahin nicht gekannten Präzision baute, gilt nicht zuletzt als der Erfinder des Supports und als der Schöpfer der ersten selbsttätigen Drehbank, die unter dem Namen »englische Drehbank« jahrzehntelang in aller Welt benutzt worden ist.

MARC ISAMBARD BRUNEL (1769 bis 1849), der Erbauer des Themsetunnels, war wohl der bedeutendste Konstrukteur von Sägewerksmaschinen zu jener Zeit. Für seine Verdienste um die Projektierung und den Bau der ersten Dampfsägewerke überhaupt ernannte ihn die Königliche Englische Sozietät zu ihrem Mitglied. Der gebürtige Franzose hatte 1793 Paris verlassen und danach erfolgreich als Architekt und Chefingenieur in New York gearbeitet. Dort reiften auch seine Vorstellungen vom

Bild 10/6.
Dampfgetriebene Hubsäge zum Fällen von Bäumen und Aufteilen der Stämme zu Sägeblöcken

Bau der ersten großen, mit Dampfenergie betriebenen Holzbearbeitungsfabriken. 1799 kam er nach England, weil zu dieser Zeit nur hier die Verwirklichung seiner kühnen Projekte möglich war. In BENTHAM, der inzwischen als Generalinspektor den englischen Schiffswerften vorstand, fand er den Organisator für diese Vorhaben und einen Förderer seiner Ideen, in MAUDSLAY den kreativ denkenden Praktiker, der die Maschinenentwürfe und Modelle so ausführte, daß sie im rauhen Fabrikbetrieb standhalten konnten.

Das erste große Werk gemeinsamer Ingenieurtätigkeit dieser drei Wegbereiter der industriellen Holzverarbeitung war eine Fabrik zur Massenproduktion von Seilkloben für die Schiffe der englischen Marine in Portsmouth.[1] Sie entstand in den Jahren 1803 bis 1806. 43 bis ins Detail ausgeklügelte Spezialmaschinen, darunter verschiedenartige, dem jeweiligen Verwendungszweck angepaßte Kreissägen, Kronensägen, Stemmaschinen, Drehmaschinen, Fräs- und Bohrmaschinen, übernahmen in einer Vielzahl miteinander verketteter Arbeitsstufen die Umformung des Rohholzes in die komplizierte Gestalt der Seilkloben. Die ebenso solide wie zweckmäßig gebauten Maschinen verrichteten ihren Dienst mit höchster Zuverlässigkeit über lange Zeit.[2] Die Seilklobenfabrik in Portsmouth gilt als die erste Pro-

---

[1] Seilkloben hießen die hölzernen Rollen sehr unterschiedlicher Form und Größe, die als Teil der Takelage von Segelschiffen zum Spannen bzw. Bewegen der Seile und Taue dienten.
[2] Von der Seilklobenfabrik erhalten gebliebene Maschinen zeigen sich noch heute, 180 Jahre nach ihrer Herstellung, voll funktionsfähig.

duktionsstätte für die Massenherstellung von Fertigerzeugnissen aus Holz. Sie übertraf alle Erwartungen. Zehn ungelernte Arbeiter stellten mit den neuen Maschinen in der gleichen Zeit ebensoviel Erzeugnisse her wie zuvor 110 erfahrene Facharbeiter mit Handwerkszeugen. 140 000 Seilkloben jährlich produziert, deckten den gesamten Bedarf der britischen Marine. Dieser außergewöhnliche Erfolg ermutigte die Konstrukteure zur Arbeit an weiteren Projekten der Holzbearbeitungstechnik.

Nur wenig später ging man daran, die seinerzeit vielgerühmten Chathamer Dampfsägewerke im südöstlichen England zu errichten. Nach dreijähriger Bauzeit 1814 fertiggestellt, sollten sie über die folgenden Jahrzehnte hinweg das Muster für manch anderes Projekt dieser Art bleiben. Acht Sägegatter in Ganzmetallkonstruktion und mit 20 bis 24 Sägeblättern im Rahmen waren zusammen mit dampfgetriebenen Kränen und Winden für den Transport der Stämme und Sägeblöcke das »Herzstück« dieser Schnittholzfabrik, die sich durchaus bereits mit den modernen Betrieben der fortgeschrittensten Industriezweige messen konnte. Schnell also hatte die Holzbearbeitung auf technischem Gebiet verlorenen Boden wettmachen können. Die Chathamer Dampfsägewerke zählten zu den »großartigsten Werken ihrer Zeit, die selbst noch heute (50 Jahre danach) studiert zu werden verdienen« /243/. »Hier fand sich eine wahre Mustersammlung von Sägen für Rund- und Kantholz, für Dielen und andere Hölzer, welcher man beim Schiffbau bedurfte, verbunden mit 40 Hebe- und Transportmaschinerien für das zu schneidende Holz« /76/. Selbst Kreissägen fehlten nicht.

Bild 10/8. Sägenschärfmaschine nach dem technischen Stand von 1900

Bild 10/7. Hobelmaschine zur Oberflächenbearbeitung des Schnittholzes in Dampfsägewerken

Die Sägewerke in allen anderen europäischen Ländern – mit Ausnahme von Frankreich – blieben von diesem gewaltigen technischen Fortschritt zunächst unberührt. Nach wie vor repräsentierte dortzulande das wasser- oder windradgetriebene Bundgatter den Stand der Technik; und in nicht wenigen Sägewerken konnte man noch immer auf das Venezianergatter treffen. Daran sollte sich sobald auch kaum etwas ändern.

»In Unterweißbach weiß man noch nichts vom neunzehnten Jahrhundert und seinen industriellen Zielen. Ein unterschlächtiges Wasserrad ist der Gipfel der mechanischen Begriffe, eine Dampfmaschine – Teufelswerk.« /78/ Wenngleich diese Zeilen – vom welterfahrenen Ingenieur und Schriftsteller MAX VON EYTH niedergeschrieben, nachdem er 1859 in dem abgelegenen Ort im Königreich Württemberg eine Sägemühle besucht hatte – keineswegs eine repräsentative Aussage sind, so können sie dennoch das Gesamtbild abrunden helfen. Denn auch *»in Deutschland wurde zu Anfang des 19. Jahrhunderts an eine Änderung in der Bauart der Sägemühlen kaum gedacht«* /76/. Hier entstanden Dampfsägewerke vermutlich nicht vor 1840. Zu den ersten zählt die damals in Fachkreisen weithin bekannte »Wilhelmsmühle« in Liepe bei Eberswalde. 1842 von der Maschinenfabrik AUGUST BORSIG, Berlin, erbaut, galt dieses Sägewerk über zweieinhalb Jahrzehnte hinweg *»als ein an Größe und Bedeutung unübertroffenes Werk«*. Die Wilhelmsmühle *»enthielt 8 Vollgatter, jedes mit bis zu 20 Blättern, 6 davon waren für Stämme bis 8 m, 2 für Stämme bis 16 m Länge bestimmt. Im allgemeinen lehnten sich allerdings die Erbauer dieses Werkes an die Chathamer Einrichtungen an«* /243/. Die Sägerahmen der fast 6 m hohen Maschinen freilich bestanden ursprünglich noch aus Gußeisen. Sie konnten im harten Dauerbetrieb nicht lange bestehen, zeigten bald Risse und erwiesen sich obendrein als zu schwer, so daß sie durch schmiedeeiserne Rahmen ersetzt werden mußten. Für den Antrieb aller acht Gatter genügte eine *»40-pferdige Dampfmaschine«*.

Zeitige Belege existieren u. a. auch von Dampfsägewerken in Berlin (1845) und Lauenburg (1854). Die Lauenburger »Russowmühle«, für die der Berliner Fabrikant und Maschinenbauingenieur LOUIS SCHWARTZKOPFF die technische Ausrüstung konstruiert und gebaut hatte, ist noch insofern erwähnenswert, als hier direkt von der Kolbenstange des Dampfzylinders angetriebene Sägegatter eingesetzt worden sind.

Bild 10/10. Holzbearbeitungsmaschinen, darunter Bandsägen, Kreissägen sowie Hobel- und Fräsmaschinen auf der Weltausstellung 1876 in Philadelphia

linke Seite:
Bild 10/9. Vollgatter, Kreissäge und Bandsäge – angetrieben von der Dampfmaschine – bestimmen den technischen Stand der Schnittholzproduktion im 19. Jh.

Seit 1850 nahm die Anzahl der dampfgetriebenen Sägemaschinen auch außerhalb Englands und Frankreichs fast sprunghaft zu. Und noch vor Beginn der siebziger Jahre des 19. Jahrhunderts war das Dampfsägewerk in Europa mittlerweile so verbreitet, daß es nur noch in wenigen Ländern zu den Seltenheiten zählte.

11. Eiserne Vollgatter seit Beginn des 19. Jahrhunderts

Das wasser- oder windradgetriebene Bundgatter hatte bis zur Mitte des 18. Jahrhunderts einen beachtlichen technischen Stand erreicht, so daß nur noch wenige Verbesserungen denkbar waren. Die Leistung dieser Sägemaschine wurde deshalb auch weniger von der Funktionsweise begrenzt als von der Antriebskraft und der Festigkeit des Werkstoffes, aus dem sie hergestellt war. Im großen und ganzen gesehen genügte es somit vorerst, für den Antrieb die Dampfmaschine einzusetzen und alle Bauteile aus Eisen herzustellen, um eine Sägemaschine zu erhalten, mit der Schnittholz industriell, d. h. als Massenerzeugnis, produziert werden konnte.[1] Die englischen Maschinenbauer stützten sich demzufolge bei der Konstruktion ihrer ersten Dampfsägegatter im wesentlichen auf Lösungen, die sich über 600 Jahre hinweg im Gatterbau herausgebildet und bewährt hatten. Die dampfgetriebenen, eisernen Vollgatter in Woolwich und Chatham ließen in ihrer maschinentechnischen Grundkonzeption als Vorbild noch deutlich das Bundgatter erkennen.

Doch sehr bald schon wurden erste grundlegende technische wie konstruktive Neuerungen sichtbar. Und dann folgten vier Jahrzehnte überaus schnellen technischen Fortschritts, an deren Ende die dampfgetriebene Vollgattersägemaschine zu solcher Leistung gebracht worden war, daß sie das hölzerne Bundgatter um das Mehrfache übertraf. Die Neuerungen und Verbesserungen, die diese Entwicklung bestimmten, waren ebenso zahlreich wie mannigfaltig, und sie schlossen nahezu alle Bauteile der Maschine ein. Versucht man heute aus der schier unüberschaubaren Vielzahl der in dieser Zeit hervorgebrachten Neuerungen jene herauszufinden, die von bleibendem Wert sind, die gleichsam markante Schritte auf dem Weg zur Gattersägemaschine der Gegenwart darstellen, dann kommt man nicht umhin, einige wenige entwicklungsbestimmende technische Details etwas näher zu betrachten.

Für die Anwendung der Dampfmaschine mußte zuerst die Kinematik der Energieübertragung auf neue Weise gelöst werden. An die Stelle des viele Jahrhunderte alten hölzernen Zahnradtriebs trat nach dem Vorbild des von der Dampfmaschine bewegten Webstuhls nun der Riementrieb mit Vorgelege. Am Gatter wurden Fest- und Leerscheibe angebracht, so daß es leicht möglich war, durch Verschieben des Treibriemens die Sägemaschine »auszurükken«, ohne die Dampfmaschine anzuhalten. Die Riemenscheiben waren zusammen mit dem Schwungrad und der Pleuelstange auf der Gatterhauptwelle, und zwar zumeist innerhalb des Maschinengestells, angeordnet.

Der konventionelle Blockwagentrieb genügte ebenfalls nicht mehr den Anforderungen. Zwar blieb die Funktionsweise des Schiebezeuges mit Schubstange, Wippe, Klinke und Klinkenrad erhalten, die Vorschubbewegung aber wurde nicht mehr vom Sägerahmen, sondern von der Gatterhauptwelle abgeleitet. Zur Übertragung der Bewegung wurde eine Exzenterscheibe auf der Welle befestigt und mit der Schubstange des Schiebezeuges verbunden. Diese neue Mechanik brachte manchen Vorteil, wenngleich der Vorschub weiterhin diskontinuierlich verlief. Sie war einfach herzustellen und funktionierte zuverlässig, selbst bei relativ hohen Drehzahlen. Mit ihrer Hilfe konnten aber auch erstmals die verschiedenen Bewegungsabläufe an der Gattersägemaschine wechselseitig koordiniert werden – ein technischer Vorgang, der heute als Gattersteuerung bezeichnet wird.

Des weiteren wurde der Zeitpunkt verändert, zu dem der Vorschub einsetzt. Vene-

---

[1] Zur Unterscheidung vom hölzernen Bundgatter bürgerte sich für das Mehrblattgatter in Eisenkonstruktion während der zweiten Hälfte des 19. Jahrhunderts in deutschsprachigen Gebieten verbreitet der Begriff »Vollgatter« ein.

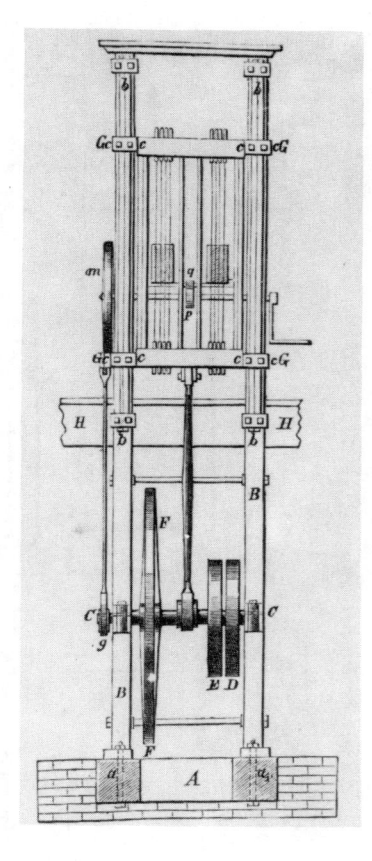

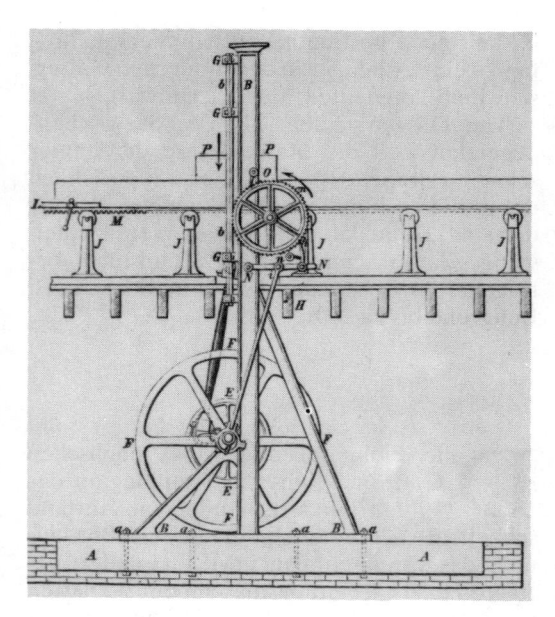

Bild 11/1. Prototyp des dampfgetriebenen, eisernen Vollgatters. Maschinen dieses technischen Standes gehen auf Entwürfe von M. I. Brunel und H. Maudslay zurück. (links Vorderansicht des Nachschnittgatters in der Version mit zweigeteiltem Rahmen, rechts Seitenansicht)

zianergatter und Bundgatter führten den Sägeschnitt am »ruhenden« Stamm. Die Vorschubmechanik trat nur während der Rahmenaufwärtsbewegung, also während des »Leerhubs«, in Gang. Am Dampfgatter verlief dieser Vorgang umgekehrt. Vorschub und Sägeschnitt erfolgten gleichzeitig während der Rahmenabwärtsbewegung; der Vorschub setzte aus, wenn der Sägerahmen den unteren Totpunkt erreicht hatte. Damit wurde der Stamm gleichsam in die schneidenden Sägen hineingedrückt. Das Ergebnis liegt auf der Hand: Mit dieser einfachen Neuerung stellte sich eine beträchtliche Leistungssteigerung ein. Es ist nicht anzunehmen, daß die Techniker und Mühlenbaumeister aus den vorangegangenen Jahrhunderten von einer solchen Lösung keine Kenntnis besaßen. Allein die Antriebskräfte, über die sie verfügen konnten, reichten nicht aus, um den hohen Schneidwiderstand zu überwinden und zugleich den schweren Blockwagen vorzuschieben.

Maschinen, die Hubbewegungen ausführen, benötigen infolge des rhythmischen Wechsels von Richtung und Größe der angreifenden Massen nicht nur ein massives Maschinengestell, sondern ebenso einen festen Stand. Zudem waren Sägegatter infolge der Zweietagenbauweise von jeher imposante Maschinen. Die Gatter, die in Chatham standen, hatten eine Bauhöhe von 8 m; ihre Masse betrug nicht viel weniger als 10 t. Die Fundamente der ersten Dampfsägegatter bestanden aus Holz und Mauerwerk. Das schwere Maschinengestell ruhte auf dicken, in das Steinfundament eingebetteten Holzbalken. Lange Bolzen, die vom Gestellfuß durch das Holz hindurch bis in das Mauerwerk reichten, gewährleisteten eine sichere Verankerung der Maschine. Das Bedeutsame für heutige Betrachtungen ist die schwingungsdämpfende Wirkung dieser Fundamente. Ungeachtet dessen, ob damals bereits ein solches Ziel verfolgt wurde oder Holz ganz einfach nur wegen seiner guten Bearbeitbarkeit auch im Fundamentbau Verwendung fand – eine Analogie zu den modernen Gatterschwingfundamenten der Gegenwart bietet sich an. Das um so mehr, als in der dazwischenliegenden Zeit die Massenkräfte der immer schneller drehenden Maschinen hauptsächlich mit größeren Fundamenten kompensiert worden sind. Heute kann die Masse einer Hochleistungs-Gattersägemaschine 12 t und mehr betragen, die Masse der Fundamente je nach Baugrund bis zu 200 t.

Die Pionierleistungen des englischen Gattermaschinenbaus zu Beginn des 19. Jahrhunderts fanden im Ausland schnelle Beachtung. Gatter aus Großbritannien, das waren sehr bald in vielen Ländern gefragte Holzbearbeitungsmaschinen; sie hatten einen guten Namen. Es kann deshalb nicht erstaunen, wenn man erfährt, daß englische Ingenieure nun auch des öfteren Konstruktionsaufträge aus dem Ausland erhielten oder daß sich englische Maschinenfabrikanten in Orten außerhalb Englands etablierten und dort Gatter bauten und Dampfsägewerke einrichteten. So entwickelte beispielsweise 1830 der Londoner Ingenieur HAIGH im Auftrag der niederländischen Regierung den Prototyp des Trenngatters, oder die »*dermalen in Wien ansässige Firma G. TOPHAM vollführte ein Dampfsägewerk mit 2 Gattern fast ganz aus Gußeisen*« /249/. Wien war es auch, wo in einer Filiale der englischen Firma JOHN MCDOWALL im Jahre 1836 das vermutlich erste Gatter konstruiert und gebaut wurde, das direkt mit der Kolbenstange des Dampfzylinders verbunden war. Und als dann später die Maschinenbaubetriebe in anderen Staaten, so auch in Deutschland, begannen, selbst eiserne Sägegatter herzustellen, standen für deren konstruktive Gestaltung noch über längere Zeit die englischen Muster Pate.

1834 reiste JOHANN ANDREAS SCHUBERT, Professor an der Polytechnischen Schule zu Dresden, im Auftrage der sächsischen Unternehmer nach England, »*um im Lande der weitestentwickelten Technik und Industrie zum Nutzen der sächsischen technischen und industriellen Bestrebungen Umschau zu halten und die wissenschaftlichen Lücken und unzureichenden Erfahrungen durch Studien an der*

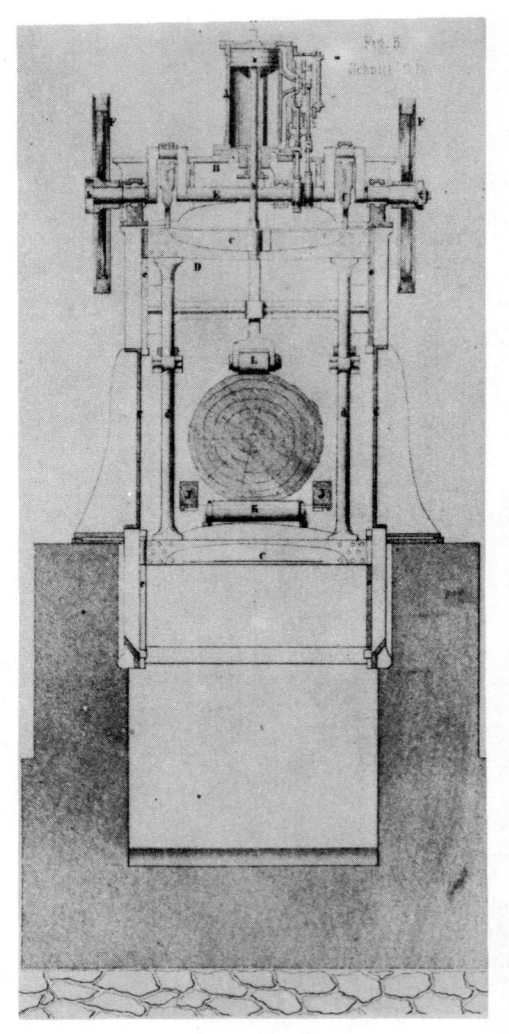

Bild 11/2. Vollgatter mit Direktantrieb – konstruiert und gebaut 1853 von der Berliner Maschinenfabrik L. Schwartzkopff für die »Russowmühle« (Drehzahl 200 U/min, Hubhöhe 450 mm, Durchlaßweite 900 mm)

industriellen Basis wettzumachen« /304/. SCHUBERT, der später die erste deutsche Dampflokomotive baute, besuchte auf seiner Englandreise auch mehrere Sägewerke und Furnierfabriken. In dem an das sächsische Innenministerium gerichteten Bericht geht er auf die Konstruktion der modernen englischen Dampfsägegatter ein, und zur Kreissäge schreibt er: »*Den Nutzen, den Kreissägen bei der Bewegung durch Maschinenkraft gewäh-*

ren, kennt man bei uns noch gar nicht genug, da bei uns Kreissägen noch nicht im Handel vorkommen.« /268/

Nur spärliche Belege blieben erhalten, die Kenntnis von der Leistungsfähigkeit der frühen eisernen Sägegatter vermitteln. Um so wertvoller ist ein Bericht von 1827, der sich mit einem Dampfsägewerk im Norden Frankreichs befaßt: »*Die seit dem Jahre 1821 zu Anzin errichtete Sägemühle unterscheidet sich von den ähnlichen durch ihre Einfachheit und Festigkeit. Man bringt gewöhnlich 10 Sägeblätter im Rahmen an, und schneidet demnach aus einem Baume von 16 Zoll im Gevierte und 30 Fuß Länge in fünfundsiebzig Minuten 9 Bret-*

Bild 11/4. Schmiedeeiserner Sägerahmen des Borsiggatters mit 21 Blättern im Bund

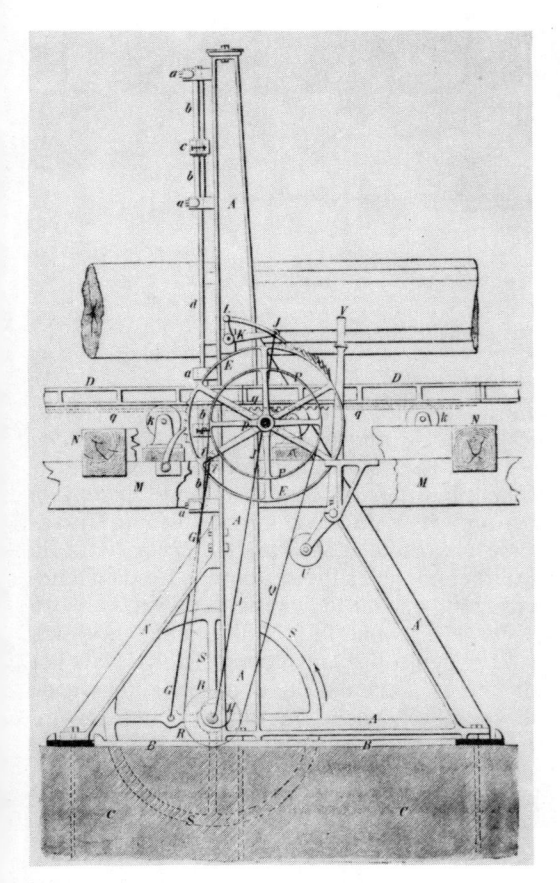

Bild 11/3. Eisernes Vollgatter – gebaut 1842 von A. Borsig für das Sägewerk in Liepe bei Eberswalde. Das nahezu 6 m hohe Gatter hatte eine Durchlaßweite von 600 bis 900 mm und erreichte bei 600 mm Hubhöhe eine Drehzahl von 100 U/min.

ter. Die Säge macht in der Minute 60 Züge, jeder von 23 Zoll 4 Linien Länge. Es werden demnach in einer Stunde 300 Quadratfuß gesägt. Das ist das maximale von jeder Art von Holz. Man braucht, um dasselbe zu erhalten, an jedem Sägerahmen die Kraft von 6 Pferden.« /249/ Somit läßt sich vermuten, daß die ersten Zweigatter-Dampfsägewerke jährlich im 2-Schicht-Rhythmus maximal 6500 m³ Nadelsägeholz einschneiden konnten. Immerhin war das mehr als das Zweifache von dem, was kaum 15 Jahre zuvor als Höchstleistung für eine Wassersägemühle mit zwei Bundgattern gegolten hatte.

Bestätigt wird diese Annahme von einer Nachricht über schweizerische Dampfsägewerke: »*Brettsägen nach englischer Art, worin sich ein ebenfalls eiserner Gatterrahmen mit sieben Sägeblättern auf- und abbewegt, wurden bereits im Jahre 1829 zu mehreren in der Schweiz aufgestellt. Ihre Vorzüge machen begreiflich, wie die Eigenthümer solcher nach englischer Art gebauter Sägen behaupten können, daß sie nach der Umbauung ihrer Mühlen*

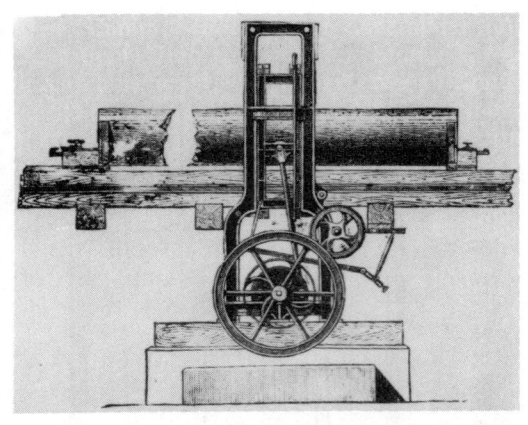

Bild 11/5. Dampfgetriebenes Vollgatter, das etwa den technischen Stand im Dampfsägewerk um 1830 verkörpert

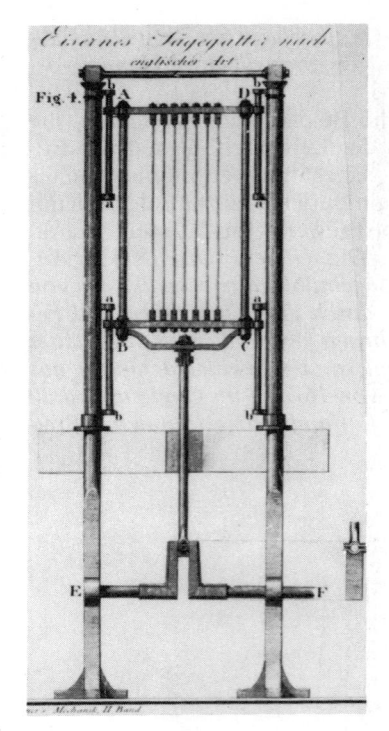

Bild 11/6. Dampfgatter englischer Bauart in einem 1829 in der Schweiz errichteten Sägewerk

wenigstens zweimal so viel Bretter in einem Jahr erzeugen, als es früher der Fall war.« /106/

Auch das Anziner Sägewerk war englischen Ursprungs. Doch bald schon zeigte sich Frankreich bestrebt, moderne Ausrüstungen für die Holzindustrie selbst herzustellen. Ebenso wie in anderen wichtigen Industriezweigen war man auch in der Holzbearbeitung an einer recht schnellen und wirksamen Verbesserung der eigenen Erzeugnisse interessiert. Das um so mehr, als sich die französische Außenpolitik im Gegensatz zu der Englands befand. 1826 wurden im Lande Preise ausgesetzt und Medaillen gestiftet, die das Suchen nach leistungsfördernden Erfindungen an Sägemaschinen begünstigen sollten. Die »Gesellschaft zur Aufmunterung der Industrie des Landes« stellte 1826 in ihrer Fachzeitschrift einen Preis von 2000 Franken demjenigen in Aussicht, »der eine Sägemühle erbauen wird, die am genauesten und wohlfeilsten Zimmerholz von jeder Größe schneidet. Um die Preisbewerber auf die wahre Bahn zu leiten, machte die Gesellschaft noch mit jenen neueren Sägemühlen bekannt, die die meisten Vorzüge in sich vereinigten und deren Güte durch lange Erfahrung erprobt war.« /181/ Wie kurzfristig man Ergebnisse erwartete, geht daraus hervor, daß die Zuerkennung des Preises bereits für die Generalsitzung im Juli 1827 anberaumt war.

Diese und andere Stimuli blieben, wie sich bald zeigen sollte, nicht ohne Erfolg. Mancher Ingenieur, Techniker oder Mechaniker wurde so veranlaßt, nach konstruktiv neuen Lösungen an Sägemaschinen zu suchen. Das Resultat aller dieser Bemühungen erwies sich als doch recht bedeutsam. Denn die Erfindungen und Verbesserungen, die in den nun folgenden Jahrzehnten im Gatterbau wie überhaupt im Bau von Holzbearbeitungsmaschinen zu verzeichnen waren, gehen zu einem beträchtlichen Teil auf französische Maschinenkonstrukteure zurück.

Von 1820 bis 1830 dominierten Arbeiten, die auf eine bessere Kinematik des Sägerahmenantriebs hinzielten. Die Dampfsägegatter in Woolwich und Chatham waren Einstelzengatter. Dieser noch heute gebräuchliche Name rührt von der Pleuelstange her, die damals im Gatterbau herkömmlich als Stelze bezeichnet wurde. Die Pleuelstange der ersten dampfbetriebenen Sägegatter war nach dem Vorbild des Bundgatters zusammen mit dem Schwungrad innerhalb des Maschinengestells untergebracht, und zwar zwischen der Kröpfung in der Mitte der Hauptwelle und dem unteren Joch des Sägerahmens.

Für das Zweistelzengatter schlug die Geburtsstunde, als 1826 der Mechaniker CALLA in Paris das erste Mal statt der gekröpften eine gerade Hauptwelle mit Krummzapfen an den Enden einsetzte. Zwei Pleuelstangen – außerhalb des Maschinengestells angeordnet – übertrugen die Bewegung von den Krummzapfen auf das untere Rahmenjoch. Das Schwungrad verblieb zwischen den Gatterständern. Ein anderer französischer Mechaniker, NICEVILLE, der eine gut eingerichtete Sägemühle in Metz besaß, führte nur ein Jahr später den Gedanken von CALLA fort. Er übernahm die gerade Hauptwelle der CALLAschen Maschine, tauschte die beiden Krummzapfen gegen Schwungräder mit Kurbelzapfen aus und brachte zwei lange Pleuelstangen an, die von den Schwungrädern außen entlang den Gatterständern bis an das obere Joch des Sägerahmens reichten. Zur Verbindung der Pleuel mit dem Rahmen verwendete er erstmals nachstellbare Lager. Mit dieser Konstruktion hatte NICEVILLE 1827 zu einer Grundkonzeption für das Zweistelzengatter gefunden, die noch heute diesen Gattertyp kennzeichnet. Die »Gesellschaft zur Aufmunterung der Industrie des Landes« belobigte ihn mit einer »Goldenen Medaille«. Über die Zeit hinweg betrachtet, konnte das Zweistelzengatter das Gatter mit nur einer Pleuelstange nicht verdrängen. Beide Maschinen haben etwa gleichermaßen Vorteile. Sie existieren deshalb seither gleichberechtigt nebeneinander.

Nicht lange nachdem das Dampfsägegatter funktionssicher arbeitete, wurden des öfteren Versuche unternommen, die auf das bessere »Freischneiden« der Sägeblätter zielten. Noch war die Reibung der Sägen in der Schnittfuge zu groß und selbst ein geringer »Aufwärtsschnitt« kaum zu vermeiden. Die Hubbewegung des Sägerahmens sollte deshalb nicht mehr geradlinig, sondern in einem leichten Bogen verlaufen. So würde der Sägerahmen während des Aufwärtsganges ein wenig zu-

Bild 11/7. Trenngatter mit Oberantrieb und zweigeteiltem Rahmen – gebaut um 1860

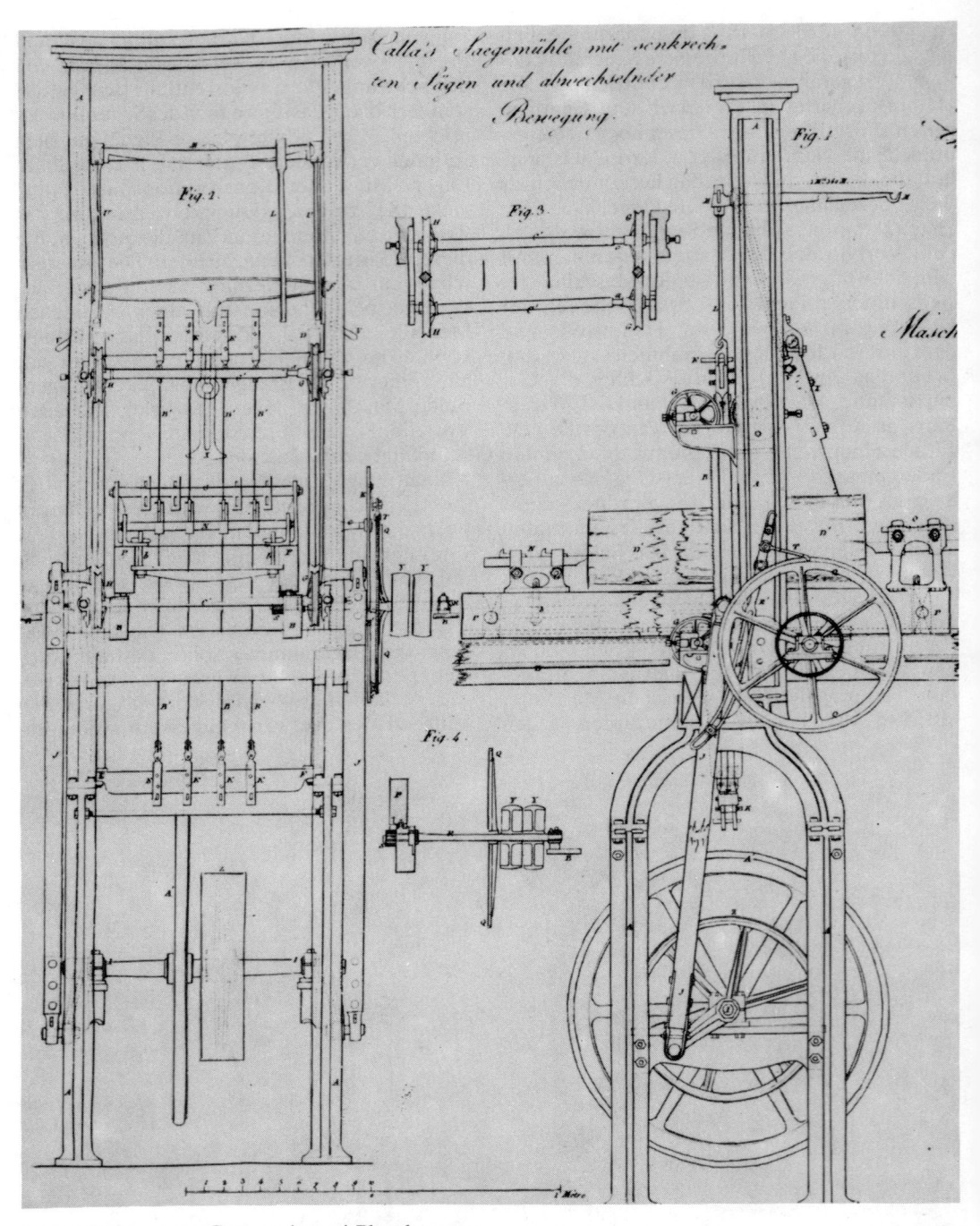

Bild 11/8. Das erste Gatter mit zwei Pleuelstangen (Zweistelzengatter) – konstruiert und gebaut 1826 von Calla (links Vorderansicht, rechts Seitenansicht)

Bild 11/9. Schweres Zweistelzenvollgatter mit Oberantrieb – noch ohne Walzenvorschub

Bild 11/10. Prinzipdarstellung des 1827 von Niceville konstruierten Zweistelzengatters
a Schwungräder,
b Kurbelzapfen,
c Pleuelstangen (Stelzen),
d Rahmenzapfen,
i Pleuellager,
m gerade Antriebswelle mit Riemenscheibe

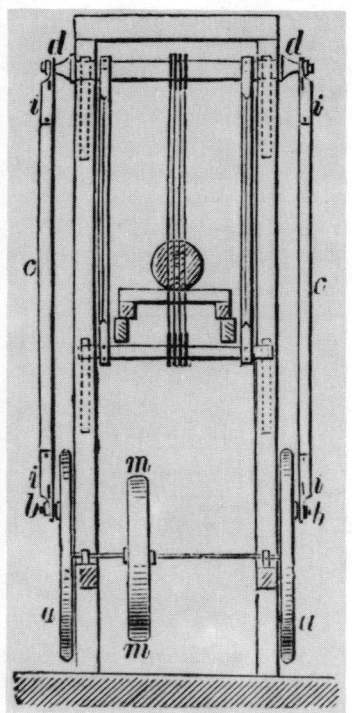

rückweichen, die Sägezähne könnten sich vom Holz lösen und die Sägespäne ausstoßen. Überdies ließen sich mit dieser schwachen Schwing- oder Pendelbewegung die Zerspanungsbedingungen während des Sägeschnittes noch verbessern. Die Idee für eine solche Lösung stammt von MARC ISAMBARD BRUNEL. Die Führung der Handsäge durch den menschlichen Arm soll ihm die gedankliche Vorlage gewesen sein. BRUNEL baute sein erstes Gatter mit »Oszillation« bereits 1814. Ihm gleich taten es 1832 der Mechaniker DUBOURG in Trevent und 1852 die englischen Ingenieure YULE aus Cloucester und PRUDHOMME aus Havre. Noch war freilich für ein solches Gatter die Konstruktion zu kompliziert und die Technik zu anfällig, als daß es im rauhen Sägewerksbetrieb hätte dauerhaft bestehen können. Doch allein das Erkennen der Problematik ist bemerkenswert, kann doch das oszillierende Gatter aus der Pionierzeit des Sägemaschinenbaus als direkter Vorläufer der Hochleistungs-Schwingrahmengatter der Gegenwart angesehen werden.

Nach 1830 bis etwa 1860 war es der »Blockvorschub«, auf den die Konstrukteure vorwiegend ihr Augenmerk richteten. Hier lagen noch beträchtliche Zeit- und Leistungsreserven verborgen. Denn trotz aller Vorzüge, die das eiserne Dampfgatter in sich vereinte – das »andauernde, ununterbrochene Sägen« war noch immer nicht möglich. Jedesmal nach dem Einschnitt eines Sägeblockes mußte der Blockwagen in seine Ausgangsstellung zurückgeführt werden. Und erst nach der Übergabe des folgenden Blockes konnte der Sägeprozeß erneut beginnen. Wieviel wertvolle Zeit für den Einschnitt ging doch hierbei verloren! In einem um 1825 erbauten französischen Dampfsägewerk beispielsweise betrug die Zeit für das »Wiedereinsetzen« nicht weniger als 50 % der Maschinenlaufzeit. Dabei hatte man doch bis hierhin schon einiges erreicht. Denn 1812 war es englischen Maschinenbauern gelungen, für die Chathamer Dampfsägewerke einen Blockwagen zu konstruieren, mit dem erstmals der Sägeblock bis zu seinem Ende durchschnitten werden konnte. Damit war das leidige »Kammproblem«, das am Bundgatter so arg zu schaffen gemacht hatte, endlich bewältigt worden.

Erste größere Erfolge auf der Suche nach leistungsfähigeren Vorschubmechanismen erreichten zu Beginn der dreißiger Jahre des 19. Jahrhunderts die französischen Ingenieure und Mechaniker PEYOD, MARIOTTE, GUILLAUME und GIROMDON. Sie setzten erstmals im Gatterbau die angetriebene Walze ein. Zwar stellten zu dieser Zeit Walzenmechanismen an Sägegattern nichts Ungewöhnliches mehr dar; sie dienten bis dahin jedoch lediglich zum Niederhalten des Stammes auf dem Blockwagen oder als nichtangetriebene Rollenbahn für die Zuführung des Holzes zur Maschine.

Die angetriebenen Gattervorschubwalzen sind offenbar anderen Holzbearbeitungsmaschinen entlehnt. Bereits 1811 hatte der Konstrukteur CHARLES HAMOND ein Patent auf »Verbesserungen an Sägemechanerien« erhalten, das Walzen als Vorschubelemente für Gatter und Kreissägen empfahl. Sein Vorschlag fand jedoch vorerst lediglich an Hobel- und Kehlmaschinen praktische Anwendung. Dort freilich bald mit großem Erfolg. Denn die ausgezeichnete Leistung, die die damals bekannte »Woodworth-Hobelmaschine« erreichte, wurde auf den Walzeneinzugsmechanismus zurückgeführt.

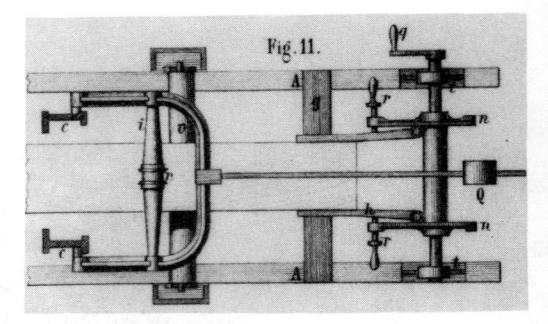

Bild 11/11. Mit dieser Haltevorrichtung am Blockwagen, die 1812 M. I. Brunel konstruierte, konnte der Stamm erstmals gänzlich durchschnitten werden (Draufsicht).

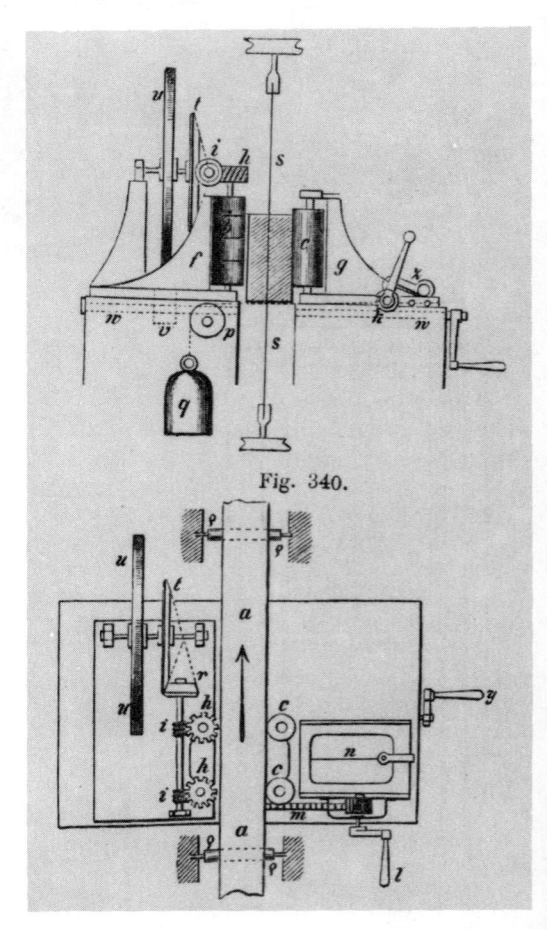

Bild 11/12. Erster Walzenvorschubmechanismus für Sägegatter – entwickelt um 1832 von Peyod (oben Vorderansicht, unten Draufsicht)

An den ersten Sägegattern mit Walzenvorschub standen die Walzen aufrecht, sie waren also vertikal gelagert. PEYOD benötigte an seiner Maschine vier verstellbare Walzen, zwei geriffelte und zwei glatte – ein Paar auf jeder Seite. Das Holz wurde über Rollen bis vor den Sägerahmen gefördert, hier von den Walzen erfaßt und zwischen ihnen hindurch gegen den Sägenbund bewegt. Dabei sorgten die geriffelten Walzen für den Vorschub, die glatten für den Andruck. Das Gatter mit den aufrechtstehenden Walzen war ein »Nachschnittgatter«. Der Vorschubmechanismus funktionierte nur dann, wenn der Stamm vorher mit einer anderen Sägemaschine, dem Vorschnittgatter, an mindestens zwei Seiten flächig bearbeitet, d. h. »vorgeschnitten« worden war. Dennoch, diese Erfindung erwies sich als außerordentlich bedeutsam, trug sie doch den Keim für eine Neuerung in sich, die knapp 30 Jahre später die Leistung der Gattersägemaschine nochmals sprunghaft erhöhen sollte. Hinzu kommt, daß das neue Gatter die Grundform für das Trenngatter ist – für eine Maschine, die sich bis in unsere Zeit hinein als Spezialmaschine für das Längsaufteilen dicker Schnitthölzer bewährt hat.

Bild 11/13. Frühes Nachschnittgatter mit aufrechtstehenden Vorschubwalzen

Bild 11/14. Vollausgebildetes Trenngatter – gebaut um 1900. Die aufrechtstehenden Vorschubwalzen des Peyodgatters blieben erhalten.

Schließlich folgte der letzte und zugleich wohl wesentlichste Schritt auf dem langen Weg zu jenem Sägegatter, das als der Prototyp unserer heutigen Gattersägemaschinen anzusehen ist. 1859 stellte der Konstrukteur und Maschinenbauer SAMUEL WORSSAM in Schottland ein Vollgatter vor, das sich gegenüber den vorangegangenen Maschinen durch horizontal gelagerte Vorschubwalzen und einen völlig neuartigen Blockwagen auszeichnete.

Das Funktionsprinzip der Vorschubwalzen unterschied sich von dem PEYODschen Sägegatter insofern, als die Walzenpaare das Holz nicht mehr von den Seiten, sondern von oben und unten erfaßten. Der Klinkenvorschub war durch einen diskontinuierlich wirkenden Reibradvorschub ersetzt. Zahnräder übertrugen die Vorschubbewegung vom Reibrad auf die unteren, geriffelten Walzen. Die glatten, nicht angetriebenen Andruckwalzen, die zum Niederhalten des Stammes dienten, wurden mit Handkurbeln verstellt.

Der Blockwagen war zweigeteilt; vor dem Gatter stand der Blockzuführwagen, hinter dem Gatter der Blockempfangswagen. Der Zuführwagen, der den Stamm festhielt und bis zu den Vorschubwalzen transportierte, konnte, noch bevor der Stamm ganz durchschnitten war, wieder in seine Ausgangsstellung zurückgefahren werden, da im Fortgang des Einschnitts der Empfangswagen den Stamm inzwischen übernommen hatte. Dem-

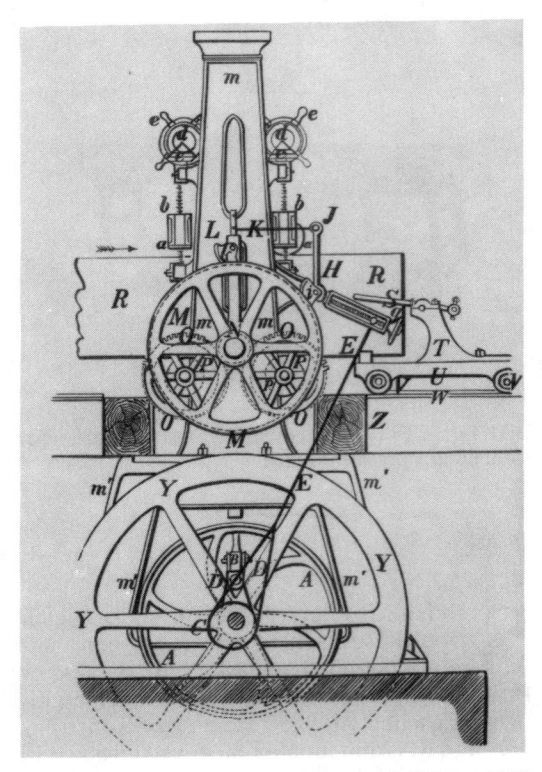

Bild 11/15. Worssamgatter (Patentschrift Nr. 2059 vom 9. September 1859) – erste Darstellung, die eine Gattersägemaschine mit horizontalen Vorschubwalzen und zweigeteiltem Blockwagen zeigt

Bild 11/17. Zeitiges Einstelzenvollgatter mit Walzenvorschub sowie Blockzuführ- und -empfangswagen

Bild 11/16. Blockwagen für Gatter mit Walzenvorschub – technischer Stand um 1880 (rechts Zuführwagen, links Empfangswagen)

zufolge war es möglich, den nächsten Stamm bereits aufzulegen und dem Gatter zuzuführen, noch während sich der vorangegangene in der Maschine befand. Der neue Vorschubmechanismus eignete sich für den Einschnitt von Rundholz ebenso gut wie für den Einschnitt von vorher flächig bearbeitetem Holz.

Diese Vorschubmechanik war mehr als nur eine Neuerung unter vielen – mehr als nur eine Neuerung schlechthin. Ihre Bedeutung läßt sich ermessen, wenn man bedenkt, daß jetzt zum ersten Mal die gesamte Maschinenlaufzeit für das Sägen genutzt werden konnte. Das Auflegen, Einspannen und Ausrichten des Sägeblockes, die Entnahme des Schnittholzes, die Vorbereitung der Mechanismen auf die Zuführung des neuen Blockes – alle diese Arbeiten konnten nunmehr ohne Unterbrechung des Sägevorganges ausgeführt werden. Erstmals seit Sägegatter existieren, war es möglich

Bild 11/18. Vollgatter mit Walzenvorschub, um 1875. Das Blockwagenpaar ist durch zwei kleine Hilfswagen komplettiert, um die Zu- und Abführung des Holzes zu erleichtern. Die Andruckwalzen konnten bereits maschinell entsprechend der Dicke des Blockes gehoben bzw. gesenkt werden. Augenfällig sind die an langen Hebeln verstellbaren Gewichte, die zur Regulierung des Walzenandrucks dienten. (oben Seitenansicht, unten links Vorderansicht)

Bild 11/19. Schweres, direktangetriebenes Dampfgatter mit 40 Sägeblättern, Baujahr 1870. Der Dampfzylinder ist auf den Kopf des Maschinengestells aufgesetzt, um Verschmutzungen durch Sägespäne zu vermeiden und »die durch Dampf erhitzten Theile in eine Region zu verlegen, wo die verbreitete Wärme weniger lästig fällt«. /76/ Das Pleuel am unteren Rahmenjoch setzt das Schwungrad und den Vorschubmechanismus in Bewegung.

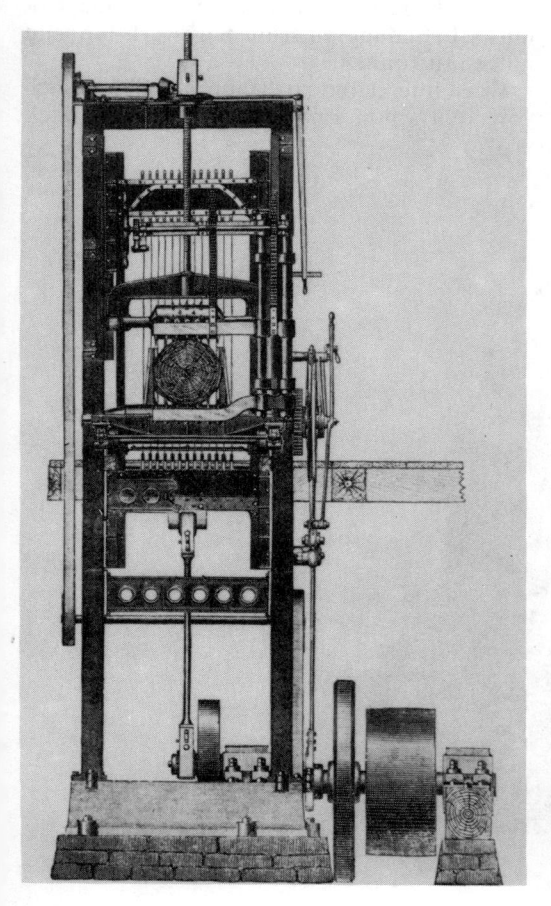

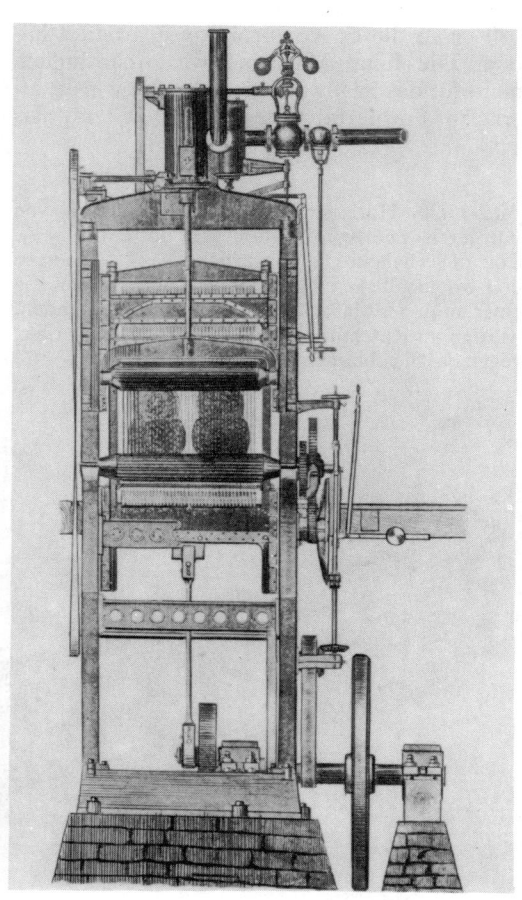

geworden, Schnittholz in ununterbrochener Blockfolge zu produzieren. Mit dieser technischen Errungenschaft stieg die Leistung des Sägegatters nochmals beträchtlich. Historisch betrachtet, ist das etwa vergleichbar mit jenem großartigen technischen Fortschritt, den 300 Jahre zuvor das Übersetzungsgetriebe am Venezianergatter oder gegen Ende des 16. Jahrhunderts der Sägenbund für ihre Zeit gebracht hatten.

An allen bislang bekannten Holzsägemaschinen, vom Klopfgatter angefangen bis hin zum dampfgetriebenen Vollgatter, wurden die Sägeblätter in vertikaler Ebene, also auf und ab, bewegt. Die erste Maschine mit waagerecht geführtem Sägeblatt entwarf und baute 1814 der französische Ingenieur AUGUST COCHOT in Paris. 15 Jahre lang soll er an dieser Konstruktion gearbeitet haben. Die neue Maschine war ursprünglich nicht für das Sägewerk gedacht. Sie wurde zuerst in Furnierfabriken eingesetzt, um das Längsaufteilen von dicken Hartholzstämmen in Sägefurniere zu erleichtern. Das Sägeblatt war deshalb am Werkzeugträger so angebracht, daß die Zahnspitzen abwärts zeigten. Ungeachtet dessen sollte die Furniersäge von COCHOT als Grundform des Horizontalgatters angesehen werden können. Denn die wesentlichsten Funktionsmerkmale, die für diesen Gattertyp kennzeichnend sind, konnte man hier das erste Mal sehen. Der Werkzeugträger dieser Horizontalsäge erinnerte noch an die große Rahmensäge; zum Spannen des Blattes diente eine Zugstange. COCHOT, in dessen Betrieb später auch transportable Vollgatter gebaut wurden, verbesserte seine »liegende Säge« bis 1834 ständig weiter.

Wann die ersten Horizontalgatter Eingang in die Schnittholzproduktion fanden, ist heute wohl nicht mehr mit Bestimmtheit zu sagen. Die frühesten Belege verweisen auf die Jahre um 1840. Ganz sicher bedurfte es zu dieser Zeit nur noch geringer Veränderungen, um COCHOTS Erfindung auch im Sägewerk lohnend nutzen zu können.

Es ist interessant zu erfahren, daß man sich vorzeiten schon einmal mit einer maschinell

Bild 11/20. Horizontalgatter zur Herstellung von Furnieren. Die Konstruktion geht auf ein 1814 A. Cochot verliehenes Patent zurück. Die bis 5 m langen und bis 1 m dicken Furnierblöcke, die aufrecht in einer unter der Maschine angelegten Grube standen, wurden im Rhythmus des Rahmenhubes nach oben gegen das Sägeblatt bewegt.

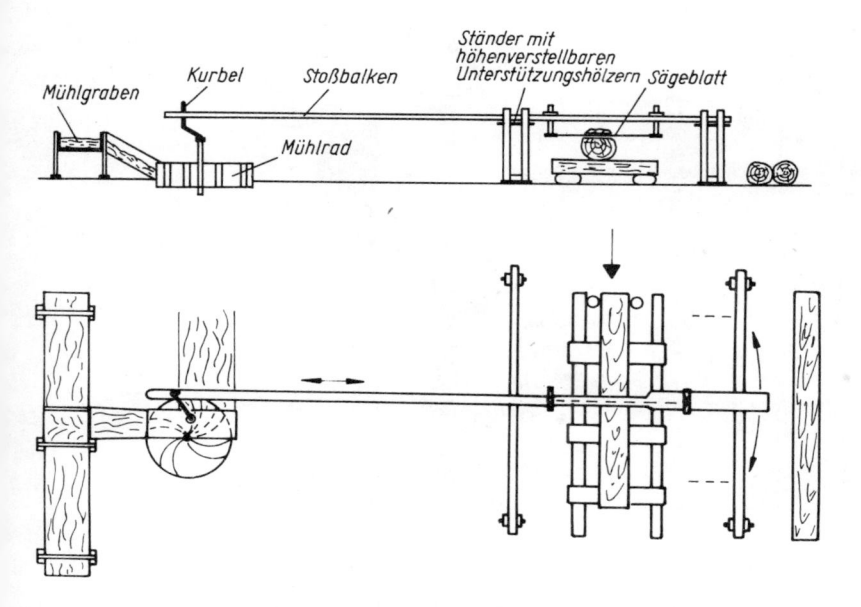

Bild 11/21. Vorläufer des Horizontalgatters (schematische Darstellung nach einem Modell in Schweden – oben Vorderansicht, unten Draufsicht)

betriebenen waagerechten Säge beschäftigt hatte. Im schwedischen Freilichtmuseum Jamtli (Östersund) ist dieser Vorläufer des Horizontalgatters als Rekonstruktion in Originalgröße zu sehen. Das Wasserrad, das sich in der horizontalen Ebene drehte, war mit einem exzentrisch angeordneten Zapfen versehen, der die Bewegung über einen 8 m langen Stoßbalken auf das Sägeblatt übertrug. Der Stamm wurde manuell über Rundhölzer gegen die Säge geschoben. Offenbar vermochte sich diese technische Lösung aber nicht durchzusetzen. Zumindest lassen die spärlichen Überlieferungen von maschinell betriebenen horizontalen Sägen aus der Zeit der Wasser- und Windsägemühlen darauf schließen.

Das Horizontalgatter kann konstruktiv bedingt nur mit einem Sägeblatt ausgerüstet werden. Obgleich es sowohl während der Hin- als auch während der Rückbewegung des Sägeblattes schneidet, reicht seine Leistung bei weitem nicht an die des Vollgatters heran. Dennoch hat es bedeutende Vorteile, die hauptsächlich auf den ruhigen Lauf und die daraus resultierende präzise Schnittführung der Maschine sowie auf die große »Rahmenweite« zurückzuführen sind. Die Konstruktion ist unkompliziert, die Blockbeschickung leicht zu handhaben; zudem kann die Brettdicke von Schnitt zu Schnitt variiert werden. Demzufolge war von Anbeginn das Horizontalgatter dem Vollgatter dann überlegen, wenn eine hohe Schnittqualität erreicht werden mußte. Bevorzugt wurde die Maschine für den Einschnitt sehr dicker sowie wertvoller Stämme und überall dort eingesetzt, wo es auf einen sauberen, genauen Sägeschnitt ankam, wie etwa bei der Herstellung außergewöhnlich dünner Bretter. Überdies konnten, »ohne daß man einen sogenannten Kamm stehen lassen muß, selbst starke Stämme mittels dünner Sägen (2 mm) ohne weiteres der ganzen Länge nach durchschnitten werden« /258/.

Gleich anderen Maschinen durchlief das Horizontalgatter eine Zeit schneller Vervollkommnung. Grundlegende technische Veränderungen an der Mechanik, wie sie für das Vollgatter im Verlauf des 19. Jahrhunderts so typisch waren, hat diese Sägemaschine jedoch kaum erfahren. Und es entstanden auch keine vom Maschinengrundtyp abgeleiteten Spezialformen. Der kontinuierliche Vorschub, zunächst freilich noch von Friktionsscheiben bewirkt, ist bereits an Maschinen zu finden, die um 1860 gebaut wurden. Der waagerecht bewegte Werkzeugträger, der zu dieser Zeit maximal 240 Hub/min erreichte, veranlaßte dazu, das Sägeblatt ab und an gegen andere Schneidwerkzeuge auszutauschen und so die Maschine auch zum Fräsen und Hobeln zu benutzen.

Historisch betrachtet, gehörte das Horizontalgatter nur recht kurze Zeit zur Standardausrüstung des Sägewerkes – kaum mehr als 100 Jahre. Heute hat im wesentlichen die Blockbandsäge seine Aufgaben übernommen. Dennoch, ganz verschwunden ist es nicht. Vornehmlich in kleineren Betrieben leistet da und dort das Gatter mit dem waagerechten Sägeblatt noch immer gute Dienste, zumeist dann, wenn die einzuschneidenden Stämme so dick sind, daß sie nicht durch den Rahmen des Vollgatters passen. Mitunter wird das Horizontalgatter aber auch ganz einfach deshalb erhalten, weil es mittlerweile beinahe zu den historischen Sägemaschinen zählt.

Bild 11/22. Frühes Horizontalgatter. Bis 1,2 m dicke und bis 10 m lange Stämme konnten mit solchen Maschinen zu Brettern aufgeteilt werden.

Bild 11/23. Horizontalgatter mit doppelter Einspannvorrichtung während des gleichzeitigen Einschnitts von zwei Sägeblöcken, um 1890

Noch auf zwei andere Sägegatter soll hier eingegangen werden, wenngleich sie die technische Entwicklung im Gatterbau weniger beeinflußt haben dürften. 1827 führte der französische Ingenieur PHILIPPE in seinem Betrieb in Paris dem Prüfungskomitee mehrere »Seitengatter« für Spezialeinschnitte vor. Wenn er daraufhin für sein »System sinnreicher und praktischer Maschinen, sämtliche sogenannte Seitengatter«, als gebührende Würdigung einen Preis der »Gesellschaft zur Aufmunterung der Industrie des Landes« erhielt, spricht das für die vorzügliche Eignung der neuen Sägemaschine. Das Augenfällige am Seitengatter war der »offene«, nur mit einem Schenkel versehene Rahmen. Die erstmals zur Beschickung eines Gatters verwendeten nichtangetriebenen Rollen, die nur wenig später an PEYODS Gatter mit Walzeneinzug wiederzufinden sind, sollten ebenfalls als bedeutsame Neuerung angesehen werden können. Andere Seitengatter hatten anstelle der Zuführrollen einen schienengebundenen Blockwagen, der den Sägeblock seitlich entlang der Maschine gegen das Sägeblatt führte. Um die Schwingungen am Maschinengestell zu vermindern, stellte PHILIPPE den Antriebsmechanismus auf separate Fundamente neben das Gatter. Außerdem umging er damit den Bau des Gatterkellers.

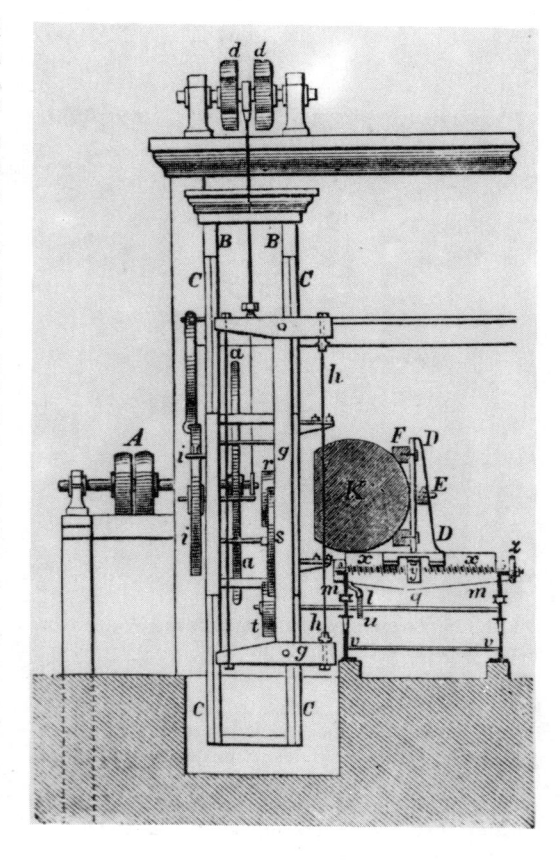

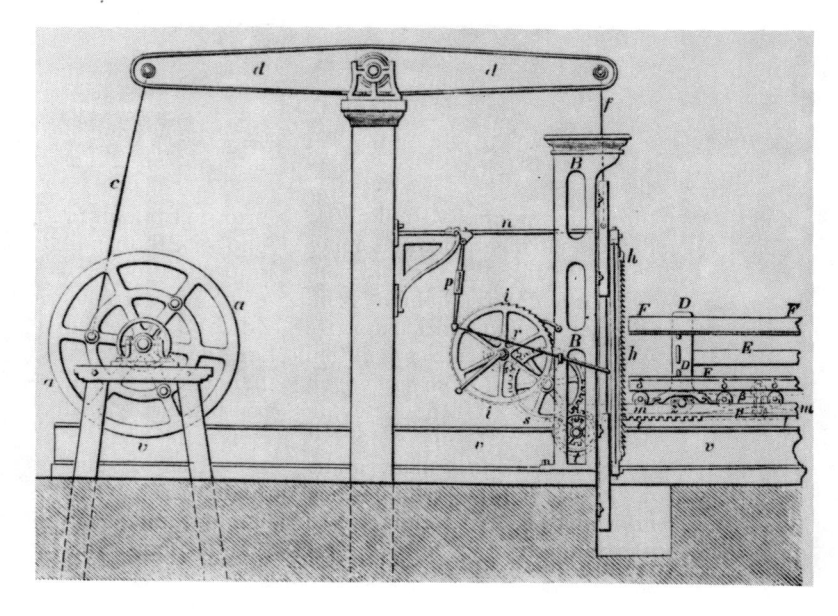

Bild 11/24.
Eines der Seitengatter von Philippe – konstruiert und gebaut 1827.
Der Erfinder entwarf die Maschine als Einetagengatter. Damit umging er den Gatterkeller.
(oben Vorderansicht, unten Seitenansicht)

Bild 11/25. Zweietagen-Seitengatter mit Walzenvorschub für den Nachschnitt, um 1865

Bild 11/26. Version eines frühen transportablen Dampfgatters – gebaut 1857 von dem sächsischen Ingenieur L. Zeschke. »Diese transportable Dampf-Breter-Schneidemaschine zog in der Ausstellung zu Wien 1857 durch ihr imposantes Aeußere und ihre Leistungen die Aufmerksamkeit der Besucher im hohen Grade auf sich.« /53/

Das Seitengatter hatte Vor- und Nachteile. Da das Holz nicht durch die Maschine hindurch, sondern seitlich an ihr entlanggeführt wurde, brauchte kein »Kamm« stehenzubleiben. Mit nur einem Sägeblatt im Einhang konnte sogar bogenförmig geschnitten werden. Folglich nahm PHILIPPE seine Seitengatter auch für das Ausschneiden von Rohlingen für Radfelgen und andere gekrümmte Teile. Freilich war der offene Sägerahmen nicht allzu stabil. Die Maschine konnte nur mit wenigen Sägeblättern bestückt und demzufolge nicht als Vollgatter, sondern allenfalls als sogenanntes Halbgatter genutzt werden. Noch gegen Ende des 19. Jahrhunderts setzte man das Seitengatter gern für Vorschnittarbeiten, d. h. als Saum- oder Abschwartgatter, ein. Heute existiert dieser konstruktiv doch recht eigenwillige Gattertyp nicht mehr. Das technische Prinzip der seitlichen Zuführung des Holzes jedoch blieb erhalten; es wurde für die Blockbandsäge übernommen.

Desgleichen war das transportable, von einer Lokomobile angetriebene Vollgatter bald nicht mehr unbekannt. Man konnte diese Maschine 1862 als Neuheit auf der Londoner Internationalen Ausstellung sehen. Obwohl das dort von dem Mechaniker FREY aus Paris vorgeführte »Exemplar hinsichtlich der erforderlichen Stabilität beim Arbeiten zu nicht geringen Bedenken Anlaß gab, so wurde doch an-

Bild 11/27. Eines der ersten fahrbaren Sägegatter. Infolge der Zweietagenbauweise (Einstelzenantrieb) hatte die Maschine eine relativ hohe Arbeitsebene, so daß sie nur nach dem Absenken in eine Mulde oder Erdgrube zu betreiben war.

Bild 11/28. Fahrbares Zweistelzengatter in Einetagenbauweise mit Walzenvorschub (oben Seitenansicht, unten Vorderansicht)

gegeben, daß die zu jener Zeit von FREY bereits abgesetzten derartigen Maschinen die Zahl 50 erreicht haben« /243/.

Zu ebendieser Zeit produzierte die Pariser Maschinenbaufirma COCHOT im Auftrage des Marineministers »mobile Dampfsägegatter« für den Einsatz in den französischen Kolonien in Hinterindien. Dem COCHOTschen Gatter bescheinigte eine Prüfungskommission gute Eigenschaften: »*Die Mitglieder des Comites, welche dem Probieren dieser Maschine in der Werkstatt des Herrn COCHOT beigewohnt haben, anerkannten einstimmig sowohl die gute Anordnung derselben als Ganzes wie auch die vortreffliche Ausführung aller Details von einiger Wichtigkeit. Das Gerüst zeigte eine beträchtliche Stabilität.*« /52/ Der mit zwölf Sägeblättern ausgestattete Rahmen – seine Masse betrug etwa 200 kg – hatte eine Durchlaßweite von 50 cm. Mit der Maschine konnten Stämme bis zu 30 m Länge eingeschnitten werden. Der Vorschub betrug an hartem Holz bei 100 U/min etwa 1 m/min.

Der technische Fortschritt im Gattermaschinenbau verbreitete sich schnell über viele Länder. Zu Beginn der zweiten Hälfte des 19. Jahrhunderts wurden Gattersägemaschinen in nahezu allen industriell fortgeschrittenen Staaten auf etwa dem gleichen technischen Niveau hergestellt – wenngleich auch in voneinander abweichenden, die gestalterische Auffassung der einzelnen Herstellerländer charakterisierenden äußeren Formen. Noch heute beeindrucken die Vielgestaltigkeit der Konstruktionen und die Anzahl der Gatterarten. Immerhin war doch der Dampfgatterbau kaum älter als 50 Jahre. Gattersägemaschinen folgender Bauarten wurden damals nebeneinander produziert:
– Vertikalgatter und Horizontalgatter
– Gatter mit einem oder mit zwei Rahmen (Doppelrahmengatter)
– Einetagengatter und Zweietagengatter
– Einstelzengatter und Zweistelzengatter
– Gatter zum gleichzeitigen Einschnitt mehrerer Blöcke
– stationäre und mobile Gatter
– Halb- und Vollgatter
– Gatter mit Unter-, Seiten- oder Oberantrieb
– Gatter mit Direktantrieb
– Gatter mit vier, sechs oder acht Vorschubwalzen (Kurzholzgatter).

»*Der charakteristische Zug der gegenwärtigen Technik im Bau der Gattersägen besteht darin, daß man die Gatterkonstruktion mehr und mehr speziellen Zwecken anpaßt.*« /76/

Bild 11/29. Direktangetriebenes Einstelzengatter – gebaut um 1870. Der Dampfzylinder ist auf dem Fundament im Gatterkeller befestigt.

Bild 11/30. Einetagen-Trenngatter mit Seitenantrieb. Diese 1875 als Zwillingsgatter gebaute Maschine erreichte bei 400 U/min eine Vorschubgeschwindigkeit von 1,8 m/min.

Bild 11/31. Zwillingsvollgatter, Baujahr 1875. Gatter mit zwei abwechselnd arbeitenden Rahmen zeigen infolge des Massenausgleichs einen ruhigen Lauf. Hohe Drehzahlen und damit große Vorschübe waren weitere Vorzüge dieser Bauweise.

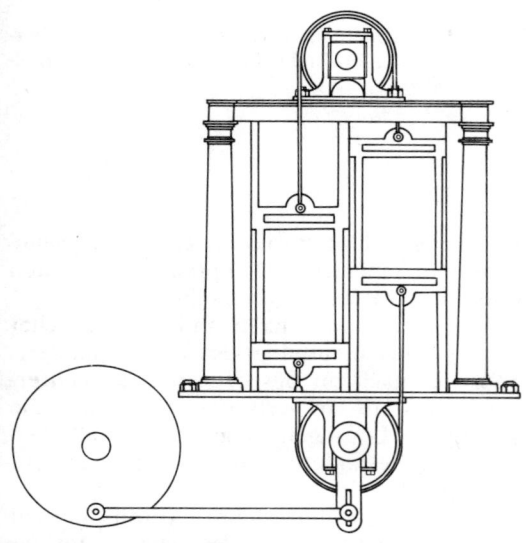

Bild 11/32. Auf der Suche nach leistungsfähigeren Antrieben entstand um 1850 diese Konstruktion für ein Doppelgatter. Die Stelzen sind durch Drahtseile ersetzt. Über intermittierend bewegte Scheiben geführt, ziehen sie die Sägerahmen abwechselnd auf und nieder.

Es lassen sich freilich noch weitere Ursachen finden, auf die die erstaunliche Vielgestaltigkeit der Sägegatter in dieser Zeit zurückzuführen ist. Zu den einzelnen Grundbauarten hatten sich Prototypen als damalige Bestlösung zwar herausgebildet, ihre Funktionsreife in der Praxis aber war noch nicht unter Beweis gestellt. So wurden Maschinen mit bewährter Konstruktion, selbst wenn sie nicht mehr dem Stand der Technik entsprachen, weiterhin gebaut und eingesetzt. Außerdem war die große Zeit des Experimentierens zum Erkennen und zur Bewältigung der neuen technischen Möglichkeiten noch nicht vorüber. Und nicht zuletzt verlangte der kapitalistische Konkurrenzkampf, daß die Möglichkeiten, die die neue Technik in sich barg, bis an ihre Grenzen getestet und ausgeschöpft wurden.

So entstanden neben zukunftsträchtigen Bauteilen, Mechanismen und Maschinen hin und wieder technische Lösungen, die zwar den Erfindergeist der Konstrukteure in interessanter Weise veranschaulichen, die aber über die Zeit hinweg nicht bestehen konnten. Dazu gehört gewiß das »Dampfsägegatter mit direkter Wirkung«, das unmittelbar, ohne Zwischenschalten des Vorgeleges, mit der Kolbenstange des Dampfzylinders verbunden war. Diese Antriebsvariante erschien zunächst recht zweckmäßig, ist doch die zweimalige Umformung der Bewegung (Hubbewegung der Dampfmaschine – Drehbewegung des Vorgeleges und der Gatterhauptwelle – Hubbewegung des Sägerahmens) hier nicht erforderlich. Trotz ständiger Verbesserungen, wie sie auch an den Maschinen der Lauenburger »Russowmühle« zu erkennen waren, verbreiteten sich derartige Gatter aber nur wenig. Unzurei-

Bild 11/34. Einetagen-Zweistelzengatter mit Oberantrieb aus der letzten Dampfgattergeneration, Baujahr 1900

Bild 11/33. Frühes Kurzholzgatter. Diese Spezialmaschine war hauptsächlich in Kistenfabriken zu finden. Sie hatte bereits acht Vorschub- und Andruckwalzen, so daß auch sehr kurze Blöcke, die mit dem Spannwagen nicht gefaßt werden konnten, ausreichend festgehalten und sicher geführt wurden.

chende Stabilität sowie der relativ langsame Bewegungsablauf des Dampfkolbens mochten dafür die Ursache gewesen sein.

Pragmatisches Denken und ökonomischer Zwang führten ausgangs des 19. Jahrhunderts nach und nach zur Beschränkung des Gattersortiments auf ein vertretbares Maß und die günstigsten Lösungen, ohne daß dabei alle spezifischen Besonderheiten im Gatterbau der einzelnen Länder beseitigt worden wären.

Die Gattersägemaschine hatte im Verlauf ihrer siebenhundertjährigen Geschichte bis zum Ende der industriellen Revolution schließlich einen technischen Stand erreicht, der im Prinzip als ein gewisser Abschluß ihrer Entwicklung aufgefaßt werden kann. Alle wesentlichen Wirkprinzipien waren erkannt und die zu ihrer Umsetzung erforderlichen Mechanismen und Bauteile erfunden sowie mit Perfektion in die Maschine integriert worden. Damit vergegenständlichte diese Sägemaschine eine konstruktiv-technische Grundkonzeption, die noch an den modernsten Sägegattern der Gegenwart zu finden ist. In der darauffolgenden Zeit sind es dann auch fast ausschließlich Verbesserungen an bereits Bekanntem – abgesehen von der neuen Antriebsenergie und der Steuerung –, die die Leistung der Gattersägemaschine weiter erhöhen.

Bild 11/35. Vollentwickeltes dampfgetriebenes Vertikalgatter in der Version des Zweietagen-Zweistelzengatters (Durchlaßweite max. 1000 mm, Drehzahl max. 240 U/min, Vorschub bis 2 m/min)

12. Die Erfindung der Kreissäge

Die Kreissäge ist eine relativ junge Holzbearbeitungsmaschine. Sie wurde zu Beginn der industriellen Revolution, also vor kaum mehr als 200 Jahren, erfunden. Damals hieß sie noch verbreitet »circlesaw« und in deutschsprachigen Gebieten »Circularsäge«, »Zirkelsäge«, »Radsäge« oder auch »Rundsäge«. Die maschinelle Holzbearbeitung hatte bis dahin bereits einen langen Entwicklungsweg zurückgelegt. Mehr als ein halbes Jahrtausend war seit der Erfindung des Sägegatters vergangen. Aber erst jetzt konnte für das Sägen von Holz ein zweiter Maschinentyp eingesetzt werden.

Man sollte indes annehmen können, daß die gegenüber dem Gatter doch recht einfache Wirkungsweise der Kreissäge schon sehr viel früher erkannt worden ist. Doch mußte die Verwirklichung des Gedankens vorerst scheitern, da die Herstellung des Kreissägeblattes technisch noch nicht zu bewerkstelligen war. Wann und wo die erste funktionssichere Kreissäge entstand, das verliert sich im historischen Dunkel. Und so ist auch der Erfinder dieser Maschine, die gerade zu unserer Zeit als Hauptmaschine im Sägewerk für den effektiven Einschnitt schwachen Sägeholzes immer mehr Bedeutung erlangt, bis heute unbekannt geblieben. Geht die Erfindung auf England, Frankreich oder die Niederlande zurück? Von Holzfachleuten aus dem 19. Jahrhundert ist zu erfahren, daß schon seinerzeit nicht mehr herauszufinden war, wem die Erstanwendung zuzusprechen ist. Zu verschieden sind ihre Aussagen: »*Kreissägen sind schon seit langer Zeit in Holland bekannt, wo sie gebraucht werden, um Fournierholz zu schneiden.*« /121/ »*Die Kreissäge wird gewöhnlich als englische Erfindung gehalten, sie ist jedoch schon in Paris vor mehr als 40 Jahren (gegen 1800) von einem Juwelier namens* ALBERTUS *vorgeschlagen und vielleicht auch angewendet worden; doch dürfte man in England wahrscheinlich zuerst einen ausgedehnteren Gebrauch von ihr gemacht haben.*« /270/ In einem Artikel des Londoner »Mechanics' Magazine« mit dem Titel »History of Wood-Cutting Maschinery« wird aufgeführt, *daß die Kreissäge etwa 1790 von Holland nach England eingeführt und zuerst in Southampton in Anwendung gebracht worden ist*« /139/. »*Die hervorragende Stellung Hollands unter jenen Ländern, welche den Sägebetrieb zuerst in die Hand genommen haben, basiert wie es scheint, nur auf der Gattersäge, nicht auf der Kreissäge.*« /76/ »*Im Jahre 1799 ließ sich* L. A. C. ALBERT *in Paris die gezähnte Kreissäge 'scie sans fin'*« (die Säge ohne Ende) *patentieren* /183/.«

Heute nun sieht man den ersten urkundlichen Nachweis für die Kreissäge in einem Patent, das 1777 dem Segelmacher SAMUEL MILLER aus Southampton verliehen wurde. MILLERS Patentschrift besagt im wesentlichen:

»*British Patent, Nr. 1152
To Samuel Miller, of Southampton
Sail-maker etc. etc.*«

»*Ich* SAMUEL MILLER *erkläre hiermit, daß meine Erfindung einer ganz neuen Maschine für ein schnelles Sägen aller Arten von Holz, Stein und Elfenbein in der folgenden Art beschrieben ist* (das will sagen:)

Die Maschine, welche die Kraft liefert, ist eine horizontale Windmühle... Die aufrecht stehende (Windrad-)*Welle überträgt ihre Bewegung auf eine horizontale Welle. Diese letztere hat ein großes Rad, um welches herum eine Kette läuft, die sich über ein kleineres Rad fortsetzt. Durch das kleinere Rad geht ein viereckiger Eisenbarren, welcher die Sägen trägt, die von einer kreisförmigen Gestalt sind...*

Der Wagen bewegt sich gleichfalls in Nuthen. Er hat zwei Bewegungen: eine im Vorwärtsschreiten, die andere seitlich...

Urkund dessen habe ich besagter Samuel Miller hier unten meine Handschrift und Siegel beigesetzt.

Den 5. August 1777
     (L. S.)   *Samuel Miller*« /76/.

Wie die Patentbeschreibung erkennen läßt, handelt es sich hier um eine bereits weitgereifte Idee; alle wesentlichen Merkmale, die die Kreissäge kennzeichnen, sind vorhanden. Das Sägeblatt ist von kreisförmiger Gestalt, und beide Bewegungsabläufe erfolgen maschinell. Die Drehbewegung wird dem Werkzeug von Wellen, Zahnrädern und einer Kette übertragen; für den Vorschub des Werkstückes ist ein Zahnstangentrieb vorgesehen. Überlieferte Hinweise rechtfertigen die Vermutung, daß die Maschine gebaut worden ist.

MILLER, der sich in einem Kontrakt mit der englischen Regierung zur Lieferung großer Mengen Seilkloben für die Takelage der Segelschiffe verpflichtet hatte, beabsichtigte mit dieser neuen Sägemaschine die Arbeit in seiner Werkstatt zu beschleunigen. Ob ihm seine Erfindung zum Erfolg verhalf, ist heute wohl kaum mehr zu erfahren. Denn Belege, die die Anwendung von Kreissägen zuverlässig bezeugen, reichen aller Wahrscheinlichkeit nach nur bis in die ersten Jahre des 19. Jahrhunderts zurück.

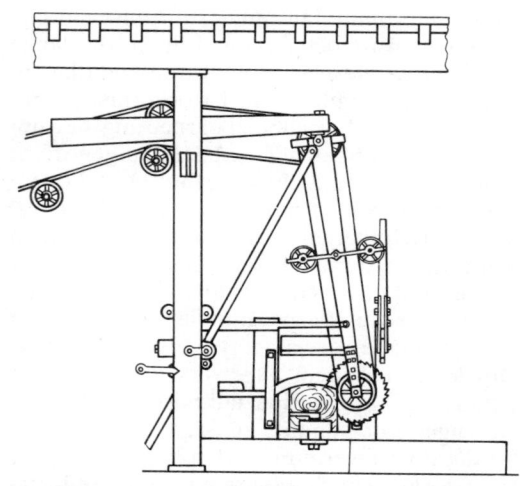

Bild 12/1. Erste Pendelkreissäge – konstruiert und gebaut um 1815 für die Holzwerkstätten von Portsmouth. Damit war zugleich die erste Ablängstation für Rundholz mit dem Kreissägeblatt als Werkzeug geschaffen.

In England war die vielfältige Anwendbarkeit der Kreissäge zuerst erkannt worden. In den modernsten Holzbearbeitungsbetrieben der damaligen Zeit, den mechanischen Holzwerkstätten und Schiffswerften zu Woolwich, Chatham und Portsmouth, zählte die neue Maschine schon zu Beginn des 19. Jahrhunderts zur Standardausrüstung. Hier konnte man die Kreissäge bereits in konstruktiv verschiedenen, dem jeweiligen Verwendungszweck angepaßten Spezialausführungen kennenlernen. Dazu gehörten auch Kreissägen, mit denen sich Stämme zu Brettern aufteilen ließen. Damit war dem Sägegatter – obgleich mit Einschränkungen – eine erste Alternativlösung zur Seite gestellt.

Die Bemühungen, der Kreissäge möglichst schnell viele Einsatzgebiete zu erschließen und dabei die konstruktiven Möglichkeiten weitgehend auszuschöpfen, führten in weniger als drei Jahrzehnten zu einer heute kaum noch zu überschauenden Vielzahl von Maschinenvarianten. Mehr noch als beim Sägegatter fand man zu immer neuen technischen Lösungen. Die meisten dieser Maschinenvarianten konnten sich – was ihr Funktionsprinzip anbelangt –

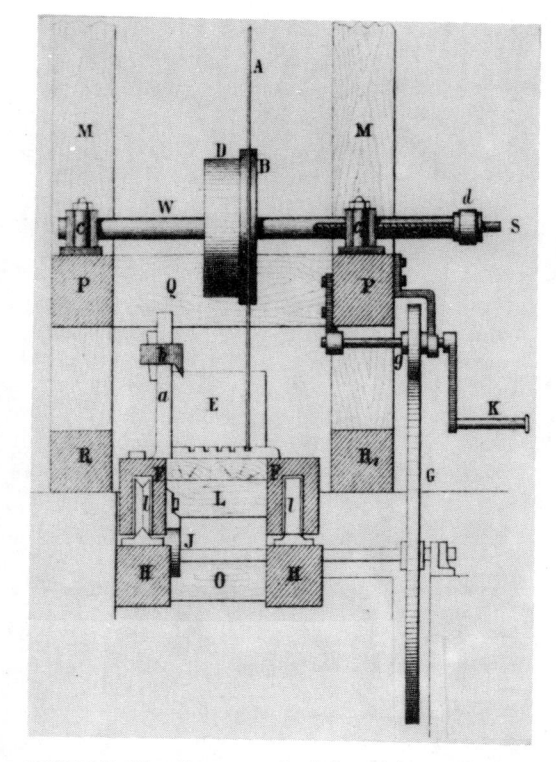

Bild 12/2. Eine der ersten funktionssicheren Kreissägen (Patentzeichnung von 1805 des M. I. Brunel)

211

über anderthalb Jahrhunderte hinweg bis in die Gegenwart behaupten. Einige, die lange in Vergessenheit geraten waren, wurden in jüngerer Zeit unter dem Erfordernis der zunehmenden Schwachholzbearbeitung bewußt oder auch unbewußt wieder aufgegriffen. Manche dieser maschinentechnischen Lösungen hatten freilich nur kurzzeitigen Bestand, da der Erfindergeist die Grenzen, die dem Wirkprinzip der Kreissäge gesetzt sind, erst testen mußte. Folglich währte es nicht lange, bis für nahezu alle potentiellen Sägearbeiten der geeignete Kreissägetyp entwickelt war. Das kam auch dem Sägewerk zugute. Denn schon 1825 gab es Spezialkreissägen für das Ablängen der Stämme zu Sägeblöcken sowie für das Abschwarten und den Nachschnitt der Sägeblöcke. Hinzu kamen Kreissägen für nahezu alle Stufen der Schnittholzweiterbearbeitung, so für das Abkürzen, das Besäumen und das Trennen.

Es ist auffallend, daß zu beinahe jedem Maschinengrundtyp nach verhältnismäßig kurzer Zeit mehrere funktionssichere Maschinenvarianten entstanden. An der Kreissäge zum Abkürzen von Schnittholz findet sich das besonders eindrucksvoll bestätigt. Allein dieser Maschinentyp wurde in mindestens sechs funktionell unterschiedlichen Bauformen hergestellt. Bekannt waren Pendelsägen und Wippsägen, bei denen das Sägeblatt bogenförmig gegen das Werkstück geführt wurde, und zwar in Abhängigkeit von der Maschinenkonstruktion entweder von unten, von der Seite oder von oben. Andere Abkürzsägen führten den Schnitt geradlinig in horizontaler oder vertikaler Ebene. Selbstverständlich gehörte auch die einfache Bauholzkreissäge mit dem starr angeordneten Sägeblatt zu dieser Palette.

Bild 12/3. Pendelkreissäge zum Querschneiden von Brettern und anderem Schnittholz geringen Querschnitts

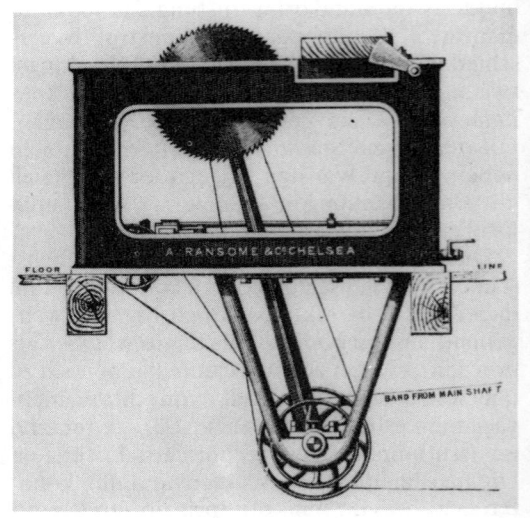

Bild 12/4. Untertisch-Pendelkreissäge zum Zuschneiden von Schnittholz zu Kistenteilen

Bild 12/5. Doppelabkürzsäge zum genauen Zuschneiden von Schnittholz zu Parkettstäben und Faßdauben

vermutlich erst im letzten Drittel des 19. Jahrhunderts verwirklicht werden. 1873 fanden auf der Weltausstellung in Wien mehrere als Neuheit vorgestellte Doppel-Längsschnittkreissägen Beachtung, bei denen der Abstand der Sägeblätter zueinander über eine Handkurbel zu verstellen war. Die Maschine hatte man für das schnelle Besäumen von Brettern und Bauhölzern konstruiert. Die Vermutung liegt demnach nahe, daß der Doppelsäumer, diese für die maximale Holzausnutzung im Sägewerk heute so wichtige Maschine, kaum älter als 100 Jahre ist.

Der Blockwagen wurde für den Einschnitt von Stämmen und Sägeblöcken mit schweren Kreissägen entwickelt. Konstruktiv und funktionell war er dem Blockwagen am Seitengatter ähnlich. Es ist wahrscheinlich, daß diese neuartige Zuführeinrichtung an beiden Sägemaschinen etwa zur gleichen Zeit, um 1830, erstmals zur Anwendung gekommen ist. Ungefähr 50 Jahre später kehrt die Erfindung an der Blockbandsäge wieder. Dieser unkomplizierte Vorschubmechanismus hat den Vorzug, daß Rundholz ohne vorherige Sortierung so-

Manches an der konstruktiven Gestaltung dieser Kreissägen der ersten Generation ist heute auch deshalb noch einer Betrachtung wert, weil sich hier technisch interessante Analogien zu den modernsten Kreissägeanlagen unserer Zeit finden lassen. Das trifft besonders für die Unterschnittkreissäge, die Sägeblattverstellung, den Blockwagen und die Doppelwellenkreissäge zu.

Im Unterschnitt arbeiteten schon die ersten, um 1808 von MARC ISAMBARD BRUNEL für das Längsschneiden von Holz gebauten Ein- und Mehrblattkreissägen. Die Sägewelle mit dem Kreissägeblatt war an diesen Maschinen über dem Werkstück angeordnet. Wenn auch dieses technische Prinzip später über längere Zeit in Vergessenheit geriet – heute wird der Unterschnittkreissäge wegen ihrer guten Eignung für Maschinenverkettungen oft wieder der Vorzug gegeben.

Das auf der Welle verstellbare Sägeblatt konnte man gleichfalls bereits an den ersten Längsschnittkreissägen sehen. Diese Konstruktion wurde für Einblattmaschinen entwickelt, um das kraft- und zeitaufwendige Versetzen des Blockes nach jedem Maschinendurchlauf zu ersparen. An der Mehrblattkreissäge konnte diese beachtliche Erfindung

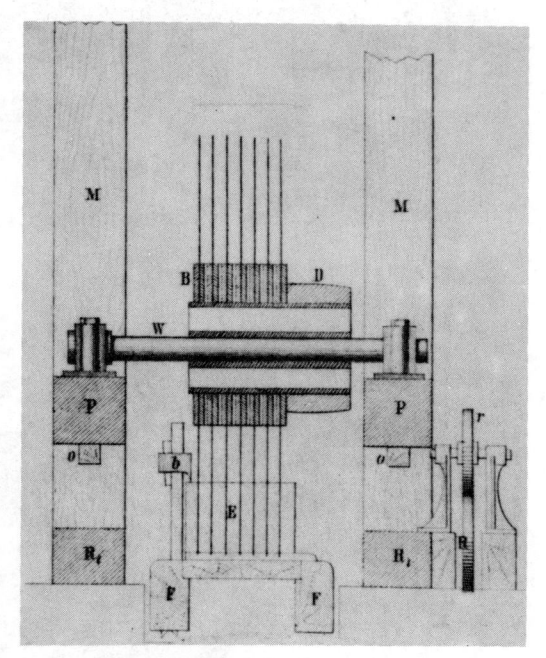

Bild 12/6. Das Unterschnittprinzip – verwirklicht mit der von M. I. Brunel für die englischen Schiffswerften konstruierten und gebauten Mehrblatt-Längsschnittkreissäge (Patentzeichnung, 1805)

213

wie in Abhängigkeit von seiner Qualität eingeschnitten werden kann. Heute ist dieses Wirkprinzip mitunter an modernen Kreissägelinien wiederzufinden.

Die Doppelwellenkreissäge schließlich brachte gleich drei für die Holzbearbeitung wesentliche Vorteile. Jetzt konnten mit der neuen Maschine selbst dicke Stämme sowohl abgelängt als auch eingeschnitten werden, ohne daß unverhältnismäßig große, nur schwer herzustellende und zu pflegende Sägeblätter notwendig waren. Und mit den schmalen Schnittfugen, die die relativ kleinen Blätter hinterließen, blieben die Holzverluste in vertretbaren Grenzen. Zudem zeigten sich die Schnittflächen von besserer Qualität. Die Doppelwellenkreissäge ist konstruktiv so gestaltet, daß zwei Sägeblätter gemeinsam jeweils einen Sägeschnitt ausführen. Dazu sind die Blätter auf zwei übereinander gelagerten Wellen befestigt. Das eine Blatt sägt im Unterschnitt, das andere im Oberschnitt. In Schnittrichtung leicht versetzt zueinander angeordnet, können sie sich nicht berühren.

Die Idee für diese bemerkenswerte technische Lösung hatten als erste 1824 zwei Engländer – der Färber GEORG SAYNER aus Hunslet und JOHANN GREENWOOD, ein Maschinist in Gomersall. »Diese Verbesserung,« so erfährt man, »bezieht sich vorzüglich auf Sägemühlen, wo Baumstämme zu Brettern, Latten und anderen Werkhölzern zerschnitten werden.« /297/ Später ist das Verfahren, »mittelst der Kreissäge große Stämme zu schneiden, namentlich bei gleichzeitigem Gebrauch von zwei übereinanderliegenden Sägen, besonders in den vereinigten Staaten Amerikas cultiviert worden« /76/. Allerdings waren diese Maschinen noch über lange Zeit nur für einen Schnitt je Maschinendurchlauf geeignet.

Bild 12/7. Der Vorläufer des Doppelsäumers: Zweiblattkreissäge mit Walzenvorschub und mechanisierter Sägeblattverstellung, Baujahr 1875

Bild 12/8. Längsschnittkreissäge mit Blockwagenzuführung

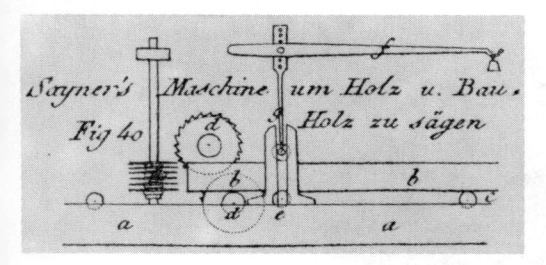

Bild 12/9. Patentzeichnung von G. Sayner und J. Greenwood für eine Doppelwellenkreissäge, 1824

Bild 12/10. Doppelwellenkreissäge für das Aufteilen von dicken Stämmen zu Sägeblöcken – konstruiert 1860 von S. Worssam für die Werften von Kronstadt

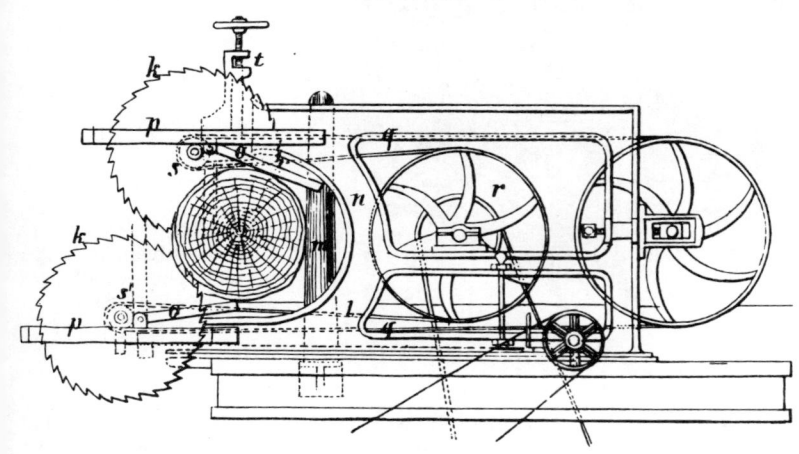

Auch das Doppelwellenprinzip ist gegenwärtig wieder aktuell. Viele der modernen Kreissägetechnologien nutzen es ebenso für das Quer- wie für das Längsaufteilen von dickem Holz – nun jedoch zumeist für Doppelwellen-Vielblatt-Kreissägen, für Maschinen also, deren Wellen mit jeweils mehreren Sägeblättern bestückt sind.

So einfach und vorteilhaft das Wirkprinzip der Kreissäge im Grunde genommen ist, ganz ohne Hindernisse verlief die Entwicklung dieser neuen Sägemaschine indes keineswegs. Konstrukteure und Maschinenbauer wurden gleich von Anfang an mit einer dem Kreissägeblatt eigenen funktionellen Abhängigkeit konfrontiert, die den Anwendungsbereich der Maschine vor allem im Sägewerk maßgebend bestimmt. Kreissägeblätter können nicht wie die Werkzeuge des Gatters oder der Bandsäge gespannt werden. Ihre Stabilität ist in erster Linie von der Blattdicke abhängig.

So muß mit steigendem Blattdurchmesser notwendigerweise die Blattdicke zunehmen. Das hat zur Folge, daß die Kreissäge größere Schnittfugen und damit mehr Sägespäne hinterläßt als Gatter und Bandsäge. Und große Kreissägeblätter, wie sie im Sägewerk für den Einschnitt dicker Stämme erforderlich sind, verursachen schließlich kaum vertretbar hohe Holzverluste.

Einige Sachkundige sprachen sich deshalb schon zeitig gegen die allzugroße Erwartung aus, die »Radsäge« würde mit dem Gatter in »Konkurrenz treten« können. Sie hatten erkannt, daß die Überlegenheit der Kreissäge in der Bearbeitung schwächeren Holzes liegt, in einem Einsatzbereich, in dem sie heute als Einschnittmaschine in den Sägewerken immer öfter vorkommt. Die Gedanken, die die Wissenschaftler P. P. BOILEAU und W. F. EXNER damals äußerten, können gleichsam stellvertretend für die Erkenntnis noch anderer namhafter Holzfachleute aus der Zeit der Industrialisierung stehen: »*Der einzige Uebelstand, den die Maschinen bis jetzt darboten, bestand darin, daß man sie nicht zum schneiden dicker*

Bild 12/11.
Einfache Ablängkreissäge
für schwaches Rundholz
mit Beschickrollgang

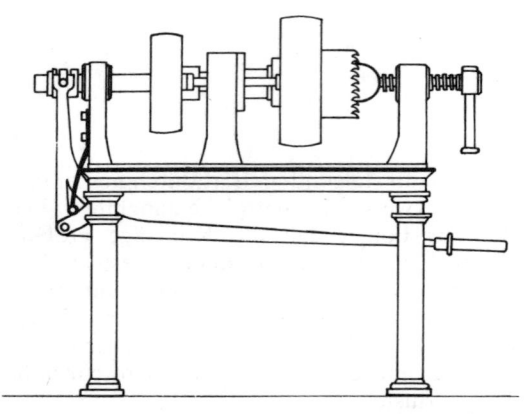

Bild 12/12. Erste Zylindersäge – erfunden und gebaut um 1810 von M. I. Brunel und H. Maudslay zur Herstellung von Seilkloben für die Segelschiffe der britischen Marine

Hölzer anwenden konnte.« /33/ Sie »produciren zwar eine große Schnittfläche aber sie consumiren viel Kraft und verwüsten viel Holz« /76/.

Dort allerdings, wo nur maximal zwei Schnitte erforderlich waren, wie etwa beim Abschwarten der Blöcke, erwies sich die Kreissäge dem Gatter gegenüber sofort als gleichwertig. Die große Ein- und Zweiblattkreissäge wurde damals zum Pendant des Saumgatters. Und als Maschine zum Ablängen der Stämme und zum Abkürzen des Schnittholzes erschloß sie sich ein Einsatzgebiet, für das bis dahin überhaupt keine befriedigend geeignete Sägemaschine existierte. »*Der Mangel eines guten Mechanismus, der sich für diese Operation eignet, nöthigte zur Anwendung von Handsägen.*« /33/ Noch heute ist die Kreissäge in beinahe allen Querschneidearbeiten unübertroffen.

Wie schnell die hervorragende Eignung des neuen Maschinentyps für Ablängarbeiten im Sägewerk erkannt und dann auch genutzt wurde, zeigt in interessanter Weise eine Kreissäge, die MCDOWALL 1835 in seiner Maschinenfabrik im schottischen Johnstone für das Woolwicher Zeughaus bauen ließ. Die Maschine hatte ein Sägeblatt von 2,1 m im Durchmesser und konnte auf einem Rollenlaufwerk über die gesamte Länge der Werkhalle an dem dort gelagerten Rundholz entlang gefahren werden. Nun war es möglich, bis zu 0,9 m dicke Stämme oder aber Kanthölzer an beliebiger Stelle in Blöcke bzw. Abschnitte aufzuteilen. Diese imposante Anlage, die bei 300 U/min der Sägewelle einen fast 1 m dicken Stamm in 15 s durchschneiden konnte, war gleichsam die Zerschnittstation für sechs dahinter aufgestellte Vollgatter.

Die Problematik um das Kreissägeblatt – die im Grunde genommen noch heute besteht – versuchten Ingenieure und Maschinenbauer über das gesamte 19. Jahrhundert hinweg mit immer neuen schöpferischen Aktivitäten in den Griff zu bekommen. Aber welche Lösung sie auch immer fanden – gewisse technische Kompromisse waren nicht zu umgehen. Bereits um 1805 gelang MARC ISAMBARD BRUNEL ein beachtenswerter Erfolg. Für seine großen Längsschnittkreissägen konstruierte und baute er Sägeblätter, die aus zwei, vier, sechs oder gar acht Segmenten zusammengesetzt waren. Sie hatten bei nun eher vertretbarer Dicke einen maximalen Durchmesser von immerhin 1,6 m. Ebenfalls respektable Schnitthöhen erreichten BRUNEL und andere Erfinder mit Sägeblättern, die aus einer Trägerscheibe und daraufgeschraubten Zahnkranzteilstücken bestanden. In Furnierfabriken sollen derart gestaltete Sägeblätter mit dem kaum vorstellbaren Durchmesser von 6 m eingesetzt worden sein. Die Trägerscheibe wurde hier von einem runden »Rahmengestell« ersetzt. Kreissägeblätter mit auswechselbaren Zähnen, wie sie STEVENSON und RUTHVEN 1835 in England patentiert erhielten, oder Blätter mit keilförmig verjüngtem Querschnitt waren ebenso Versuche, die Kreissäge zu vervollkommnen, wie etwa die Verwendung perforierter Sägeblätter.

Parallel zu diesen Arbeiten wurden die Legierungen der Werkzeugstähle und die Verfahren der Werkzeugherstellung ständig verbessert. So konnte der englische Ingenieur und Stahlfachmann HENRY BESSEMER zur Londoner Internationalen Ausstellung im Jahre 1862 schließlich ein Kreissägeblatt »*ganz aus einem Stück präsentieren*«, das im Durchmesser 2,13 m maß. Und »MOSES EADEN *und Söhne zeigten ebendaselbst eine vollkommen schöne Kreissäge von 2,2 m Durchmesser*« /243/.

Doch nicht allein mit konstruktiven und fertigungstechnischen Neuerungen am Blatt selbst, sondern auch mit Hilfsmitteln, die von außen auf das Blatt einwirkten, versuchte man die Stabilität und damit die Schneideigenschaften des ungespannten Kreissägeblattes zu verbessern. Einen befriedigenden Effekt brachten Blattführungsvorrichtungen. Prismen- und walzenförmige Körper mit Lederüberzug oder aus Holz oder Bronze eigneten sich hierfür am besten. Nahe dem Sägeblatt angebracht und zur Verminderung der Reibung mit Öl benetzt, dämpften sie wirksam Blattschwingungen und verhinderten, daß das Blatt bei Überlastung ausbeulen konnte. Kreissägeblätter ohne diese Vorrichtungen mußten damals, sollten sie die erforderliche Steifigkeit haben, mindestens um ein Drittel dicker angefertigt werden. Dann aber »*consumiren sie eine bedeutend größere Arbeit und verwüsten viel mehr Holz als nothwendig wäre*« /76/. Noch heute kann auf Sägeblattführungen ähnlichen oder anderen Funktionsprinzips, wie etwa mit Luftpolstern, nicht verzichtet werden.

Bild 12/13. Aus Segmenten zusammengesetztes Kreissägeblatt (Durchmesser bis 1,6 m)

Bild 12/14. Aus Trägerscheibe und Zahnkranzteilstücken zusammengesetztes Kreissägeblatt, das auf eine Erfindung aus dem Jahr 1808 zurückgeht

Bild 12/15. Kreissägeblatt mit auswechselbaren Zähnen von Eastman (nach einem Patent von Stevenson und Ruthven, 1835)

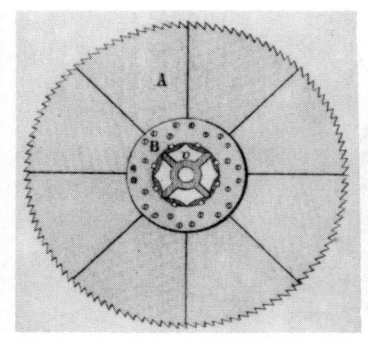

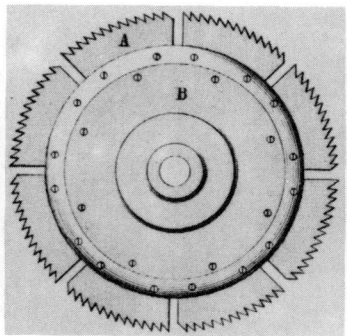

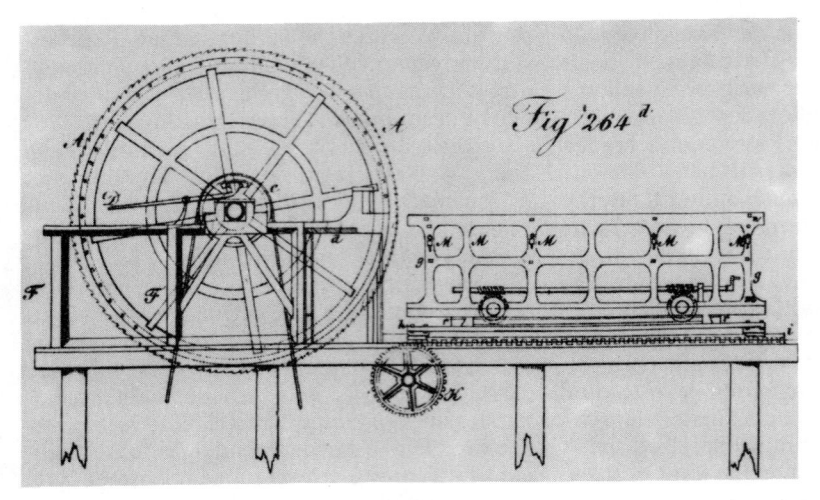

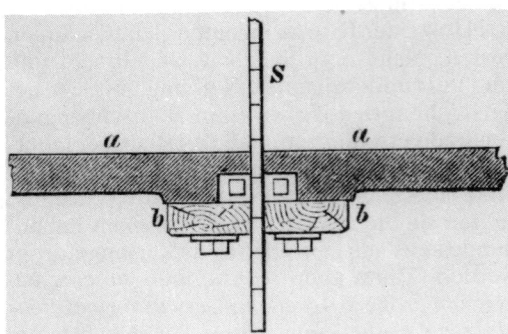

Bild 12/16. Große Furnierkreissäge mit einem Sägeblattdurchmesser von etwa 6 m – dargestellt 1828 von K. C. Langsdorf

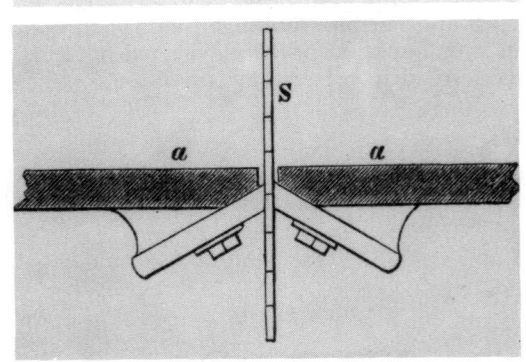

Bild 12/17. Vorrichtungen zur Stabilisierung des Kreissägeblattes

Bild 12/18. Längsschnittkreissäge mit seilgetriebenem Zuführwagen. Die im Maschinengestell erkennbaren gestuften Riemenscheiben waren für diese Zeit verbreitet angewendete Vorrichtungen zur Einstellung unterschiedlicher Vorschubgeschwindigkeiten.

Der nächst dem Werkzeug wesentlichste Teil der Kreissägemaschine – der Vorschubmechanismus – hat eine relativ einfache Entwicklung durchlaufen. Konnten doch zumindest für die Längsschnittkreissägen vom Gatter her bekannte technische Lösungen als Vorbild dienen. Dabei brauchten nicht einmal die für den Gattervorschub erforderlichen komplizierten Elemente der Maschinensteuerung berücksichtigt zu werden. Folglich erhielt das Holz an der Kreissäge die Vorschubbewegung, und zwar kontinuierlich, zuerst von dem zahnstangengetriebenen Blockwagen, danach von dem seilgetriebenen Zuführwagen und schließlich von Walzen übertragen, die an der Trennkreissäge vertikal und an der Besäumkreissäge horizontal am Maschinengestell angebracht waren. Zuletzt, gegen Ende des 19. Jahrhunderts, bekam die schwere Blockkreissäge eine für diese Maschine spezifische Vorschubmechanik, nämlich den Vorschub über Laschenkette – eine technische Lösung, die heute in nahezu gleicher Weise noch immer angewendet wird.

Bild 12/19. Trennkreissäge mit Walzenvorschub – gebaut um 1870 (Durchmesser des Sägeblattes 650 mm, Drehzahl 1500 U/min)

In der ersten Hälfte des 19. Jahrhunderts entstanden auch die ersten modifizierten Kreissägen. Diese Maschinen unterschieden sich von den herkömmlichen Kreissägen hauptsächlich in der Form oder der Anordnung des Sägeblattes. Sie waren nicht für die Schnittholzerzeugung, sondern für spezielle Aufgaben bei der weiteren Bearbeitung des Holzes bestimmt. Manche Holzarbeit, die

Bild 12/20. Doppelbesäumkreissäge mit horizontal gelagerten Vorschubwalzen sowie mechanischer Walzenhebung (Fußpedal) und Brettbreitenverstellung (Handhebel), um 1900

Bild 12/21. Doppelkreissäge mit Kettenvorschub für schwaches Rundholz – gebaut um 1900

jahrhundertelang nicht anders als mit der Hand möglich gewesen war, konnte nun zum ersten Mal maschinell ausgeführt werden. Das förderte den Übergang zur Herstellung von Holzwaren in Industriebetrieben wesentlich. Zu diesen Spezialmaschinen gehörte die Kreissäge mit abgewinkeltem Zahnkranz, die für das Schneiden von Zinken erdacht worden war, sowie als »äußerst ingeniöse Neuerung« die 1855 von HIGHFIELD und HARRISON erfundene Wanknut- oder Taumelsäge[1], die sich mit ihrem schräg auf der Werkzeugwelle befestigten Blatt vorzüglich für das Schneiden von Nuten eignet. Zur Anfertigung gebogener Holzteile, wie sie für Fässer, hölzerne Rohre, Stühle, Seilkloben oder Räder notwendig sind, dienten Zylindersägen, die damals noch als Röhren- oder Kronensägen bezeichnet wurden, sowie Kugelschalensägen, deren Blatt konkav geformt war. Das waagerecht angeordnete Sägeblatt schließlich eignete sich am besten für das Ausschneiden von Falzen an Brettern.

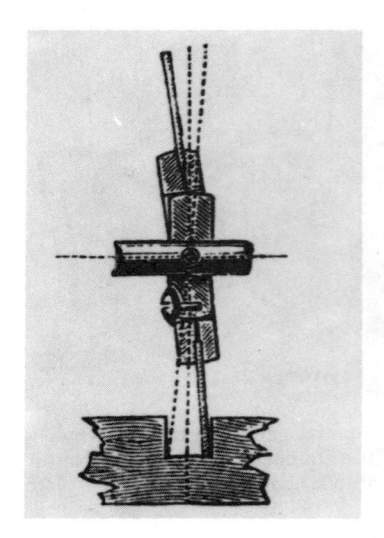

Bild 12/22. Wanknutsägeblatt – erfunden 1855 von Highfield und Harrison

[1] englisch: drunken saw – trunkene Säge.

Bild 12/23. Zylindersäge, Baujahr 1895

Bild 12/24. Spezialkreissäge zum Anschneiden von Zapfen

Bild 12/25. Kugelschalensägeblatt

Gegen Ende der industriellen Revolution konnte man in der Holzindustrie erste Stimmen hören, die auf die gesundheitliche Gefährdung des Menschen durch die Maschine hinwiesen. Sie bezogen sich zunächst auf die Kreissäge, »*welche zu den gefahrbringendsten aller Maschinen zählen muß*« /77/. Einige Ingenieure und Techniker befaßten sich daraufhin mit Vorrichtungen, »*welche die bedauerlichen Unglücksfälle, welche durch die schnell bewegten Schneidwerkzeuge hervorgerufen werden, zu verhindern bestimmt sind*« /77/. Damals entstand die schwenkbare Haube, die das Sägeblatt an der Zahnseite abdeckt, und ebenso der dem Sägeblatt nachgestellte Spaltkeil, der dem Wegspringen des Werkstücks entgegenwirkt. Hin und wieder konnte man bereits auf Maschinen treffen, deren Sägeblatt zur Hälfte eingekapselt war.

Offensichtlich maßen die Maschinenbaufirmen diesen so wichtigen Details jedoch nicht die gebührende Beachtung bei. Jedenfalls lassen zahlreiche bildliche Wiedergaben von Kreissägen bis weit in die zweite Hälfte des 19. Jahrhunderts hinein Schutzvorrichtungen vermissen. »*Und die Weltausstellung 1878 in Paris selbst hat jedoch nur ganz wenige Proben für das rühmliche Bestreben der Sicherung des Arbeiters gegen Unglücksfälle vorgeführt.*« /77/ Unter denen, die sich der Sache annahmen, waren auch Sägewerksfachleute zu finden. Sie regten an, »*zur Propagierung von Vorsichtsmaßregeln den Erfindern von Maschinenschutzvorrichtungen, welche kein Patent nehmen, Staatsbelohnungen zu geben*« /77/. Dennoch blieben Kreissägen mit abgedecktem Schneidwerkzeug bis über die Jahrhundertwende hinaus selten.

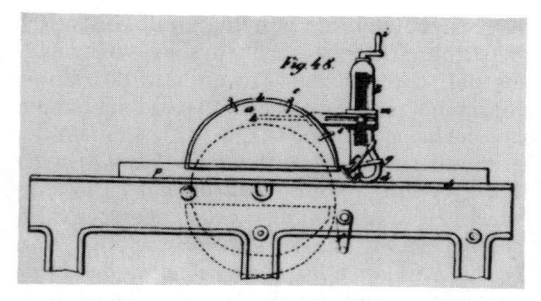

Bild 12/26. Konstruktionszeichnung einer Schutzvorrichtung, um 1862

schnell zu voller Funktionsreife gebracht worden war. Und auch für die Zeit danach ist durchaus keine umfassende Ausbreitung der Kreissäge zu erkennen.

Der territorial ungleiche technische Stand in der Holzbearbeitung scheint hierfür nicht die alleinige Ursache gewesen zu sein. Denn selbst in den Sägewerken einiger Industriestaaten zögerte man noch lange, die neue Maschine zu übernehmen. Es sollte daher so abwegig nicht sein, wenn man in dem unterschiedlichen Holzreichtum der Länder einen mitbestimmenden Beweggrund für diese Entwicklung sieht. Jedenfalls ist augenfällig, daß es zuerst waldreiche Staaten, wie die Länder Nordamerikas, Skandinaviens und Nordosteuropas, waren, die die Kreissäge verbreitet als Hauptmaschine in den Sägewerken einsetzten. Hier hatte die typische breite Schnittfuge, die das

Die Kreissäge verbreitete sich im 19. Jahrhundert trotz der unkomplizierten Funktionsweise, der beinahe universellen Anwendbarkeit sowie der einfachen Konstruktion und des daraus resultierenden relativ niedrigen Anschaffungspreises keineswegs so schnell, wie man das in Anbetracht dieser doch recht bedeutsamen Vorteile annehmen könnte. Über fast drei Jahrzehnte hinweg war sie eigentlich nur in England zu Hause, in dem Land, wo sie erfunden und

Bild 12/27. Tischkreissäge mit verstellbarem Spaltkeil und schwenkbarer Schutzhaube, um 1900

Kreissägeblatt hinterläßt, materialökonomisch betrachtet, offenbar nicht ein solches Gewicht, als daß dadurch die Anwendung der neuen Maschine hätte eingeschränkt werden können. So »bediente man sich« um 1875 in einem der großen Rigaer Sägewerke »*zum Besäumen der Balken und Bretter ausschließlich der Circularsägen. Es ist überhaupt in keiner Werkstätte Rigas ein Saumgatter vorgekommen. Zweifellos ist das Besäumen mit Gattern zeitraubend und kostspielig, und der in Amerika längst anerkannte Vortheil der Verwendung von Circularsägen für die erste Débitage des Holzes wird in Riga vollständig respectirt. Leider ist dies in Deutschland und Oesterreich noch lange nicht der Fall, und erfreuen sich die schwerfälligen und kostspieligen Saumgatter noch der vollkommensten Anerkennung.*« /76/ Und im holzreichen Nordamerika setzte um die Mitte des vorigen Jahrhunderts fast ein Siegeszug der Kreissäge ein. Dort hatte man in der Herstellung wie in der Anwendung dieser Sägemaschi-

Bild 12/28. Amerikanische Doppelwellen-Längsschnittkreissäge mit Direktantrieb und vierstufig regelbarem Blockvorschub – gebaut um 1860 für Kreissägewerke (Durchmesser der Sägeblätter 1,4 m und 0,7 m)

Bild 12/29. Vielblattkreissäge mit Walzenvorschub zum Aufteilen von Brettern zu Latten und Leisten – gebaut um 1900

Bild 12/30. Einschnitt von Stämmen zu Schnittholz nahe dem Hiebsort mit einer transportablen, dampfgetriebenen Kreissäge in Nordamerika, um 1870

nen seinen Lehrmeister, die Engländer, bald erreicht – wenn nicht gar übertroffen. Immer mehr Kreissägen wurden gebaut, die von nun an viele Bund- und Vollgatter von ihrem angestammten Platz im Sägewerk verdrängten.

In den Sägewerken großer Teile des europäischen Kontinents aber war die Kreissäge bis weit in das 19. Jahrhundert hinein so gut wie unbekannt. Zuerst, und zwar etwa seit 1840, konnte man sie in Furnierfabriken finden. Es handelte sich dabei um noch recht einfache Maschinen, deren Sägeblätter aus kreisförmigen Rahmen mit daraufgeschraubten Zahnkranz-Ringstücken bestanden.

Von 1860 an fand die Kreissäge allmählich auch Eingang in die Sägewerke der mitteleuropäischen Länder. Aber wohl erst seit 1880, etwa 100 Jahre nach ihrer Erfindung, gehört sie hier allgemein zur Standardausrüstung. Dabei beschränkte sich ihre Verwendung zunächst noch auf das Besäumen von Brettern. Erst später wurde sie anstelle des Seitengatters zum Abschwarten der Blöcke eingesetzt. Das Querschneiden sowohl von Rundholz als auch von Schnittholz – global betrachtet heute das im Sägewerk am meisten verbreitete Anwendungsgebiet der Kreissäge – wurde in Mitteleuropa dieser Maschine zuletzt erschlossen. Und um die Jahrhundertwende schließlich war man mit der Kreissäge allenthalben so vertraut geworden, daß sie seitdem wohl in keinem europäischen Land aus der Schnittholzerzeugung mehr wegzudenken ist.

13. Der lange Weg zur Blockbandsäge

Die Bandsäge ist die historisch jüngste der drei klassischen Holzsägemaschinen. Ihren Werdegang zu verfolgen ist nicht zuletzt insofern interessant, als er die Beharrlichkeit und Zielstrebigkeit erkennen läßt, mit denen in der Zeit der industriellen Revolution eine einmal ins Auge gefaßte Idee trotz vieler Widerstände und Rückschläge letztendlich doch verwirklicht wurde, wenn sie nur hinreichend praktischen und damit ökonomischen Nutzen versprach. Von der ersten erfinderischen Konzeption einer »Säge ohne Ende« aus dem Jahre 1808 bis zur Eignung dieses neuen Funktionsprinzips für den Rundholzeinschnitt im Sägewerk sollten allerdings nahezu siebzig Jahre der Entwicklung notwendig sein.

So kompliziert sich den Erfindern und Maschinenbauern sowohl die Technik der Herstellung als auch die praktische Anwendung des endlosen Sägeblattes zeigten, so überzeugend klar hatten sie gleichzeitig die Vorteile vor Augen, die eine solche Neuerung bringen würde. Diese Sägemaschine, das war erkannt worden, konnte sich dazu eignen, mehrere Aufgaben in der Holzbearbeitung »*vollkommener zu lösen, als das die bis dahin bekannten Sägemechanismen gewährleisteten*« /243/. Vereint doch die Bandsäge gleichsam maschinentechnische Vorzüge des Sägegatters mit solchen der Kreissäge. Sie hat das gespannte Sägeblatt, bis dahin ein Attribut allein des Gatters, und ebenso ein wesentliches Merkmal der Kreissäge, nämlich die gleichförmige, ununterbrochene Bewegung des Werkzeuges mit der daraus resultierenden gleichmäßigen Schnittführung. Hinzu kommt, »*daß ihr Blatt dünner als irgend ein anderes Sägewerkzeug ist*« /76/. Es hinterläßt nur wenig Sägespäne und eignet sich zudem für komplizierte Schnitte. Diese Erkenntnisse waren die Triebkraft für immer neue Versuche, die mehrere Techniker und Ingenieure unabhängig voneinander, aber etwa in dem gleichen Zeitabschnitt zur Bewältigung der Problematik um die Bandsäge unternahmen.

Die ersten funktionierenden Bandsägen waren von kleiner Bauart; man würde sie heute als Tischbandsägen bezeichnen. Sie eigneten sich mithin nicht für den Einschnitt von Stämmen oder Sägeblöcken, sondern lediglich für die Schnittholz-Weiterverarbeitung. Dennoch löste ihre Vorführung auf der ersten Pariser Weltausstellung im Jahre 1855 in Fachkreisen Erstaunen und Zustimmung aus, wie das der Beobachtung eines Augenzeugen entnommen werden kann: »*Die französische Firma* PERIN *exponirte einige Bandsägen, die damals für eine neue Erfindung angesehen wurden und die Bewunderung der Fachleute erregten.* PERIN *wurde geradezu als einer der bedeutendsten Erfinder jener Zeit und seine Maschine als eine der dankenswerthesten Neuerungen gefeiert.*« /76/

Bild 13/1. Erste Bandsägemaschine – erfunden im Jahre 1808 von W. Newberry

Achtzehn Jahre später jedoch, auf der Weltausstellung von 1873 in Wien, sollen die dort vorgestellten, diesmal allerdings nicht in Betrieb genommenen Bandsägemaschinen plötzlich mit »ungläubigem Kopfschütteln« quittiert worden sein, obgleich sie doch zu dieser Zeit längst keine Novität mehr darstellen konnten. Denn nur kurze Zeit danach wurde festgestellt, daß die »neue Sägemaschine mit der Unterstützung sämtlicher Fabriken für Werkzeugmaschinen schon eine kolossale Verbreitung gefunden hat« /76/. Und das nicht nur in Europa, sondern gleichermaßen in Nordamerika, wo sie seit 1864 bekannt ist. »*Vor dem Jahre 1855 war diese Maschine so gut wie unbekannt. Heute*«, um 1875, »*gibt es wohl kein größeres, der Holzbearbeitung gewidmetes Etablissement diesseits und jenseits des Oceans, in welchem man nicht der Bandsäge begegnen würde*« /76/. Freilich waren auch diese Maschinen infolge der weiterhin leichten Bauart größtenteils noch immer nicht für den Sägewerksbetrieb geeignet. »*Fast alle bauen jedoch nur Bandsägen, welche die Aufgabe haben, für Mittelstufen in der Holzbearbeitung zu sorgen*«, beklagten Fachleute für Sägewerkstechnik dieses Problem zu jener Zeit /76/. Und sie stellten fest: »*Für das Schneiden dicker Baumstämme war die Anwendung der Säge schwierig, weil das Haupthindernis immer in dem Sägeblatte lag, welches nicht steif genug war, um den Holzfasern Widerstand zu leisten, die es aus der richtigen Linie, die man einhalten wollte, herausdrängten*« /265/.

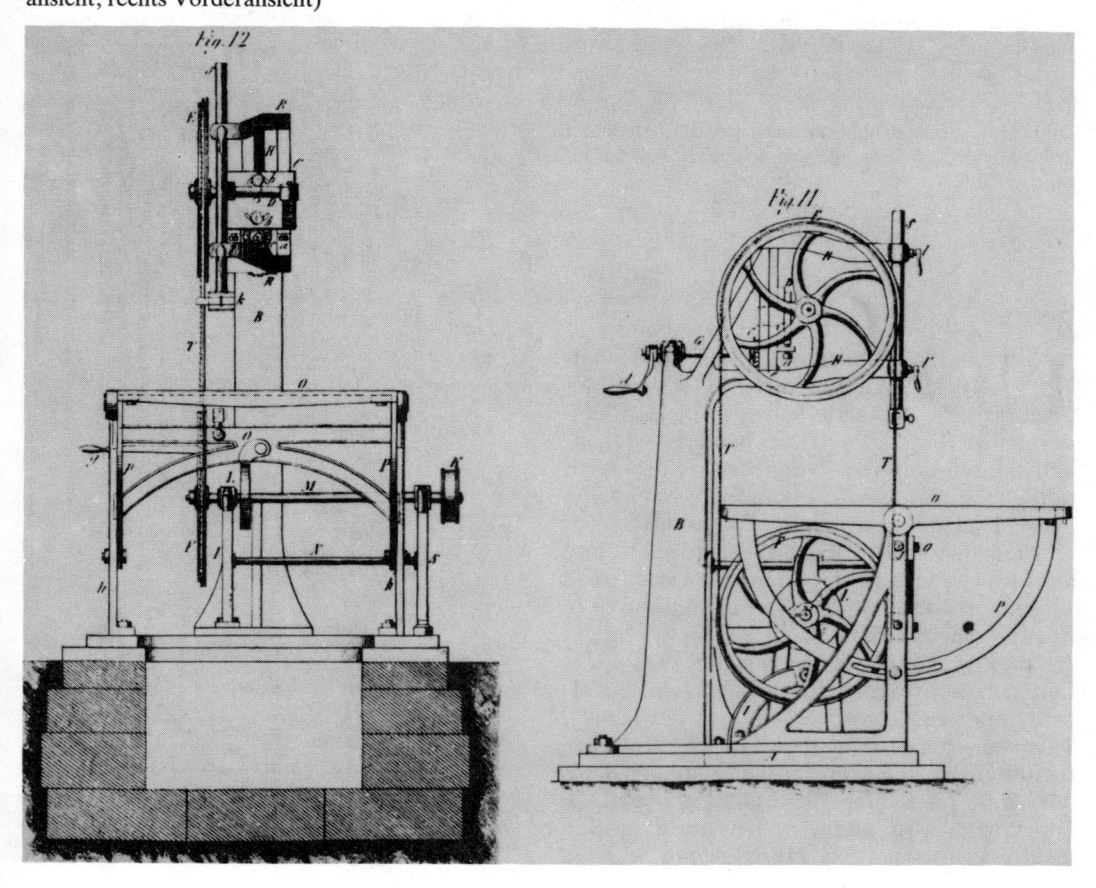

Bild 13/2. Eine der ersten funktionsfähigen Bandsägen (nach einer Patentzeichnung aus dem Jahre 1852 von Perin; Bauhöhe 1,8m, Laufraddurchmesser 0,6m, Schnittgeschwindigkeit 25m/s – links Seitenansicht, rechts Vorderansicht)

Bild 13/3. Spezialtischbandsäge für Möbeltischler und Wagner zum Schneiden geschweifter Teile, Baujahr 1875

geeignet, bis zu 1 m dicke Sägeblöcke einzuschneiden. »*Sie hatte bei verhältnismäßig geringem Kraftconsum vor unseren Augen Tavoletti* (Brettchen bis 3 mm Dicke) *von weniger als 1 mm Dicke und unmittelbar nachher Pfosten von 10 Centimeter Stärke mit großer Raschheit geschnitten.*« /77/ So und ähnlich kommentierten Sägewerksfachleute, die der Vorführung beigewohnt hatten, diesen zeitigen Einsatz einer Bandsäge für die Herstellung von Schnittholz.

Gleich den 1855 ausgestellten Tischbandsägen war auch diese Blockbandsäge ein Erzeugnis von PERIN, einer Maschinenbaufirma, die, wenn man die Überlieferung glauben darf, »*als einziges Unternehmen zu jener Zeit in Europa unablässig bemüht gewesen ist, der Bandsäge in ihrer Concurrenz mit dem Bund- und Seitengatter zur Herrschaft zu verhelfen*« /77/. Diese Fa-

Um 1865 schließlich waren die technischen Voraussetzungen soweit gereift, daß erste Schritte von den kleineren Bandsägen zur Blockbandsäge gegangen werden konnten – zunächst in Frankreich und gleich darauf in Nordamerika. Von wann an die Blockbandsäge in der Praxis tatsächlich Zufriedenstellendes leistete, ist ungewiß und vermutlich nicht mehr zu belegen. Dafür blieb überliefert, daß auf der Weltausstellung 1878 in Paris eine Blockbandsäge das erste Mal unter praxisnahen Bedingungen der Öffentlichkeit vorgeführt wurde und daß sie diese Prüfung unter den kritischen »Augen der ganzen Fachwelt« hervorragend bestanden hat. In der technischen Grundkonzeption zeigte sich diese Maschine durchaus bereits den heutigen Blockbandsägen ähnlich. Mit ihren großen Laufrädern von 1,5 m Durchmesser war sie

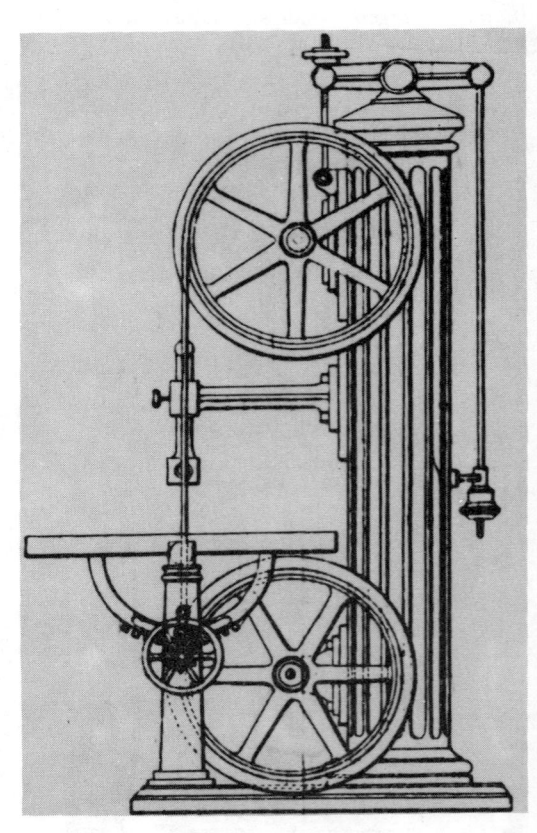

Bild 13/4. Bandsäge mit verbesserter Sägeblattführung und neuer Spannvorrichtung – gebaut 1858 von H. Wilson

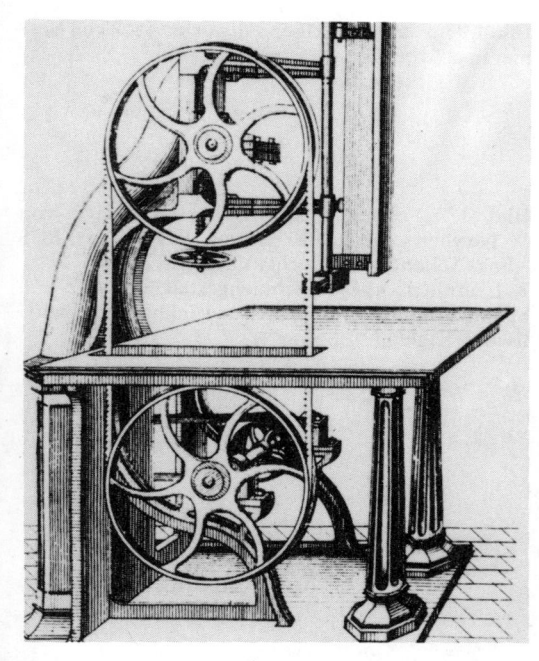

Bild 13/5. Tischbandsäge von 1860 mit statisch verbessertem Maschinengestell und schwenkbarer Schutzvorrichtung

führt. Und auch in Nordamerika waren seit etwa dieser Zeit funktionssichere Blockbandsägen nicht mehr unbekannt.

Ähnlich verhielt es sich mit der Priorität der Erfindung selbst. 1851 schrieb der Wissenschaftler und Fachautor KARL KARMARSCH: »*Diese höchst merkwürdige Art von Bretsägemaschine ist schon vor längerer Zeit vorgeschlagen, aber erst neuerlich mit vielen Verbesserungen und praktischem Erfolge eingeführt worden.*« /159/ PERINS erstes Patent datiert aus dem Jahre 1852. Kurz nach seinem Triumph auf der Weltausstellung 1855 suchten ihm die drei englischen Ingenieure BARRET, ANDEREWS und EXALL den Erfindungsanspruch streitig zu machen. Folgt man heute noch auffindbaren Spuren, scheint jedoch keiner von ihnen der Erfinder zu sein. Bereits 1815 hatte der Franzose TOUROUDE vorgeschlagen, eine Maschine zu bauen, bei der ein »*stählernes Sägeblatt durch Zusammenlöten oder -nieten zu einem endlosen Band vereinigt und wie ein Riemen ohne Ende über zwei in derselben Vertikalebene rotierende Scheiben unter Beachtung der gehörigen Spannung geschlagen wird und das*

brik stellte seit Mitte der siebziger Jahre des vorigen Jahrhunderts bereits 20 verschiedene Maschinentypen mit Laufraddurchmessern von 0,6 m, 1,25 m und 1,5 m her. Mit den schweren Blockbandsägen konnte man bis zu 1,3 m dickes Rundholz einschneiden. Es nimmt nicht wunder, wenn der Maschinenbauer und Industrielle PERIN unter dem Eindruck solch großartiger, über mehrere Jahrzehnte währender Erfolge wähnte, der Erfinder der Bandsäge zu sein.

PERINS hervorragende Verdienste als ein Pionier der Entwicklung dieser Holzbearbeitungsmaschine bis zu deren Eignung für den Einsatz im Sägewerk sind zweifelsohne bleibend. Doch dem Betrachter heute tritt weder das Geschehen um die Erfindung der Bandsäge noch ihre Entwicklung bis zur praxisreifen Blockbandsäge eindeutig und überschaubar entgegen. Denn bereits um 1862 hatten BERNIER und ARBEY, Maschinenkonstrukteure in Paris, eine für den Einschnitt von Sägeblöcken bestimmte Maschine mit endlosem Sägeblatt, einfachem Blockwagen und einer verstellbaren Vorrichtung zur Führung des Sägeblattes konstruiert und sie später zur Praxisreife ge-

Bild 13/6. Perins Blockbandsäge von 1878

Bild 13/7. Blockbandsäge – entworfen 1862 von Bernier und Arbey

Bild 13/8. Patentzeichnung der Bandsäge von W. Newberry (genaue Kopie von W. F. Exner, 1878 – links Seitenansicht, rechts Vorderansicht)
R Laufräder, a, b Maschinengestell, C Lager und Spannvorrichtung, e, h, n schwenkbarer Arbeitstisch, f, Sägeblattführung

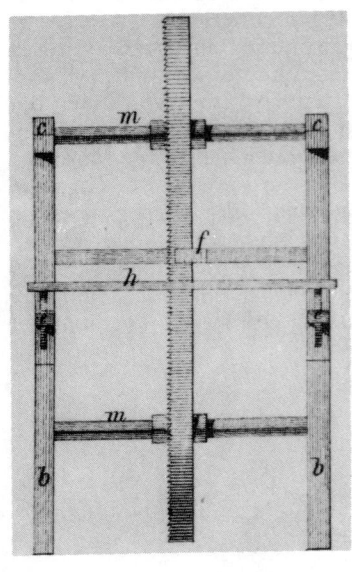

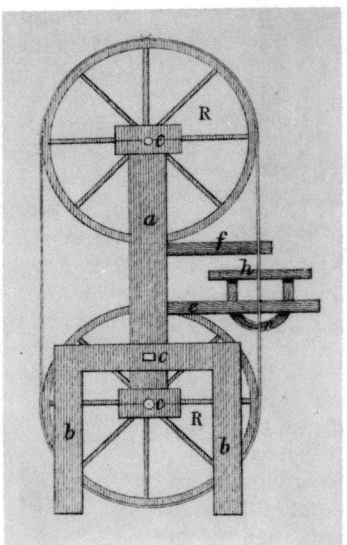

Band mit einer gezahnten Kante ununterbrochen auf das zu schneidene Holz einwirkt« /76/. Ihm gleich taten es 30 Jahre später CREPIN (1846) und THOUARD (1847). Auch die von ihnen entworfenen Sägemechanismen zeichnete das endlose, gespannte, über Rollen geführte Sägeblatt aus.

Fraglos hat jeder dieser Ingenieure und Techniker – ebenso wie vermutlich manch unbekannt gebliebener Erfinder – Anteil an dem Entstehen der Bandsägemaschine. Und möglicherweise war es gerade der zuweilen harte Wettstreit zwischen ihnen, der mithalf, diese Entwicklung voranzutreiben. Dem eigentlichen oder vielleicht besser »ersten« Erfinder jedoch, nämlich WILLIAM NEWBERRY aus London, der bereits 1808 ein Patent auf eine Bandsäge erhielt, blieb der Erfolg allerdings versagt. Dabei stellt seine Patentschrift nicht nur das Funktionsprinzip dar, sondern sie zeigt eine vollentwickelte Maschine, die aus heutiger Sicht durchaus für den praktischen Betrieb geeignet erscheint. Und dennoch, »siebenundvierzig Jahre blieb diese Erfindung ruhen, unbeachtet und unausgenützt, bis sie durch PERIN zu einer Zeit wieder erweckt worden ist, wo die Bedeutung dieser Holzbearbeitungsmaschine allgemein erkannt und gewürdigt wurde« /76/.

Daß NEWBERRYS Erfindung keinen Eingang in die Praxis fand, ist gewiß nicht der Konstruktion anzulasten, sondern lag wohl zuerst in den damals noch unzulänglichen metallurgischen Möglichkeiten bei der Anfertigung des endlosen Sägeblattes begründet. Eine Problematik übrigens, an der nach NEWBERRY auch TOUROUDE und THOUARD mit ihren Maschinen scheitern sollten. Um das noch unzureichend elastische Sägeblatt einigermaßen sicher auf den Laufrädern zu führen, verwendete TOUROUDE dicke und breite Blätter, die er in regelmäßigen Abständen mit Löchern versah. In diese Löcher griffen am Umfang der Laufräder angebrachte Stifte oder Zapfen ein, so daß das Sägeblatt nicht ausweichen und vom Laufrad abgleiten konnte. Häufige Blattbrüche waren die hauptsächliche Ursache dafür, daß TOUROUDES Arbeit über das Versuchsstadium kaum hinauskam. THOUARD operierte nicht viel glücklicher. War das Sägeblatt sehr straff gespannt, brach es; war aber die Spannung nur wenig geringer, bog es sich zwischen den Schnittflächen durch und verklemmte oder rutschte über die Laufräder hinweg.

Stahl, aus dem Bandsägeblätter hergestellt werden sollen, muß zwei Eigenschaften in einer nur wenig variierbaren Relation zueinander haben, nämlich Elastizität und Schneidfähigkeit. Eine solche Legierung zu finden und sie dann auch bei der Anfertigung an jeder Stelle des Sägeblattes zu gewährleisten, das überforderte anfangs noch die Hersteller: »*Die Erreichung des richtigen Grades des Temperns für die Bandsäge ist eine überaus schwierige Sache und keine Methode der Beobachtung reicht aus, um die Erreichung des gewünschten Härtegrades sicherzustellen. Eine besondere Schwierigkeit besteht darin, dass das Anlassen durch die ganze Länge des Blattes gleichmäßig erfolgen muß. Denn würde auch nur 9/10 der Länge gelungen sein, 1/10 jedoch einen unzweckmäßigen Härtegrad erlangen, so wäre das Blatt ebenso werthlos, als wenn es in seiner ganzen Länge zu weich oder zu hart ausgefallen sein würde.*« /76/

Bevor die erfinderische Idee für die Bandsäge ihre Verwirklichung in der Praxis finden konnte, mußte die Zeit abgewartet werden, zu der auch die fertigungstechnischen Voraussetzungen gefunden waren. »*Kaum aber hatte man die unübersteiglich scheinenden technischen Schwierigkeiten der Herstellung einer endlosen Sägebandschleife überwunden, so trat*

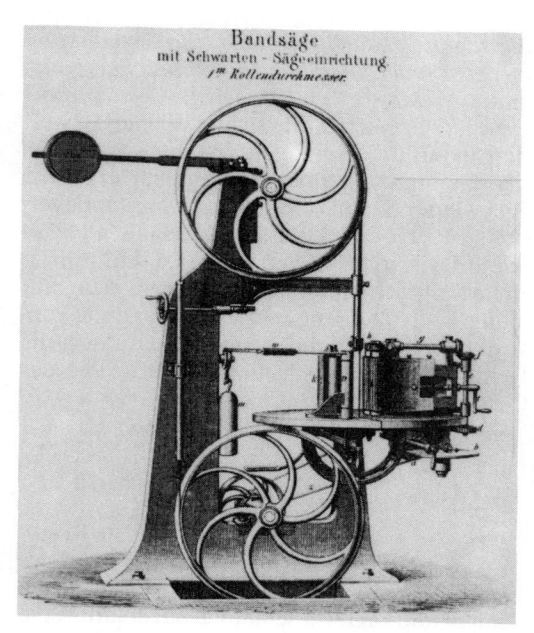

Bild 13/9. Spezialbandsäge zum Auftrennen von Dickschwarten

Bild 13/10. Blockbandsäge ohne Maschinengestell – gebaut um 1895. Die wesentlichen Bauteile, wie Laufräder, Vorschubmechanismus und Spannvorrichtung, sind an Holzbalken befestigt.

die Bandsäge auch sofort als eine der vollkommensten unter allen Sägemaschinen überhaupt in die großartigste und vielseitigste Anwendung ein.« /76/ Freilich findet sich in solchen Bewertungen aus der damaligen Zeit auch etwas von der Genugtuung über das endlich erreichte Ziel wieder. Denn zumindest im Sägewerk verbreitete sich die Bandsäge durchaus nicht so schnell, wie man das von ihrem Funktionsprinzip ableiten könnte. Daran waren nicht nur einige noch über längere Zeit vorhandene konstruktive Unzulänglichkeiten schuld; auch die Leistung reichte noch lange nicht an die des Gatters heran.

Die ersten Bandsägen hatten als Resultat richtiger Legierung und Behandlung des Stahles die erforderlichen dünnen und zugleich schmalen Sägeblätter, die geschmeidig waren und nur noch selten brachen. Dennoch oder gerade deshalb mußte man der exakten Führung des Blattes besondere Sorgfalt widmen. Zu beiden Seiten des Blattes – und zwar oberhalb und unterhalb der Holzzuführvorrichtung – waren lange hölzerne Gleitschienen angebracht, die der Schnitthöhe entsprechend verstellt werden konnten. Diese Druckführungen verhinderten weitgehend Blattstauchungen und wirkten dem Ausweichen und Verlaufen des Werkzeuges im Holz entgegen. Lederbandagen auf den schmiedeeisernen Laufrädern gewährleisteten die rutschfeste und zugleich elastische Auflage des Sägeblattes. Das obere Laufrad konnte über Handkurbel und Zahnstange millimetergenau vertikal verstellt werden, so daß es leicht möglich war, das Sägeblatt immer in der günstigsten Spannung zu halten.

Um zur Blockbandsäge zu gelangen, genügte es nicht, die leichte »Tischbandsäge« einfach größer und schwerer zu bauen. Damit die Maschine der hohen Beanspruchung beim Einschnitt von Stämmen standhielt, war es vielmehr nötig, einige Mechanismen und Bauteile neu zu entwickeln und vorhandene zu verbessern. Das betraf vor allem den Antriebsmechanismus, den Vorschub sowie die Sägeblattführung und nicht zuletzt das Sägewerkzeug selbst. Denn noch immer war es das endlose Sägeblatt, das den Maschinenkonstrukteuren die meiste Sorge bereitete. *»Bei starker Inanspruchnahme des Blattes ist eine Erhitzung desselben und wegen der nöthigen, ziemlich starken Spannung auch die Erhitzung der Zapfenlager schwer zu verhüten. Zur Bedienung ist ein sehr geübtes Personal erforderlich.«* /76/ Um das Werkzeug so weit wie möglich zu entlasten, wurden die Lederbandagen auf den Laufrädern mit Kautschuk beschichtet. So konnten die ständigen Spannungsintervalle noch stärker gedämpft werden; überdies verbesserte das die Griffigkeit an der Radauflage.

Das technische Prinzip für die Zuführung und den Vorschub des Sägeblockes mußte man nicht erst erfinden; es konnte dem Seitengatter abgesehen werden. Der Block wurde mit dem auf Gleisen laufenden Spannwagen seitlich entlang der Maschine kontinuierlich gegen das Sägeblatt bewegt, festgehalten zwischen Spannstöcken und Spannklauen. Ein Zahnstangentrieb übertrug die Energie für die Vorschub- und Rücklaufbewegung von der Transmission auf den Blockspannwagen. Mit einer einfachen mechanischen Hebelvorrichtung konnte der schwere Sägeblock nach jedem Schnitt mühelos um das Maß der folgenden Brettdicke auf dem Wagen seitlich versetzt werden. Man sieht, nicht nur an der äußeren Gestalt des Blockspannwagens hat sich bis heute nur wenig verändert, selbst das Funktionsprinzip für die Beschickung der Blockbandsäge wurde in seinen wesentlichen Teilen beibehalten.

Von 1860 an beschäftigten sich Konstrukteure und Maschinenbauer in nahezu allen Industrieländern mit der Bandsäge. So stand noch vor Ende des 19. Jahrhunderts für die verschiedenen Holzsägearbeiten der jeweils geeignete Maschinentyp zur Verfügung. Kennzeichnende Unterschiede bestanden hauptsächlich in der Baugröße. Der Blockbandsäge wurde seit 1880 mehr und mehr der Einschnitt sehr dicker und wertvoller Hartholzstämme erschlossen. Und in Nordamerika, wo diese Maschine etwa zur gleichen Zeit wie in Frankreich zu technischer Vollkommenheit gelangt war, entstanden nun die ersten Blockbandsägewerke. Hier verfolgte man seit geraumer Zeit das Ziel, das Gatter durch die Blockbandsäge verbreitet abzulösen.

Zu den größten Blockbandsägen jener Zeit gehörte eine in New York konstruierte und gebaute Maschine. Ihre Laufräder hatten einen Durchmesser von 1,9 m; das Sägeblatt maß 18 m in der Länge und 25 cm in der Breite.

Bild 13/11. Vollentwickelte Blockbandsäge, Baujahr 1895 (Laufraddurchmesser 1,8 m, Sägeblattdicke 2 mm, Sägeblattbreite bis 250 mm)

Bild 13/12. Bandsäge für den Kurzholzeinschnitt

Über 1,5 m dicke Stämme konnten damit bearbeitet werden. Dieses imposante Exemplar schaffte mit immerhin 240 U/min die respektable Schnittgeschwindigkeit von nahezu 23 m/s. Die Laufräder waren ursprünglich aus Gußeisen hergestellt. Nach wenigen Tagen des Betriebes sind sie jedoch »zugrunde gegangen« und mußten durch schmiedeeiserne ersetzt werden. Eine andere, in Philadelphia aufgestellte Blockbandsäge war gleichfalls von bemerkenswerter Konstruktion. Mit einem 7,5 cm breiten Sägeblatt und schmiedeeisernen Laufrädern ausgestattet, erreichte sie zuverlässig 360 bis 400 U/min und damit die beachtliche Schnittgeschwindigkeit von 32 m/s. Das ist ein Wert, auf den noch viele der heutigen Blockbandsägen ausgelegt sind. Im allgemeinen überstieg aber der Laufraddurchmesser der damaligen Blockbandsägen 1,5 m kaum; und die Drehzahl, zumindest der europäischen Maschinen, lag im Bereich zwischen 150 und 200 U/min. Die Einschnittleistung einer solchen Blockbandsäge war etwa der Leistung gleichzusetzen, die zu jener Zeit ein Vollgatter mit nur vier bis fünf Sägeblättern im Einhang erreichte, wobei die Schnittgeschwindigkeit das Sieben- bis Neunfache des Gatters betrug.

Dennoch hat die Blockbandsäge gegenüber dem Vollgatter seit jeher gewichtige Vorteile, die mit denen des Horizontalgatters vergleichbar sind. Sie erzeugt saubere Schnittflächen, die Dicke des Schnittholzes kann von Schnitt zu Schnitt verändert werden, und die Durchlaßweite der Maschine ist so groß, daß selbst außergewöhnlich dickes Holz bearbeitet werden kann. Da die Blockbandsäge mit diesen und noch anderen technischen Eigenschaften, vor allem mit der Einschnittleistung, das Horizontalgatter bald weit übertraf, verdrängte sie diese Sägemaschine seit Anfang der achtziger Jahre des vorigen Jahrhunderts aus manchem Sägewerk.

Wenngleich auch die Gebrauchseigenschaften der Blockbandsäge mit der Veränderung vieler technischer Details ständig verbessert wurden – von dem Maschinengrundtyp abgeleitete Spezialmaschinen, die die Entwicklungsgeschichte des Gatters und der Kreissäge kennzeichnen, entstanden nur wenige. Zu ihnen gehören mit der

Bild 13/13.
Frühe Trennbandsäge

Bild 13/14. Vollentwickelte Trennbandsäge, Baujahr 1875 (Schnitthöhe bis 500 mm, Vorschub 2 bis 10 m/min – links Seitenansicht, rechts Vorderansicht)

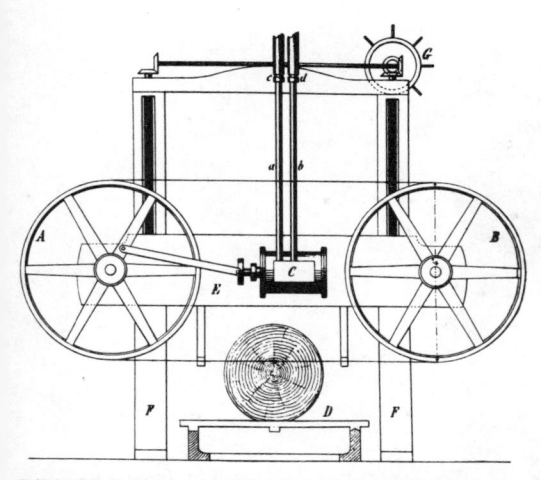

Bild 13/15. Horizontalblockbandsäge, um 1870. Der Antrieb erfolgte direkt vom Dampfzylinder über die Pleuelstange auf eines der beiden Laufräder.

Trennbandsäge und der Horizontalblockbandsäge zwei Maschinen, die über die Zeit hinweg ständig mehr an Bedeutung erlangt haben, so daß sie heute aus der Holzbearbeitung nicht mehr wegzudenken sind.

Die Trennbandsäge ist eine Nachschnittsäge, eine Spezialmaschine zum Längsaufteilen von Balken und Kantholz sowie anderen Schnittholzsortimenten größeren Querschnitts. Keine der bis dahin bekannten Maschinen brachte in diesem Bereich der Holzbearbeitung solche guten Leistungen zustande – weder qualitativ noch quantitativ oder materialökonomisch – wie diese technisch modifizierte Bandsäge. Sie wurde deshalb fortan zum eigenständigen Maschinentyp.

Die Trennbandsäge ist geschichtlich älter als ihre »große Schwester«, die Blockbandsäge; vermutlich wurde sie noch vor 1860 das erste Mal gebaut. Das mag auf zweierlei Ursachen zurückzuführen sein. Wird vorgeschnittenes Holz weiter aufgeteilt, so beansprucht das die Sägewerkzeuge weitaus weniger als der Einschnitt dicker Stämme oder Blöcke. Folglich konnten Sägeblätter, die lediglich für Trennschnitte bestimmt waren, bereits angefertigt werden, lange bevor man die für Blockbandsägen unerläßlichen hochwertigen Stahllegierungen herzustellen verstand. Zum anderen genügte für den Vorschub des Holzes ein unkomplizierter Mechanismus; der große Blockspannwagen war hier nicht erforderlich. Das Holz wurde zwischen angetriebenen, aufrecht stehenden Walzenpaaren hindurch der Maschine zugeführt. Betrachtet man die Abbildungen von frühen Trennbandsägen näher, liegt der Gedanke nicht fern, daß dieser Einzugsmechanismus Peyods Nachschnittgatter entlehnt sein könnte. Wie zukunftsweisend diese technische Lösung war, zeigt sich nicht zuletzt darin, daß die meisten der heutigen Trennbandsägen mit ebendiesem Walzenvorschub ausgerüstet sind.

Der erfinderische Gedanke von der Horizontalblockbandsäge geht ebenfalls auf die Mitte des 19. Jahrhunderts zurück. Konstruktionszeichnungen blieben erhalten, die diese Maschine zu einer Zeit zeigen, da sich die Blockbandsäge mit dem vertikal angeordneten Sägeblatt noch im Entwicklungsstadium befand. Das vermutlich erste Patent auf eine »liegende Blockbandsäge« wurde 1869 dem Iren George Finngan erteilt. Von seiner Konstruktion ist bekannt, daß sie Laufräder mit dem beachtlichen Durchmesser von 1,9 m vorsah.

Die Horizontalblockbandsäge war in erster Hinsicht für den Einschnitt extrem starker Hartholzstämme gedacht. Ihr hafteten allerdings noch jahrzehntelang im wesentlichen materialtechnisch bedingte Unzulänglichkeiten an, die mit dem damaligen Wissensstand kaum ausgemerzt werden konnten. Es gelang kein hinreichend genauer Sägeschnitt. Trotz noch so starker Spannung senkte sich das schwere Sägeblatt infolge der relativ großen Eigenmasse in seinem mittleren Teil. Die Folgen zeigten sich in unebenen Schnittflächen.

Bild 13/16. Zeitige Horizontalblockbandsäge, um 1880 (Frankreich)

Bild 13/17. Horizontalblockbandsäge, um 1900

Erst zu Beginn unseres Jahrhunderts konnte dieser Mangel weitgehend behoben werden. Wohl nie hat die Horizontalblockbandsäge die Bedeutung der »aufrechtstehenden« Blockbandsäge erlangt. Obgleich technisch inzwischen ausgereift, fand sie erst in unserer Zeit größere Verbreitung, dann nämlich, als ihre Eignung für spezielle, bis dahin nicht angewendete Einschnittverfahren erkannt worden war. Seitdem ist auch ein zweites technisches Wirkprinzip zu finden; die Sägemaschine wird dabei nicht ortsfest aufgestellt, sondern während des Einschnitts auf Schienen über den ruhenden Sägeblock hin- und zurückbewegt.

Bald nachdem Funktionsweise und Herstellung der Bandsäge beherrscht wurden, fehlte es bei dieser neuen Maschine ebenfalls nicht an Versuchen, ihr einen möglichst großen Einsatzbereich zu erschließen. Neben vielen gelungenen Arbeiten führte das hier und dort aber auch zu Konstruktionen, die, von der Art und Weise der gewählten technischen Lösung her betrachtet, heute mitunter doch beinahe kurios anmuten. Zu solchen Experimenten zählte die erste mobile Bandsägemaschine. Eine nahezu unveränderte stationäre Bandsäge samt Dampfzylinder und Dampfzuführung fest auf ein von drei Rädern getragenes Gestell montiert, sollte auf dieser schwankenden Basis nicht nur fortbewegt, sondern auch betrieben werden können. Dergleichen Konstruktionen konnten wohl erst befriedigend gelingen, nachdem der Verbrennungsmotor erfunden war. Von ebenfalls nur kurzzeitigem Bestand zeigten sich die Bandsägen, die ohne Übersetzungstransmission, also direkt von der Kolbenstange der Dampfmaschine, angetrieben wurden.

Andere Versuche waren dazu bestimmt, dem Vollgatter »das Feld seiner Verwendung streitig zu machen«. Davon zeugen bereits vor nahezu 100 Jahren gewissenhafte Arbeiten, die darauf zielten, die Bandsäge konstruktiv dergestalt zu vervollkommnen, daß sie gleichzeitig mit mehreren Sägeblättern schneiden und damit in einem Maschinendurchlauf eine Vielzahl von Brettern erzeugen kann. Bemühungen dieser Art sind also keineswegs neu. Sie lassen sich bis zu einem Experiment zurückverfolgen, das 1857 der Engländer W. EXALL aus Reading an einer Trennbandsäge vollführte. Drei Sägeblätter, die in herkömmlicher Weise über das obere und untere Laufrad gespannt waren, wurden an der Einschnittseite der Maschine von Distanzrollen in einem Abstand zueinander gehalten, der der gewünschten Brettdicke entsprach. Gegen Ende des 19. Jahrhunderts waren es Laufräder mit stufenförmig angeordneten Laufflächen, die den Erfolg bringen sollten.

Das Sägegatter erhielt nach etwa 400 Jahren seiner Existenz mehrere Sägeblätter; an der Kreissäge gelang das faktisch bereits unmittelbar nach ihrer Erfindung. Gleiches bei der Blockbandsäge zu erreichen ist ein verlockendes Ziel, würden doch dann Leistung und Gebrauchswert dieser Maschine nochmals beträchtlich erhöht werden können. Allein bis heute sind dergleichen Versuche allerorts fehlgeschlagen. Ist eine Blockbandsäge mit mehreren Sägeblättern technisch überhaupt denkbar? Selbst mit den modernsten Bandsägen der Gegenwart ist der Mehrfachschnitt während eines Maschinendurchlaufs nur über die aufwendige Verkettung mehrerer, paarig nacheinander angeordneter Maschinen zu verwirklichen.

Ungeachtet des inzwischen verbreitet gelungenen Einsatzes der Blockbandsäge in vielen europäischen Ländern äußerten noch Anfang des 20. Jahrhunderts einige Sägewerksfachleute und Maschinenbauer prinzipielle Vorbehalte gegenüber dieser Maschine und deren Verwendung im Sägewerk. Sie vertraten die Auffassung, daß mit der Blockbandsäge zwar eine hohe Leistung, nicht aber eine gute Schnittqualität zu erreichen sei, da das Sägeblatt nie ausreichend straff gespannt werden könne und somit astigem Holz ausweiche. Die Blockbandsäge sei deshalb eine Maschine des holzreichen Nordamerikas mit seinen niedrigen Holzpreisen und der Forderung nach Mengenleistung, nicht aber nach Qualität.

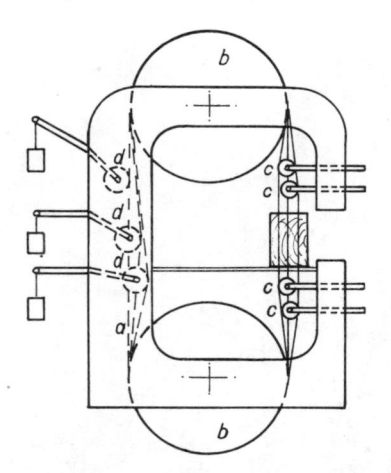

Bild 13/19. Entwurf für eine Mehrblatt-Trennbandsäge von W. Exall, 1857
a) Sägeblätter, b) Laufräder, c) Distanzrollen, d) Spannrollen

Mit der Erfindung der Bandsäge und deren technischer Fortentwicklung bis zur Blockbandsäge ist der historische Werdegang der für die Schnittholzerzeugung wichtigsten Sägemaschinen abgeschlossen. Die in der Entstehungszeit der Blockbandsäge und auch noch danach von so manchem ihrer Anhänger unter den Fachleuten zuversichtlich geäußerte Er-

Bild 13/18. Mobile Bandsäge von 1890 – angetrieben mit Verbrennungsmotor

wartung, diese neue Maschine werde sowohl das Sägegatter als auch die Kreissäge vollständig aus der Schnittholzproduktion verdrängen, vermochte sie freilich nicht zu erfüllen. Dafür erhielt die Blockbandsäge, und das bis in unsere Zeit, ebenbürtig ihren Platz neben diesen beiden anderen klassischen Sägemaschinen.

Bild 13/20. Vollentwickelte Trennbandsäge, Baujahr 1900

Bild 13/21. Vollentwickelte Blockbandsäge während des Wertholzeinschnittes, um 1900

14. Industrielle Schnittholzerzeugung im Dampfsägewerk

Obwohl mit dem Übergang von der venezianischen Schneidemühle zum wasser- oder windradgetriebenen Bundgatterwerk die Leistungsfähigkeit im Sägegewerbe beträchtlich gesteigert werden konnte – Schnittholz industriell zu produzieren, das wurde erst mit der Dampfmaschine möglich. Dampfsägewerke waren bereits typische Fabrikbetriebe mit mehrteiligen Maschinensystemen und einer ausgeprägten Arbeitsteilung. Hier konnte Schnittholz erstmals als ausgesprochenes Massenerzeugnis hergestellt werden. In der ersten Hälfte des 19. Jahrhunderts noch Ausnahmeerscheinung und kaum außerhalb von England und Frankreich anzutreffen, bestimmten nach 1850 die Sägewerke mit der großen Fabrikhalle und dem qualmenden, weithin sichtbaren Schornstein in nahezu allen europäischen Ländern zunehmend das Bild der holzbearbeitenden Industrie. Ein Fachmann schrieb 1885 rückblickend auf diese Entwicklung: »*Als eine für die Sägemühle besonders geeignete Betriebsvorrichtung erwies sich die Dampfmaschine, die überall angelegt und sogar transportabel gemacht werden kann. Deshalb haben sich Dampfsägewerke sehr schnell eingeführt, während der Betrieb von Sägemühlen durch Wasser- oder Windräder nur noch an bestimmten Localitäten zu finden ist.*« /248/

Viele dieser modernen Betriebe übertrafen an Größe und Produktivität alles, was bis dahin für eine Sägewerksanlage als Spitzenleistung galt. Denn acht und mehr schwere Vollgatter unter einem Dach und mehrere hundert Arbeiter waren für große Dampfsägewerke zu jener Zeit nichts Ungewöhnliches. In einem unweit von Riga gelegenen Betrieb beispielsweise arbeiteten 1870 etwa 600 Arbeitskräfte, um zehn Sägegatter – vier stammten von der Firma Worssam in London –, fünf Kreissägen und andere Holzbearbeitungsmaschinen ständig auszulasten sowie die Dampfmaschinen in Gang zu halten. Noch heute beeindruckt es, wenn man hört, daß für den Antrieb der Arbeitsmaschinen in diesem Werk drei Dampfmaschinen nebst sieben Cornwallkesseln installiert waren, von denen jeder über 2 m im Durchmesser und nahezu 8 m in der Länge maß. Die stärkste der im Verbund laufenden Dampfmaschinen erzeugte nicht weniger als 225 PS. Mit dem Wasserrad konnten dereinst für gewöhnlich kaum mehr als 40 PS entwickelt werden. »*Die ganze Anlage des Etablissements mit seinem isoliert stehenden Direktionshause, den ausgedehnten Werkstätten und dem angebauten Maschinenhause mit seinem neuen mächtigen Schornstein, den unabsehbar ausgedehnten Lager- und Ladeplätzen macht einen gewaltigen Eindruck.*« /201/ Übrigens stieg, wie W. I. LENIN in seiner Arbeit »Die Entwicklung des Kapitalismus in Rußland« feststellte, nach der Reform von 1861 in diesem Land der Wert der jährlichen Produktion der Sägeindustrie von 4 Millionen Rubel im Jahr 1866 auf 19 Millionen Rubel im Jahr 1890, die Zahl ihrer Arbeiter in der gleichen Zeit von 4000 auf 15000 und die Zahl der mit Dampfmaschinen ausgestatteten Sägewerke von 26 auf 430.

Ein im österreichischen Alpenvorland, in Amstetten, gelegener Schnittholzbetrieb, der dem Bankhaus Rothschild gehörte, zählte seinerzeit ebenfalls zu den größten Sägewerken Europas. Hier waren vierzehn Sägemaschinen untergebracht – neun Vollgatter und fünf Kreissägen – mit insgesamt 120 Sägeblättern, die von drei großen, nebeneinander aufgestellten Dampfmaschinen angetrieben wurden. Wahrlich, ein großartiger technischer Fortschritt, den die industrielle Revolution hervorgebracht hatte, der die mehr oder weniger manufakturartige Schnittholzerzeugung in wenigen Jahrzehnten zur leistungsfähigen Industrie wachsen ließ. Dieser Verlauf ist durchaus mit der sprunghaften technischen Entwicklung in anderen Wirtschaftszweigen vergleichbar, wenn er vielleicht auch nicht von solcher Tragweite für den gesellschaftlichen Fortschritt

Bild 14/1. Dampfsägewerk

war, wie etwa die Nutzung der Dampfkraft in der Textilfertigung, im Maschinenbau oder im Verkehrswesen. – Noch einen anderen Vorteil brachte die Dampfmaschine: Von nun an waren die Sägewerke nicht mehr an das Wasser gebunden oder vom Wind abhängig. Ihr Standort kann seither nach solchen wesentlichen Gesichtspunkten wie Verkehrslage, Holzaufkommen oder Holzweiterverarbeitung gewählt werden.

Mehr noch als das äußere Bild veränderte sich die maschinentechnische Ausstattung des Sägewerkes. In der geräumigen Fabrikhalle waren viele neue, bis dahin nicht bekannte Mechanismen zu finden. Nur noch weniges ging auf die wasser- oder windbetriebenen Bundgatterwerke zurück. Selbst im kleinsten Dampfsägewerk waren die Maschinen und Mechanismen für den Antrieb, die Energieübertragung und das Sägen räumlich und funktionell voneinander getrennt. Dampfmaschine und Kesselanlage standen in einem separaten Gebäude. Die hier erzeugte Antriebsenergie wurde von der Transmission – einer stark dimensionierten, nahezu durch die gesamte Sägehalle verlaufenden Welle mit Flachriementrieben, Fest- und Leerscheiben sowie Vorgelegen – auf die einzelnen Sägegatter sowie Kreis- oder Blockbandsägen übertragen. Je mehr Maschinen anzutreiben waren, vor allem aber je entfernter sie von der Dampfmaschine standen, um so aufwendiger und komplizierter wurde dieser Gruppenantrieb.

Beachtliche Abmessungen konnte die Transmission in Großsägewerken erreichen. Im Amstettener Schnittholzbetrieb war die Hauptantriebswelle 45 m lang; ihr Durchmesser betrug 14 cm. Das wirft ein Licht zugleich auf den hohen technischen Stand im Maschinenbau zu damaliger Zeit. Nicht selten umging man freilich solche Lösungen, die doch jedesmal beinahe technische Höchstleistungen erforderten. Eine zweite, kleinere Dampfmaschine mit gesonderter Transmission für den

Antrieb untergeordneter Maschinen, etwa der Querschnittkreissägen, vereinfachte vieles und verringerte zugleich die Störanfälligkeit der gesamten Anlage. Und dennoch blieb gerade die Transmission das größte Hemmnis für eine durchgehende Technologie im Dampfsägewerk. Sie stand der Mechanisierung des gesamten Prozesses der Schnittholzproduktion buchstäblich im Wege. Denn das Gewirr von Riementrieben ließ kaum noch Raum für Fördertechniken, zumal dafür weitere Antriebsmechanismen erforderlich geworden wären. Das konnte sich erst ändern, nachdem mit der Erfindung des Elektromotors der Einzelantrieb der Maschinen möglich wurde.

Folglich brachte die industrielle Revolution für die Fördertechnik, wie überhaupt für den innerbetrieblichen Transport, im Sägewerk weitaus weniger technischen Fortschritt als für die Antriebs- und Arbeitstechnik. Diese Diskrepanzen und Widersprüche zwischen den hochproduktiven Kraft- und Arbeitsmaschinen und dem niedrigen technischen Stand beim Beschicken, Abfördern und Stapeln, die dem Maschinensystem im Dampfsägewerk genaugenommen bis zuletzt eigen waren, standen dem umfassenden technischen Fortschritt in der Schnittholzindustrie lange entgegen, ließen manche Leistungsreserve unerschlossen. Daraus erklärt sich auch, weshalb so überraschend viele Arbeitskräfte für den Betrieb der Dampfsägen erforderlich waren. Nur mit ihrer Hilfe wurde es überhaupt erst möglich, die leistungsfähigen Sägegatter und Kreissägen auszulasten.

Bild 14/2. Maschinenanordnung im Dampfsägewerk (oben Zweigatterwerk, unten Eingatterwerk). Neben dem Vollgatter als Hauptmaschine gehören die Kreissäge zum Besäumen oder Abschwarten und das Horizontalgatter für den Starkholzeinschnitt zur Ausrüstung.

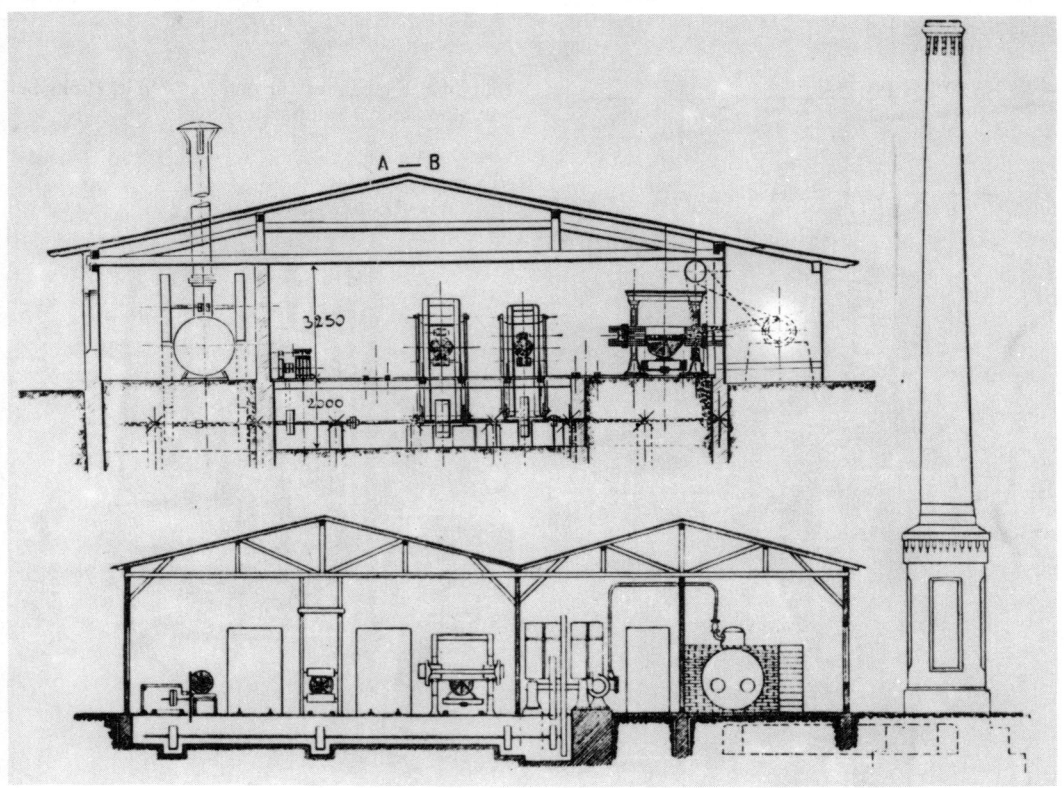

Bild 14/3. Blick in die Sägehalle eines Zweigattersägewerks

Bild 14/4. Sägegatter für den Vorschnitt (links Seitengatter, rechts Saumgatter)

Betrachtet man die maschinelle Ausrüstung sowie den Produktionsablauf in den Dampfsägewerken, so zeigt sich – zumindest für den mitteleuropäischen Raum – seit etwa der Mitte des 19. Jahrhunderts ein recht einheitliches Bild. Als Hauptmaschine dominierte das Vollgatter. Robust und zweckmäßig im Aufbau sowie einfach zu bedienen, war diese Maschine besser als Kreissäge, Bandsäge oder Horizontalgatter für die Massenproduktion von Schnittholz nahezu aller Sortimente geeignet. Ein neues, rationelles Einschnittverfahren bürgerte sich ein – der Doppelschnitt. Im ersten Maschinendurchlauf, dem Vorschnitt, entsteht aus dem Rundholz ein Zwischenprodukt mit zwei planparallel gesägten Flächen, das im Sägewerk als Model bezeichnet wird. Die Höhe des Models entspricht bereits der gewünschten Schnittholzbreite. Im zweiten Maschinendurchlauf, dem Nachschnitt, wird der Model zu Schnittholz der benötigten Dicke aufgeteilt. Noch heute produziert der Sägewerker mit diesem im Dampfsägewerk das erste Mal verbreitet angewendeten Doppelschnittverfahren die am meisten gefragten Schnittholzsortimente, so z.B. besäumte Bretter, Kanthölzer oder Latten.

In größeren Betrieben standen für den Doppelschnitt bereits jeweils zwei Sägegatter zur Verfügung – das Vorschnittgatter und das Nachschnittgatter. Wenn auch beide Maschinen anfangs noch nicht über Förderer miteinander verbunden waren, so bildeten sie dennoch technologisch eine Einheit. Denn das erste Sägegatter übernahm gleichsam die Vorfertigung, das zweite die Endfertigung des Schnittholzes. Da für den Vorschnitt nur vier bis sechs Sägeblätter erforderlich sind, setzte man hierfür gern das leichte Saum- oder Abschwartgatter ein. Für den Nachschnitt dagegen – die

Bild 14/5.
Schweres Vollgatter für den Nachschnitt

Bild 14/6.
Einblattkreissäge zum Besäumen von Seitenbrettern

Bild 14/7.
Das Horizontalgatter –
die Spezialmaschine
für den Einschnitt starker
und wertvoller Hölzer

Bild 14/8.
Sägeholztransport
mit dem Gleiswagen

Aufteilung des von dem Vorschnittgatter übernommenen Models – wurde wohl zumeist ein schweres Vollgatter benutzt. Denn bis zu 24 Sägeblätter waren notwendig, sollten aus dicken Stämmen besäumte Bretter geschnitten werden.

Leistungsfähige Blockbandsägen bereiteten den Maschinenbauern zu dieser Zeit konstruktiv und herstellungstechnisch noch Schwierigkeiten. Zwar waren in dem anhaltenden Bemühen zur Vervollkommnung dieser neuen Sägemaschine Fortschritte zu erkennen – im rauhen Sägewerksbetrieb allerdings konnte sie noch nicht bestehen. So war die Bandsäge bis gegen Ende des 19. Jahrhunderts nur gelegentlich vorzufinden. Im Unterschied zur Kreissäge. Sie gehörte bald in vielen Dampfsägewerken zur Standardausrüstung. In Europa wurde sie vorwiegend als Nebenmaschine genutzt. Wird Schnittholz im Doppelschnitt erzeugt, fallen aus den Randzonen der Sägeblöcke unbesäumte, d.h. noch mit Rinde behaftete Seitenbretter an. Für das Besäumen dieser Bretter ist die Kreissäge besser als andere Maschinen geeignet. Erst sehr viel später wird sie verbreitet auch außerhalb Englands als Querschnittsäge eingesetzt, dann allerdings nicht nur zum Aufteilen der Stämme in Sägeblöcke, sondern ebenso zum Winkligschneiden der Schnittholzenden. In Nordamerika verdrängte die Kreissäge gegen Ende des 19. Jahrhunderts zunehmend das Sägegatter als Hauptmaschine – die ersten Kreissägewerke entstanden.

Wohl in nahezu jedem größeren Dampfsägewerk war auch ein Horizontalgatter zu finden. Obgleich diese Maschine nicht annähernd die Leistung des Vollgatters erreicht, so konnte man doch kaum auf sie verzichten. Infolge der großen Durchlaßweite und der überaus genauen Schnittführung war das Gatter mit dem waagerecht angeordneten Sägeblatt für den Einschnitt dicker und wertvoller Stämme beinahe unentbehrlich. Es stand meist abseits von den anderen Sägemaschinen, da es technologisch nicht in die Massenproduktion von

Schnittholz einbezogen und demzufolge nur zeitweilig betrieben werden konnte.

Die innerbetriebliche Transporttechnik zeigte über 100 Jahre hinweg ein sich kaum veränderndes Bild. Sie bestand in dieser Zeit im Grunde genommen nur aus dem kleinen, zweiachsigen, gleisgebundenen Wagen, der »Lore«, und der zum Betrieb des Wagens erforderlichen Gleisanlage. Obzwar bereits in den dreißiger Jahren des 18. Jahrhunderts von dem französischen Gelehrten und Mühlenbaumeister BERNARD DE BELIDOR erstmals mit gutem Erfolg eingesetzt, blieb dieses einfache und dennoch leistungsfähige Fördermittel selbst in größeren Bundgattermühlen lange Zeit eine Seltenheit.

Anders im Dampfsägewerk. Hier fand der innerbetriebliche Gleistransport schnelle Verbreitung. Es währte nicht lange, und der Gleiswagen – von MARC ISAMBARD BRUNEL neu entdeckt – verdrängte die altüberkommene manuelle Fördertechnik; er wurde zum geradezu typischen Verbindungsmittel zwischen den weit voneinander getrennt liegenden Arbeitsbereichen. Viele Jahrzehnte sollte sich das auch nicht ändern. Erst am Übergang zum 20. Jahrhundert traten nach und nach stationäre Stetigförderer an seine Stelle. Bis dahin aber war das Betriebsgelände des Dampfsägewerkes von dem weitverzweigten Gleisnetz gekennzeichnet. Verbunden mit Weichen, Drehscheiben und Schiebebühnen, durchzogen die Schienen das gesamte Betriebsareal bis hinein in die Sägehalle. Mit einer solchen Anlage war es möglich, die Lore zum Sortieren der Blöcke auf dem Rundholzplatz und zur Übergabe des Holzes in die Sägehalle ebenso einzusetzen wie für die Beförderung des Schnittholzes zum Stapelplatz oder für den Abtransport der Zwischenprodukte. Fast immer wurde der Gleiswagen manuell fortbewegt. Lediglich in Großsägewerken, und selbst dort erst sehr spät, konnte man zuweilen auf kleine Dampflokomotiven treffen.

Ungeachtet dieser und anderer technischer Verbesserungen gehörte auch über das 19. Jahrhundert hinaus die Arbeit im Sägewerk zu den körperlich schwersten Arbeiten, die obendrein noch recht gefahrvoll war. Gleichwohl der eigentliche Sägeprozeß seit einigen Jahrhunderten voll mechanisiert ablief – die Technik für die Entladung der Stämme, für das Anheben und Umsetzen der Sägeblöcke und der Schnittholzzwischenprodukte sowie für das Stapeln und das Verladen der Bretter, Balken und Kanthölzer blieb im Verhältnis dazu rückständig. Hier hatte sich jahrhundertelang nur weniges getan. Allzuvie-

Bild 14/9.
Einfacher Gleiswagen für den Transport von Schnittholz

Bild 14/10.
Doppelgleiswagen für den Transport von Rundholz mit Feldbahnen

Bild 14/11. Arbeit auf dem Rundholzplatz

Bild 14/12. Mechanische Hebezeuge erhöhen die Leistung und erleichtern die Arbeit auf dem Rundholzplatz.

les erinnerte noch an die alte Schneidemühle, zumindest doch aber an das Bundgattersägewerk. Für diese schweren Arbeiten kamen mechanisierte Einrichtungen erst an der Wende zu unserem Jahrhundert auf. Selbst für das Aufteilen der Stämme in Sägeblöcke war noch immer die Schrotsäge gang und gäbe. Also mußte auch im 19. Jahrhundert der Sägewerker wie ehedem mit großen körperlichen Anstrengungen und allerhand Geschick das schaffen, was man mit maschinellen Mitteln noch nicht zu meistern vermochte oder wofür sich die Technik aus kapitalistischer Sicht nicht rentierte. Zehn und mehr Stunden währte sein Tagewerk. Die meiste Zeit, ob Sommer oder Winter, arbeitete er unter freiem Himmel.

Gemeinhin waren die meisten Arbeiter im Dampfsägewerk Tagelöhner, ungelernte Arbeiter, die am schlechtesten entlohnt wurden, ja, oftmals noch weniger als der Wächter erhielten. So blieb die Rentabilität des Betriebes trotz des doch sehr hohen Anteils manueller Arbeit erhalten. Überhaupt brachte die industrielle Revolution dem Sägewerksarbeiter kaum Vorteile. Die sozialökonomischen Bedingungen, die er im Dampfsägewerk vorfand, unterschieden sich im Prinzip nicht von denen des Arbeiters in anderen Fabrikbetrieben zur Zeit des Kapitalismus der freien Konkurrenz – wie etwa in der Textilindustrie. Zwar konnte er seine Kenntnisse und Fertigkeiten auf Teilgebieten etwas erweitern – doch die Monotonie der Tätigkeit, die die Spezialisierung mit sich brachte, führte zu einseitiger Geschicklichkeit sowie zu einer Minderung der allseitigen fachlichen Fähigkeiten. Und die Schwere der Arbeit dauerte fort; Arbeitsintensität und Ausbeutung nahmen zu. Es überrascht daher nicht, wenn man von größeren Sägewerken vernimmt, daß sich dort seit der zweiten Hälfte des 19. Jahrhunderts »*der bisher ruhigen Arbeiter eine gewisse Erregung bemächtigt hat, die sich in Forderungen und theilweise Strikes manifestiert*« /201/.

Bereits Mitte des 19. Jahrhunderts, unmittelbar nachdem die ersten Dampfsägewerke außerhalb Englands entstanden waren, wurde die Ökonomie der Produktion von Schnittholz in diesen neuen Betrieben verhältnismäßig eingehend analysiert /309/. Wenngleich die dabei als Ergebnis ermittelten Zahlen als absolute Werte und für sich allein genommen heute nur noch wenig ausdrücken, so lassen sie im Vergleich zueinander dennoch – besser als das Worte vermögen – die ökonomische und soziale Seite der Industrialisierung in der Holzbearbeitung erkennen. Und sie bekunden obendrein etwas von dem technischen Fortschritt, der trotz aller noch vorhandenen Handarbeit fast sprunghaft den Sägemühlenbetrieb zur Schnittholzfabrik werden ließ. So recht erst läßt sich das Ausmaß dieser Entwicklung erfassen, wenn man erfährt, daß das für jene Zeit typische Dampfsägewerk mit zwei Vollgattern beinahe das 30fache an Grundkapital gegenüber einer venezianischen Zweigatter-Brettmühle erforderte:

Bild 14/13. Pferde und einfache Technik helfen, die schwere Arbeit mit dem Rundholz zu erleichtern.

für Bau und Ausrüstung	Kosten in Gulden[1] für Venezianermühle		Dampfsägewerk
Grund und Boden	(0,5 ha)	100	(3 ha) 600
Gebäude		500	15 000
Gleisanlage		–	1 500
Dampfmaschine		–	8 500
2 Gattersägemaschinen		500	8 000
Kreissägemaschine		–	900
Transmission		–	2 000
Sonstige Ausrüstungen		500	5 000
Transport und Montage		–	4 500
Summe		1600	46 000
für Unterhaltung (je Jahr)			
Zinsen für Anlagekapital		100	3 100
Reparaturen		100	5 200
Brennstoff		–	4 500
Lohn	etwa	1000	6 700
Summe		1200	19 500

Offenbar müssen sich diese Aufwendungen für den Besitzer eines Dampfsägewerkes jedoch gelohnt haben. Zumeist waren es Angehörige der vermögenden, der bevorrechteten Schichten, wie Großgrundbesitzer, Handelsherren oder Unternehmer, die im Dampfsägewerk ihr Geld anlegten. An jedem Brett, das der Fabrikarbeiter produzierte, verdiente der Fabrikherr. Mit der Leistung des Betriebes wuchs auch der Profit. Immerhin wurden in einem Zweigatter-Dampfsägewerk um 1850 während 20stündiger Tag- und Nachtarbeit jährlich bereits 15 000 20zöllige Blöcke, das entspricht etwa 9000 m³ Rundholz, eingeschnitten. Dabei bleibt den Eigentümern der Sägewerke unbenommen, daß sie oftmals ein ausgeprägtes Interesse am technischen Fortschritt hatten und nicht selten selbst mithalfen, ihn voranzubringen. Freilich war es vornehmlich Geschäftsinteresse, das gleiche Interesse, wie es die Unternehmer in anderen Zweigen ebenfalls zeigten, wenn Gewinn in Aussicht stand. Kennzeichnend ist fernerhin, daß im Dampfsägewerk der Anteil des Lohnes an den Betriebskosten ganz erheblich niedriger lag als in der Sägemühle. Auch das wirft ein Licht auf die rasche technische Entwicklung.

Während die venezianische Sägemühle für gewöhnlich mit zwei Arbeitskräften auskam und in großen Bundgattersägewerken wohl kaum mehr als 20 Arbeiter anzutreffen waren, erforderte eine Anlage mit zwei Dampfgattern mindestens 43 Arbeitskräfte. 18 von ihnen waren Spezialisten, so der Holzkaufmann, der Maschinist, der Platzmeister, die vier Gatterschneider und die vier Kreissäger, die vier Heizer sowie die zwei Werkzeugschleifer und ebenso der Schmied. Mehr als die Hälfte aller Arbeitskräfte, nämlich 25, waren ungelernte Arbeiter, die sich als Tagelöhner verdingen mußten. Sie verrichteten die schwere Arbeit am Rundholz und transportierten und stapelten das Schnittholz. Überdies standen sie den Gatterschneidern und Heizern als Gehilfen für Transportarbeiten zur Seite. Hier, in der Fabrikhalle, arbeitete es sich keineswegs leichter als draußen auf den Holzplätzen. Abgesehen davon, daß mechanische Hebezeuge fehlten – welch ein Lärm, wenn in einem Großsägewerk so an die hundert Sägeblätter kreischten und dazu die weitverzweigte Transmission tremolierte, zehn bis zwölf Stunden lang, über das ganze Tagewerk hinweg!

Die Unterschiede in der Entlohnung verraten etwas von der Sinnesweise des Fabrikherrn gegenüber körperlicher Arbeit. Der Tagelöhner, der Holzplatzarbeiter also, dem gewißlich das meiste abverlangt wurde, erhielt unter Mü-

---

[1] 1 neuer Österreichischer Gulden (1858 eingeführt) entsprach 1860 ²/₃ Thaler preußischer Währung oder ½ Mark sächsischer Währung.

Bild 14/14. Es brauchte lange Zeit, bis auf dem Rundholzplatz die Schrotsäge von der Ablängstation ersetzt wurde.

Bild 14/15. Der Gatterschneider

Bild 14/16. Dampfgetriebene Schwertsäge zum Ablängen der Stämme in Sägeblöcke – die erste Maschine auf dem Rundholzplatz

hen lediglich 15%, der Spezialist an der Maschine durchschnittlich kaum mehr als ein Drittel des Lohnes des Verwalters:

Beruf	Jahreslohn in Gulden (um 1860)	Beruf	Jahreslohn in Gulden (um 1860)
Verwalter	600	Werkzeugschleifer	200
Maschinist	600	Schmied	200
Gatterschneider	240	Heizer	180
Kreissäger	180	Wächter	120
Platzmeister	220	Tagelöhner	90

Eine Vorstellung von der Leistungsfähigkeit der holzverarbeitenden Industrie in dieser Zeit vermittelt ein Bericht aus dem Jahre 1860, der über die Arbeit in einer englischen Güterwagenfabrik informiert. »*In der Fabrik des Herrn* ASHBURY, *zu Openshaw bei Manchester gelegen, werden komplett gedeckte Eisenbahn-Güterwagen aus dem rohen Stamm und dem aus dem Ofen kommenden Gußeisen in 11 Stunden und 20 Minuten vom Beginn der Arbeit bis zum Fortfahren auf Schienen fertig gebaut. 305 Stück (Holzteile) werden mit von Dampf angetriebenen Kreis- und Gattersägen aus fünf Stämmen ostindischer Kiefer in 1 Stunde 26 Minuten zugeschnitten. Das Hobeln, Nuten, Falzen des Holzwerkes geschieht in 2 Stunden 46 Minuten. Das ganze Holzwerk ist zusammengefaßt, geschraubt, genagelt, der Wagen gedeckt, angestrichen, lackiert und numeriert in $10^{1}/_{2}$ Stunden. Beschäftigt sind dabei außer dem Park von Werkzeugmaschinen 38 Stellmacher, Tischler, Anstreicher.*« /30/

Bild 14/17. Zerschnittstation. Derartige Anlagen traten gegen Ende des 19. Jh. in Großsägewerken an die Stelle der dampfgetriebenen Schwertsäge.

In den Jahrzehnten, die der industriellen Revolution folgten – bis kurz nach der Jahrhundertwende –, wurde die technische Ausstattung der Dampfsägewerke nach und nach und unterschiedlich von Werk zu Werk erweitert. Bekanntes wurde vervollkommnet, Neues kam hinzu. Die Mechanisierung blieb indes nicht mehr allein auf die Grundausrüstung, das Gatter und die Kreissäge, begrenzt. Mehr oder weniger schnell setzten sich nun maschinelle Einrichtungen auch in Arbeitsbereichen durch, die nicht unmittelbar am Einschnitt beteiligt waren. Dampfgetriebene Sägen zum Querschneiden der Stämme zu Sägeblöcken kamen auf, die ersten Schnittholztrockner wurden gebaut; in großen Sägewerken waren bisweilen Hobelmaschinen anzutreffen. Und für das Zerkleinern der Schwarten und Säumlinge, die beim Einschneiden der Sägeblöcke zwangsläufig anfallen, fand man in dem einen oder anderen Betrieb bereits einfache Hackmaschinen.

Die Kreissäge und die Bandsäge, beides bedeutsame Errungenschaften der industriellen Revolution, erreichten eine höhere funktionelle Reife, so daß diese Maschinen hinfort nicht mehr nur für die Weiterverarbeitung des Schnittholzes, sondern ebenfalls als Hauptmaschinen für den Einschnitt der Stämme und Sägeblöcke genutzt werden konnten. Während

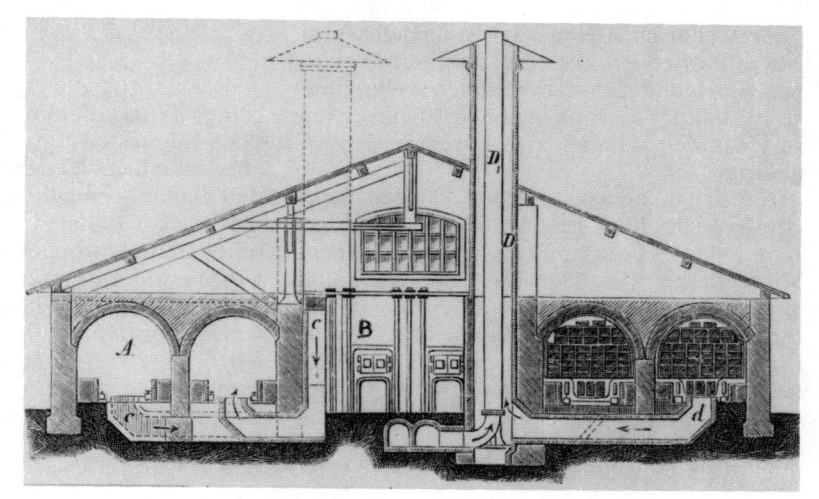

Bild 14/18.
Schnittholztrockner, um 1885

Bild 14/19.
Hobelmaschine, Baujahr 1880, für die Bearbeitung von gesägten Brettern zu Fußbodendielen mit Nut und Feder

249

die Kreissäge schon damals bevorzugt für den Schwachholzeinschnitt Anwendung fand, wurde die Bandsäge, gleich dem Horizontalgatter, zur Spezialmaschine für den Einschnitt sehr dicken und wertvollen Holzes. Dessenungeachtet blieb das Vollgatter weiterhin die für die Schnittholzproduktion typische, die am meisten verbreitete Maschine. Die tiefgreifende technisch-konstruktive Vervollkommnung, die gerade diese klassische Sägemaschine in der Mitte des vorigen Jahrhunderts erfuhr, sowie die vielen Spezialtypen, die in ebendieser Zeit entstanden, machten das Vertikalgatter nunmehr für nahezu alle Längsschnittarbeiten geeignet. Freilich mußten genügend natürliche Holzvorräte vorhanden sein, sollten alle diese technischen Neuerungen gemeinsam in einem Betrieb effektiv eingesetzt werden können. Deshalb repräsentierten den vollkommenen Stand der Technik in der Holzbearbeitung zu jener Zeit allenfalls einige wenige Großsägewerke.

Aus den holzreichen Gebieten Nordeuropas und Nordamerikas gelangten in den siebziger Jahren des 19. Jahrhunderts Nachrichten nach Mitteleuropa, die über bis dahin kaum für möglich gehaltene Einschnittleistungen berichteten. »*Im Armitsteadschen Sägewerk in Riga zeichnen sich die neuen Gatter durch kolossalen Vorschub aus – 5 cm auf drei Hübe.*« /201/ In der Tat eine außergewöhnliche Lei-

Bild 14/21. Dampfgetriebenes Hebezeug für den Transport in der Sägehalle

stung, betrug diese Vorschubgeschwindigkeit doch mindestens das 15fache von jener, die ehedem mit der Venezianersäge geschafft werden konnte – und das mit zehn bis zwölf Sägeblättern im Rahmen. Selbst heute noch liegt unter mitteleuropäischen Bedingungen der Vorschub des Blockes je Sägerahmenhub oftmals nicht allzuviel darüber. »*In einer schwedischen Sägemühle werden mit vier Doppelgattern per 24 h 1 000 Blöcke verschnitten.*« /76/ Nimmt man einen mittleren Sägeblock von 24 cm Durchmesser und 4 m Länge an, dann

Bild 14/20.
Blick in ein kleines
Blockbandsägewerk

Bild 14/22. Zweizylinder-Verbunddampfmaschine für Sägewerke, Baujahr 1900

produzierte dieses Werk mit seinen vier Doppelrahmengattern immerhin etwa 24 000 m³ Schnittholz im Jahr. »*Über die Leistung der Doppel-Circularsäge wird erstaunliches berichtet; so wird unter anderem behauptet, daß ein Gatter mit 12 Sägeblättern kaum die Hälfte der in Rede stehenden Maschine liefert.*« /76/ So und ähnlich lauteten die Mitteilungen über Rekordleistungen nordeuropäischer und amerikanischer Sägewerke.

Obwohl derart leistungsfähige Betriebe zumeist vom Holzaufkommen begünstigt waren und daher die Ausnahme bildeten – die von da an folgende technische und vor allem technologische Entwicklung in der Schnittholzindustrie insgesamt ging von ihnen aus. Immer mehr nämlich wurde gerade in größeren Sägewerken offenbar, daß die Hauptmaschine keineswegs allein über die Effektivität des Betriebes entscheidet, zumal man technisch gesehen hier ohnehin bereits an Grenzen stieß. Diese Maschinen waren konstruktiv inzwischen so weit gereift, daß sich nur noch weniges verbessern ließ. Nun wurde der Nachholebedarf an Technik, der im innerbetrieblichen Transport noch immer bestand, doch mehr und mehr spürbar. Wollte man weiter vorankommen, bedurfte es endlich einer möglichst durchgängigen Technologie – der mechanischen bzw. maschinellen Verkettung der Produktionsbereiche und Maschinen –, die vom Rundholzplatz über die Sägehalle bis hin zum Schnittholzplatz reichte. Hier lagen noch beträchtliche Reserven verborgen.

So begann gegen Ende des vorigen Jahrhunderts eine Zeit, in der moderne, in ihrer Grundkonzeption noch heute gebräuchliche Fördermittel Einzug ins Dampfsägewerk hielten. Kettenförderer, angetriebene Rollgänge und Kräne lösten den betagten Gleiswagen ab. Bis zur Gegenwart blieben sie die Träger der Holzfördertechnik, lediglich der Gabelstapler kam hinzu. In einem Reisebericht ist zu lesen, daß in nordamerikanischen Sägewerken spätestens seit 1870 Ketten- oder Seilbahnen das Rundholz in die Sägehalle brachten. Und »*über Reihen gußeiserner Scheiben*«, also Rollenschienen, oder über »*von der Dampfmaschine angetriebene Gliederkettenförderer*« gelangte das Holz zu den Vorschnittkreissägen und von hier zu den Nachschnittgattern /225/. In einem Rigaer Sägewerk transportierte man das Rundholz schon bundweise mit Laufkränen zu den Einschnittmaschinen. Und in einem zweiten Betrieb dieser Stadt dienten um 1875 erstmals Rollenquer- sowie -längsförderer zum Weiterleiten des Schnittholzes zu den Abkürzsägen oder Sammelplätzen.

Eine ebenfalls auf diese Zeit zurückgehende Erfindung ist die pneumatische Späneabsauganlage. Sie bedeutet für die Technologie und die Arbeitsbedingungen im Holzbearbeitungsbetrieb kaum weniger als Stetigförderer und Kran. Den Ursprung dieser Neuerung findet man im Reisebericht des Sägewerksfachmannes OTTO VON PFUNGEN: »*In größeren Mühlen sah ich Röhrenleitungen, durch welche die Säge- und Hobelspäne über die Dampfkessel in*

Bild 14/23. Anfänge der Rundholzentladung mit Krananlagen im Sägewerk

Bild 14/24. Zeitiger Doppelsäumer mit Walzenvorschub, Baujahr 1895

Bild 14/25. Dampfsägewerk mit angeschlossener Weiterverarbeitung in der Zeit um 1870. Zur Maschinenausstattung gehören das Seitengatter für den Vorschnitt und das Vollgatter für den Nachschnitt (erste Bearbeitungsstufe) sowie Trennkreissäge, Bandsäge, Hobelmaschine, Fräsmaschine und Dekupiersäge (zweite Bearbeitungsstufe).

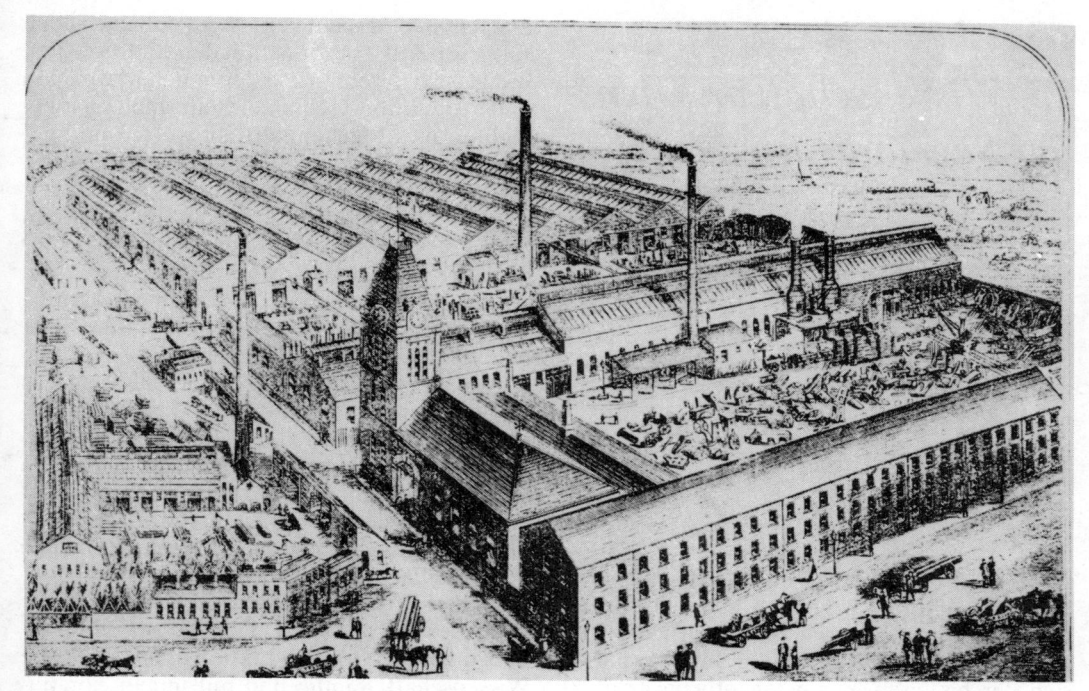

Bild 14/26. Fabrik für den Bau von Holzbearbeitungsmaschinen im englischen Rochdale in der zweiten Hälfte des 19. Jahrhunderts. Das Dampfsägewerk links im Bild kann zur Erprobung der Maschinen gedient haben.

gemauerte Reservoirs geleitet werden, aus welchen eine Speisevorrichtung die Späne selbsttätig zum Feuer bringt. Die Leitung mit der Speisevorrichtung ist eine Erfindung von Mr. GAYLAND.« /225/

Mit der Vervollkommnung der Technik ging die weitere Vergrößerung der Betriebe einher. Um die Jahrhundertwende wurden mancherorts Großsägewerke errichtet, deren maschinentechnische Substanz noch heute Bewunderung abverlangt. In dem zu dieser Zeit vermutlich größten Sägewerk Europas, das zur »Ungarisch-Italienischen Holzindustrie« gehörte, waren nicht weniger als 26 Sägegatter in einer Halle installiert. Und auch im waldreichen rumänischen Siebenbürgen konnte man vor 80 Jahren Sägewerke sehen, in denen mit 20 und mehr Gattern Schnittholz produziert wurde.

Das Dampfsägewerk war nicht nur ein Resultat des technischen Fortschritts. Es war gleichzeitig die Stätte, von der viele Anregungen für neue Ideen und Erfindungen ausgingen. Die moderne technische Ausrüstung spiegelte sowohl die großartige Entwicklung wider, die der Maschinenbau schlechthin während der Zeit der industriellen Revolution und unmittelbar danach durchlief, als auch die bedeutsamsten Erkenntnisse jener Fachleute, die sich im 18. und 19. Jahrhundert an den Hochschulen und technischen Lehranstalten dem Fortschritt in der Holztechnologie widmeten. Für sie wurde das Dampfsägewerk zum Prüffeld, auf dem nur ausgereifte Konstruktionen bestehen konnten.

15. Wissenschaft im Dienst der Sägeindustrie

Mit dem Anfang der industriellen Revolution begannen sich die Beziehungen zwischen Wissenschaft und Technik inniger zu gestalten. Jetzt wandelte sich der bis dahin nur gelegentliche Kontakt nach und nach in ein Wechselspiel von Dauer.

Doch man darf nicht vergessen, daß auch noch zu dieser Zeit – besonders in den traditionellen Industriezweigen – viele der neuen Maschinen und Produktionstechniken weiterhin von Ingenieuren und Mechanikern entworfen und gebaut wurden. So waren auch die ersten »Schnittholzfabriken« samt ihrer Ausrüstung und Technologie, ob in Woolwich, Chatham oder Liepe, das Werk in der Praxis tätiger Ingenieure, Techniker und Maschinenbauer. Andererseits entstand die Dampfmaschine von JAMES WATT bereits als gemeinsame Arbeit von Praxis und Wissenschaft.

Beständige Wechselwirkungen bildeten sich erst im weiteren Verlauf der industriellen Revolution und unmittelbar danach heraus. Besonders für die Entwicklung der maschinellen Produktionstechnik wurde ein zunehmendes naturwissenschaftliches Durchdringen nun mehr und mehr erforderlich und schließlich unabdingbar. Wollte die aufstrebende Industrie ihre Probleme lösen, brauchte sie die Hilfe der Wissenschaft. Der industrielle Aufschwung setzte die Produktion in die Lage, die Wissenschaft ständig und mit immer komplizierteren Aufgaben zu fordern. Andererseits

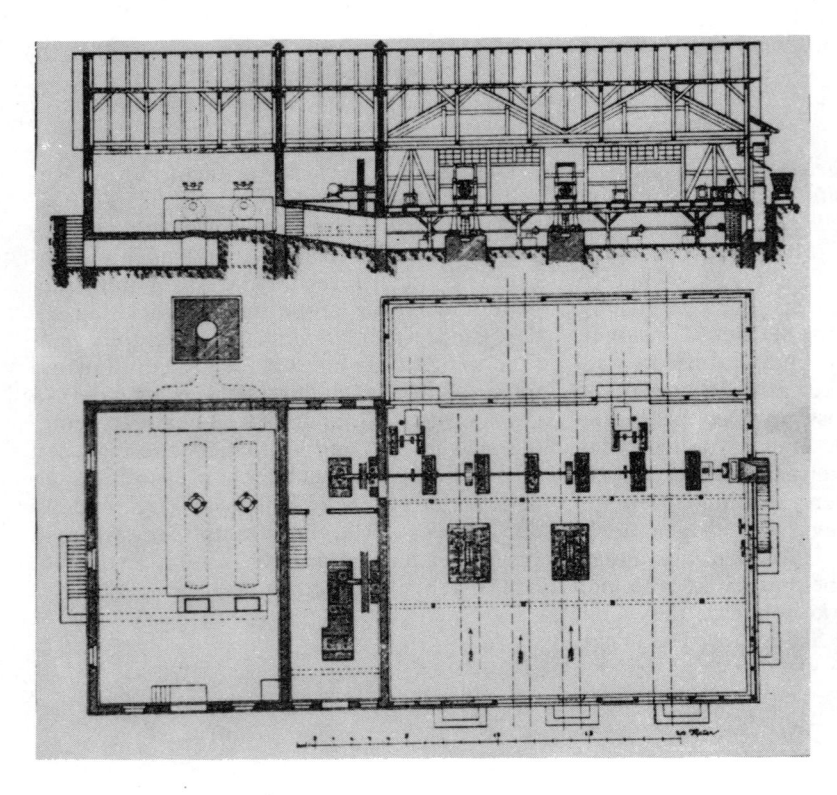

Bild 15/1. Übersichtszeichnung für ein Dampfsägewerk mit zwei Vollgattern und drei Kreissägen nach dem technischen Stand um 1860

war die Wissenschaft inzwischen soweit in die Geheimnisse der Naturgesetze eingedrungen und hatte so viel an Erkenntnissen gespeichert, daß sie diesen neuen Anforderungen gerecht werden konnte.

Damit entwickelte sich die Naturwissenschaft zum integralen Bestandteil der Produktion; sie wurde zur Produktivkraft. *»Um die Mitte des 19. Jahrhunderts war die technische wie die naturwissenschaftliche Entwicklung bis zu einem Stand gediehen, der für die Folgezeit die eine ohne die andere nicht mehr auskommen ließ.«* /41/ Von da an nahm die Wissenschaftsentwicklung einen stürmischen Verlauf. Bereits gegen Ende der dreißiger Jahre des 19. Jahrhunderts ist eine beginnende Spezialisierung zu erkennen. Die angewandten Wissenschaften, damals als polytechnische Wissenschaften bezeichnet, trennten sich von den »reinen« Naturwissenschaften. Und kurz darauf entstehen die ersten selbständigen technisch-wissenschaftlichen Disziplinen, wie Festigkeitslehre, Wärmetechnik, Thermodynamik oder auch die Wissenschaft vom Maschinenwesen.

Die Wissenschaftler, die sich als erste der Technik und Technologie in den Sägewerken zuwandten, waren Polytechniker. Sie alle hatten ihr Arbeitsfeld in den damals vornehmlich auf Betreiben der Bourgeoisie gegründeten polytechnischen Schulen, den späteren technischen Fach- und Hochschulen. Hier schufen sie mit ihren Ideen, Berechnungen, Experimenten und vergleichenden Betrachtungen die ersten theoretischen Grundlagen für die Holzbearbeitung und vermittelten ihre Erkenntnisse in Vorlesungen, Praktika und Veröffentlichungen weiter. Diese ihre Arbeit war für den praktischen Sägewerksbetrieb inzwischen unerläßlich geworden. Mit dem dampfgetriebenen eisernen Vollgatter, der Kreissäge, der Bandsäge und anderer komplizierter Holzbearbeitungstechnik sah sich der Praktiker vor Aufgaben gestellt, die er mit eigener Kraft allein nicht mehr zu lösen vermochte.

Zu denen, die sich theoretisch mit der maschinellen Holzbearbeitung als erste befaßten, gehören KARL CHRISTIAN LANGSDORF und FRANZ JOSEF GERSTNER.

LANGSDORF (1757 bis 1834), der nach seiner Tätigkeit als Salineninspektor zunächst an der Universität von Erlangen Maschinenkunde lehrte und der später als Ordinarius für Mathematik nach Heidelberg berufen wurde, versuchte bevorzugt auf mathematischem Weg in die Bewegungsabläufe der Sägemaschinen einzudringen. In seinen Berechnungen konnte er sich auf Schneidwiderstandswerte stützen, die BERNARD FORET DE BELIDOR in der Sägemühle von La Fere herausgefunden hatte.

LANGSDORF beließ es jedoch nicht bei der Erkenntnissuche, sondern war gleichzeitig bestrebt, wie er selbst schrieb, die praktische Arbeit der Schneidemühlen zu fördern und Nachteile zu verhüten. In seinem Buch »Ausführliches System der Maschinenkunde«, das 1828 in Heidelberg und Leipzig erschien, sind im Kapitel »Von den Schneidemühlen« zahlreiche Beweise seines Bemühens zu finden, mit den Mitteln der Wissenschaft auf die Holzbearbeitungstechnik Einfluß zu nehmen. LANGSDORF erkannte die Abhängigkeit zwischen Vorschubgröße und Überhang des Gattersägeblattes, er befaßte sich mit zweckmäßigen Sägezahnformen und stellte nicht zuletzt fest, *»daß die Hauptbedingung für den Effekt des Sägens die bedeutende Geschwindigkeit der Säge ist«* /181/. Wie sehr er dem technischen Fortschritt aufgeschlossen gegenüberstand, geht aus seiner Beurteilung der Kreissäge hervor. Ohne die neue Sägemaschine selbst gesehen zu haben, erkannte er ihre Vorzüge rich-

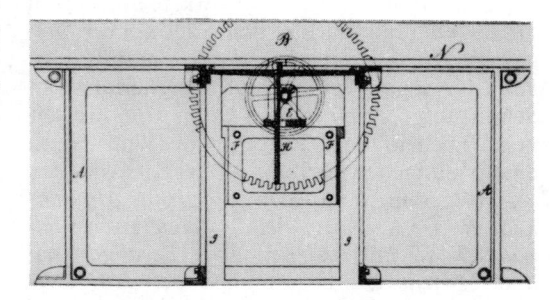

Bild 15/2. Mit dieser von einem französischen Konstrukteur angefertigten technischen Zeichnung veröffentlichte K. C. Langsdorf 1828 als einer der ersten in Mitteleuropa das Bild einer Kreissäge.

255

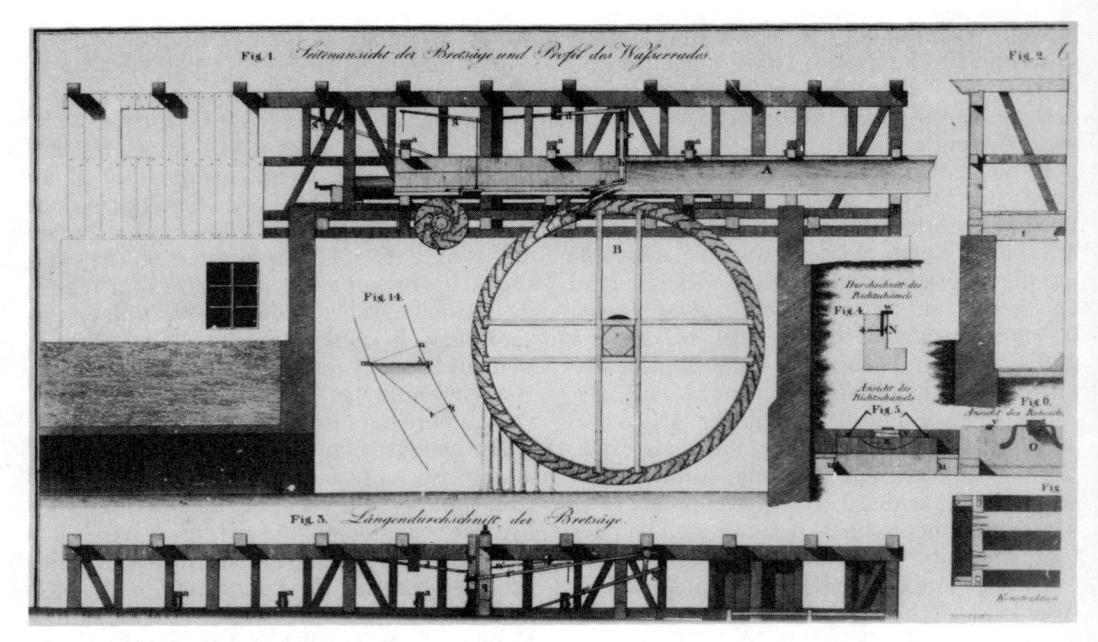

Bild 15/3. Darstellung von F. J. Gerstner zu seinen Berechnungen über den Energiebedarf und die Wirksamkeit von Sägegattern

tig, wenn er auf die hohe Schnittgeschwindigkeit, die gleichförmige Werkzeugbewegung und den kontinuierlichen Holzvorschub verweist.

LANGSDORF war ein anerkannter Wissenschaftler seiner Zeit. Er wurde vom Zaren ALEXANDER I. nach Wilna berufen, um dort Mathematik und Technologie zu lehren. 1806 erhielt er das russische Adelsprädikat verliehen.

FRANZ JOSEF GERSTNER (1756 bis 1832) beschäftigte sich gleichermaßen theoretisch wie experimentell mit der Sägewerkstechnik. Ihm ging es ebenfalls darum, dem Sägewerker »*Regeln zu geben, nach denen die größte Wirksamkeit* (der Sägen) *und das größte Quantum* (an Schnittholz) *erzielt werden kann*« /106/. In seiner »Theorie der Gattersägen« kam er zu einem einfachen Schluß: »*Das Zerschneiden des Holzes mit der Säge hat die größte Ähnlichkeit mit der Reibung. Bei der letzteren werden nämlich die hervorstehenden Teile abgerissen und zerdrückt, welches auch bei dem Zerschneiden des Holzes mit der Säge stattfindet.*« /106/

Den Energieverbrauch des Sägegatters definiert GERSTNER als proportional zum zerspan-ten Holzvolumen. Für den Betrachter heute ist interessant zu erkennen, daß GERSTNERS Untersuchungen über das Verhältnis zwischen Energieausnutzung und Einschnittleistung, die er in zwei Sägewerken vornahm, vom Ergebnis her mit den von BELIDOR ermittelten Werten recht genau übereinstimmen. Da für die Leistungsermittlung geeignete Meßgeräte noch fehlten, errechnete er den Leistungsaufwand aus der Masse des je Sekunde am Wasserrad verbrauchten Aufschlagwassers und der wirksamen Wassersäule

FRANZ JOSEF GERSTNER, der als Sohn eines Riemermeisters aus einfachen Verhältnissen kam, war ein ebenso anerkannter Hochschullehrer wie erfolgreicher Praktiker. Zunächst im Vermessungsdienst tätig, wurde er 1788 als Ordinarius für Mathematik an die Prager Universität berufen. 1806 gründete GERSTNER mit Unterstützung der böhmischen Stände das Polytechnische Institut zu Prag. Von den älteren Bergakademien abgesehen, war das die erste technische Bildungsstätte außerhalb des revolutionären Frankreich, an der technische Kenntnisse auf mathematisch-naturwissenschaftlicher Grundlage gelehrt wurden. Mehr noch als LANGSDORF war ihm »*die praktische Beförderung der Gewerbe*« ein Anliegen. 30 Jahre lang kam in Böhmen fast keine bedeutende technische Unternehmung ohne seine persönliche Teilnahme zustande. Heute freilich ist FRANZ JOSEF GERSTNER, der für seine Verdienste um die Technikentwicklung geadelt wurde, eher als der kühne Erbauer der Eisenbahn von Budweis nach Linz denn als Autor der wissenschaftlichen »Abhandlungen über die Bretsägen« bekannt.

In Frankreich war es JEAN VICTOR PONCELET (1788 bis 1867), der sich als einer der ersten theoretisch mit der Dynamik der neuen großen Mehrblatt-Gattersägemaschine beschäftigt hat. PONCELET lehrte als Ingenieuroffizier und Professor für angewandte Mechanik zunächst an der Offiziersschule in Metz, später an der Polytechnischen Schule in Paris, die er von 1807 bis 1810 selbst als Schüler absolviert hatte. Er gilt als Förderer der industriell angewandten Mechanik. Seine wissenschaftliche Arbeit auf dem Gebiet der Holztechnik enthält ausführliche Berechnungen der Kräfte, die auf das Vollgatter als Ganzes und seine einzelnen Baugruppen während der Bewegung einwirken. Den mathematischen Untersuchungen an der Maschine stellte er zahlreiche Beobachtungen über das Sägen mit der Hand voran. Als Hilfsmittel für Kraftmessungen stand ihm bereits ein Dynamometer zur Verfügung.

In vielem ging PONCELET dabei neue Wege. Sie mündeten in das Ziel, die bis dahin im Gatterbau fast ausnahmslos empirisch ermittelten Abmessungen für Maschinenteile und Mechanismen wissenschaftlich auf ihre Richtigkeit zu prüfen. PONCELET verband die Wissenschaft eng mit der Praxis. Für Mechaniker und Werkmeister schrieb er Leitfäden über die praktische Umsetzung seiner Forschungsergebnisse; den Arbeitern vermittelte er technische Kenntnisse in populärwissenschaftlichen Abendvorträgen. Heute kann man sagen, daß auch PONCELET, der nicht zuletzt durch das nach ihm benannte Wasserrad mit gekrümmten Schaufeln bekannt geworden ist, mit seiner Arbeit half, die Wissenschaft von der Holzbearbeitung zu begründen.

Bild 15/4. Versuchsgatter, an dem P. P. Boileau um 1840 seine wissenschaftlichen Untersuchungen durchgeführt hat

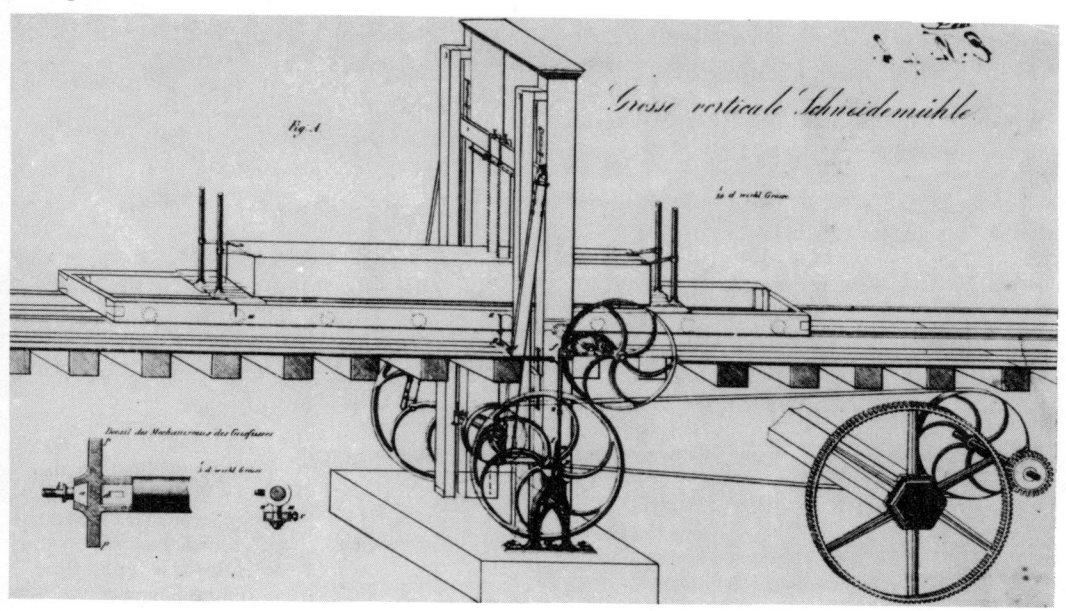

Zu denen, die in Frankreich die Arbeit PONCELETS und anderer Wissenschaftler fortsetzten, gehörte PIERRE PROSPER BOILEAU. Wenn auch nur wenig über das Leben dieses französischen Wissenschaftlers bekannt ist – die Ergebnisse seines Schaffens blieben erhalten. BOILEAUS Buch »Die neuesten Verbesserungen in der Construction der Schneidemühlen«, das um 1855 in Paris erschien und als deutschsprachige Ausgabe 1862 in Quedlinburg gedruckt wurde, ist das erste eigenständige Werk zur Sägewerkstechnik, und seine Abhandlung »Neue Säge mit runden Blättern« gilt als die erste wissenschaftliche Arbeit über die Kreissäge.

BOILEAU, der als Professor der angewandten Mechanik in Metz arbeitete, befaßte sich tiefgründiger und komplexer mit der Sägewerkstechnik als andere vor ihm. Zum hauptsächlichen Gegenstand seiner Untersuchungen gehörten das Sägegatter und die Kreissäge. Schwer ist es, hier auch nur annähernd das Schaffen BOILEAUS zu erfassen. Es reicht von vergleichenden mikroskopischen Untersuchungen an Sägespänen, die letztendlich zu zweckmäßigeren Sägezahnformen führten, über neue Erkenntnisse in der Gattersteuerung bis hin zur Entwicklung einer leistungsfähigen kurbelgetriebenen Querschnittsäge, die er für das Aufteilen der Baumstämme in Sägeblöcke konstruiert hatte. Er befaßte sich mit der Dampfmaschine und der Transmission, um sie dem Sägewerksbetrieb anzupassen, fand den Leistungsbedarf für Sägemaschinen heraus und entwarf Kesselanlagen zur Nutzung von Holzabfällen für die Dampferzeugung. Seine Studien betrieb er mit modernsten Hilfsmitteln an Anlagen und Einrichtungen, die den damaligen Stand der Technik repräsentierten. BOILEAU selbst sagt zur Absicht seiner Bestrebungen: »*Ich habe mich, was den Mechanismus der Sägemühlen anbelangt, an die solideste und wohlfeilste Construction gehalten und gebe praktische Regeln, um die Verhältnisse ihrer verschiedenen Theile zu bestimmen, in dem ich einige neue Verbesserungen anzeige.*« /34/ Viele der Erkenntnisse BOILEAUS finden sich in nachfolgenden Arbeiten wieder; sie beeinflußten die Technologie der Holzbearbeitung noch Jahrzehnte.

Verfolgt man die Entwicklung der Sägewerkswissenschaft noch etwas weiter, bis in die Mitte des 19. Jahrhunderts, führt der Weg nach Dresden, zur Königlichen Polytechnischen Schule, der heutigen Technischen Universität, und an die Königliche Werkmeisterschule nach Chemnitz, heute die Technische Universität in Karl-Marx-Stadt. An diesen Bildungsstätten wirkten Wissenschaftler,

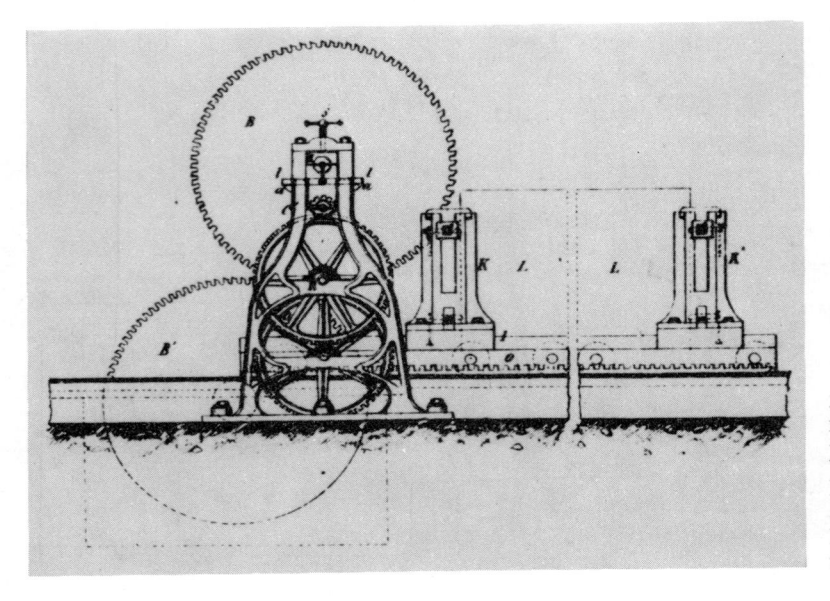

Bild 15/5. Doppelwellenkreissäge von P. P. Boileau – konstruiert und gebaut »zum Zerschneiden von Hölzern jeder Stärke« für das Sägewerk in Metz

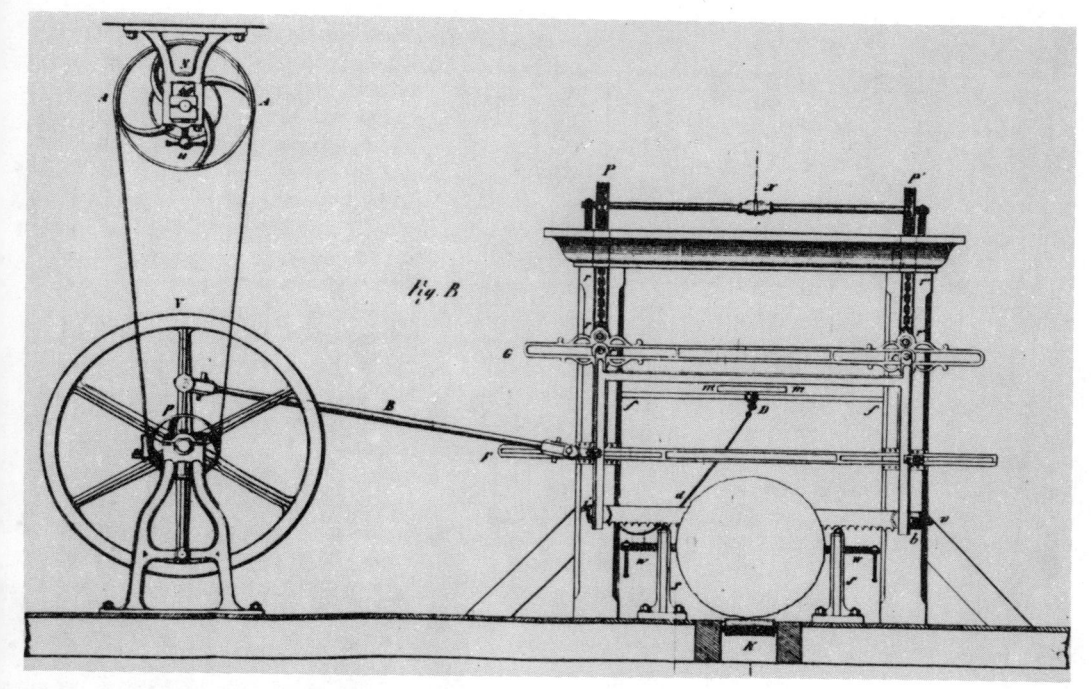

Bild 15/6. Boileaus Ablängsäge – eine der ersten Zerschnittstationen zum Aufteilen von Stämmen zu Sägeblöcken

deren Arbeit für die Holzbearbeitung ebenfalls von bleibendem Wert ist. Zu ihnen gehören MORITZ RÜHLMANN, JOHANN BERNHARD SCHNEIDER und WILHELM KANKELWITZ.

MORITZ RÜHLMANN (1811 bis 1896), der dem Handwerkerstand entstammte, begann seine Laufbahn 1835 als Hilfslehrer in Dresden, bevor er als »Ordentlicher Lehrer« nach Chemnitz ging, um dort angewandte Mathematik zu lehren. 1840 erhielt er eine Berufung als Professor für Maschinenlehre an die damalige Polytechnische Schule Hannover.

Die Arbeiten, mit denen sich RÜHLMANN bleibende Verdienste erwarb, sind seine Forschungen über den Werdegang der Technik vom einfachen Handwerkszeug des Altertums bis zur dampfgetriebenen Maschine. In seinem vierbändigen Werk »Allgemeine Maschinenlehre« stellt er die Holzbearbeitung und ihre Technikgeschichte auf einen hervorragenden Platz. Hier findet man in chronologischer Folge alles das wieder, was damals über Holzbearbeitungswerkzeuge und -maschinen in Erfahrung zu bringen war. Damit enthält das Werk die erste tiefgehende Abhandlung über die Geschichte der Technik der Holzbearbeitung. RÜHLMANN, »*der in ständiger enger Beziehung mit dem praktisch industriellen Leben blieb und dadurch über dessen Bedürfnisse stets aufs genaueste unterrichtet war*«, hebt den Wert historischer Erkenntnisse zur Technik für die Praxis hervor und verweist auf die guten Erfahrungen, die er selbst mit dieser Betrachtungsweise in Forschung und Lehre gewonnen hat /199/.

JOHANN BERNHARD SCHNEIDER (1809 bis 1883) – das sei vorweggenommen – legte mit seinem Schaffen auf dem Gebiet der Holzbearbeitung den Grundstein für diese wissenschaftliche Disziplin an der Technischen Universität Dresden. Der Polytechniker, der in Braunschweig ein Lehramt innehatte, wurde 1854 nach Dresden berufen, als es notwendig wurde, einen eigenständigen Lehrstuhl für Maschinenwesen einzurichten. Bis dahin war hier JOHANN ANDREAS SCHUBERT, der

Bild 15/7. Sägewerk mit Wasserturbinenantrieb in der Zeit um 1865 – dokumentiert von M. Rühlmann

»sächsische Lokomotiven- und Dampfschiffprofessor«, für das gesamte Gebiet der Technik und des Bauwesens allein verantwortlich gewesen. Wie sich bald zeigen sollte, war diese Spezialisierung der Wissensgebiete für die Forschung und Lehre in der Holzbearbeitung von Nutzen. Denn SCHNEIDER konnte sich jetzt mehr als sein Vorgänger dieser noch jungen Wissenschaftsdisziplin widmen.

Dem Betrachter heute fällt auf, daß SCHNEIDER nicht allein aus der Theorie schöpfte. Viele seiner Erkenntnisse hatten ihren Ausgangspunkt in praktischen Versuchen. Noch heute verdienen SCHNEIDERS Untersuchungen über die Leistung der Vollgattersägemaschine Interesse, kam er doch hier zu Erkenntnissen, die mithalfen, das bis dahin erlangte Wissen über die physikalisch-mechanischen Zusammenhänge beim Zerspanen von Holz zu überprüfen und zu erweitern. Einen für seine Leistungsmessungen geeigneten Betrieb fand er in dem unweit von Dresden gelegenen Schandau.

Das hier kurz zuvor neuerrichtete Sägewerk bot mit vier Bundgattern und einer Kreissäge gute Voraussetzungen für Versuchseinschnitte.

Gestützt auf die Verbindung von Experiment und Abstraktion gelangte SCHNEIDER zu Feststellungen, die für den Sägewerksbetrieb bedeutsam wurden. Er vermochte zur günstigsten Sägeblattanzahl oder zum optimalen Verhältnis zwischen Hubhöhe und Blockdurchmesser gleichermaßen Aussagen zu treffen wie etwa zu den Beziehungen zwischen Energieaufwand und Einschnittleistung oder zur Abhängigkeit der Vorschubgröße von der Gatterdrehzahl. MORITZ RÜHLMANN sagte zu JOHANN BERNHARD SCHNEIDERS Forschungen: »*Solche Versuche sind zur Zeit einzig in ihrer Art. Die Leistungen der Brettsägemühlen aus sorgfältig angestellten Versuchen herzuleiten, übertrifft alles, was man in früherer Zeit in dieser Beziehung zu erreichen vermochte.*« /243/

WILHELM KANKELWITZ (1831 bis 1892) schließlich befaßte sich gleich JOHANN BERNHARD SCHNEIDER mit dem Sägegatter. Damals konnte mit der konstruktiven Weiterentwicklung dieser Maschine die Leistung der Sägewerke am ehesten verbessert werden. Das erkannte KANKELWITZ, wenn er schreibt: »*Die Gatter in den Schneidemühlen sind meines Wissens noch nicht eingehenden Erörterungen unterzogen worden.*« /155/ Besieht man sich die Arbeit von KANKELWITZ näher, dann liegen Vergleiche zu den Untersuchungsmethoden, wie sie LEONHARD EULER am Klopfgatter angewendet hatte, nicht allzu fern. Auch für KANKELWITZ war das hauptsächliche Arbeitsmittel die Mathematik. Er selbst sagte zu seiner Verfahrensweise: »*Da nur Zahlen entscheiden, muß selbstverständlich meist gerechnet werden.*« /155/ Als hervorragender Konstrukteur, der auch ein modernes Horizontalgatter entwarf, verstand er, sich der Mathematik zu bedienen.

KANKELWITZ, der zuletzt als Professor für wassertechnische Anlagen in Stuttgart wirkte, erhielt seine Ausbildung an der Bauakademie Berlin. An die Werkmeisterschule in Chemnitz wurde er 1858 berufen. Tätig als Fachlehrer für Mühlenbau, wurde er hier durch seine 1862 in Berlin veröffentlichte Abhandlung »Der Betrieb der Schneidemühlen« bekannt. Damit verfolgte er das Anliegen, »*nicht nur zu ähnlichen Arbeiten anzuregen und etwaigen Kraftmessungen theoretische Grundlagen zu geben, sondern auch Constructeure auf die vorwiegendsten Constructionsrücksichten aufmerksam zu machen und für intelligentere Schneidemühlen-Besitzer Grundsätze eines rationellen Betriebes festzustellen*« /155/. Völlig neu an dieser Arbeit war, daß sie nicht mit der Berechnung technischer Vorgänge endete. KANKELWITZ war wohl der erste, der die Zweckmäßigkeit technischer Maßnahmen hinsichtlich ihrer ökonomischen Auswirkungen im Sägewerk untersuchte. Wenn er dabei die Holzausbeute berücksichtigte und diese in Beziehung zum Erlös setzte, dann sind darin Ansätze zu Rentabilitätsberechnungen zu erkennen, wie sie heute bei der Beurteilung der Technik im Sägewerk an vorderster Stelle stehen.

Befaßten sich bis 1860 Wissenschaftler nur sporadisch und an wenigen Orten mit der maschinellen Holzbearbeitung, so änderte sich dieses Bild bis zur Jahrhundertwende zusehends. Zu dieser Zeit »*gaben die wissenschaftlichen Zeitschriften den Informationen über Holzbearbeitungsmaschinen in einem Jahr mehr Raum als früher in 10 bis 20 Jahren*« /237/. Beinahe jede technische Hochschule, aber auch verschiedene Akademien und nicht zuletzt Industriekonzerne betrieben nun gezielt holztechnologische Forschungen. Dabei ist eine weitere Spezialisierung zu erkennen. Der Zusammenschluß mit verwandten Wissensgebieten, der für die polytechnischen Schulen noch typisch war, löste sich nach und nach auf. Jedoch erst in unserem Jahrhundert wurde die Holzbearbeitungstechnik zur eigenständigen wissenschaftlichen Disziplin.

ZEITTAFEL

um 20000 v. u. Z.	Beil aus Rengeweih (Urbeil)
um 8000 v. u. Z.	Feuersteinbeil
um 5000 v. u. Z.	Beil aus Felsgestein mit gebohrtem Öhr
	Flächige Bearbeitung der Stämme zu Balken und Brettern und Zusammenfügen dieser Bauteile zu einfachen Holzkonstruktionen
um 4000 v. u. Z.	Sägeartige Steinwerkzeuge
um 3000 v. u. Z.	Säge (fuchsschwanzartig) und Beil (ohne Öhr) aus Kupfer
um 2400 v. u. Z.	Bildliche Darstellung von Holzbearbeitungswerkzeugen und -techniken sowie damit gefertigter Erzeugnisse
um 2000 v. u. Z.	Säge und Beil aus Bronze
um 1450 v. u. Z.	Bronzene Schrotsägen bis 1,65 m lang
um 800 v. u. Z.	Älteste aufgefundene Säge aus Eisen (Schrotsäge)
um 700 v. u. Z.	Schriftliche Hinweise zu Holzbearbeitungswerkzeugen und -techniken im Altertum
5. bis 3. Jh. v. u. Z.	Aufkommen gespannter Sägen (Bügelsäge, Gestellsäge, Rahmensäge)
	Ausprägung der Spezialisierung der Holzbearbeitungswerkzeuge und -berufe
um 350 v. u. Z.	Früheste Nachricht über die Verwendung geschränkter Sägen, hinterlassen von Theophrastus
2. Jh. v. u. Z.	Erwähnung des Wasserrades als Kraftmaschine
1. Jh. v. u. Z.	Hobel in seiner heutigen Gestalt
	Schmalaxt, Breitaxt und Bartaxt als spezielle Werkzeuge für die Schnittholzherstellung
	Pollio Vitruv gibt in seinem »Buch über die Architektur« Anleitung zur Behandlung des Holzes
um 950	Anwendung der Windmühle als Kraftmaschine
um 1000	Gestellsäge mit drehbarem Blatt
	Anwendung der Nockenwelle zur Umformung der Drehbewegung des Mühlrades in die Hubbewegung des Werkzeugs
1204	Zeitigste Erwähnung einer Sägemühle
1230	Älteste Darstellung einer Sägemaschine (wassergetriebenes Sägegatter mit Nockenwelle), gezeichnet von Villard de Honnecourt
13.–17. Jh.	Vollendung der Arbeitsteilung und der Spezialisierung der Handwerkszeuge im Holzhandwerk
	Würdigung des Holzhandwerks in Handschriften, später in Ständebüchern
14. Jh.	Verbreitung der Sägemühle in West- und Südeuropa

Anfang 15. Jh.	Früheste Belege über die Anwendung des Kurbeltriebs und des Schwungrads
1480	Älteste Darstellungen von kurbelgetriebenen Sägegattern (Venezianergatter), geschaffen von Leonardo da Vinci und Francesco di Giorgio Martini
	Erste Darstellung des Klinkenvorschubs (Schiebezeug mit Schaltwerk, Seiltrieb und Blockwagen)
um 1500	Zweistelzengatter, Doppelrahmengatter und Gatter mit Oberantrieb, entworfen von Leonardo da Vinci
	Sägegatter mit Schwungrad, skizziert von Leonardo da Vinci
1555	Früheste technische Beschreibung der Funktionsweise eines Sägegatters
1570	Maschinell angetriebene Winde zum Anheben der Stämme auf den Blockwagen, entworfen von de Strada á Rossberg
1575	Frühester schriftlicher Beleg von einer Bundgattersägemühle, hinterlassen von S. V. Pighius
2. Hälfte 16. Jh.	Zahnradgetriebe am Sägegatter
	Versuche, das Sägegatter von Menschenhand oder mit Tierkraft zu betreiben
1588	Erste bildhafte Darstellung mit technischer Beschreibung eines Sägegatters in einem gedruckten Buch, veröffentlicht von A. Ramelli
1594 u. 1604	Erste Windsägemühlen, konstruiert und gebaut von Cornelisz van Uitgeest
	Entwurf eines Zahnstangentriebs für den Vorschub des Gatterblockwagens
1607	Erste Darstellung eines Venezianergatters mit Getriebe, Schwungrad und maschinellem Wagenrücklauf im »Theatrum Machinarum« von H. Zeising
1615	Früheste bildhafte Wiedergabe eines Bundgatters, dargestellt von S. de Caus
1626	Entstehen der ersten Sägemühlen in Nordamerika
	Anwendung rahmenloser Sägegatter in Nordamerika
Anfang 17. Jh.	Dokumentation und Verbreitung des Fachwissens zum Sägemühlenbau in gedruckten Büchern
	Verbreitung der Paltrock-Sägemühle in den Niederlanden
1633	Erwähnung einer Bundgattersägemühle in England
1653	Erwähnung einer Bundgattersägemühle in Schweden
um 1700	Aufbau der ersten großen Sägemühlen mit mehreren von einer Maschinenwelle angetriebenen Bundgattern
	Der Zahnstangentrieb löst den Seil- und den Kettentrieb als Mechanismus zum Vorschieben des Blockwagens ab

1736	Anwendung des Gleiswagens zum Transport von Stämmen, Blöcken und Schnittholz in der Sägemühle
Anfang 18. Jh.	Erste wissenschaftliche Untersuchungen und Berechnungen für die Konstruktion und den Bau von Sägegattern
	Bauanleitungen mit maßstabgerechten technischen Zeichnungen für Sägemühlen und ihre Ausrüstungen
Mitte 18. Jh.	Ansätze einer zusammenhängenden Sägewerkstechnologie
	Informationen über die Holzbearbeitungstechnik in wissenschaftlichen Enzyklopädien
1756	Leonhard Euler veröffentlicht seine Arbeit »Über die Wirkungsweise der Sägen«
1770	Erste Ablängstation zum Aufteilen der Stämme in Sägeblöcke
1777	Erster urkundlicher Nachweis der Konstruktion einer Kreissäge – Patent von S. Miller
1784	Doppeltwirkende Dampfmaschine von James Watt
1785	Chronik der Sägemühle von J. Beckmann
1792	Erste Fabrik für den Bau von Holzbearbeitungsmaschinen – errichtet in London
1793	Erstmalige Erwähnung des rotierenden Schneidmessers als Werkzeug für die Holzbearbeitung in einem Patent von S. Bentham
1802	Nutzung der Dampfkraft zum Antrieb eines Sägegatters in einer nordamerikanischen Sägemühle durch O. Evans
	Erstmalige Nutzung der Dampfkraft für den Antrieb einer Holzbearbeitungsmaschine in Europa (Hobelmaschine von J. Bramah)
	Anwendung des Hydraulikzylinders an einer Holzbearbeitungsmaschine
1805	M. I. Brunel konstruiert und baut die ersten funktionssicheren Ein- und Mehrblatt-Kreissägen
1806	Erste Fabrik zur Massenproduktion von Fertigerzeugnissen aus Holz (Seilklobenfabrik in Portsmouth)
	Erfindung der Furniermessermaschine durch M. I. Brunel
1808	Erster urkundlicher Nachweis über die Konstruktion einer Bandsäge – Patent von W. Newberry
1809	Inbetriebnahme der ersten dampfgetriebenen eisernen Vollgatter, konstruiert und gebaut von M. I. Brunel und H. Maudslay
1811	Verwendung angetriebener Vorschubwalzen – Patent von C. Hamond
1812–1814	Das erste große Dampfsägewerk entsteht in England
1813	Anwendung dampfgetriebener Kräne und Winden für den Stamm- und Blocktransport
	Versuche zum Bau von Schwingrahmengattern
1814	Erste Sägemaschine mit waagerecht bewegtem Sägeblatt, der

	Grundtyp des Horizontalgatters, wird von A. Cochot konstruiert und für die Furnierherstellung eingesetzt
1815	Pendelkreissäge, konstruiert von M. I. Brunel
1818	Furnierschälmaschine, erfunden von Faveryear
1824	Doppelwellenkreissäge, konstruiert und gebaut von G. Sayner und J. Greenwood
seit 1825	Fachartikel zur Holzbearbeitungstechnik in polytechnischen Zeitschriften und Enzyklopädien
1825	Erstes Verfahren zur technischen Trocknung des Schnittholzes, entwickelt von S. Langton
1826	Das Zweistelzengatter wird von Calla erfunden
1827	Entwicklung des Zweistelzengatters zu der noch heute gebräuchlichen Grundbauform durch Niceville
	Erstmaliger Einsatz des Seitengatters durch Philippe
	Erste Sägegatter in Einetagenbauweise
	Anwendung der Gliederkette mit Mitnehmern als Vorschubmechanik an einer Dielenhobelmaschine durch M. Muir
1830	Beginn von Forschung und Lehre auf dem Gebiet der Sägewerkstechnik
	Erste Sägegatter mit Oberantrieb
1832	Anwendung vertikaler Vorschubwalzen am Sägegatter durch Peyod und andere Konstrukteure
1836	Bau des ersten direkt von der Kolbenstange des Dampfzylinders angetriebenen Sägegatters von McDowall
um 1840	Das Horizontalgatter wird im Sägewerk eingesetzt
1842	Inbetriebnahme des mit Borsig-Sägegattern ausgerüsteten Dampfsägewerkes »Wilhelmsmühle« in Liepe
um 1850	Praktische Anwendung des kontinuierlichen Blockvorschubs am Vollgatter
	Erste Sägenschärfmaschine
	Stauchen der Sägezähne mit dem von Hauff entwickelten Setzmeißel
seit 1850	Verbreitete Anwendung des Doppelschnittverfahrens
1852	Erste funktionsfähige Bandsägemaschinen, konstruiert und gebaut von Perin
1854	Die »Russowmühle« in Lauenburg wird mit direkt angetriebenen Schwartzkopff-Sägegattern ausgerüstet
1855	Wanknutsäge von Highfield und Harrison eingesetzt
1857	Schutzvorrichtung für Kreissägen von R. A. Broomann vorgestellt
	Erste Versuche mit einer Mehrblatt-Bandsäge von W. Exall
1858	Inbetriebnahme des ersten Konvektionstrockners für Schnittholz in England

1859	Vollgatter mit horizontalen Vorschubwalzen und zweigeteiltem Blockwagen – Patent von S. Worssam und Young
um 1860	Erste Versuche mit der Trennbandsäge
	Anwendung der Wasserturbine für den Antrieb von Sägewerksmaschinen
	Leistungsmessungen und Berechnungen an Sägegattern zur konstruktiven Vervollkommnung der Maschine (J. B. Schneider, W. Kankelwitz)
seit 1862	Die ersten speziell der Holzbearbeitungstechnik gewidmeten Fachbücher erscheinen
1862	Einsatz transportabler Vollgatter von Frey und Cochot
	Mechanische Sägeblatt-Schränkvorrichtung von Plagnol entwickelt
	Blockbandsäge von Bernier und Arbey entworfen
	Kreissägeblätter bis 2,20 m Durchmesser von H. Bessemer hergestellt
1865	Historische Betrachtung der Holzbearbeitungstechnik von M. Rühlmann
um 1870	Zweiblatt-Kreissäge mit mechanisch verstellbaren Sägeblättern (Prototyp des Doppelsäumers)
	Anwendung der Späneabsaugung im Sägewerk durch Gayland
	Anwendung des Kettenförderers und des Krans für den Rundholztransport
1875	Anwendung des Rollenförderers für den Transport von Schnittholz
	Entwicklung der maschinellen Walzenhebung am Vollgatter
1878	Vorführung einer voll funktionsfähigen Blockbandsäge auf der Weltausstellung in Paris
	Sägezahnstauchmaschine von Fay erfunden
	Sägenschärfmaschine mit maschinellem Blattvorschub – Patent von Martinier
um 1900	Elektromotoren werden für den Einzelantrieb von Holzbearbeitungsmaschinen eingesetzt
1900	Bau von Sägegattern, Kreissägen und Bandsägen, die die wesentlichen Merkmale der Sägemaschinen der Gegenwart zeigen

NAMENVERZEICHNIS

Agricola, Georgius 78, 135
Albert, L. A. C. 210
Alembert, Jean Le Rond d' 97, 151, 174
Alexander I. 256
Ambrogio Barocci da Milano 120
Amman, Jost 84, 88, 97
Anonymus aus der Zeit der Hussitenbewegung 112
Antipatros 107
Apollodor von Damaskus 62
Arbey, F. 227
Archimedes 64, 67
Aristoteles 54
Asarhaddon 48
August I. 94
Ausonius, Decimus Magnus 66

Bailey, William 163
Becher, Joachim 110
Beckmann, Johann 105
Belidor, Bernard Foret de 144, 173 bis 176, 178, 243
Bentham, Samuel 182–185
Bernier 227
Bessarion 105, 122
Bessemer, Henry 217
Besson, Jacques 109, 111, 134
Beyer, Johann Matthias 168
Böckler, Georg Andreas 113, 114, 132–134
Boileau, Pierre Prosper 158, 215
Bollinger, W. F. 99
Borgnis, J.-A. 156
Borsig, August 186, 191
Bramah, Josef 182
Broomann, R. A. 265
Brunel, Marc Isambard 183–185, 189, 195, 213, 217
Burgkmair, Hans 86

Calla 193
Cäsar, Gajus Julius 62
Caus, Salomon de 129–132
Christian III. 106
Cicero, Marcus Tullius 55
Cochot, August 200, 206
Cornelisz van Uitgeest, Cornelis (Cornelis Lottjes) 152–153
Cranach, Lucas d. Ä. 82, 87
Crepin 228

Dädalus 54
Danhelovsky, Adolf 87
Demosthenes 58
Diderot, Denis 97, 98, 151, 174

Dubourg 195
Dürer, Albrecht 85

Eastman 217
Eriksson, Leif 75
Euler, Leonhard 177–178
Evans, Oliver 181
Exall, W. 227, 234
Exner, Wilhelm Friedrich 215
Eyth, Max von 186

Faveryear 264
Fay 266
Federigo di Montefeltro 121
Finngan, George 233
Flinders-Petrie, W. M. 24, 45, 51
Francesco di Giorgio Martini 120–123
Frey 204
Friedrich II. 159, 177
Fulton, Robert 179

Gayland 253
Gerstner, Franz Josef von 140, 256
Geusen, Jacob 106
Goodman, W. L. 50
Greenwood, Johann 214
Grothe, Hermann 123

Haigh 190
Hamond, Charles 196
Harold II. 74
Harrison 220
Hauff 265
Heinrich der Seefahrer, Dom Enrique el Navegador 106
Heron von Alexandria 112
Hesiod 57
Hieron II. 64
Highfield 220
Hollar, Wenzel 156
Homer 61, 66

Ikarus 54
Isokrates 32

Jacobi, L. 50, 64
Jeroschin, Nicolaus von 92
Jesaja 48
Johann II., gen. Hans von Hunsrück 85
Jüttemann, Herbert 109

Kankelwitz, Wilhelm 261
Karl V. 85
Karl von Kleve 149
Karmarsch, Karl 227

267

Katharina II. 82
Klengel, Johann Christian 104
Kolčin, B. A. 72

Langsdorf, Karl Christian von 115, 153, 155, 218, 255
Langton, S. 265
Layard, Austin Henry 46–49
Lenin, Wladimir Iljitsch 237
Leonardo da Vinci 94, 96, 115, 120 bis 125, 153, 173
Leupold, Jacob 168–170
Linperch, Pieter 167
Lortzing, Albert 158

Martinier 266
Mathesius, Johann 106
Maudslay, Henry 183–185, 189
Maximilian I. 86
McDowall, John 190, 216
Mendel, Conrad 96
Miller, Samuel 210
Minos 34, 54
Mithradates VI. 107
Montelius, Oscar 15
Moxon, Joseph 79
Muir, Malcolm 265

Napoleon I. 179
Newberry, William 224, 228
Niceville 193, 195

Ovid 54

Palaeologus, Konstantin 105
Perdix 54
Perin 224–228
Peter I. 158
Peyod 196, 233
Pfungen, Otto von 251
Philippe 203
Pighius, Stephanus Vinandus 149
Plagnol 266
Plinius d. Ä. 54, 55
Plinius d. J. 50
Plutarch 67
Poncelet, Jean Victor 257
Prudhomme 195

Ramelli, Agostino 113, 116, 125, 126
Ramses III. 33
Rechmire 25
Rodler, Hieronymus 85
Rühlmann, Moritz 259, 260
Ruthven 217

Sachs, Hans 84, 88, 97
Sanherib 47, 48
Sayner, Georg 214
Schedel, Hartmut 83
Schedu 26
Schilli, H. 112
Schneider, Johann Bernhard 259
Schubert, Johann Andreas 190, 259
Schwartzkopff, Louis 186, 190
Seneca, Lucius Annaneus d. J. 54 67
Spehr, R. 57
Stansfield, James 163–166
Stein, Heinrich Friedrich Karl vom und zum 180
Stevenson 217
Strabo 107
Strada, Octavius de 129
Strada â Rossberg, Jacob de 129, 130
Sturm, Leonhardt Christoph 126, 170–173

Tacitus, Publius Cornelius 71
Tavernier, Jean le 91
Thalus 54
Theophrastus 54
Thouard 228
Ti 26, 27, 30
Topham, G. 190
Touroude 227
Tucher, Endres 101

Veranzio, Fausto 100
Villard de Honnecourt 101–104, 159
Vitruv, Pollio 107

Watt, James 181, 254
Weigel, Christoph 95, 97, 99, 145
Wessely, Josef 146
White, Lynn 103
Wilhelm I., gen. Wilhelm der Eroberer 74, 75
Wilson, H. 226
Winckelmann, Johann Joachim 53
Wittel, Gaspar Adriaensz van 160
Worssam, Samuel 197, 215

Young 265
Yule 195

Zeising, Heinrich 114, 116, 127, 128
Zeschke, Louis 204

LITERATURVERZEICHNIS

[1] Abhandlung von holländischen Sägemühlen. – In: Leipziger Intelligenzblatt. – Leipzig (1867) 15.
[2] Agricola, G.: De re metallica. – Genf, 1565.
[3] Almanach der neuesten Fortschritte, Erfindungen, Entdeckungen in den spectakulären und positiven Wissenschaften. – Erfurt, 1802.
[4] Armengaud, J.E.: Atlas des machines-outils, extrait de la publication industrielle. – Paris, 1881.
[5] Armengaud, J.E.: Les scieries méchaniques et les machines-outils : A travailler les bois. – Paris, 1881.
[6] Eine neue Art von Sägemühlen. – In: Journal für Fabrik, Manufactur und Mode. – Leipzig 23 (1862) 8. Nov. – S. 390–392
[7] Atlas zur Geschichte. – Leipzig, 1981.
[8] Ausonius: Mosella (Das Moselied) / Deutsch: von M. Besser. – Marburg, 1908.
[9] Bailey, W.: Die Beförderung der Künste, der Manufacturen und der Handelschaft: Oder Beschreibung der nützlichen Maschinen und Modellen, welche in dem Saale der zur Aufmunterung der Künste der Manufacturen und Handelschaft errichteten Gesellschaft aufbewahret werden. – München, 1779.
[10] Bale, M.: Wood-working machinery : Its rise, progress and construction. – London, 1914.
[11] Band re-sawing machine. – In: Scientific American. – New York 35 (1876) 3. – S. 31
[12] Transportable Bandsäge für Holz in Stämmen und Bohlen von Varall, Elwell, Poulot in Paris. – In: Polytechnisches Journal. – Augsburg (1868) Bd. 187. – S. 131
[13] Bandsäge mit Maschinenbetrieb. – In: Wiebe's Skizzenbuch für den Ingenieur und Maschinenbauer. – Berlin (1860) VII. – Blatt 3
[14] Die Bandsäge von Thomas Greenwood in Leeds: Patent für England Sept. 1861. – In: Polytechnisches Centralblatt. – Leipzig 16 (1862). – S. 1274–1276. – Taf. 38
[15] Beamish : Memoir of the life of Sir Marc Isambard Brunel. – London, 1862.
[16] Beck, T.: Beiträge zur Geschichte des Maschinenwesens. – Berlin, 1900.
[17] Beckmann, J.: Sägemühlen. – In: Beyträge zur Geschichte der Erfindungen. 2. Band. – Leipzig, 1788. S. 254–276.
[18] Wie scharf war das Beil der Wikinger? – In: Bild der Wissenschaft. – Stuttgart 12 (1975) 4. – Beilage Akzent
[19] Belidor, B.: Architectura hydraulica : Oder die Kunst, das Gewässer zu denen verschiedentlichen Nothwendigkeiten des menschlichen Lebens zu leiten, in die Höhe zu bringen und vortheilhafftig anzuwenden. – Augspurg, 1741.
[20] Amtlicher Bericht über die Weltausstellung in Chicago 1893. – Berlin, 1894.
[21] Amtlicher Bericht über die Wiener Weltausstellung im Jahre 1873. – Braunschweig, 1874.
[22] Berlepsch, H.A.: Die Chronik der Gewerbe. – St. Gallen, 1853.
[23] Bernhardt, K.-H.: Der alte Libanon. – Leipzig, 1976.
[24] Bertrand, S.: La tappisserie de Bayeux. – Genf, 1966.
[25] Besson, J.: Théâtre des instrumens mathématiques et mécaniques de Iaques Besson Dauphinois, docte mathématicien / Avec l'interprétation des figures d'icelui par François Beroald. – Lyon, 1578.
[26] Besson, J.: Theatrum instrumentorum et machinarum. – Genevae, 1582.
[27] Beyer, J.M.: Theatrum machinarum molarium: Oder Schauplatz der Mühlen-Bau-Kunst. – Dresden, 1767, 1788.
[28] Bianchini, F.: Memoire concernenti la citta di Urbino. – Roma, 1724.
[29] Allgemeine Deutsche Biographie. – Leipzig, 1875–1899.
[30] Blaine, B.B.: The application of water-power to industry during the Middle Age. – Los Angeles, 1966. Diss.
[31] Böckler, G.A.: Theatrum machinarum novum: Schauplatz der mechanischen Künsten von Mühl- und Wasserwercken. – Nürnberg, 1661.
[32] Boileau, P.P.: Instruction practique sur les scieres. – Metz, 1855.
[33] Boileau, P.P.: Nouvelle scierie a lames circulaires. – Metz, 1854.
[34] Boileau, P.P.: Die neuesten Verbesserungen in der Construction der Schneidemühlen : Nebst einem Anhange über die neuesten in Frankreich, England und Amerika, wie auch in Deutschland ausgeführten Schneidemühlen, nebst zweckmäßigen Vorrichtungen zum Aushauen, Schärfen und Schränken der Sägezähne. – Quedlinburg, 1862.
[35] Bonnemann, E.: Die Presse des Hieronimus Rodler in Simmern : Eine fürstliche Hofbuchdruckerei des 16. Jh. – Leipzig, 1938.
[36] Borgnis, J.-A.: Traité complet de mécanique. – Paris, 1818.
[37] Bossard, H.: Holzkunde. Bd. 3. – Basel, 1975.
[38] Brandt, P.: Schaffende Arbeit und bildende Kunst. – Leipzig, 1928.
[39] Braune, G.: Anlage, Einrichtung und Betrieb der Sägewerke. – Berlin, Jena, 1901.
[40] Braunshirn, F.: Das Sägewerk : Anlage, Einrichtung und Betrieb von Sägewerken und Sägewerksnebenbetrieben (Kistenfabriken; Faßfabriken usw.). – Wien, 1929.

[41] Brentjes, B.; Richter, S.; Sonnemann, R.: Geschichte der Technik. – Leipzig, 1978.
[42] Buchanan, R.: Practical essays on millwork and other machinery. – London, 1841.
[43] Das Buch der Erfindungen, Gewerbe und Industrien : Gesamtdarstellung aller Gebiete der gewerblichen und industriellen Arbeit sowie Weltverkehr und Weltwirtschaft. Bd. 8. Verarbeitung der Faserstoffe (Holz-, Papier- und Textilindustrie). – Leipzig, 1898.
[44] Illustrierter Catalog über Sägegatter, Holzbearbeitungsmaschinen und Transmissionen : C. Blumwe u. Co., Eisengießerei und Specialfabrik für Sägegatter, Holzbearbeitungsmaschinen und Transmissionen. – Leipzig, um 1900.
[45] Caus, S. de: Les raisons des forces mouvantes avec diverses machines. – Francfort, 1615. / dt.: Vom gewaltsamen Bewegen: Beschreibung etlicher, sowol nützlichen alß lustigen Machiner beneben underschiedlichen Abrissen etlicher Höhlen oder Grotten und Lust Brunnen. – Franckfurt, 1615.
[46] Cetto, A.-M.: Der Wandteppich von Bayeux. – Bern, 1969.
[47] Childe, V. G.: The story of tools. – London, 1944.
[48] Childe, V. G.: Die Stufen der Kultur von der Urzeit zur Antike. – Stuttgart, 1955.
[49] Childe, V. G.: Triebkräfte des Geschehens. – Wien, 1952.
[50] Childe, V. G.: Vorgeschichte der europäischen Kultur. – Hamburg, 1960.
[51] Clark, D. K.: The exhibited machinery of 1862. – London, 1864.
[52] Combes, C.: Die Sägemaschine für ungeschälte Baumstämme des Maschinenbauers A. Cochot in Paris. – In: Polytechnisches Journal. – Stuttgart (1862) Bd. 166. – S. 401–407
[53] Transportable Dampf-Wald-Schneidemaschine, erfunden vom Ingenieur Louis Zeschke. – In: Illustrirte Zeitung. – Leipzig 30(1858) Nr. 760. – S. 64 u. 65
[54] Danhelovsky, A.: Abhandlung über die Technik des Holzwaaren-Gewerbes in den slavonischen Eichenwäldern. – Wien, Fünfkirchen, 1873.
[55] Historische Darstellung eines Zimmereibetriebes an der Schwelle des 20. Jahrhunderts. – In: Schweizerische Holzzeitung. – Rüschlikon 94(1981)41.
[56] Dempsey W.: Description of the saw mills and machinery for raising timber in Chatham dockyard. – In: Papers on subjects connected with the duties of the Corps of Royal Engeneers. – London (1843)6. – p. 148–162. – pl. XIX–XXVII
[57] Dictionary of National Biography. – London, 1885-1904.
[58] Diderot, D.; d'Alembert, J.: Encyclopédie ou dictionnaire raisonné des sciences des arts et des metiers. – Paris, Neuchatél, 1751-1772./ – Lausanne, Bern, 1780–1782.
[59] Döbler, H.: Kultur- und Sittengeschichte der Welt : Handwerk, Handel, Industrie. – München, 1974.
[60] Dominicus und Söhne: Illustriertes Handbuch über Sägen und Werkzeuge für die Holzindustrie. – Berlin, 1891.
[61] Ebert, M.: Reallexikon der Vorgeschichte. – Berlin, 1927–1932.
[62] Ebhardt, B.: Die zehn Bücher der Architektur des Vitruv. – Berlin, 1919.
[63] Egedy, V.: Der Holzkenner: Ein nützliches Hülfsbuch für Gewerbetreibende. – Freiberg, 1852.
[64] Eich, L.; Wendt, J.: Schiffe auf druckgrafischen Blättern : Ausgewählte Meisterwerke des 15.–17. Jahrhunderts. – Rostock, 1980.
[65] Eike von Repgow: Die Dresdner Handschrift des Sachsenspiegels. – um 1250. Repr. – Leipzig, 1902.
[66] Eike von Repgow: Die Heidelberger Bilderhandschrift des Sachsenspiegels / – um 1250. Faks. – Frankfurt/M., 1970.
[67] Die Einrichtungen der Schneidemühle in Lauenburg : Construiert von Schwartzkopf in Berlin. – In: Zeitschrift für practische Baukunst. – Berlin 14(1854). – S. 321–324. – Taf. 39
[68] Engel, A. V.: Ungarns Holzindustrie und Holzhandel. – Wien, 1892.
[69] Erfahrungen über das Holz – Zerschneiden durch Menschen. – In: Allgemeines Magazin für die bürgerliche Baukunst. Bd. II. – Weimar, 1792.
[70] Euler, L.: Sur l'action des scies. – In: Histoire de l'Académie Royale des Sciences. – Berlin, 1756. – S. 267–291
[71] Euler, L.: Vollständige Theorie der Maschinen, die durch Reaction des Wassers in Bewegung gesetzt werden. – In: Histoire de l'Académie Royale des Sciences. – Berlin, 1756. / Repr. – Leipzig, 1911.
[72] Evans, O.: The young mill-wright and millers guide. – Philadelphia, 1821.
[73] Eversmann, F. A.: Technologische Bemerkungen auf einer Reise nach Holland. – Freiberg, 1792.
[74] Exner, W. F.: Officieller Ausstellungsbericht Weltausstellung Wien 1873. – Wien, 1874.
[75] Exner, W. F.: Modernes Transportwesen im Dienste der Land- und Forstwirtschaft : Für Agricultur- und Forstingenieure, Eisenbahnbauer und Industrielle : Mit einem Atlas von 16 Folio-Taf. – Weimar, 1877.
[76] Exner, W. F.: Werkzeuge und Maschinen zur Holzbearbeitung, deren Construction, Behandlung und Leistungsfähigkeit : Ein Hand- und Lehrbuch für Holzindustrielle, Maschi-

nen-Ingenieure und Forstleute. 3 Bde. – Weimar, 1878–1883.
[77] Exner, W. F.; Lauböck, G.: Die mechanische Holzbearbeitung, deren Hilfsmittel und Erzeugnisse : Bericht über die Weltausstellung in Paris 1878. – Wien, 1879.
[78] Eyth, M.: Lehrjahre. – Heidelberg, 1903.
[79] Fairbairn, W.: Treatise on mills and millworks. – London, 1878.
[80] J. A. Fay u. Co.'s exhibit of wood-working machinery at the Centennial. – In: Scientific American. – New York 35(1876)22. – S. 336
[81] Feldhaus, F. M.: Leonardo der Techniker und Erfinder. – Jena, 1922.
[82] Feldhaus, F. M.: Die Maschine im Leben der Völker. – Basel, Stuttgart, 1954.
[83] Feldhaus, F. M.: Die Säge : Ein Rückblick auf vier Jahrtausende. – Berlin , 1921.
[84] Feldhaus, F. M.: Die Technik der Vorzeit, der geschichtlichen Zeit und der Naturvölker. – Leipzig, 1914.
[85] Feustel, R.: Technik der Steinzeit : Archäolithikum, Mesolithikum. – Weimar, 1973.
[86] Filip, J.: Enzyklopädisches Handbuch zur Ur- und Frühgeschichte Europas. – Prag, 1966.
[87] Fischer, H.: Die Holzsäge: ihre Form, Leistung und Behandlung. – Berlin, 1879.
[88] Flade, H.: Holz : Form und Gestalt. – Dresden, 1979.
[89] Flinders-Petrie, W. M.: The arts and crafts. – London, 1910.
[90] Flinders-Petrie, W. M.: Six temples at Theben. – London, 1897.
[91] Flinders-Petrie, W. M.: Tools and weapons. – London, 1917.
[92] Forrer, R.: Reallexikon der prähistorischen, klassischen und frühchristlichen Altertümer. – Berlin, Stuttgart, 1907.
[93] Ein historisches Foto : Die letzte Sägewindmühle Deutschlands. – In: Holz-Zentralblatt. – Stuttgart 104(1978)12. – S. 173
[94] Fox, W. F.: History of the lumber industry in the State of New York. – Washington, 1903.
[95] Freyer, H.: Propyläen-Kunstgeschichte. Bd. 1. Das Erwachen der Menschheit. – Berlin, 1931.
[96] Friese, H.: Gab es eine Holzzeit? – In: Holz-Zentralblatt. – Stuttgart 105(1979)9. – S. 136
[97] Fröde, E.; Fröde, W.: Windmühlen : Energiespender und ästhetische Architektur. – Köln, 1981.
[98] Fronius, K.: Die Arbeit am Gatter und an anderen Sägemaschinen. – Stuttgart, 1965.
[99] Fronius, K.: Die Sägeindustrie im Jahr 2000. – In: Holz-Zentralblatt. – Stuttgart 105(1979) 35. – S. 539
[100] Fronius, K.: Ein Sägewerksmuseum in Slowenien. – In: Holz-Zentralblatt. – Stuttgart 101 (1975)35. – S. 491
[101] Gaebler, J.: Die Klingenhofsäge ist wieder in Betrieb: Die Renovierung einer Original Schwarzwälder Klopfsäge von 1828 ist vollendet. – In: Holz-Zentralblatt. – Stuttgart 108(1982)76. – S. 1098
[102] Gähwiler, A.: Entwicklung der Gattersägen. – In: Schweizerische Holzzeitung. – Rüschlikon 88(1975)29. – S. 30/31
[103] Garzoni, T.: La piazza universale di tutte le professioni del mondo. – Venetia, 1585./dt.: Allgemeiner Schauplatz der Professionen. – Frankfurth, 1619.
[104] Gedanken von einer holländischen Sägemühle. – In: Allgemeines oeconomisches Forstmagazin. – Frankfurt, Leipzig, 1768. – S. 193–202
[105] Die Germanen : Geschichte und Kultur der germanischen Stämme in Mitteleuropa. Bd. 1. – Berlin, 1979.
[106] Gerstner, F. J. v.: Handbuch der Mechanik. Bd. 2. – Prag, 1832.
[107] Geschichte der Technik. – Leipzig, 1974.
[108] Allgemeine Geschichte der Technik von den Anfängen bis 1870. – Leipzig, 1981.
[109] Gillrath, J.: Holzbearbeitungsmaschinen und Holzbearbeitung des In- und Auslandes nach dem heutigen Stand der Technik. – Berlin, 1929.
[110] Gimbutas, M.: Bronce age cultures in Central and Eastern Europe. – Paris, The Haque, London, 1965.
[111] Gleisberg, H.: Das kleine Mühlenbuch. – Dresden, 1956.
[112] Glynn, J.: Power of water. – London, 1875.
[113] Goodman, W. L.: The history of woodworking tools. – London, 1964.
[114] Graef, A.: Holzbearbeitungsmaschinen für Tischler, Bildhauer, Zimmerleute. – Wien, 1877.
[115] Graham-Campell, J.; Kidd, D.: The Vikings. – London, 1980.
[116] Grakow, B. N.: Die Skythen. – Berlin, 1980.
[117] Greber, J. M.: Die Geschichte der Hobelbank.- In: Fachblatt für Holzarbeiten. – Berlin 33(1937) – S. 17–20; 51–53; 81–83; 115–117
[118] Greber, J. M.: Die Geschichte des Hobels von der Steinzeit bis zum Entstehen der Holzwerkzeugfabriken im frühen 19. Jahrhundert. – Zürich, 1956.
[119] Greber, J. M.: Vom Steinschaber zum Putzhobel. – In: Fachblatt für Holzarbeiten. – Berlin 33(1938). – S. 9ff.
[120] Greber, J. M.: Der Werdegang unserer Holzsägen. – In: Fachblatt für Holzarbeiten. – Berlin 32(1937). – S. 143–146, 165–166; 173–175; 201–203; 229–231; 252–255; 262; 283–285; 292–294; 314–316; 332–333
[121] Gregory, O.: Theoretische, praktische und beschreibende Darstellung der mechanischen Wissenschaften. – Halle, 1828.
[122] Griffith, T.: Sprengkeil für Holzsägen. – In:

Polytechnisches Journal. – Stuttgart 26(1826) – S. 297
[123] Grothe, H.: Jahresberichte über die Fortschritte der mechanischen Technik und Technologie. – Berlin, 1865.
[124] Grothe, H.: Leonardo da Vinci als Ingenieur und Philosoph. – Berlin, 1874.
[125] Hahnloser, H. R.: Villard de Honnecourt : Kritische Gesamtausgabe des Bauhüttenbuches ms. fr 19093 der Pariser Nationalbibliothek – Graz, 1972.
[126] Halle, J. S.: Werkstätte der heutigen Künste oder die neue Kunsthistorie. – Brandenburg, Leipzig, 1761–1779.
[127] Harris, J.: Lexicon technicum : Or an universal English dictionary of arts and sciences : Explaining not only the terms of art but the arts themselves. – London, MDCCIV.
[128] Hartmann, C. F.: Beiträge zur neuesten Mühlenbaukunst. – Weimar, 1843.
[129] Hartmann, C. F.: Die neuesten Fortschritte des gesamten Mühlenbaues. – Leipzig, 1861.
[130] Hartmann, C. F.: Encyklopädisches Handbuch des Maschinen- und Fabricwesens für Kameralisten, Architecten, Künstler, Fabric- und Gewerbetreibende jeder Art : nach den besten deutschen, englischen und französischen Hilfsmitteln bearbeitet. – Leipzig, Darmstadt, 1838.
[131] Hartmann, C. F.: Neuer Schauplatz der Künste und Handwerke : Vollständiges Handbuch der neuesten englischen Werkzeuglehre. – Weimar, 1849.
[132] Hartmann, C. F.: Vademecum für den Mühlenbau. – Leipzig, 1863.
[133] Hartmann, C. F.: Wörterbuch der Technologie. – Augsburg, 1840.
[134] Hassenfratz: L'art du charpentier. – Paris, 1804.
[135] Haupt-Catalog über Sägewerks- und Holzbearbeitungsmaschinen, Werkzeuge und Transmissionen All. Spec. : Kirchner u. Co AG in Leipzig. – Leipzig, um 1900.
[136] Das Hausbuch der Mendelschen Zwölfbrüderstiftung zu Nürnberg : Deutsche Handwerkerbilder des 15. und 16. Jahrhunderts. – München, 1965.
[137] Herrmann, J.: Wikinger und Slawen : Zur Frühgeschichte der Ostseevölker. – Berlin, 1982.
[138] Hesse, E. A.: Die Werkzeugmaschinen zur Metall- und Holzbearbeitung. – Leipzig, 1874.
[139] History of wood-cutting machinery. – In: Mechanic's Magazin. – London 56(1852). – S. 287–92
[140] A history of technology. Bd. 1–5. – Oxford, 1964–1967.
[141] Hoenig, J.: Schneid- oder Sägemühlen. – In: Technologische Encyclopädie. Bd. XIII. – Stuttgart, 1843. – S. 164–191

[142] Hofmeister, H.: Die Chatten. Bd. 1. – Frankfurt a. M., 1930.
[143] Hohenberg, W. H. v.: Georgica curiosa : d. i. Bericht vom adlichen Landleben. – Nürnberg, 1682.
[144] Hollander, A.: Die vor- und frühchristlichen Denkmäler und Funde des Kreises Neubrandenburg. – Schwerin, 1963.
[145] Hollander, A.: Die vor- und frühchristlichen Denkmäler und Funde des Kreises Neustrelitz. – Schwerin, 1958.
[146] Holzbearbeitung in historischen Darstellungen. – In: Schweizerische Holzzeitung. – Rüschlikon 86(1973)44. – S. 1.
[147] Holzsägemaschine mit horizontalem Sägeblatt. – In: Wiebe's Skizzenbuch für den Ingenieur und Maschinenbauer. – Berlin (1860) VII. – Blatt 3 u. 4
[148] Homer : Odyssee / Aus dem Griech. übertragen von Johann Heinrich Voss. – Leipzig, 1979.
[149] Hubhardt, E.: Die Verwertung der Holzabfälle. – Wien, Pest, Leipzig, 1895.
[150] Jacobi, B.: Verweht und ausgegraben : Archäologische Forschungen der letzten 50 Jahre. – Leipzig, 1963.
[151] Jacobi, L.: Das Römer-Kastell Saalburg. – Homburg, 1897.
[152] Jester, F. E.: Anleitung zur Kenntnis und Zugutemachung der Nutzhölzer. – Königsberg, 1816.
[153] Jones, P.; Simsons, E. N.: The story of the saw. – Sheffield, 1960.
[154] Das ist der teutsch Kalender mit den figure. – Ulm, 1498. / Repr.
[155] Kankelwitz, W.: Der Betrieb der Schneidemühlen. – Berlin, 1862.
[156] Kaovenhofer, A.: Deutliche Abhandlung von den Rädern der Wasser-Mühlen, und von dem inwendigen Werke der Schneide-Mühlen. – Riga und Leipzig, 1770.
[157] Karmarsch, K.: Geschichte der Technologie seit der Mitte des 18. Jahrhunderts. – München, 1872.
[158] Karmarsch, K.: Geschichte der Wissenschaften in Deutschland. – München, 1872.
[159] Karmarsch, K.: Handbuch der mechanischen Technologie. – Hannover, 1851.
[160] Karmarsch, K.; Heeren, F.: Technisches Wörterbuch: oder Handbuch der Gewerbskunde. – Prag, 1844.
[161] Kässner, B.: Der Sägewerkstechniker : Ein Lehr- und Hilfsbuch für Theorie und Praxis der Sägemaschinenarbeit mit Rücksicht auf die Betriebsökonomie der Sägewerke. – München, 1881.
[162] Kehnscherper, G.: Kreta – Mykene – Santorin. – Leipzig, Jena, Berlin, 1973.
[163] Keller, G. A.: A Byzantine admirer of Western progress : Cardinal Bessarion. – In: The

Cambridge historical journal. – Cambridge XI(1955) – S. 343–348.
[164] Kisa, A.: Das Glas im Altertume. Dritter Teil. – Leipzig, 1908.
[165] Kleeberg, W.: Niedersächsische Mühlengeschichte. – Hannover, 1958.
[166] Klemm, F.: Handwerk und Technik vergangener Jahrhunderte. – Tübingen, 1958.
[167] Klemm, F.: Die Rolle der Technik in der italienischen Renaissance. – In: Technikgeschichte. – Düsseldorf 31(1965) – S. 224–232
[168] Klemm, F.: Technik : Eine Geschichte ihrer Probleme. – Freiburg, München, 1954.
[169] Improved knive-grinding machine. – In: Scientific Amerikan. – New York 35(1876)24. – S. 368
[170] Knop, H.: Liegendes Blockgatter mit 10 Zoll Kurbellänge. – In: Zeitschrift des Verbandes deutscher Ingenieure. – Berlin 7(1863) – S. 335–336. – Taf. XXVI
[171] Kolčin, B. A.: Technika obrabotki metalla v drevnej Rossii. – Moskva, 1953.
[172] Kollmann, F.: Technologie des Holzes und der Holzwerkstoffe. – Berlin, Göttingen, Heidelberg, 1955.
[173] Kominsky, E. A.: Geschichte des Mittelalters. – Berlin, Leipzig, 1949.
[174] Eine Kreissäge mit einer Brettsäge mit Horizontalgatter und eine Bundgattersäge : Sämtlich Maschinen, welche sich in den Werkstätten der Actiengesellschaft für den Eisenbahnwagenbau zu Berlin in Betrieb befinden. – In: Wiebe's Skizzenbuch für den Ingenieur und Maschinenbauer. – Berlin (1860) XII.
[175] Kreissäge mit vertikalem Sägeblatt. – In: Wiebe's Skizzenbuch für den Ingenieur und Maschinenbauer. – Berlin (1860) XII. – Blatt 1
[176] Krünitz, J. G.: Oeconomische Encyclopädie : oder allgemeines System der Land-, Haus-, Staatswirthschaft. – Berlin, 1773.
[177] Kulturgeschichte der Antike.
Bd. 1 Griechenland. – Berlin, 1977.
Bd. 2 Rom. – Berlin, 1979.
[178] Kunnze, C. S. H.: Schauplatz der gemeinnützlichen Maschinen. – Hamburg, 1796.
[179] Kuntberg, C.: Beschreibung und Zeichnung einer Sägemühle mit feinen Blättern. – In: Der Königlichen Schwedischen Akademie der Wissenschaften Abhandlungen aus der Naturlehre, Haushaltungskunst und Mechanik aus dem Jahre 1769. – Leipzig 31(1772) – S. 12–30. – Tab. 1 u. 2
[180] Lange, W.: Das Holz als Baumaterial. – Holzminden, 1879.
[181] Langsdorf, K. C. v.: Ausführliches System der Maschinen-Kunde : mit speciellen Anwendungen bei mannichfaltigen Gegenständen der Industrie. – Heidelberg und Leipzig, 1828.
[182] Layard, A. H.: Discoveries in the ruins of Niniveh and Babylon. – London, 1853.
[183] Layard, A. H.: Niniveh and its remains. – London, 1849. / dt.: – Leipzig, 1854.
[184] Layard, A. H.: A second series of the monuments of Niniveh. – London, 1853.
[185] Ledebur, A.: Die Verarbeitung des Holzes auf mechanischem Wege. – Braunschweig, 1881.
[186] Lenin, W. I.: Die Entwicklung des Kapitalismus in Rußland. – In: Werke. Bd. 3. – Berlin, 1956.
[187] Leonardo da Vinci: Il codice atlantico di Leonardo da Vinci. – Milano, 1894–1904.
[188] Leupold, J.: Theatrum machinarum generale. – Leipzig, 1724.
[189] Leupold, J.: Theatrum machinarum : Schauplatz der Hebezeuge : Wie durch Menschen gewaltige Lasten bequem fort zubringen sind. – Leipzig, 1720.
[190] Leupold, J.: Theatrum machinarum molarium : Oder Schauplatz der Mühlen-Bau-Kunst / ausgefertigt und zusammengetragen von Johann Matthias Beyern und Consorten. – Leipzig, 1735.
[191] Lexikon der Antike. – Leipzig, 1977.
[192] Lindt, A. J.: Schauplatz der verbesserten Mühlenbaukunst. – München, 1818.
[193] Linperch, P.: Architectura mechanica : Moole boek of eenige opstalle von moolens neffens haara Gronden etc. – Amsterdam, 1727.
[194] Lippmann, R.: Anlage, Einrichtung und Betrieb der Sägewerke. – Jena, 1923.
[195] Loosjes, A.: Beiträge zu einer Geschichte der Windmühlen. – In: Leipziger Journal für Fabriken, Manufactur, Handlung und Mode. – Leipzig 12(1797) – S. 89–100
[196] Lucas Cranach d. Ä.: Das gesamte graphische Werk. – Berlin, 1972.
[197] Lueger, O.: Lexikon der gesamten Technik und ihrer Hilfswissenschaften. – Stuttgart, Leipzig, 1894–1899.
[198] Mahn, K.-D.: Zur Entwicklungsgeschichte des Möbels. – In: Möbel und Wohnraum. – Leipzig 34(1981)4. – S. 124–125; 6. – S. 185–187; 7. – S. 217–218
[199] Männer der Technik : Ein biographisches Handbuch / Hrsg.: C. Matschoss. – Berlin, 1925.
[200] Les manuscrits de Leonardo da Vinci : Manuscrits de la bibliothèque de l'institut Paris / puplés en facsimilés. – Paris, 1883ff.
[201] Marchet, G.; Exner, W.: Der Holzhandel und die Holzindustrie der Ostseeländer. – Weimar, 1876.
[202] Marx, K.; Engels, F.: Gesamtausgabe (MEGA). – Berlin, 1977ff.
[203] Mathé, J.: Leonardo da Vinci : Erfindungen. – Genf, 1980.
[204] Mayer, M.: Restaurierte Säge Densbüren. – In: Schweizerische Holzzeitung. – Rüschlikon 87(1974)23. – S. 1
[205] M'Dowall, J.: Traversing cross-cut circular sa-

wing machine at the Royal Arsenal Woolwich. – In: The practical mechanic's journal. – London (1856) – S. 223–226. – Plate 184
[206] Meiche, A.: Ein Mühlenbuch. – Dresden, 1927.
[207] Meissner, G.: Die Werkzeug- und Holzbearbeitungsmaschinen, deren Dimensionen, Formen und Preisverhältnisse aus verschiedenen Werkstätten. – Leipzig, 1876.
[208] Miscellaneous machines. – In: Encyclopädia metropolitana. – London, 1836. – S. 295–386
[209] Moles, A.: Histoire des charpentiers. – Paris, 1949.
[210] Montelius, O.: Die Kultur Schwedens in vorchristlicher Zeit. – Berlin, 1895.
[211] Montelius, O.: Kulturgeschichte Schwedens. – Leipzig, 1906.
[212] Moxon, J.: Mechanic exercises : or the doctrine of handyworks. – London, 1673-1701.
[213] Müller, W.: Troja – Wiederentdeckung der Jahrtausende. – Leipzig, 1971.
[214] Müller-Karpe, H.: Handbuch der Vorgeschichte. Band 1–3. – München, 1966–1974.
[215] Müller-Karpe, H.: Beiträge zur Chronologie der Urnenfelderzeit nördlich und südlich der Alpen. – In: Römisch-germanische Forschungen. Bd. 23. – Berlin, New York, 1959.
[216] Nachricht von einer selbsterfundenen Windschneide- und Schindelmühle. – In: Oeconomische Nachrichten der Gesellschaft in Schlesien. – Breslau 5(1777) – S. 147–148
[217] Van Natrus, L.; Polly, J.; van Vuuren, C.: Groot volkomen moolenboek. – Amsterdam, 1734–1736.
[218] Neuburger, A.: Die Technik des Altertums. – Leipzig, 1911. / Repr. – Leipzig, 1977.
[219] Notebaart, J. L.: Windmühlen : Der Stand der Forschung über das Vorkommen und den Ursprung. – Den Haag, Paris, 1972.
[220] Nothdurfter, J.: Die Eisenfunde von Sanzeno im Nonsberg. – Mainz, 1979.
[221] Oliver, J. W.: Geschichte der amerikanischen Technik. – Düsseldorf, 1959.
[222] Ovidius Naso, P.: Ovidii Nasonis methamorphoses. – Leipzig, 1977.
[223] Petrov, B. S.: Vozniknovenie lesopilnogo proizvodstva v Rossii. – In: Trudy Vses. zaočn. lesotehn. instituta. – Moskva (1956)2. – S. 181
[224] Pfaff, C.; Exner, W. F.: Die Werkzeuge und Maschinen zur Holzbearbeitung ausschließlich der Sägen, also der Äxte, Beile, Stech- und Stemmzeuge, Bohrer, Hobel und der hauptsächlich zur Bearbeitung des Holzes gebräuchlichen Maschinen. / Mit einem Atlas. – Weimar, 1883.
[225] Pfungen, O. v.: Notizen über amerikanische Holz-Debitage. – In: Bericht über die Weltausstellung in Philadelphia 1876. Heft XXIV. – Wien, 1878.
[226] Pighius, S. V.: Hercules Prodicus seu princips iuventutis. Vita et pereg grinatio per Steph. Vin. Pighium Compensen. – Antwerpen, 1587. / – Köln, 1609.
[227] Plagnol's Sägenschränker. – In: Polytechnisches Journal. – Augsburg (1866) Bd. 182. – S. 7–8
[228] Poncelet, J. V.: Industrielle Mechanik : Nach dessen Cours de mécanique appliquée aux machines les plus en usage. – Nürnberg, 1840.
[229] Poppe, H.: Genauere Beschreibung einer holländischen Windmühle, besonders zum Holzsägen angewandt. – In: Encyclopädie des Maschinenwesens. 5. Teil. – Leipzig, 1810. – S. 530–538
[230] Prohorčik, M. S.: Lesoobrabatyvaûŝaâ promyŝlennost do revolučionnoj Rossii / L. Izg. N.-I. sektora LTA. – Leningrad, 1956.
[231] Ramelli, A.: Diverse et artificiose machine del capitano Agostino Ramelli dal Ponte della Tresia, ingeniro del christianissimo Re di Francia et di Pollonia. – Parigi, 1588. dt: Schatzkammer Mechanischer Künste des Hoch- und Weitberühmten Capitains Herrn Augustini de Ramellis de Masanzana, Königlicher Majestät in Franckreich und Polen vornehmen Ingenieurs... – jetzo auff Gutachten ins Deutsche versetzet... – Leipzig, 1620.
[232] Reallexikon der germanischen Altertumskunde. Bde. I–IV. – Berlin(W.), New York, 1973–1978.
[233] Rees, A.: The cyclopädia : Or universal dictionary of arts, sciences and literature. – Philadelphia, um 1840.
[234] Reifer, F.: Bericht über die Weltausstellung in Philadelphia 1876. – Wien, 1877.
[235] Restauration zweier alter Sägereien mit Wasserantrieb. – In: Schweizerische Holzzeitung. – Rüschlikon 89(1976)43. – S. 1
[236] Reynolds, T. S.: Stronger than a hundred men : A history of the vertical water wheel. – Baltimore, London, 1983.
[237] Richards, J.: A treatise on the construction and operation of wood-working machines : including a history of the origin and progress of the manufacture in wood-working machinery. – London, New York, 1872.
[238] Rieffelsens, P.: Beschreibung und Abbildung der von ihm erfundenen großen Kraft- oder Hebemaschine, mittels welcher in wenig Zeit Bäume von ansehnlicher Größe sammt ihren Wurzeln aus der Erde gehoben und ungeheure Lasten von der Stelle geschafft werden können. – Hamburg, 1810.
[239] Rodler, H.: Eyn schön nützlich büchlin und underweisung der Kunst des Messens mit dem Zirckel, Richtscheidt oder Linial. – Simmern, 1531. / Nachdr. – Graz, 1970.
[240] Ronse, A.: De Windmolens. – Antwerpen, 1952.

[241] Roubo, A.-J.: L'art de fabricant detoffes en laines. – Paris, 1780.
[242] Roubo, A.-J.: Déscription des arts et metiers. – Paris, 1769–1782.
[243] Rühlmann, M.: Allgemeine Maschinenlehre : Ein Leitfaden für Vorträge. Bd. 2. Mühlen, Landwirthschaftliche Maschinen. – Braunschweig, 1865.
[244] Sachs, H.; Amman, J.: Eygentliche Beschreibung aller Stände auff Erden. – Frankfurt am Mayn, 1568.
[245] Sägegatter und Kreissäge zum Schneiden von Bauholz : Von S. Worssam in London Kingsroad, Chelsea : Patent für England d. 2. Nov. 1861. – In: Polytechnisches Centralblatt. – Leipzig 16(1862) – S. 1276. – Taf. 38
[246] Sägemaschine von Professor Werner. – In: Zeichnungen für die Hütte. – Berlin (1863) – Taf. XXV a; b. – S. 316–318
[247] Sägemaschine von Rosenthal in Duisburg. – In: Zeichnungen für die Hütte. – Berlin (1857) – Taf. XVI a – XVII
[248] Sägemühle. – In: Meyers Konversations Lexikon : Eine Encyklopädie des Allgemeinen Wissens. Bd. 14. – S. 174. – Leipzig, 1889
[249] Sägemühle mit senkrechten Sägeblättern und abwechselnder Bewegung, wie sie an dem Berg- und Gußwerke Anzin, Depart. du Nord, im Gange ist. – In: Polytechnisches Journal. – Stuttgart (1827) Bd. 26. – S. 468, Tab. VIII
[250] Die Sägemühle von Ludwig Hofmann. – Leipzig, 1843.
[251] Sägemühle mit senkrechten Sägen und abwechselnder Bewegung welche die Herren Calla, Vater und Sohn, rue du Faubourg-Poissoniere, Nr. 92, zu Paris erbauten. / Aus: Bulletin de la Societé d'Encouragement pour l'Industrie nationale. – August 1826. – S. 252. – In: Polytechnisches Journal. – Stuttgart (1826) Bd. 22. – S. 468–471
[252] Sägewerkstechnik. – Leipzig, 1974.
[253] Improved portable sawmill. – In: Scientific American. – New York 35(1876)21. – S. 319
[254] Scharf, A.: Bericht über die Holzbearbeitungsmaschinen auf der Weltausstellung 1867. – In: Österr. Monatsschrift für Forstwesen. – Wien 18(1867)11. – S. 696
[255] Schedel, H.: Buch der Chroniken. – 1493. / Neudruck: Leipzig, 1933.
[256] Schilli, H.: Die alte Schwarzwälder Sägemühle. – In: Holz-Zentralblatt. – Stuttgart 80(1954)33. – S. 427-428
[257] Schilli, H.: Das Schwarzwaldhaus. – Stuttgart, 1953.
[258] Schlegel, G. F.: Vollständige Mühlenbaukunst. – Leipzig, Heidelberg, 1866.
[259] Schlette, F.: Germanen zwischen Thornsberg und Ravenna. – Leipzig, Jena, Berlin, 1972.
[260] Schlette, F.: Kelten zwischen Alesia und Pergamon. – Leipzig, Jena, Berlin, 1972.

[261] Schmidt, J.: Maschinen zur Bearbeitung von Holz. – Leipzig, 1870.
[262] Schmidt, K. H.: Maschine zum Schärfen der Kreissägen. – In: Polytechnisches Centralbatt. – Leipzig 16(1862) – S. 616
[263] Schmidt, R.: Skizze einer transportablen (schwedischen) Sägemühle. – In: Polytechnisches Journal. – Augsburg (1865) Bd. 176. – S. 249–251
[264] Schmidt, R.: Skizze einer aus der Wens'schen Maschinenfabrik hervorgegangenen transportablen Sägemühle. – In: Polytechnisches Journal. – Augsburg (1866) Bd. 182. – S. 7–8, Tab. I
[265] Schneidemühle mit Säge ohne Ende : von Bernier und Arbey, Maschinen-Constructeure in Paris / Aus Armengaud's genie industriel, December 1862, S. 281. – In: Polytechnisches Journal. – Augsburg (1863) Bd. 168. – S. 251–254. – Tab. IV
[266] Schneider, J. B.: Über Leistungen der Brettsägemühlen und über den Widerstand beim Sägen. – In: Zeitschrift des Verbandes deutscher Ingenieure. – Berlin 5(1861) – S. 103
[267] Schneider, J. B.: Mitteilungen über die Untersuchungen der Leistungen des Kropfrades in der Schneidemühle des Mühlenbesitzers Herrn Hohlfeld zu Schandau sowie über den Widerstand beim Schneiden des Holzes. – In: Programm des Unterrichtscursus 1859–1860 der Königlichen Polytechnischen Schule und der Königlichen Baugewerkenschule zu Dresden. – Dresden, 1859.
[268] Schubert, J. A.: Bemerkungen, gesammelt auf einer Reise nach, durch und von England : Mit Schreiben an Landesdirektion Dresden v. 9. 3. 1835. / Staatsarchiv Dresden: Archiv-Nr. MdI 1455
[269] Schuldt, E.: Handwerk und Gewerbe des 8. bis 12. Jahrhunderts in Mecklenburg. – Schwerin, 1980.
[270] Schwahn, G. G.: Lehrbuch der praktischen Mühlenbaukunde. – Berlin, 1852.
[271] Schwartzkopff, L.: Direct wirkendes Dampfgatter zu 20 Sägen : erbaut und mitgetheilt von Herrn Louis Schwartzkopff in Berlin. – In: Zeitschrift für praktische Baukunst. – Berlin 14(1854) – S. 5–8
[272] Scilton, C. P.: British wind- and watermills. – London, 1947.
[273] Scopp, J. G.: Schauplatz des mechanischen Mühlenbaues. – Frankfurt, Leipzig, 1766.
[274] Smeaton, J.: Experimental enquiry concerning the natural powers of wind and water to turn mills and other machines. – London, 1794.
[275] Spehr, R.: Zum wirtschaftlichen Leben und sozialökonomischen Gefüge im Steinsburg-Oppidum. – In: Moderne Probleme der Archäologie. (Tagung der Historikergesellschaft in Dresden, 1974) – Berlin, 1975. – S. 141–175

[276] Sprengel, P. N.: Handwerke und Künste in Tabellen. Theil XII. Zweyter Abschnitt. Von den Säge- oder Schneidemühlen. – Berlin, 1761.
[277] Steinhilber, F.: Das Sägewerk und seine Nebenbetriebe. – München, 1921.
[278] Stenton, F.: Der Wandteppich von Bayeux. – Köln, 1957.
[279] Strada à Rossberg, J. de: Desseins artificiaux de toutes sortes des moulins / publ. p. Octave de Strada à Rossberg. – Francfort, 1618. / dt: Künstlicher Abriß allerhand Wasserkünsten, auch Wind-, Roß-, Hand- und Wassermühlen beneben schönen und nützlichen Pompen. – Frankfurt a. M., 1617. / – Cöln, 1623.
[280] Straub, H.: Die Maschinenreliefs des Francesco di Giorgio in Urbino. – In: Schweizerische Bauzeitung 70 (1952)44. – S. 632
[281] Sturm, L. C.: Vollständige Mühlen-Baukunst. – Augspurg, 1718.
[282] Swaan, W.: Die großen Kathedralen. – Köln, 1969.
[283] Tacitus, P. C.: Germania : zweisprachig / übertr. u. erl. von Arno Mauersberger. – Leipzig, 1978.
[284] Technik der Bronzezeit : Sonderausstellung 1965 des Museums für Ur- und Frühgeschichte Schwerin. – Schwerin, 1965.
[285] Technik der Steinzeit : Sonderausstellung 1963 des Museums für Ur- und Frühgeschichte Schwerin. – Schwerin, 1963.
[286] Theophrastus : Naturgeschichte der Gewächse / übersetzt von K. Sprengel. – Altona, 1822.
[287] Thiele, R.: Leonhard Euler. – Leipzig, 1982.
[288] Unsere Titelgeschichte. – In: Der Sägendoktor. – Biberach (1975)2. – S. 10 / (1976)1. – S. 11
[289] Treizsauerwein von Ehrentreiz, M.: Weißkunig. – Wien, 1775.
[290] Trockenkammer für Holz. – In: Polytechnisches Centralblatt. – Leipzig 16(1861) – S. 1425–1426. Taf. 41
[291] Troitzsch, U.: Zum Stande der Forschung über Jacob Leupold (1674–1727). – In: Technikgeschichte. – Düsseldorf 42(1975)4. – S. 263–268
[292] Typentafeln zur Ur- und Frühgeschichte. – Weimar, 1972.
[293] Vandersleben, C. v.: Propyläen-Kunstgeschichte. Bd. 15. Das alte Ägypten. – Berlin (W), 1976.
[294] Vanicek, F. H.: Ist das Gattersägewerk überholt? : Die Geschichte einer 750 Jahre alten Maschine. – In: Internationaler Holzmarkt. – Wien 71(1980)19. – S. 27–29
[295] Veber, K. K.: Practičeskoe rukovodstvo po l'sopilnomu proizvodstvu. – S. Petersburg, 1890.
[296] Veranzio, F.: Machinae novae. – Venedig, 1600.
[297] Verbesserung an den Maschinen, um Holz und Bauholz zu sägen und zu schneiden, worauf Georg Sayner, Färber zu Hunslet, Parish of Leeds, Yorkshire, und Johann Greenwood, Maschinist zu Gomersall, Yorkshire, sich am 11. Jäner 1825 ein Patent ertheilen ließen. – In: Polytechnisches Journal (1826) Bd.22. – S. 295, 296
[298] Verfahren, Bau- und anderes Holz, gehörig auszutrocknen, worauf sich Joh. Steph. Langton, Esqu. zu Langton, Juxto Partney, Lincolnshire, am 11. August 1825 ein Patent ertheilen ließ. – In: Polytechnisches Journal. – Stuttgart (1827) Bd. 26. – S. 211
[299] Vitruv, P.: Zehn Bücher über Architektur. – Berlin, 1964.
[300] Volk, W.: Karl Christian von Langsdorf : Sein Leben und seine Werke. – Philippsburg, 1934. Diss.
[301] Völkers, D.: Forsttechnologie : oder Handbuch der technischen Benutzung der Forstprodukte für Forstmänner, Cameralisten und Technologen. – Weimar, 1803.
[302] Lebendige Vorzeit: Felsbilder der Bronzezeit. – Hamburg, 1980.
[303] Weber, M. M. v.: Aus der Welt der Arbeit. – Berlin, 1907.
[304] Weichold, A.: Johann Andreas Schubert : Lebensbild eines bedeutenden Hochschullehrers und Ingenieurs aus der Zeit der industriellen Revolution. – Leipzig, Jena, 1968.
[305] Weigel, C.: Abbildung der gemeinnützlichen Hauptstände von den Regenten und ihren Bedienten bis auf alle Künstler und Handwerker. – Regensburg, 1698.
[306] Welker, K.: Als die Jahre keine Zahlen trugen : Aus der Vorgeschichte Mitteleuropas. – Leipzig, 1961.
[307] Weller, A.: Das Buch vom Werkzeug. – Paris, 1977.
[308] Weltall, Erde, Mensch: Ein Sammelwerk zur Entwicklungsgeschichte von Natur- und Gesellschaft. – Berlin, 1954.
[309] Wessely, J.: Unsere heutigen Brettmühlen. – In: Österreichische Vierteljahresschrift für Forstwesen. – Wien IV (1854)4. – S. 463–476.
[310] Wessely, J.: Die venetianischen Brettmühlen der Piavethäler : Als Beispiel sehr einfachen und wohlfeilen Sägemühlbaues gleichwohl ganz vorzüglichen Leistungen. – In: Österreichische Vierteljahrsschrift für Forstwesen. – Wien X (1860)1. – S. 124–224
[311] White, L.: Was beschleunigte den technischen Fortschritt im Mittelalter? – In: Technikgeschichte. – Düsseldorf 32(1965)3. – S. 201–220
[312] White, L.: Die mittelalterliche Technik und der Wandel der Gesellschaft. – München, 1968.
[313] Winter, E.: Die Registers der Berliner Akademie der Wissenschaften 1746–1766: Doku-

mente für das Wirken Leonhard Eulers in Berlin. – Berlin, 1957.
[314] The northern world : The history and heritage of northern Europa AD 400–1100. – London, 1980.
[315] Wyatt, E. M.: Common woodworking tools : Their history. – Milwauke, 1936.
[316] Zannoni, A.: La fundation di Bologna. – Bologna, 1888.
[317] Zannoni, A.: Gli scavi della certosa di Bologna. – Bologna, 1876.
[318] Zeising, H.: Theatrum machinarum etc. – Leipzig, 1607.
[319] Zonca, V.: Nova teatro di machine et edificil. – Padua, 1607.
[320] Žurovskij, O. P.; Drugov, A. S.; Malinov, L. M.: Pila žuralskogo dlâ valki lesa. – In: Lesnaâ promyšlennost. – Moskva 31(1952)5. – S. 32.
[321] Zyl, J.: Theatrum machinarum universale. – Arnsted, 1734.

BILDQUELLENVERZEICHNIS

Die in [ ] gesetzten Zahlen bezeichnen die Literaturquellen.

[2] 4/19, 5/1, 6/29
[5] 13/6, 13/16
[9] 8/21, 8/22, 8/24, 8/25
[10] 13/17
[16] 6/15
[19] 7/8, 9/9, 9/10, 9/11, 9/12
[23] 3/9
[25] 5/13
[27] 8/19
[31] 5/20, 5/22, 6/24, 6/25, 6/26, 6/27
[34] 11/32, 12/26, 13/2, 13/4, 13/19, 15/4, 15/5, 15/6
[36] 8/13
[38] 2/9, 4/5, 4/6, 4/49
[39] 10/1, 10/2, 10/3, 10/4, 11/23, 11/33, 12/3, 12/8, 12/11, 12/18, 12/21, 12/27, 14/1, 14/4, 14/8, 14/9, 14/10, 14/12, 14/13, 14/17, 14/22, 14/23, 14/24
[43] 13/10, 13/11, 13/18
[44] 11/16, 12/5, 13/12
[45] 6/21, 6/22, 6/23
[53] 11/26
[54] 4/35, 4/40, 4/47
[55] 14/25
[58] 4/38, 4/55, 4/56, 8/5
[59] 5/2
[64] 8/14
[65] 5/8
[68] 15/1
[70] 9/13
[76] 10/5, 10/6, 11/5, 11/7, 11/13, 11/17, 11/18, 11/19, 11/20, 11/22, 11/25, 11/27, 11/28, 11/29, 11/30, 11/31, 12/4, 12/6, 12/7, 12/13, 12/14, 12/15, 12/19, 12/22, 12/25, 12/28, 13/3, 13/8, 13/13, 13/14, 13/20, 14/5, 14/6
[82] 6/2
[83] 2/5, 3/16, 3/17a, 3/22, 4/2, 4/43, 4/44, 4/51
[85] 1/4, 1/8, 1/16
[88] 2/18, 4/9
[91] 2/3, 3/1, 3/3, 3/5, 3/17c, 3/24b
[94] 8/17
[105] 3/40, 4/7, 4/8a
[106] 7/3, 11/6, 15/3
[107] 2/8, 2/43
[110] 2/11, 2/40, 2/42
[113] 2/20, 2/24, 2/25, 2/26, 3/12a, 3/13, 3/17b und e
[117] 3/30
[120] 3/21, 3/41, 4/1, 4/3
[135] 11/14, 11/34, 11/35, 12/20, 12/29, 13/21, 14/7, 14/16, 14/21
[136] 4/23, 4/24, 4/52, 4/53, 4/58, 6/28
[140] 1/13, 1/19, 1/20, 2/1, 2/7, 2/13, 2/41, 3/33
[141] 4/21
[143] 7/1, 7/4
[151] 3/10, 3/11, 3/12b und c, 3/15, 3/17d, 3/18, 3/25, 3/26, 3/42, 3/43
[154] 4/27
[162] 2/19, 2/22, 2/39
[164] 3/32, 3/37
[171] 4/4
[177] 3/20, 3/39, 3/44, 3/47
[181] 5/23, 8/8, 8/11, 12/16, 15/2
[183] 3/2, 3/4, 3/6, 3/7, 3/8
[187] 6/1, 6/4, 6/6, 6/7
[190] 9/2, 9/3, 9/4
[191] 3/31, 3/34, 3/49
[193] 8/9, 8/16, 9/1
[196] 4/26, 4/36
[200] 6/8, 6/9
[204] 5/28
[207] 13/9
[209] 4/45
[211] 1/6, 1/11, 1/12, 1/14
[212] 4/20
[214] 1/18, 2/6, 2/10
[217] 8/20
[218] 3/10e, 3/29, 3/35, 3/45, 3/46
[219] 8/6, 8/7, 8/10, 8/12
[224] 10/7, 14/19
[231] 6/10, 6/11, 6/12, 6/13, 6/14
[232] 2/2, 2/15, 2/37, 4/8b, 4/10, 4/17b bis d
[233] 12/1, 12/12
[237] 13/1
[239] 4/31

[242] 4/39, 4/42
[243] 11/1, 11/3, 11/4, 11/10, 11/12, 11/15, 11/24, 12/2, 15/7
[244] 4/30, 4/37
[245] 12/10
[248] 3/23, 11/9
[251] 11/8
[255] 4/28
[257] 5/16
[259] 4/15
[260] 3/24a
[261] 13/15
[265] 13/5, 13/7
[270] 8/26
[275] 3/28
[278] 4/11, 4/12, 4/13
[279] 5/11, 5/12, 6/19, 6/20
[280] 6/5
[281] 9/5, 9/6, 9/7, 9/8
[282] 4/25
[284] 2/28, 2/30, 2/32
[285] 1/9, 1/10, 1/17a
[288] 5/14, 5/15, 5/24, 5/27
[289] 4/33
[292] 4/8c
[293] 2/16
[294] 8/18
[296] 4/59
[297] 12/9
[302] 2/35
[305] 4/50, 4/54, 7/9
[306] 1/5
[314] 4/16
[318] 5/25, 6/16, 6/17, 6/18

Audes, E.: Das Conservieren des Holzes. – Wien, Pest, 1895. – 14/18
Die Arbeitswelt der Antike. – Leipzig, 1983. – 3/14
Deutsche Fotothek, Dresden. – 4/48, 5/5, 5/6, 5/9, 7/2, 7/10, 7/12, 8/1, 8/2, 8/4, 14/3, 14/11, 14/14, 14/15, 14/20
Gille, B.: Ingenieure der Renaissance. – Wien, 1968. – 5/17, 6/3
Holz-Zentralblatt. – Stuttgart 102(1976)137. – 5/26
Hühns, E.; Hühns, J.: Bauer, Bürger, Edelmann. – Berlin, 1963. – 4/17a, 4/18
Jahn, O.: Über Darstellungen des Handwerks und Handelsverkehrs auf antiken Wandgemälden. – Leipzig, 1868. – 3/19, 3/36, 3/38
Sammlung Karger-Decker. – 8/15
Schmidthals, H.; Klemm, F.: Handwerk und Technik vergangener Zeit. – Tübingen, 1958. – 4/57
Schwarz, Kurt, Berlin. – 5/29
Scientific American. – New York 35(1876). – 7/5, 7/6, 10/10, 12/30, 14/26
Slovenijales, Ljubljana/SFRJ. – 5/30, 7/7, 8/3
Timpel, W.: Gommerstedt – ein hochmittelalterlicher Herrensitz in Thüringen. – Weimar, 1982. – 4/34
Velter, A.; Lamothe, M.-J.: Das Buch vom Werkzeug. – Genf, 1979. – 4/29, 4/32

SACHWORTVERZEICHNIS Werkzeuge, Maschinen, Maschinenelemente

Abkürzkreissäge 212
Ablängkreissäge 216
Ablängstation 164, 216, 249, 258
Absatzbeil 37
Abschwartgatter, siehe Saumgatter
Absetzsäge 87
Axt, eiserne, siehe Beil

Bandsäge 224
–, mobile 234
Bandsägeblatt 224, 229
Bartaxt 74
Bauholzkreissäge, siehe Blockkreissäge
Behauaxt, siehe Zimmeraxt
Beil, eisernes 44, 47, 56
Besäumkreissäge 219, 222
Blockaufzug 129, 168, 185
Blockbandsäge 213, 226–236, 242
Blockkreissäge 219, 222, 251
Blockwagen 107, 115, 161, 196, 213, 230
–, zweigeteilt 197
Blockwinde, siehe Blockaufzug
Bogendrillbohrer 16, 30
Bohrer 9, 47
Bohrmaschine 123, 132, 184
Breitaxt 57, 74, 75, 80
Bronzebeil (Bronzeaxt) 27–29, 36–40
Bronzesäge 26, 34, 35
Bügelsäge 51, 71, 86
Bundgatter 129, 148–166, 169, 172

Celt 25, 38

Dampflokomotive 243
Dampfmaschine 179, 188, 237
Dampfsägegatter 182, 185, 186, 188–209
–, direkt angetriebenes 186, 190, 208
Dechsel 14, 26, 38, 80
Dechselaxt 38
Doppelaxt 38, 39
Doppelrahmengatter, siehe Zwillingsgatter
Doppelsäumer 213
Doppelwellenkreissäge 214, 258
Drehmaschine (Drehbank) 30, 50, 99, 124, 184

Einblattgatter 119, 144, 159
Einetagengatter 206
Einstelzengatter 193
Elektromotor 239

Faßbinderbeil 80
Faßdechsel 80
Faustkeil 9, 14
Federbaum 102, 104, 111
Feile 54, 93, 145
Felgendechsel 80
Felsgesteinbeil 13–17, 44
Fenstersäge 86
Feuersteinbeil (Feuersteinaxt) 13, 14
Flachbeil, siehe Celt
Fräser 182
Fräsmaschine 184
Fuchsschwanzsäge 26, 51, 71, 86
Fundament 157, 189
Furniergatter 200
Furnierkreissäge 217, 223
Furniersäge 90, 99

Gatter mit Getriebe 115, 129
– mit Oberantrieb 124, 206
–, oszillierendes 195
–, rahmenloses 103, 159
–, transportables 204
Gatterfundament, siehe Fundament
Gattersägeblatt 144, 161
Gerinnedechsel 80
Geröllwerkzeug 9, 14
Gestellsäge 51, 87
Getriebe 66, 114, 117, 172
Gleiswagen 174, 243
Gnepfe, siehe Wasseranke
Göpel 109, 129, 161
Gratsäge 86

Hackmaschine 249
Halbgatter, siehe Seitengatter
Hebezeug (s. a. Blockaufzug) 132, 164
Hobel 50, 86
Hobelbank, siehe Werkbank
Hobelmaschine 123, 182, 183, 196, 249
Horizontalblockbandsäge 233
Horizontalgatter 200–202, 242
Hubsäge 101

Kehlmaschine 183
Keil 10, 18, 57, 82
Kernbeil 14
Kettenförderer 251
Kettenvorschub 219
Klinkenvorschub, siehe Vorschub, diskontinuierlicher
Klobsäge, siehe Rahmensäge
Klopfgatter, siehe Nockengatter

Kran 185, 251
Kreissäge 183, 184, 210–223, 242
Kreissägeblatt 210
– mit abgewinkeltem Zahnkranz 220
– mit aufgeschraubtem Zahnkranz 217, 223
– mit auswechselbaren Zähnen 217
–, perforiertes 217
Kronensäge, siehe Zylindersäge
Kugelschalensäge 220
Kultbeil 19, 28, 38
Kupferbeil 24, 27, 36
Kupfersäge 25
Kurbel, Kurbeltrieb 112, 124, 153
Kurbeldrehstab 15, 26
Kurzholzgatter 206

Längsschnittkreissäge 213, 217
Lappenbeil 37
Leistensäge 86
Lokomobile 204

Mehrblattbandsäge 235
Mehrblattkreissäge 213
Messer 10, 11
Messersäge 56, 74
Mühlrad, siehe Wasserrad
Mulaysäge, siehe Gatter, rahmenloses
Müllerbeil 80

Nachschnittgatter 197
Nachschnittkreissäge 212, 241
Nockengatter 111, 115
Nockentrieb 102, 110, 173, 178
Nutmaschine 183

Öhrbeil (Öhraxt) (s. a. Felsgesteinbeil) 36, 37, 74
Örtersäge 87

Paltrocksägemühle 154, 157
Pendelsäge 213
Prunkaxt 19, 28

Quadriersäge 86
Querbeil, siehe Dechsel
Querförderer 124, 251
Querschnittkreissäge 216, 239, 242

Rahmensäge 51, 89
Randleistenbeil 37
Raspel 30, 47, 71
Rengeweihbeil (Urbeil) 12
Riementrieb 188

279

Rollenförderer 251
Rundholzkreissäge, siehe Blockkreissäge

Säge, eiserne 44, 47, 50, 71, 86
–, geschränkte 54
–, steinerne 10, 11
Sägeblattführung 217
Sägegrube 51, 92
Sägemaschine, manuell angetrieben 103, 109, 110
Sägezahn 11, 47, 54, 93, 145
Saumgatter 204, 216, 222, 241
Schaftlochaxt, siehe Öhrbeil
Scheibenbeil 14
Schiebezeug, siehe Vorschubmechanismus
Schließsäge 87
Schmalaxt, siehe Zimmeraxt
Schnittholztrockner 249
Schränkeisen 53, 93, 145
Schrotsäge 47, 51, 89, 245
Schußtenn 114
Schußtenngatter, siehe Stoßradgatter
Schutzvorrichtung 221
Schweifsäge 87
Schwertsäge 90
Schwingrahmengatter, s. Gatter, oszillierendes
Schwungrad 115, 124, 188, 193
Segmentkreissägeblatt 217
Seilbahn 251

Seiltrieb 122, 162, 219
Seitengatter 203, 213, 223
Spaltkeil 221
Spaltmesser 57, 81
Späneabsauganlage 251
Spannwagen, siehe Blockwagen
Steinbeil (Steinaxt) 12, 24
Stemmaschine 183, 184
Stemmeisen 18, 26, 46, 71
Stetigförderer 243
Stichsäge 55, 86
Stoßradgatter 113, 115, 123, 139, 174

Taumelsäge, siehe Wanknutsäge
Tischbandsäge 224
Tischlerbeil 80
Tischlersäge, siehe Gestellsäge
Transmission 238
Trennbandsäge 233
Trenngatter 190, 197
Trennkreissäge 219
Trennsäge 87
Tretrad 109, 129
Tüllenbeil 37

Venezianergatter (s. a. Gatter mit Getriebe, Stoßradgatter) 118, 119, 128, 134, 168
Vollgatter, siehe Dampfsägegatter
Vorschnittgatter 197, 241
Vorschnittkreissäge, siehe Blockkreissäge

Vorschub, diskontinuierlicher 116, 130, 162, 188
–, kontinuierlicher 102, 162, 172, 173, 201
Vorschubmechanismus 107, 115, 117, 188

Wagnerbeil 80, 82
Walzenvorschub 196, 219, 233
Wanknutsäge 220
Wasseranke 108
Wasserrad 102, 107, 108, 124, 149
Wasserturbine 177
Werkbank 53
Winde, siehe Blockaufzug
Windmühle, Windsägemühle 151 bis 160
Wippsäge 212

Zahnradtrieb, siehe Getriebe
Zahnstangentrieb 126, 161, 169, 230
Zapfensäge 86
Zerschnittstation, siehe Ablängstation
Ziehmesser 71
Zimmeraxt 74, 75, 80
Zimmermannsbeil 80
Zinkensäge 86
Zweietagengatter 107, 189, 206
Zweistelzengatter 124, 193
Zwillingsgatter 124, 162, 206, 251
Zylindersäge 184, 220